개화기의 주거생활사

An Historical Geography of Dwellings and Settlements of the Geongsang-Namdo Province at the turn of the Twentieth Century

by Choe Young-Jun

Published by Hangilsa Publishing Co., Ltd., Korea, 2013

개화기의 주거생활사

경상남도 가옥과 취락의 역사지리학

최영준 지음

한길사

개화기의 주거생활사
경상남도 가옥과 취락의 역사지리학

지은이 · 최영준
펴낸이 · 김언호
펴낸곳 · (주)도서출판 한길사

등록 · 1976년 12월 24일 제74호
주소 · 413-756 경기도 파주시 광인사길 37
www.hangilsa.co.kr
E-mail · hangilsa@hangilsa.co.kr
전화 · 031-955-2000~3 팩스 · 031-955-2005

상무이사 · 박관순 | 총괄이사 · 곽명호
영업이사 · 이경호 | 관리이사 · 김서영 | 경영기획이사 · 김관영
기획 및 편집 · 배경진 서상미 김지희 이지은
전산 · 김현정 | 마케팅 · 윤민영
관리 · 이중환 문주상 김선희 원선아

CTP 출력 · 알래스카 커뮤니케이션 | 인쇄 · 오색프린팅 | 제본 · 경일제책사

제1판 제1쇄 2013년 12월 15일

값 26,000원
ISBN 978-89-356-6904-2 93980

이 도서의 국립중앙도서관 출판시도서목록(CIP)은 e-CIP홈페이지(http://www.nl.go.kr/ecip)와
국가자료공동목록시스템(http://www.nl.go.kr/kolisnet)에서 이용하실 수 있습니다.
(CIP제어번호: CIP2013025278)

낙동강 하류의 우포늪

고려 말부터 낙동강 하류지방에서는 늪지의 개간이 시작되었으며,
특히 18세기 후반부터 대규모로 개간사업이 진행되었다.

밀양시 천황산 사자평의 억새군락

억새는 경남 서부산지의 고산지대, 창녕 화왕산, 동부산지에 군락을 형성하였으며, 민가의 지붕 재료로 쓰였다.

일본인 취락의 잔재

경남 하동군 하동읍에 있는 일본식 가옥이다. 경상남도의 외국인 가운데 가장 다수를 차지한 것이 일본인이었으므로 경상남도의 주요 도시에서는 왜식 취락경관이 두드러지게 형성되었다.

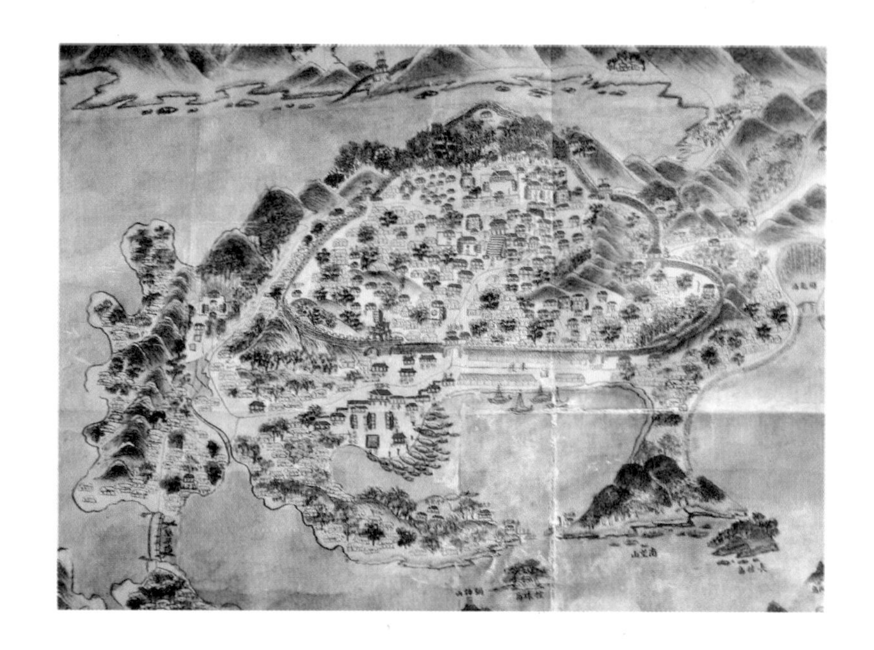

통영 고지도

통영은 조선 왕조의 최대 수군진이었고 개화기에도 진위대가 주둔했던 군사기지였으며 동시에 남해안의 어업기지이고 상업요지였다.
지형적으로 해안에는 평야가 없어 주거지는 해변의 구릉 위에 조성되었으며 수부와 일가 노동자들은 구릉지 상단부의 소규모 대지에 거주하였다.

개화기의 주거생활사

경상남도 가옥과 취락의 역사지리학

책을 펴내면서

50여 년 전 나는 사이공(Saigon)의 미군 도서관에서 대출받은 『아서 왕 궁전의 코네티컷 양키』(*A Connecticut Yankee in King Arthur's Court*)라는 소설을 읽으면서 마크 트웨인(Twain, Mark)의 놀라운 상상력에 감탄을 금하지 못하였다. 그로부터 십 수 년이 경과한 유학시절에 접하게 된 지리학자와 역사학자의 연구서를 읽으면서 나는 또 다시 전문학자들 역시 과거의 세계를 훌륭하게 복원 및 재현하는 능력을 가지고 있다는 사실을 확인하였다.

마크 트웨인은 1,400여 년 전의 가상세계를 엮어내는 마술을 발휘하였지만 학문하는 사람들은 과거 세계를 허구로 엮어내는 일에서 자유롭지 못하다. 그러나 이러한 제약은 오히려 학자들에게 실증적이고 정직한 글을 씀으로써 잃어버린 세계를 창조한다는 자부심을 갖게 만든다. 나를 감동시킨 지리적 복원의 절창(絶唱)은 다비(Darby, H.C.)의 『둠스데이 영국』(*Domesday England*)과 브로델(Braudel, F.)의 『필립 2세 시대의 지중해와 지중해 세계』(*The Mediterrean and Mediterranean World in the Age of Philip II*)였다.

다비는 11세기에 영국을 점령한 노르만인들이 피정복민인 앵글로색슨족으로부터 세금을 걷기 위해 작성한 고문서(Domesday Book)를 분석하여 1,000여 년 전 영국의 촌락 · 인구 · 농경지 · 초지 · 가축 · 삼림 · 수공업 · 도시 등 지리적인 제반 사항을 밝혀낸 현대 역사지리학의 고전으로 평가되는 명저를 남겼다. 지리학자에서 사학자로 전향한 브로델은 고문헌, 물질적 증거물, 경관 등을 시공간을 초월하여 결합된 증거물이란 관점에서 정밀하게 고찰하였다. 다시 말하면 그는 16세기 지중해 지역의 시공간적 구조의 성립과 변화과정을 실증적으로 연구한 것이다.

내가 다비와 브로델의 저서에 몰입하게 된 이유는 그들의 연구자료 사용방법과 독특한 서술방식 때문이다. 전자는 학계에서 거의 관심을 두지 않았던 세수원(稅收源), 즉 가족 수, 농노의 수, 경지면적과 토양의 비척도(肥瘠度), 가축의 마릿수, 가옥의 규모와 질, 화덕의 수와 크기, 물레방앗간 등 지극히 세속적인 내용을 체계적으로 분석 종합하여 과학적인 수준의 연구로 승화시켰다. 후자는 모든 역사적 서술은 문제 중심의 역사로 구성되어야 하며, 한 지역의 역사적 사유는 구조(structure) · 상황(conjoncture) · 사건(event)으로 이루어진 삼위(三位)의 틀에 맞춰져야 한다는 의견을 제시하였다.

나는 전자로부터는 연구자료의 이용방법을, 후자로부터는 지역구조의 파악방법을 습득하였다. 갑오개혁(甲午改革)을 전후한 시기에 작성된 가호안(家戶案) · 양안(量案) · 호적(戶籍), 기타 해세(海稅) · 노전세(蘆田稅) 관련 자료에서 대지 · 가옥 · 취락의 호수와 기능 등을 파악하고 100여 년 전 경상남도 주민의 주거생활을 복원하고자 하였다. 집필에 앞서 나는 브로델 식 삼위의 틀을 사건 · 구조 · 상황의 순으로 바꾸는 것이 더 지리적이며, 개화기 당시의 경상남도를 이해하는 데에도 합리적일 것으로 인식하였다. 왜냐하면 개항(開港), 갑오개혁, 외세의 침투 등 역사적 사건이 아니었다면 경상남도 주민의 의식구조와 가치관이 단기간에 그토록 빠르게 변하지 않았을 것이기 때문이다. 의식구조의 변화는 이 지역 주민의 경제생활, 취락과 농경지, 교통망 등 문화경관, 나아가서 지역체계의 변화까지 유발하였다.

2010년은 우리 민족이 일제에게 국권을 강탈당했던 경술국치(庚戌國恥) 100주년이 되는 해였다. 그해 8월 나는 부산 · 밀양 · 통영 · 진주 · 삼천포 · 하동 일대를 답사하면서 일부 지역에서는 왜식취락(倭式聚落)이 아직도 그 지역의 요지 기능을 가지고 있음을 확인하고 놀라움을 금할 수 없었다. 광복 후 70여 년간 우리는 꾸준히 일제의 잔재를 지우고자 노력해왔으나 그러한 노력은 주로 의식적인 부문에서만 강조된 감이 없지 않았기에 오늘날 근대화 · 산업화 · 도시화의 선진지역인 경상남도에 아직 왜식 문화경관이 버티고 있는 것이다.

내가 경상남도의 주거생활사에 관심을 갖게 된 계기는 한국정신문화연구원의 『경상남도의 전통문화』 집필을 위한 사전조사 작업의 참여였다. 10여 명의 지리학자들이 참여하여 경남 각지를 답사하면서 각자 담당한 분야의 기초자료를 수집하였는데, 전통가옥과 취락 부분이 내게 부여된 과제였다. 이 작업을 마친 후 나는 일제에 의한 우리 국토의 개조작업이 시행되기 이전 우리 고유의 가옥, 취락의 구조, 규모, 기능, 경관을 심도 있게 조사할 필요를 느꼈다.

산업화, 도시화, 국토의 개조 등에 대한 일제의 공과(功過)가 아직까지 학계의 논란이 되는 시점에서 우선 수행해야 할 일은 일제시대 이전 우리나라의 전통적인 경관, 즉 한국적 경관의 원형이 어떠했는가를 밝히는 것이라고 생각한다. 경상남도는 수도권을 제외하면 가장 일제의 영향을 많이 받은 곳인데, 이 지역의 가옥과 취락을 주제로 한 연구는 전통문화경관과 지역구조의 특성을 파악하는 지름길로 보인다.

우리나라의 주거사(住居史) · 취락사(聚落史) 및 도시사(都市史) 연구가 아직 체계적으로 이루어지지 않았으며 특히 개화기 이전의 연구는 극히 미흡한 실정인데, 이는 기초자료들이 정리되지 않은 데서 연유하는 것이다. 따라서 가옥 및 취락의 연구에서 일제시대의 문헌에 대한 의존도가 높을 수밖에 없다.

이 연구를 수행하기 위해 우선 해결해야 할 난제는 20세기 초에 작성된 각종 고문서의 통계자료 정리와 개화기의 행정구역 복원작업이었다. 고문헌들은 작성시기와 목적이 각각 달라 자연촌별로 정리할 필요가 있었다. 가호안, 양안, 19세기 호적, 신호적 등은 수백 책에 달하는 방대한 양이었으므로 대지와 가옥, 취락의 호수 등을 일관성 있게 정리 · 분석하는 데에는 2년여의 시일이 소요되었다. 행정구역은 면 단위까지 복원대상으로 삼았는데, 고문서상에 나타나는 자연촌의 지명들 가운데 상당수는 소멸되었으므로 『조선후기지방지도』『동여도』『해동지도』 등의 고지도와 『구한말한반도지형도』, 1910년의 1:50,000 지형도 등을 이용하여 90% 이상 옛 지명의 위치를 확인하였다. 지도를 통하여 확인한 지명과 『구한국지방행정구역명칭일람』을 대조하면서 지형도상의 산맥과 하천을 경계로 하는 행정구역 복원작업을 완수하였다.

일제의 식민통치가 비록 한 세대 남짓 짧은 기간으로 막을 내렸으나 그간 우리 국토는 일본인들의 지역개발 실험장으로 이용되는 가운데 적지 않은 시행착오가 자행되었다. 세계 어느 지역에서나 볼 수 있듯이 종주국의 식민지 개발은 자원 수탈에 목적을 두고 있으며, 자신들의 선진기술과 자본에 의해 야만스러운 식민지가 근대화되었다는 정치적 선전의 대상으로 이용되었다. 따라서 일제의 개발사업은 항만과 주요 거점취락 등 가시적 효과가 큰 지역에 편중되는 경향이 있었다.

이 글을 통하여 나는 왜식으로 개조되기 이전까지 수천 년간 우리 선조들이 보존하고 가꾸어온 전통적인 주거경관의 특성과 지역구조의 원형을 찾는 동시에 일제에 의해 맥이 끊어졌던 취락발달사의 멸실고리〔滅失環〕를 복원하고자 한다. 물론 이 시도는 경상남도에 한정시키지 말고 전국적으로 확대해야 마땅하나 이 문제는 차후의 과제로 남겨둘 수밖에 없다. 연구 범위를 경상남도로 한정한 이유는 이 지역이 일제의 한

반도 침투의 교두보였으며, 타도(他道)에 비해 비교적 풍부한 기초자료를 보유하고 있기 때문이다.

책명을 『개화기의 주거생활사』로 정했음에도 불구하고 연구 대상지역을 경상남도로 한정한 이유는 이 지역이 활용 가능한 연구자료를 가장 많이 보유하고 있어 개화기의 전통가옥과 취락문화의 원형을 발굴할 수 있다는 기대감과 경상남도의 연구성과를 타지역에도 적용해볼 수 있는 가능성 때문이다. 이 책의 본문은 3부 6장으로 구성되었으며, 제1장을 제외한 나머지 장은 학술지에 발표했던 글을 수정, 보완한 것이다.

제1부 제1장은 경상남도의 자연환경과 지역문화가 가옥과 취락의 고유성 형성과정에서 어떻게 기능하였는가를 역사지리적 관점에서 고찰한 글이다. 왜색화(倭色化) 이전의 전통적 주거문화의 원형발굴에 뜻을 둔 것이다.

제2부는 『대한지리학회지』에 발표한 논문(「가호안(家戶案) 분석을 통해 본 개화기 경상남도의 가옥형태와 구조」, 2003. 6)과 한국정신문화연구원의 연구서인 『경상남도의 향토문화』(상)에 게재한 논문(「경상남도의 가옥」, 1999)을 수정, 보완한 것이다. 제2장에서는 가좌(家座)의 소유관계와 규모, 가옥의 규모와 주거생활의 질(質)을 고찰하였다. 대지면적과 가옥의 규모를 동(洞)·면(面)·군(郡) 단위로 분석하면서 상당수의 주민이 전통가옥의 이상형인 초가삼간(草家三間)에도 못 미치는 주거생활을 영위하였으며 이는 대가족호설(大家族戶說)의 진위를 밝힐 수 있는 근거로 삼을 수 있음을 파악하였다. 제3장에서는 이 지역의 자연환경·경제·문화적 배경을 참조하여 경상남도를 중앙저지, 서부산지, 동부산지, 남해안 및 동해안 등 4대 건축문화권으로 구분하고 각 권역별 가옥의 택성을 고찰하였다. 이러한 권역별 가옥의 특성 연구를 통하여 경상남도형 가옥의 원형 탐색을 시도하였다.

제3부는 『문화역사지리』에 발표한 두 편의 논문들(「개화기 경상남도

의 취락 편제와 규모별 취락분포」, 2005. 8;「개화기 경상남도 취락의 중심성과 순위규모 분포」, 2006. 12)을 수정, 보완한 것이다. 제4장에서는 갑오개혁을 전후한 취락 편제의 개편 과정을 살피고, 자연촌 단위의 취락들을 규모별로 구분하여 그 특성을 논하였으며, 비농업적 기능이 뚜렷한 몇 개의 취락들이 결합하여 중심지, 즉 도회로 성장한 배경을 구명하였다. 제5장에서는 대한제국 정부의 지방행정조직 개편이 지역구조의 변화와 어떤 관계가 있는가를 고찰하였다. 주요 중심취락을 중심으로 일어난 변화가 하위의 중심지로 확산된 배경과 지방행정 중심지 위주의 전통적 지역구조가 교통 · 상공업 중심의 지역체계로 바뀌는 현상을 살피는 데에 논점을 둔 것이다. 제6장에서는 주요 도회의 순위-규모분포상에 볼록한(convex) 형을 띤 것으로 보아 개화기 경상남도 중심지의 순위-규모분포상이 아직도 전형적인 농촌형 모델에 속했음을 파악할 수 있다.

이 연구를 수행하기 시작한 1998년부터 2011년까지 약 10회에 걸쳐 나는 경상남도의 여러 곳을 답사하였다. 그 결과 눈을 감고도 경상남도의 지도상에 고문헌 자료에서 얻은 제반 지리적 사실들을 이용하여 100년 전의 모습을 설계할 수 있게 되었다. 이러한 머릿속의 그림 그리기에는 합천 · 초계 · 함양 · 산청 · 삼가 · 진주 · 하동 · 밀양 · 울산 등지에서 만난 고로(古老)들의 제보와 지도가 큰 힘이 되었다. 답사는 문헌연구로는 얻을 수 없는 새로운 정보를 입수할 수 있는 기회를 제공하였다. 그러나 호사다마라고 뜻밖의 수확에 들뜬 나머지 2005년 1월 합천군 답사 중 골절상을 입어 수개월간 운신이 자유롭지 못하였다. 그러나 이 기간 동안 가호안 · 양안 · 호적 등을 분석 · 정리할 기회를 가졌다.

이 책을 완성하기까지 학계의 선후배, 친지, 제자, 가족 등 여러분들의 은혜를 입었다. 가장 먼저 나는 아내에게 감사의 마음을 전해야겠다. 아내는 거창 · 함양 · 안의 · 합천 답사에 동행하였다가 골절상 때문에 현지 병원에 입원했을 때부터 서울의 병원에서 퇴원할 때까지 병상을 지키며 보살폈다. 또한 내 육필원고를 정리하면서 많은 오류를 찾아 수정해주었다. 부경대학의 홍성윤 교수(해양생물학자) 내외는 폭설로 덮인 먼 길을 달려와 병문안을 해주었을 뿐 아니라 그 후에도 합천 · 삼가 · 단성 · 산청 · 진주 · 밀양 일대의 답사에서 훌륭한 길잡이 역을 맡아주었다.

국사편찬위원회 이태진 원장님과 임학성 교수(인하대 사학과)는 호적자료를 입수하는 데 도움을 주셨다. 이분들의 지도와 배려가 없었다면 호적에 대한 지식이 부족했던 내가 3,000여 개 이상의 자연촌 실체를 파악하지 못했을 것이다. 학계의 선후배이신 장보웅 교수(전남대)와 반용부 교수(신라대), 김덕현 교수(경상대), 김부성 교수(고려대), 이기봉 박사(국립중앙도서관), 제자들인 정치영 교수(한국학중앙연구원), 손승호 박사, 박성근 박사, 김종근 군(케임브리지 대학교 대학원), 손재선 군(노스캐롤라이나 대학교 대학원), 장영원 양(고려대 대학원), 황헌만 선생(사진작가) 등 여러분도 책의 완성도를 높이는 데 힘을 보태셨다.

정년퇴임과 동시에 마무리를 짓겠다고 한 약속을 6년 이상 지연시켰음에도 불구하고 너그럽게 기다려주신 한길사의 여러분에게도 감사를 드린다.

2013년 11월
최영준

개화기의 주거생활사

제3부
경상남도의 취락

제3장 지역별 가옥의 특성

제4장 취락의 편제와 규모별 취락분포

제5장 지방행정조직의 개편과 중심취락의 기능

제6장 중심지의 계층구조와 취락의 순위-규모분포

제1부

경상남도의 지역성

제1장 지역성 형성과 주거문화 발달의 배경

1. 서론

경상남도는 19세기 말 대한제국 정부가 8개도를 13개도로 분할할 당시 경상도의 남부에 신설된 광역행정구역의 하나이다. 조선왕조 500여 년간 단일 행정구역을 이루었던 경상도는 지역의 대부분이 낙동강 수계(水系)에 속하여 우리나라에서 가장 지리적 통일성이 뚜렷한데다가 신라시대 이래 오늘날까지 거의 단일 문화권을 형성했던 곳이기 때문에 어떤 통치자도 영남을 남북으로 가르려고 시도한 적이 없었다. 따라서 분도(分道)가 뚜렷한 지역성의 차이에 근거하여 시행되었다고 단정하기는 어려울지도 모른다. 그러나 경상북도는 낙동강 상 · 중류에 해당되고 남도는 낙동강 하류부와 남해안에 위치하여 전자가 입지상 내륙적 · 폐쇄적인 반면 후자는 개방적 특성을 지닌 지역임을 부정할 수는 없다.

대한제국 정부는 이러한 사실을 바탕으로 분도작업을 시행하였을 것이며, 분도 이후 100여 년이 경과하는 동안 경상남도 나름의 새로운 지역성이 조성되어왔을 것이다. 지역성은 어느 정도 자연환경의 영향을 받지만 지역주민의 의지와 역량에 따라 조성되는 것이므로 이는 주민 삶의 흔적인 생활사에 잘 표현된다.

생활사는 한 지역이 보유한 문화유산을 가시적 속성과 비가시적 속성으로 구분하여 고찰할 수 있다. 가시적 속성은 주민의 의식구조 · 기술력 · 경제력 등 비가시적 속성을 바탕으로 구체화하는 것이므로 지리학자들은 가시적으로 표현된 문화경관연구로 한 지역의 지역성을 어느 정도 파악할 수 있다고 보며, 가시적 속성이 가장 뚜렷하게 집적된 문화경관은 취락이라고 인식하고 있다.

취락은 가장 기초적인 단위인 가옥으로부터 주택 외에 생산시설 · 문화시설, 기타 공공시설 등에 이르기까지 다양한 요소로 구성되어 있다. 가옥과 취락문화는 단기간 내에 또는 특정 시기에 조성되는 것이 아니라 장구한 세월에 걸쳐 형성되는 것이며 마을 또는 지역마다 독특한 구조를 지니고 있다. 이 장에서는 경상남도의 가옥과 취락을 자연 및 문화생태적 관점에서 고찰하고자 한다. 자연생태적 배경에서는 경상남도의 위치 · 지형 · 기후 · 식생 등 여러 가지 요소가 지역의 건축문화 및 취락발달에 어떤 영향을 주었는가를 물리적인 관점에서 구명하는 데 목적을 두며, 동시에 문화생태적 배경에서는 역사발달의 과정에 초점을 맞추어 이 지역의 가옥 및 취락이 형성되어온 과정을 밝히고자 한다.

2. 지역성 형성의 이론적 기초

지역성 규명은 19세기 이래 지리학자들에게 주어진 주요 연구과제의 하나였다. 자연지리학자, 특히 지형학자들은 산맥 · 삼림 · 저습지 등 자연적 방벽을 경계로 삼아 지역구분을 시도하는가[1] 하면 인문지리학자들은 오히려 문화적인 인자(因子)에 더 큰 비중을 두고 지역을 구분하

1) Martonne, E. de, *Geographical Regions of France*, translated by Brenthall, H.C., London: Heineman Educational, 1971. 지형학자인 마르톤은 자연지리학적 원리에 기초하여 19세기 말 프랑스 전국을 17개의 대표적인 지방으로 구분하였다.

였다. 전자는 지역을 둘러싸고 있는 산지들이 하나의 하천 유역을 구성하며, 유역 내의 지형 · 지질 · 식생 · 강수 · 배수 등 제반요소들이 결합되어 하나의 자연지역이 형성된다고 보고 하천 유역의 유형화에 지형이 가장 중요한 인자라고 인식한다. 즉 하천의 길이와 침식 및 퇴적작용의 결과에 따라 지역이 성립되는데, 이는 침식역(侵蝕域)에 해당되는 분지 및 평야로 구분된다. 그리고 분지와 평야는 인구 · 취락 · 산업이 집중되는 유역의 핵심을 이룬다(大矢雅彦, 1993, 12쪽).

인문지리학자들은 역사적으로 축적된 모든 문화유산을 종합적으로 고찰하여 동일한 문화를 공유하는 사람들의 거주공간을 하나의 지역으로 설정하였다. 비달(Vidal de la Blache, P.)을 비롯한 프랑스의 지리학자들은 언어 · 관습 · 건축양식 · 생활양식 등을 분석의 도구로 삼아 문화적 특성을 공유하는 주민들이 거주하는 범위를 페이(*pays*, 지역)라고 명명하였는데, 그 범위는 지형적 경계나 정치적 경계를 초월하는 경우가 적지 않다(Russell, J.C., 1972, p.18). 이른바 비달학파(Vidalian School)는 인류지리학과 사회형태론적 문제들을 경험적으로 연구하여 지역의 개념을 일반화함으로써 모호했던 농촌지역의 특성을 파악할 수 있다고 보았는데 이들의 의도는 지역연구의 틀로서 상당한 호응을 얻었다.

비달학파는 각 지역의 환경을 인간-자연관계의 본질과 각 지역의 유일성이라는 두 가지 주제에 초점을 맞추어 탐구하였으며, 이는 문제의 분석상 기술적 적합성은 물론 정확성과 객관성을 모두 요하는 것이었다(Buttimer, A., 1971, pp.75~76).

비달학파의 연구전통은 19세기 후반~20세기 초 프랑스의 사회학 및 철학사상의 영향을 받아 정립된 것이다. 프랑스의 사상가들은 프랑스 촌락사회의 단순성과 고립성은 모두 프랑스 문명 스스로 창조 · 완성시킨 것으로, 이 나라 농촌의 강한 응집력과 자율성을 바탕으로 형성된 환경은 기능적으로 조직된 생활 패턴을 가진 농촌사회집단을 성립시킨 배경이라고 본 것이다.

콩트(Comte, A.)와 뒤르켕(Durkheim, E.), 그리고 베르그송(Bergson, H.) 등의 사상가들은 사회현상이나 사회적 사실은 문명집단의 공통적인 정신과 끊임없는 창조적 진화과정을 통하여 발전하며, 집단의식은 사회를 구성하는 개인을 떼어놓고 존재할 수 없고, 사회의 신념체계와 가치관은 개인의 정신에 의해 형성된다고 보았다. 그러므로 집단의식은 모든 개인의 의식을 토대로 형성되는 보편적 자산이라고 하였다. 더 나아가 베르그송은 인간의 정신을 분석의 대상으로 삼아 물질적 대상처럼 유추하는 프로이트 식의 기계적 분석방법을 배격하고 생명철학적 관점에서 어떤 생명력(*élan Vital*)도 절대로 기계적 분석을 용납할 수 없다고 하였다(Copleston, F., 1977, pp.142~144).

이러한 사고는 비달학파에게도 큰 영향을 주었다. 그들은 지역이란 독특한 생활양식(*génre de Vie*)을 가지고 있는 공간이므로 기계적 분석으로는 도저히 파악할 수 없는 요소, 즉 'X'를 보유하고 있는 바, 이 요소를 규명해야 비로소 지역의 본질과 지역성을 파악할 수 있다고 하였다(Copleston, F., pp.204~207).

지역은 자연지역과 문화지역으로 구분할 수 있다. 전자는 자연적 요인의 영향을 받는 공간으로 기계적 분석방법에 의거하여 범위를 설정할 수 있는 데 반해 후자는 명확한 구상(具象)을 갖추지 않고 역사적 윤색 위에 성립된 개념으로 존재하기 때문에 개념설정이 복잡하다. 즉 문화지역은 행정 · 경제 · 언어 · 건축 등 다양한 인자들과 깊은 관련을 맺고 있어 관점에 따라 지역의 범위가 달라질 수 있다(山口惠一郎, 1965, 202~203쪽).

토지를 매개로 형성되는 인간관계는 생물학적 기능을 기초로 하여 이루어지는 여러 개체들의 집합의 결과이다. 즉 개체로서의 인간은 집단의 기초로서 존재하는데, 여기에서 사회경제적 기능인 생산과 유통이 성립되고 인간생활에 필요한 질서와 안녕에 필요한 정치 · 법률 · 도덕 · 종교 · 학문 등이 발달한다. 물론 대단위지역 내에는 세포조직에 비유되는 상당수의 소지역들이 존재하므로 이들 국지적(局地的) 단위지역의 장소성과 환경부터 면밀하게 고찰한 후 연구지역의 범위를 넓힐 필요가 있다. 왜냐하면 광역 지역체계는 문중(門中), 취락, 취락의 결합체인 소지역 등의 단계를 거쳐 성립되며 모든 집단은 각각 특성을 지니고 있기 때문이다. 즉 토지는 모든 공동체 구성원이 공유하는 세계로서 토지와 연관된 생산과정을 매개로 관습이 강고해지고 공동체 의식도 배양되는 것이다(山田安彦, 1965, 26~28쪽). 이 공동체 의식이 곧 지역성의 바탕이 된다.

글래시(Glassie, H.)는 '지역이란 지역 내의 어느 곳에서나 보편적으로 발견되는 물질적 속성의 분석을 통해 정립할 수 있는 지리적 총체'라고 정의하고 있다(Glassie, H., 1971, p.34). 그러나 지역성은 물질적 속성 외에도 비물질적 속성, 즉 비가시적인 정신적 속성까지 포함시켜야만 제대로 파악할 수 있다. 왜냐하면 정신은 창조된 사물에 어떤 법칙을 주입함으로써 비로소 세속적 형태로 바뀌어 가시화되기 때문이다. 즉 인간의 정신세계는 유형화되는 반면에 물질적 세계 또한 정신적으로 표현되기 때문에 양자 모두를 지역설정의 지표로 삼을 수 있다(Wagner, P.L., 1972, p.76).

개화기 이래 경상남도의 지역성 형성에 크게 기여한 인자로 필자는 가옥 · 취락 패턴 · 지방행정조직 · 경제 등을 선정하고자 한다. 서양에서도 전(前) 산업사회의 단계에서는 주민의 85~90%가 농촌에 거주하였고, 도시가 시장 · 종교기관 · 행정기관 등을 보유하였을지라도 농촌 중심지 기능을 보유한 수준을 넘어서지 못하고 있었다. 당시의 도시는 배후지의 혈연세력과 밀접한 관계를 맺고 있었으며 언어 · 생활관습 · 가옥구조 · 취락 패턴 등에서 주변 농촌과 별로 큰 차이가 없었다. 따라서 전 산업사회 지역연구의 기초단위가 농촌지역임에는 이의가 없는 실정이다

(Russel, J.C., 1972, pp.15~16).

개화기의 경상남도는 주민의 약 90%가 농 · 어촌에 거주하였고, 개항장을 제외한 전 지역이 전통적인 경제구조 및 생활양식을 유지하고 있었다. 군(郡)의 대표성을 지녔던 행정중심지인 읍(邑)도 구조와 기능 면에서 배후지와 크게 다를 바 없었기 때문에 전 산업시대 서양의 경우와 유사한 점이 많다.

지역문화의 물질적 속성과 정신적 속성을 종합적으로 고찰해보면 가옥과 취락은 자연환경과 주민생활의 관계를 가장 다양하고 뚜렷하게 표현하는 경관요소라고 할 수 있다. 즉 이들은 지역을 대표하는 구조적이고 상징적인 환경요소인 동시에 문화적 이미지였다(Cosgrove, D. and Daniels, S., 1989, p.1). 경상남도의 경우를 보면 개화기까지 가옥과 취락의 입지선정, 건축재의 확보, 가옥의 형태와 구조, 취락의 패턴과 구조 등에 환경적인 요인이 크게 작용하였을 것이다. 그러나 경관으로 표현되는 지역성 형성에서 자연환경보다 주민의 의식구조 · 가치관 · 경제력 · 기술수준 등 인문적 요인이 오히려 핵심적 요인으로 작용하였음을 간과해서는 안 된다.

3. 가옥과 취락 발달의 자연적 배경

1) 위치와 강역(疆域)

한반도의 동남단에 위치하는 경상남도는 수리적(數理的)으로 북위 34°29′에서 35°54′, 동경 127°35′에서 129°28′ 사이에 위치한다. 일본의 오사카(大阪) · 교토(京都), 중국의 관중분지(關中盆地), 이란의 테헤란, 미국의 조지아 주와 캘리포니아 남부 등지가 대체로 비슷한 위도 상에 놓여 있다.

경상남도는 동서의 폭(약 232km)이 남북의 길이(약 194km)보다 약간 긴데, 남해도에서 거창군에 이르는 서부가 동래~울산을 잇는 동부에 비해 두 배 이상 폭이 넓다. 즉 서쪽의 폭이 넓고 중부를 지나 동부로 갈수록 좁아지는 4각형 지역을 이룬다.

개화기의 경상남도는 극동은 울산군 강동면 우가동 해변, 극서는 하동군 화개면 삼도, 극북은 거창군 고제면 답선리(대덕산 남록), 극남은 남해군 삼동면 세존도로서 총면적은 약 11,850km²에 달하는데 이는 한반도 면적의 약 5%(남한의 약 12%)에 해당한다. 그런데 지역성을 파악하는 데는 이러한 수리적 위치보다 관계적 위치가 더 중요한 의미를 가진다.

경상남도는 북으로 경상북도, 서로 전라북도 및 전라남도와 접하며 동쪽과 남쪽은 바다에 면해 있다. 다시 말하면 육지부와 해안지방으로 대별되는 것이다. 개화기의 31개 군 가운데 하동 · 안의 · 거창 · 함양 · 산청 · 단성 · 삼가 · 합천 · 초계 · 의령 · 함안 · 창녕 · 영산 · 밀양 · 양산 · 언양 등 16개 군은 내륙에 위치하고 울산 · 기장 · 동래 · 김해 · 웅천 · 진해 · 진남 · 고성 · 사천 · 곤양 등 10개 군은 바다에 면한 해읍(海邑)이며, 창원은 일부가 바다와 접하고, 진주와 칠원은 해안지방에 월경지(越境地)를 가지고 있으며, 남해와 거제는 도서이다. 지리적 관점에서 볼 때 육지부의 공간 외에도 해양관리의 측면에서 광대한 인접수역까지 포함하는 강역, 즉 연안역(沿岸域)을 아우르게 된다(竹内啓一, 1989, 2쪽). 해안선에서 내륙으로 수십 km의 폭을 유지하는 육지와 주변 바다는 연안지역 주민들의 경제공간이자 교통 · 교역로이기 때문에 이 권역 내의 주민들의 행동 패턴 · 생활양식 · 문화경관 등이 매우 비슷한 등질지역(等質地域)이 형성된다(Morgan, J.R., 1989, pp.3~4). 문화적 관점에서 볼 때 연안역의 범위는 내륙부와 거의 비슷한 면적에 달한다고 볼 수 있다.

한반도의 동남쪽에 위치하는 경상남도는 역사적으로 어느 왕조 때에나 항상 변방에 속하였다. 삼국시대에는 통일신라의 서남쪽 변방이었고 고려 · 조선의 천여 년에는 중앙과 400~500km 떨어진 변두리에 속하였다. 이러한 사실은 중앙의 문화적 혜택에서 소외된 약점은 다소 있으나 고유의 문화전통을 보존하는 데는 유리하였다.

근대 교통기관의 도입 이전까지 이 지역과 서울 간의 교통거리는 평균 9~12일이었다. 예를 들면 안의와 함양은 7~8일, 거창 · 합천 · 초계, 삼가 · 창녕 · 산청 · 단성은 8~9일, 밀양 · 영산 · 창원 · 칠원 · 진주 · 하동은 9~10일, 곤양 · 고성 · 사천 · 진해 · 양산 · 언양 · 울산은 10~11일, 동래 · 김해 웅천 · 통영 남해 · 거제는 11~12일, 기장군 및 진남군 부속도서들은 12일 이상의 일정에 속하였다(그림 1-1). 서울과 각 읍의 일정이 영남대로(嶺南大路)를 비롯한 주요 도로와 접하는 요지들은 등치선이 남쪽 방향으로 돌출한 반면에 지선도로 쪽은 북쪽으로 휘어진다. 경상남도와 전라도의 상경 일정을 비교하면 후자 쪽이 약간 빠른데, 이는 후자의 지형조건과 도로사정이 전자보다 양호하였음을 의미한다. 예를 들면 전라도 광주가 7일정에 속한 반면 광주보다 거리가 가까운 합천은 8½일, 초계와 창녕은 9일, 거의 등거리에 위치한 영산은 9~10일이 소요되었고, 전라도 영암과 비슷한 거리의 창원 · 진해 · 김해는 1일 정도의 시일이 더 소요되었다.[2)]

서울과의 거리가 먼 데 비해 부산과 쓰시마 섬 간의 거리는 해로로 60~70km, 북규슈의 후쿠오카는 약 200km로서 전자는 수 시간, 후자는 1~2일에 도달할 수 있는 근거리였기 때문에 경상남도는 우리나라가 해양으로 진출하기에 가장 유리한 관문의 위치였다. 반면에 부정적 측면에서 보면 호전적 해양국가인 일본에 노출되어 고려 말~조선 초의 왜구 침입, 삼포왜란(三浦倭亂), 임진왜란(壬辰倭亂), 부산포 개항 등 역사적 대사건을 겪은 불리한 관계적 위치를 지적하지 않을 수 없다. 그러므로 이중환이 이 지방을 "왜와 가깝기 때문에 가거지(可居地)로 적합하지

---

2) 『여지도서』, 경상도 및 전라도 각 군현 경계조의 경조(京兆)와의 거리 참조.

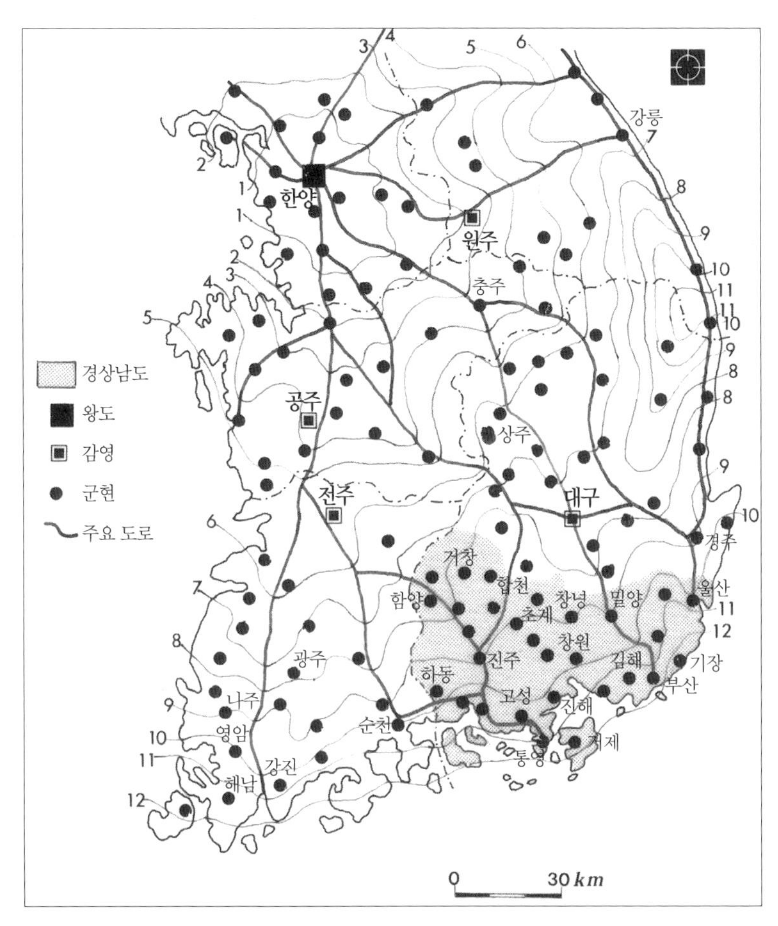

〈그림 1-1〉 경상남도의 관계적 위치: 주요 도회의 상경 시간거리.
지도상의 등치선 숫자는 소요 일정을 가리킨다.

않다"[3] 고 한 지적은 수긍할 만하다.

2) 자연환경

가옥은 입지하는 장소에 따라 그 형태와 구조상 많은 차이를 나타낸

---

3) 『택리지』 복거총론 생리조.

다. 상류주택은 자연의 제약을 덜 받지만 민가는 건축재, 가옥의 규모, 형태, 구조 등에 많은 영향을 받는다. 왜냐하면 전 산업사회에서는 사용할 수 있는 건축재가 한정적으로 분포하였기 때문이다. 물론 교통이 편리해지면 다른 지역에서 생산되는 고급 자재가 보급될 수 있으나 이러한 건축자재의 다양화 및 고급화는 문명의 발달 및 부의 축적과 밀접한 관계가 있다(Braudel, F., 1988, pp.267~270). 다시 말하면 근대화 이전의 전통가옥은 국지성(局地性) 자재를 사용하여 지역의 자연환경에 맞게 지어졌다. 지역의 자연환경은 지형과 지질, 기후와 식생, 자연재해 등 다양한 요소를 포함한다.

① 지형

낙동강 수계의 남부에 위치한 경상남도는 지형적으로 경상북도와 구분지어 그 특성을 설명하기가 용이하지 않다. 우선 영남지방 전체의 지형을 개관한 후 경상남도를 상세히 고찰하는 것이 바람직할 것 같다.

조선 후기 실학자 성호(星湖) 이익(李瀷)과 청담(淸潭) 이중환(李重煥)은 영남지방의 지리를 예찬한 대표적 인물들이다. 성호는 경상도의 지리를 다음과 같이 묘사하고 있다.

> 백두산은 우리나라 산맥의 조종(祖宗)이다. (중략) 철령에서 태백산과 소백산에 이르러 하늘에 닿을 만큼 높이 솟았는데 이것이 정간(正幹)이고 그 중간에 있는 지맥들이 모두 서쪽으로 뻗었으니, 이것이 술가(術家)들이 말하는 버드나무가지〔楊柳枝〕라는 것이다. 그들은 오동잎에는 반쪽 씨가 맺고 버드나무 가지에는 열매가 맺는다고 하였는데, 그 열매의 위치가 영남지방에 해당되며 아마도 이는 안례(安禮, 안동 · 예안) 사이를 칭할 것이다. 태백 · 소백 이상의 산세가 이러하므로 영남지방에서 여러 갈래로 나뉘어 흐르는 물은 모두 동래와 김해

를 좌우로 싸고돌아 한문(捍門)을 이룬다. 이는 곧 산이 끝나는 곳에 물이 합류하는 형국으로 거칠고 사나운 기운이 흔적 없이 제거된 것이다. 왼쪽으로는 동해를 끼고 있어 큰 호수처럼 되어 백두대간과 더불어 그 출발점과 종점이 같다.

거북과 자라, 용과 물고기들이 생산되며 모든 물자가 풍부하므로 무한한 인재가 이 지방에서 양성되었다. (중략) 오른쪽 줄기는 두류(頭流, 지리산)에 이르러 끝나는데 그 세(勢)가 웅장하고 힘차게 내려왔다. 대체로 한 줄기의 큰 산맥이 백두에서 시작되어 중간에 태백이 되고 두류에서 끝났으므로 당초 이름을 붙여준 것도 의미가 있었을 것이고 인재가 나온 것으로 보아도 이 지역은 인물의 보고라 할 수 있다. (중략) 우리의 삼국시대에 영남의 가야(伽倻)는 하나의 소국에 불과하였으나 고구려와 백제 간의 아귀다툼을 한 세상에서도 능히 견뎠고 오랜 세대를 이어나갔으니 (중략) 천만 년 후 나라가 위태로운 난을 당할지라도 이곳에서 전략가와 충절도 나올 것이다.[4)]

청담은 성호보다 더 체계적으로 영남의 지리를 논하였다.

경상도는 우리나라에서 가장 지리가 좋은데, 강원도의 남쪽에 있고 서쪽은 충청도 · 전라도와 경계를 접한다. 북쪽에 태백산이 있어 감여가(堪輿家)가 말하는 창천수성(漲天水星)이 되며 왼쪽으로 갈라져 나오는 하나의 지맥이 동해에 급박하여 동래 앞바다에 이르고, 오른쪽으로 뻗은 지맥은 소백산 · 작성산 · 주흘산 · 회양산 · 속리산 · 황악산 · 덕유산 · 지리산으로 이어져 남해에 이른다. 두 산줄기 사이에 천여 리의 비옥한 들이 있다. (중략) 낙동강은 김해로 들어가기까지 경

---

4) 『성호사설유선』 권1, 하 천지편, 하 지리문 백두정간.

상도의 중앙을 흐르면서 동쪽의 좌도(左道)와 서쪽의 우도(右道)로 나눈다. (중략) 경상도 70여 주(州)가 동일한 수구(水口)로 대국(大局)을 이룬다.[5]

그는 이렇듯 영남의 대부분이 낙동강의 단일 수계에 속하므로 지리적 통일성이 있음을 강조하였다.

성호와 청담이 자신들의 주장을 풍수이론에 의거하여 합리화시키려 한 점이 다소 거슬리기는 하나 왜란 전까지 영남지방이 전국에서 가장 물산이 풍부하여 많은 인재를 배출하였다는 사실은 부정할 수 없다. 또한 영남지방의 지리적 통일성은 이 지방의 문화적 · 이념적 통합에도 기여하여 당쟁이 격심했던 조선 중 · 후기에 영남지방 사대부들이 여러 파로 나뉘어 다투지 않고 대부분이 남인계(南人係)에 속했다[6]는 청담의 견해도 수긍할 만하다. 성호가 낙동강 중 · 하류에 발달했던 고대의 가야연맹에 관심을 가졌던 점도 주목할 만한 사실이다. 왜냐하면 오늘날 경상남도의 강역 대부분이 가야의 고토에 속하며, 임진왜란과 정유재란 당시 이 지역 주민들은 왜적의 호남 진출을 막아냈기 때문이다.

영남지방의 지리에 대한 예찬론은 개화기의 문헌에서도 확인된다. 경상도의 지리에 대하여 『대한지지』는 다음과 같이 서술하고 있다.

지세난 서북경상(西北境上)에 산악과 봉만(峰巒)이 반굴기복(蟠屈起伏)하고 수발엄영(受拔掩映)하야 상(上)으로 운소(雲霄)를 원(援)하고 하(下)에난 동학(洞壑)이 다(多)하며 옥야(沃野)가 요연(遙聯)하고 기후가 온연(溫然)하야 엄동(嚴冬)에도 빙설(氷雪)을 한견(罕

---

5) 『택리지』 팔도총론 경상도조.
6) 『택리지』 복거총론 인심조.

見)하며 낙동강이 본도(本道) 남북 중앙을 관류하야 경상 전도(全道)의 제류(諸流)가 개래합(皆來合)하다가 김해군에서 해(海)에 입(入)하니 실로 전국중(全國中) 수륙(水陸)의 이(利)가 화집(華集)한 처(處)이니라. (현채, 1901, 131쪽)

이처럼 경상도의 위치 · 지형 · 기후조건이 인간생활에 유리한 것으로 평가하고 있다.

영남지방의 북부는 강원도와 충청북도, 서부는 충청북도 · 전라북도 · 전라남도와 접하는데, 이 경계지역은 태백산(1,567m)에서 지리산(1,915m)에 이르기까지 백두대간(白頭大幹)에 속하는 1,000m 이상의 고산준령 수십 좌가 연봉을 이루는 산지이다. 영남의 동부는 태백산에서 남으로 뻗은 낙동정맥(洛東正脈, 일명 태백산맥)이 동해안을 따라 낙동강 하구까지 이어진다. 이 산맥에는 1,000m 내외의 고산 다수가 분포한다. 한편 지리산에서 동쪽으로 뻗은 지맥은 500~800m의 고도를 유지하면서 곤양(昆陽) 지경에 이르고, 진주~사천 사이에서 일시적으로 맥세(脈勢)가 약화되었다가 고성군 북쪽에서 다시 높아져 김해의 신어산까지 500m 내외의 연봉들로 이어진다. 이른바 낙남정맥(洛南正脈, 일명 한산산맥)이라 일컫는 이 산맥은 백두대간이나 낙동정맥에 비해 산세가 약하지만 해안까지 접근하기 때문에 남해안의 복잡한 지형발달에 많은 영향을 준다.[7] 이처럼 영남지방은 동서남북 사면이 산지로 둘

---

7) 우리나라의 산맥체계와 산맥의 명칭은 20세기 초 일본의 지질학자 고토 분지로(小藤文次郎) · 야쓰 쇼에이(矢津昌永) 등이 지체구조를 토대로 정립한 이론에 의거하여 설정된 것이다. 이들의 이론은 일제시대 및 광복 후 여러 학자들에 의해 수정 · 보완되어 오늘날 초 · 중등학교 지리교과서에서 쓰이고 있다. 그런데 교과서상의 산맥들 중 백두대간에 해당되는 일부를 제외한 나머지 산맥들은 맥세가 뚜렷하지 않으므로 『산경표』의 전통적 산맥체계화 명칭으로 바꿔야 한다는 주장이 대두되고 있다.

러싸여 하나의 거대한 분지를 이루는데, 이를 학계에서는 경상분지(慶尙盆地)라고 부른다. 이 분지의 주변 산지에서 발원하는 중 · 상류의 하천들은 모두 낙동강에 합류하여 김해 앞바다로 유출된다.

영남지방은 지질구조상 타 지방과 다른 점이 많다. 즉 서부 및 북부의 소백산맥(백두대간 남록 및 동록) 일대는 변성암 복합체(화강편마암 · 변성퇴적암 등)로 덮여 있으나 지역의 약 80%는 중생대 백악기(白堊紀)의 사암 · 역암 · 세일층으로 구성되어 있다. 물론 이들 중생대의 퇴적암층 사이로 관입한 대보(大寶) 화강암이 거창 · 안의 · 함양 등지에 분포하고 밀양 · 창원 · 김해 · 양산 · 웅천 · 거제 등지에는 불국사 화강암 지대가 부분적으로 나타나지만 경상분지는 대체로 지질구조상 한반도에서 가장 젊은, 중생대 지층으로 덮인 독립된 지리구라 해도 별 무리는 없을 것이다(국립지리원, 1985, 399~400쪽).

범위를 경상남도로 한정시켜 이 지방의 지형적 특성을 구체적으로 살펴보기로 한다. 경상남도는 서북부 백두대간의 대덕산(1,290m)에서 동쪽으로 갈라져 나온 가야산 산각(山脚)과 낙동정맥의 가지산(1,240m)에서 서주(西走)하는 산각을 경계로 경상북도와 나뉜다. 두 산각의 말단부는 200m 내외의 낮은 구릉지에 지나지 않으나 산지가 거의 낙동강까지 접근하기 때문에 북도와 남도의 자연적 경계는 비교적 뚜렷하게 나타난다(그림 1-2).

경상남도 산지 역시 외곽을 둘러싼 산맥들로부터 낙동강 본류 방향으로 뻗은 산각들이 발달한 점에서 북도와 유사한 점이 많다. 서부의 백두대간에서 갈라진 산각들은 대부분 동남 주향이고 낙동정맥의 산각들은 남북 또는 북동~남서 주향이다. 낙남정맥은 남~북 주향인데 그 산각들은 거의 낙동강 본류 및 대지류에 가까울수록 낮아져 구릉성 산지를 형성한다. 그리고 하천을 사이에 두고 산각들이 마주보는 형세를 취하고 있다. 따라서 주요 하천 유역의 평야들은 이들 산각에 의해 작은 평야나

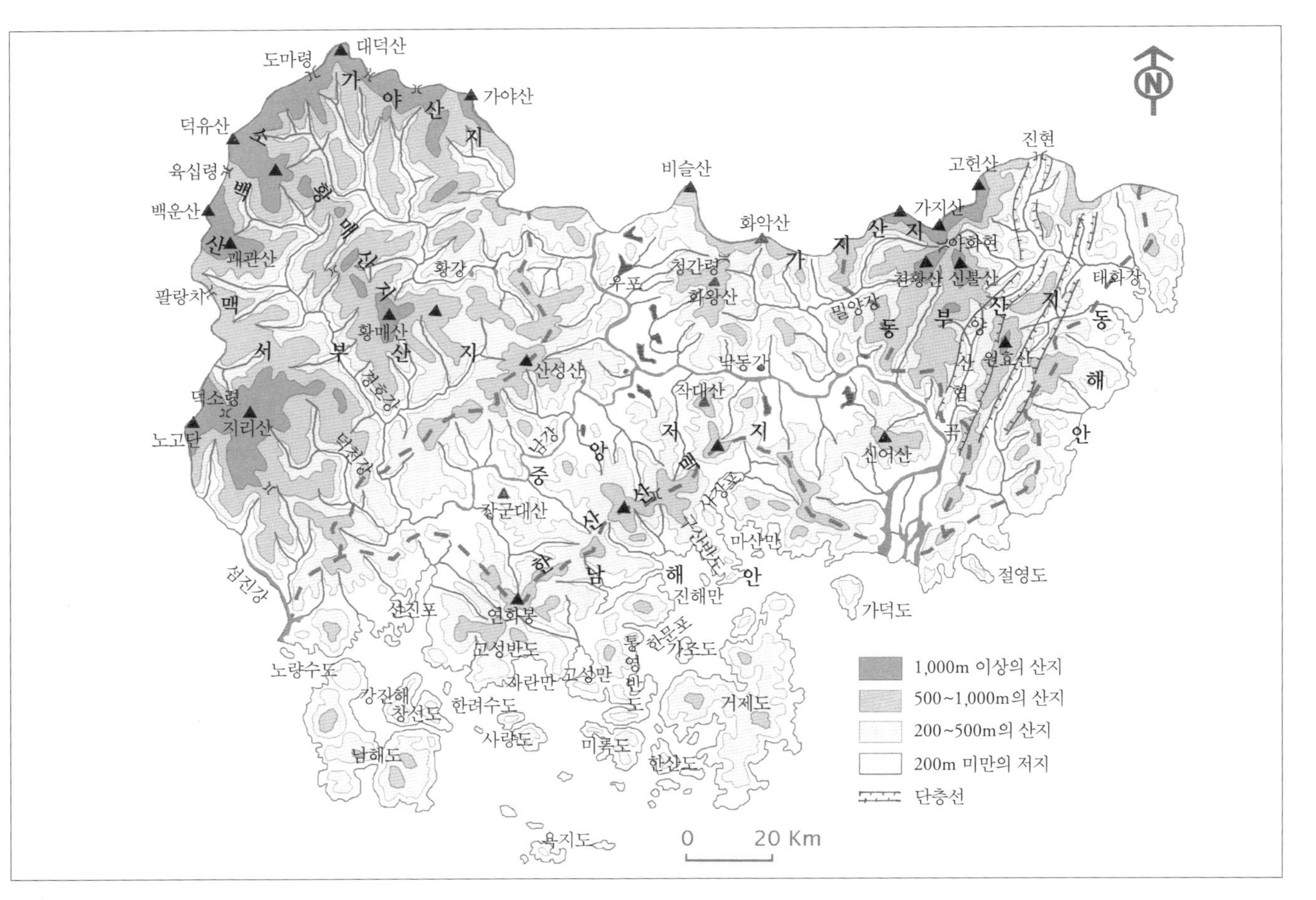

〈그림 1-2〉 경상남도의 지형

분지로 나뉜다.

주요 산각은 백두대간계의 가야산지, 덕유산 · 산성산에 이르는 황매산 줄기, 지리산지, 낙동정맥의 큰 지맥인 가지산 줄기, 신불산 줄기, 만어산 줄기, 화왕산 줄기, 낙남정맥계의 장군대산 줄기, 작대산 줄기, 신어산 줄기 등이 있다. 이 산각들 가운데 황매산 줄기는 낙동강 대지류인 남강과 황강의 분수계이고 지리산 줄기는 남강지류인 경호강과 덕천강의 분수계를 이룬다. 황매산지 말단부의 산성산에서 산맥은 동북방향과 남서방향으로 갈라지는데, 전자는 초계분지(草溪盆地)의 동쪽 경계가 되고 후자는 진주평야와 단성 · 삼가분지의 경계를 이룬다(그림 1-3).

경상남도 동부에는 북북동~남남서 주향의 양산단층(梁山斷層)과 울산단층(蔚山斷層)이 남북으로 뻗으며, 이들 단층선과 병행하는 산맥들 사이로 좁은 협곡들이 발달하였다. 동해안으로부터 철마산 줄기, 울산만~수영천 협곡, 원효산 줄기, 양산협곡, 신불산 줄기 등이 평행으로 달리고 있다. 신불산 말단부는 낙동강 우안(右岸)의 황산천(黃山遷)까지 접근하여 대안의 김해 신어산과 마주하기 때문에 삼랑진에서 물금에 이르는 낙동강 하류의 약 20km 구간은 좁은 협곡을 이룬다.

경상남도는 지형적 특성을 고려하여 중앙저지, 서부산지, 동부산지, 남해안 등 4개의 지리구로 구분된다. 서부의 섬진강 유역과 동해안을 별개의 구역으로 볼 수도 있으나 전자는 서부산지, 후자는 동부산지의 일부로 포함시켜도 큰 무리는 없을 것으로 보인다. 왜냐하면 각 지리구의 환경적 차이는 지역주민의 생활과 밀접한 관계가 있으며 이는 가옥과 취락의 발달에 영향을 주었기 때문이다. 이들 4대 지리구의 자연환경을 구역별로 살펴보기로 한다.

중앙저지는 낙동강 본류, 남강, 밀양강 및 기타 소지류 유역에 속하며 지역의 대부분이 중생대 백악기 경상계 지층으로 덮여 있다. 그러나 하천변에는 신생대 제4기의 퇴적물로 덮인 두꺼운 충적지가 발달하였다.

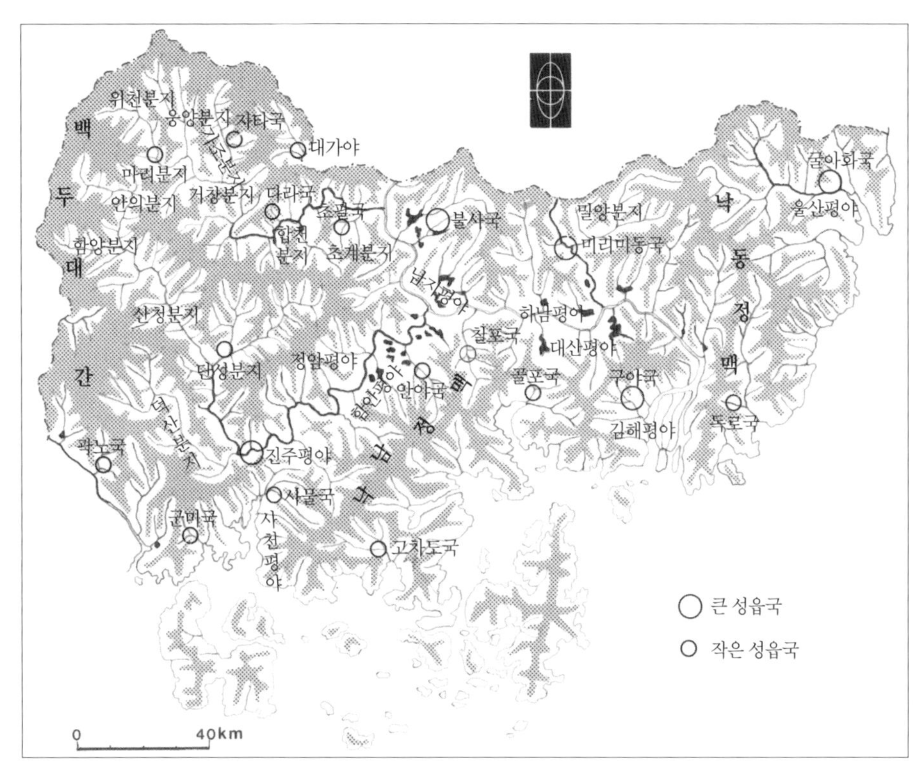

〈그림 1-3〉 경상남도의 지세도

낙동강 하류부에 속하는 창녕으로부터 하구에 이르는 유로는 지형적 영향으로 경사가 지극히 완만하다(국립지리원, 1985, 42쪽). 예를 들면 토평천의 낙동강 합류지점의 해발고도는 7.3m, 현창리의 자연제방은 14m, 내륙의 우포(牛浦)는 9.6m에 불과하다(신윤호, 2006, 93쪽). 이와 같은 지형조건으로 인하여 낙동강은 심한 곡류(曲流)를 이루며 도처에 넓은 범람원(汎濫源)과 배후습지(背後濕地)가 형성되었다(그림 1-4).

하류의 김해평야로부터 상류 쪽으로 대산평야 · 하남평야 · 남지평야 · 창녕평야 등이 분포하여 지류인 남강 유역에는 함안평야 · 정암평야 · 진주평야, 밀양강 유역에는 밀양분지가 발달하였다. 그런데 낙동강 유

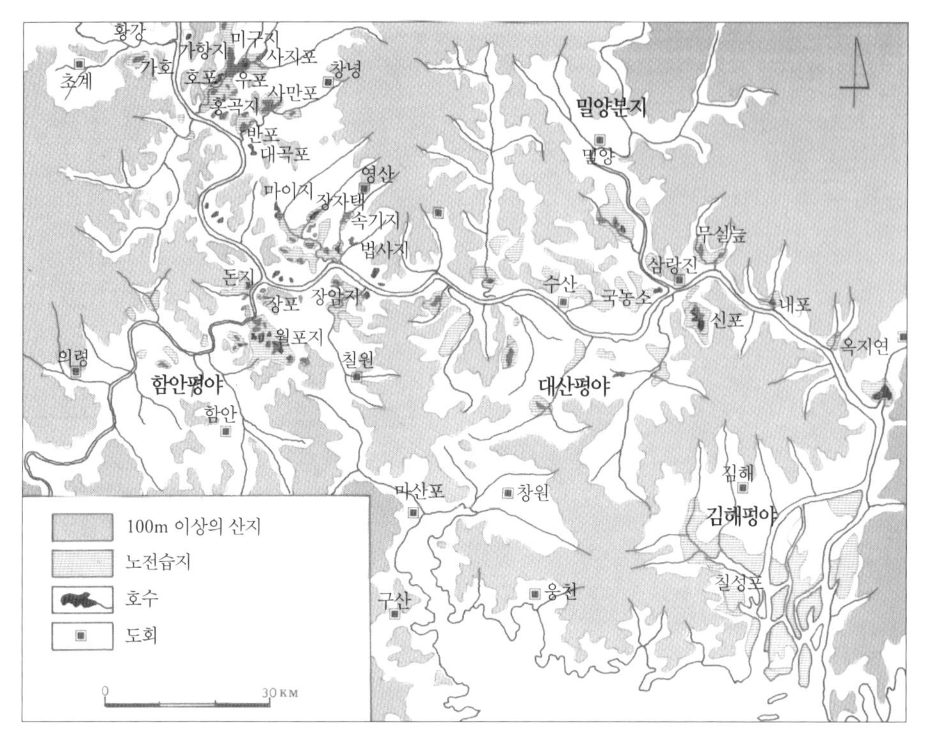

〈그림 1-4〉 낙동강 하류지방의 저습지 분포(위)와 늪지의 개간(아래, 우포늪): 고려 말부터 늪지의 개간이 시작되었으며, 특히 18세기 후반부터 대규모의 개간사업이 활발하게 진행되었다. 저습지의 이름은 19세기의 지명이다.

역에는 광막한 평야는 드물고 특이하게도 범람원성 대상충적지(帶狀冲積地)가 대부분이다. 이 평야들의 주변은 해발 200m 이상의 구릉성 산지로 둘러싸여 있으나 평야 면은 10m 내외로 매우 저평하며 낙동강변을 따라 형성된 자연제방에 막혀 내수의 배수가 용이하지 않다(조화룡, 2006, 158~159쪽).

홍수 시에는 또한 낙동강이 역류하므로 도처에 노전습지(蘆田濕地)를 형성하였는데, 1910년대 지형도 조사 결과 낙동강 하류 구간에서 98개의 저습지가 확인되었다(권혁재, 1986, 176쪽). 노전습지는 낙동강 본류뿐 아니라 황강 중류에도 남아 있었으며 고문헌과 고지도를 분석하면 100여 개소 이상의 위치를 파악할 수 있다.[8] 주요 저습지로는 창녕의 우포 · 호포 · 팔락늪, 영산의 장자택 · 법사지, 함안의 월포지 · 장암지 · 장포 · 시등늪 · 유전늪, 의령의 주름늪, 진주의 장재못, 밀양의 국농소와 무실늪, 김해의 화포 · 신포, 합천의 박곡지와 정양지 등이다. 이 저습지 주변의 평야들은 1930년대까지도 홍수 때마다 강물이 역류하여 홍수기에는 면적이 증가하였다가 갈수기에는 수면이 좁아지는 현상을 반복해왔다(반용부, 1991, 7쪽).

낙동강 하류의 배후습지성 호소의 발달은 빙하기와 간빙기의 지형 및 해수면 변동과 관련지어 설명되고 있다. 즉 뷔름(Würm) 빙기(氷期)(약 10,000년 전까지 지속됨) 때에 본류 및 지류의 하곡들이 침식작용을 받아 깊은 개석곡(開析谷)을 형성하였는데, 후빙기(後氷期, 약 10,000년 전부터 시작됨)의 해수면 상승과 더불어 상류로부터 운반된 물질이 퇴

---

8) 낙동강 하류지역 노전습지의 위치와 명칭은 다음 자료를 참조하여 확인할 수 있다. 『조선후기지방지도』(경상도), 영산현 · 창녕현; 『해동지도』(경상도), 밀양부 · 영산현 · 칠원현 · 김해부; 남영우 편, 『구한말한반도지형도』, 성지문화사, 1996. 초계 · 신급 · 합천 · 삼랑진 · 밀양 도엽; 朝鮮總督府, 『1:50,000 地形圖』, 1917. 영산 · 창녕 · 밀양 · 진주 · 의령 · 남지 · 김해 · 합천 도엽.

적되면서 지류의 입구가 막히고 자연제방 안에 물이 고여 호소를 이루게 되었다는 것이다.

전 세계적으로 지질시대에는 해수면 변동이 잦았는데 빙하가 가장 발달했던 시기(15,000~20,000년 전)의 해수면은 현재보다 약 140m 낮았고, 약 10,000년 전에는 40m가 낮았으며, 약 6,000년 전부터 현재의 수준에 가까워지기 시작한 것으로 보인다(海津正倫, 1994, 18~20쪽). 그런데 남해안과 가까운 쓰시마(對馬) 해협의 해저지형을 연구한 일본학자들은 최후빙기 이 수역의 해수면이 현재보다 약 120m 낮았고(海津正倫, 1994, 204쪽), 6,500~5,000년 전 일본 해안의 해수면이 현재보다 10~26m 정도 더 높았다는 연구결과를 발표한바 있다(海津正倫, 1994, 92쪽).

낙동강 하류 충적지형에 관한 국내의 연구성과는 일본과 다소 차이를 보인다. 이언재에 의하면 남해안의 해수면이 4,500여 년 전에는 현재보다 5m, 3,500년 전에는 약 7.5m 높았고, 그 후 점차 낮아져 1,600~1,700년 전에는 현재보다 약 6.5m 높은 위치에 도달했다고 한다.[9] 이 주장을 믿을 수 있는지는 의심되나 낙동강 하류 충적평야에서 해발 5m 내외의 지역은 과거에 해침(海浸)을 받았고 가야시대에는 해수면이 현재보다 1.2~1.7m 정도 더 낮았을 가능성(이언재, 1980, 77쪽)이 높기 때문이다. 그러나 이 시기의 낙동강 하류지역 저습지의 범위는 현재보다 더 넓었다고 볼 수 있다. 낙동강 하류 저습지의 존재는 가야연맹의 발전과 독립에는 유리하게 작용한 반면 신라의 영토 확장에는 장애요인으로 작용하였는데, 이에 관한 상세한 설명은 제1부 제1장 제4절로 넘기기로 한다.

서부산지는 낙동강 서쪽, 즉 남강 상류와 황강 유역에 속하는데 남강

---

9) 이언재,『수가리 패총의 연체동물화석군집에 관한 연구』(부산대학교 석사학위논문, 1980)에 관하여 언급한 안춘배 외 2인의 논문(「가야사회의 형성과정 연구」,『가야문화연구』, 창간호, 50쪽)에서 전재.

(186.3km) 유역(3,492km²)의 일부와 황강(111km) 유역(1,332km²)의 대부분, 섬진강 유역의 일부가 이 지역에 포함된다. 남강은 경호강 · 덕천강 · 임천강 등의 지류를 가지고 있으며 황강에도 계수천 · 위천 · 가천 등 많은 지류가 있다(국립지리원, 1985, 402쪽). 이러한 대소 하천 유역에는 다수의 분지와 곡저평야(谷底平野)들이 분포하는데, 특히 화강암 지대에 규모가 큰 침식분지들이 발달하였다.

분지들은 대체로 대접 형태의 구조이다. 황강 상류 가천(加川) 유역의 가조분지(加助盆地)를 예로 들면 동서의 폭 약 11km, 남북의 길이 약 9km의 규모로서 30° 이상의 급경사를 이룬 500~1,000m의 주변산지, 15° 이하의 완경사를 이룬 250~300m의 하부 산록 면, 250m의 충적면 등이 차례로 나타나는 지형적 특색을 보인다(그림 1-5). 그러나 충적면은 폭이 좁고 긴 곡저평야로서 면적이 좁고 하부 산록 면이 가장 범위가 넓다(大矢雅彦, 1993, 159쪽; 조화룡 외, 2006, 221쪽).

서부산지의 분지들은 황강 하류부의 초계분지(해발 20~60m)와 남강 중류의 대평분지(40~100m)를 제외하면 대체로 성인과 구조가 가조분지와 비슷하다. 초계분지는 황강 하류로 유입하는 소지류 유역에 발달한 비옥한 넓은 충적지이고 남강 중류의 대평분지는 사질 충적토로 형성된 것이다. 그 외는 대부분 해발 60~300m에 발달한 산간 침식분지들로 높은 주변산지로 둘러싸여 있다. 주요 분지들은 황강 유역의 고제분지(320~400m), 위천분지(260~300m), 마리분지(240~300m), 웅양분지(260~300m), 거창분지(200~300m), 합천분지(40~100m) 등이 있다. 남강 유역에는 안의분지(200~260m), 함양분지(160~280m), 생초분지(100~140m), 산청분지(80~100m), 단성분지(60~100m), 덕산분지(190~220m), 삼가분지(100~140m) 등이다. 이들 가운데 거제분지 · 초계분지 · 가조분지 · 함양분지 · 산청분지 · 단성분지 · 합천분지 등이 비교적 면적이 넓고 토지가 비옥하다(그림 1-3 참조).

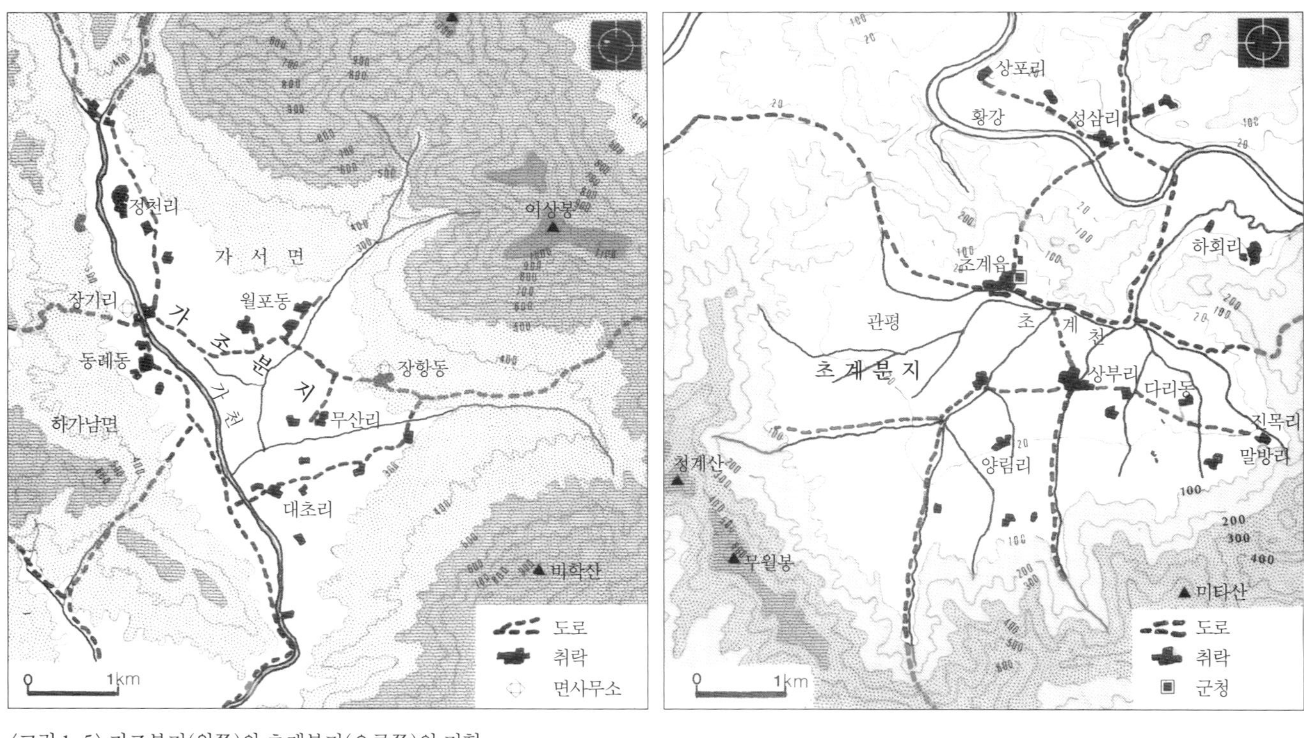

〈그림 1-5〉 가조분지(왼쪽)와 초계분지(오른쪽)의 지형

일반적으로 분지는 그 범위가 평야에 비해 협소하나 상대적으로 토지생산성이 높기 때문에 인구 지지력(支持力)이 크다(黑崎千晴, 1989, 6~9쪽). 따라서 분지는 일찍이 개발되어 고대국가의 핵으로 발전한 예가 적지 않다(천관우, 1989, 293쪽 및 김정학 외, 1973, 75~80쪽). 경상남도 서부산지의 거창 · 가조 · 초계 · 단성 · 함양 등지가 좋은 예이며, 그 밖에도 개화기까지 지역 중심지 기능을 보유해온 분지들이 적지 않다. 이중환은 "나라 안에서 가장 비옥한 토지로 전라도의 남원과 구례, 경상도의 성주와 진주 등지를 꼽는다"고 하였고 이어서 "가야천 일대의 합천 등 산간분지 일대는 물이 풍부하여 가뭄의 피해가 없다"[10] 고 하였다. 또한 "안의 · 거창 · 함양 · 산음 등 지리산 북쪽에 위치하는 4개 읍 역시 토지가 비옥하여 함양은 산수굴(山水窟)이라 칭한다"[11] 고 하였다.

이와 같이 서부경남에 대한 과도한 예찬과 달리 『택리지』에는 평야지대에 대한 언급이 거의 없는 점을 보면 낙동강의 홍수와 저습지의 배수문제는 농경과 취락입지에 큰 장애가 되었던 것 같다.

경상남도의 동부산지는 북~남 주향의 낙동정맥(태백산맥)과 이에 병행하는 해안산맥으로 이루어진다. 낙동정맥은 고헌산(1,033m), 문수산(600m), 원효산(972m), 금정산(790m)을 지나 다대포에서 그치는데 언양 북부의 북안고개와 언양~양산 사이의 지경고개 등 안부(鞍部)에서 고도가 120~220m로 낮아지는 경우를 제외하고 대체로 700~1,000m의 고도를 유지한다. 태화강 중류부에서 남쪽으로 뻗은 해안산맥은 500~700m의 고도를 유지하며 동해안을 따라 부산의 해운대까지 내려온다. 그러나 이 산지의 200m 고도 이하는 경사가 매우 완만한 구릉지를 형성하면서 해안까지 접근하기 때문에 도처에 해안단구가 발달한 반

10) 『택리지』 복거총론 생리조.
11) 『택리지』 팔도총론 경상도조.

면 평야는 매우 협소하다(국립지리원, 1985, 5쪽).

동부산지는 양산단층을 비롯하여 울산단층, 일광단층 등이 남북으로 종행한다. 그러나 양산단층과 울산단층은 대체로 '인'(人) 자형을 이루어, 동부산지는 가지산 블록, 원효산 블록, 토함산 블록 등으로 구분된다(우병영, 2006, 759쪽). 단층선은 하계망(河系網)의 발달에도 영향을 주어 양산천은 양산단층을 따라 남남서 방향으로 흐르고 수영강과 회야강 상류부는 울산단층, 태화강 지류는 불국사 단층을 따라 유로가 형성된다(우병영, 2006, 763쪽). 이러한 단층선을 따라 양산협곡을 비롯한 협곡지형이 발달하였다.

단층선을 따라 산지들이 급사면을 이루고 있어 동부산지를 흐르는 하천들은 대체로 유로가 짧지만 상류부에는 선상지(扇狀地), 하류부에는 충적지가 분포하는 등 복잡한 지형발달상을 나타낸다. 특히 태화강 상류 방기천 유역의 언양분지 남쪽에는 고위면 · 중위면 · 저위면으로 구분되는 100~300m의 넓은 단구 면이 나타난다(조화룡, 2006, 810~812쪽). 하천의 규모가 작기 때문에 넓은 평야는 발달하지 못했으나 태화강과 동천 하류의 울산평야는 경상남도에서 주요 곡창지대의 지위를 누려왔다.

남해안 지역은 섬진강 하구로부터 낙동강 하구에 이르는 낙남정맥(한산산맥) 분수령의 남쪽지방에 해당된다. 한산산맥 말단부가 해침(海浸)을 받아 남해안에는 반도 · 만(灣) · 섬 등이 많은 복잡한 리아스(rias)식 해안지형이 발달하였다. 낙남정맥에서 바다 쪽으로 뻗은 산각들이 해안까지 접근하기 때문에 하천의 유로가 짧고 넓은 평야도 없다. 길호강과 사천천 유역의 사천평야, 상동천 유역의 고성분지, 냉동천 · 남천 일대의 창원분지 등이 비교적 넓은 평지이지만 규모가 작기 때문에 농업생산량은 많지 않다. 그러므로 남해안의 주민들은 일찍이 어로 · 해조류 채취, 제염업 등에 종사하는 한편 해로를 이용한 상업활동을 전개함으로써 인구 지지력을 높여왔다.

남해안의 복잡한 해안선은 고성반도 · 통영반도 · 구산반도 · 웅천반도와 반도들 사이로 깊숙이 들어오는 선진포 · 강진해 · 자란만 · 고성만 · 당동만 · 진해만 · 마산만 · 웅동만 등의 만입, 그리고 거제도 · 남해도 · 사량도 · 미륵도 · 한산도 · 가조도 · 가덕도 등 약 440개의 도서들에 의해 이루어진다. 남해안의 도서들은 외해의 풍랑으로부터 남해안 지방을 보호하는 방벽 역할을 해주기 때문에 육지부와 도서 사이의 잔잔한 수역은 통상로와 어업발달에 이상적인 조건을 제공하였다. 그러므로 가거수도~견내량수도~강진해~노량수도로 이어지는 해로는 남해안 지역을 동서로 연결하는 대동맥이었을 뿐 아니라 서로는 전라도, 동으로는 함경도와 통하는 교통로였다.

이 수로를 배경으로 영남지방 3대 조창(漕倉)이었던 선진포(船津浦)의 가산창(駕山倉), 마산만의 마산포창, 삼랑진의 후조창(後漕倉) 등이 발달하였으며, 특히 마산포는 조선 후기 전국 15대 장시 중의 하나로 발전하였다. 또한 이 수역에는 통영(統營)을 비롯한 많은 수군진이 설치되어 남해안의 전략요충지 기능도 보유하게 되었다.

② 기후와 자연재해

기후와 식생은 지형 다음으로 지역성 형성에 많은 영향을 끼친다. 다시 말하면 지역주민의 경제생활, 의식주를 포함하는 생활양식은 기후 및 식생과 밀접한 관계가 있다.

경상남도는 그리 넓은 지역은 아니지만 동서의 폭이 넓고 지역에 따라 지형조건이 다르기 때문에 지역적 기후 및 식생의 차이가 나타난다. 즉 지역에 따라 강수양식(降水樣式)과 강수량의 차이가 있으며 해발고도에 따라 기온의 차이도 나타난다. 그러나 지역적 기후 및 식생의 차이는 타도에 비해 매우 미약한 편이다.

경상남도의 연평균 기온은 11~14℃로서 제주도를 제외하면 전국에서 가장 높다. 기온은 내륙으로 들어갈수록 낮아지는데 고도가 높은 서북부 내륙의 거창군 산악지대는 11℃, 안의 · 거창 분지지역은 12℃를 나타내고 그 외의 지역은 대체로 13~14℃ 정도이다. 1월 평균기온은 영상 2℃~영하 2℃로 반도부에서는 가장 온난한 편이다. 0℃의 등온선은 하동 · 곤양 · 고성 · 진해 · 양산 · 언양을 잇는 선을 따라 이어지며 남해도와 거제도의 남쪽은 난류의 영향을 받아 기온이 더 높다. 기온은 내륙으로 들어갈수록 낮아져 산청~진주~마산~삼랑진~밀양을 연결하는 선은 영하 1℃, 안의~합천~초계~창녕 선은 영하 2℃의 등온선이 지난다. 그런데 남해안보다 동해안의 기온이 더 높아 남해안 쪽에서는 등온선이 수평으로 이어지다가 동해안에 가까워지면서 남북방향으로 바뀐다. 그러나 서부경남과 동부산지의 고산지대는 기온이 매우 낮다.

경상남도는 백두대간과 가야산지 등이 한랭한 서북풍을 막아주기 때문에 같은 위도 상의 전라도에 비해 바람에 따르는 체감온도(windchill) 지수가 낮은 편이다. 고성 일대는 체감온도 지수가 750, 남해도 · 거제도 · 창원 일대는 800, 기타 지역은 850 정도로서 경상남도는 전국에서 겨울철 추위가 가장 덜 느껴지는 온난한 지역이다(김연옥, 1985, 20쪽). 이와 같이 겨울철이 온난하기 때문에 난대성 식물인 차나무 · 동백나무 · 귤과식물 등이 남해안 지방에 분포하고 감나무 · 대나무 등은 대부분의 지역에 자생한다. 온난한 기후는 개방형 가옥의 발달에도 영향을 주었다. 8월의 평균기온은 24℃~26°로서 지역차가 매우 적은 편이다. 그러나 통영 · 마산 · 고성 일대는 타 지역보다 기온이 높고 안의 · 거창 등 산간분지는 가장 낮은 24℃를 나타낸다.

경상남도의 연 강수량은 1,100~1,600mm로 지역편차가 큰 편이다. 강수량은 해안지방이 많고 내륙으로 들어갈수록 적어지는데, 특히 서부산지와 동부산지는 지형적 영향으로 다우지를 형성하는 반면 중앙저지는 다소 강수량이 적다. 최다우지는 1,600mm 이상의 강수량을 보이는 남해도 · 곤양 · 하동 · 거제도 일부이며 동래 · 김해 · 양산 · 기장 등지도 1,500mm 정도에 달한다(국립지리원, 1985, 404~406쪽). 강수량은 대부분 6~8월의 3개월에 집중되는데 지형성 강우현상이 심한, 서부경남의 산간지대는 700~800mm, 중앙저지는 550~650mm, 동해안 쪽은 450~550mm가 내려 서부산지와 동해안 간의 여름철 강수량 차이가 거의 300mm에 달한다.

중부지방과 달리 경상남도에는 여름철 외에도 강수량이 비교적 많은 편이며, 이는 가을철 태풍에 의한 비와 겨울 강우로 인한 것이다. 경상남도는 한반도에 상륙하는 태풍의 대부분이 통과하는 진로 상에 놓여 있으며 일본열도를 통과하는 태풍의 영향도 받기 때문에 9, 10월에도 자주 집중호우가 내린다. 남해안과 도서지방에는 겨울에 눈 대신 비가 내리므로 경상남도는 전국적으로 적설량이 가장 적다. 그러나 서부산지에는 상당한 양의 눈이 쌓이는데 특히 안의 · 거창 · 함양은 우리나라의 다설지역(多雪地域)의 하나로 꼽힌다(김연옥, 1985, 143쪽).

낙동강 하류는 하천 경사도가 매우 낮아 하구에서 100km까지는 경사도가 1.5/1,000, 100~300km는 3.5/1,000의 완만한 경사도를 나타낸다. 게다가 넓은 경상분지의 물이 모두 김해로 모여들기 때문에 홍수 때에는 물이 잘 빠지지 않아 홍수가 잦다(안수한, 1995, 58쪽). 17세기 이후 갑오개혁 당시까지 경상도에서는 약 10회의 대홍수가 발생하였는데, 19세기에 이르러 홍수가 잦았고 피해의 규모도 컸다. 특히 고종 대에는 5회의 대홍수가 발생하여 가옥유실 8,300여 호, 인명손실 640여 명의 피해가 발생하였다(이태진, 1997, 116쪽).

1885년 8월 홍수 때 낙동강 주요 지점의 홍수위는 창녕군 마수원 10.96m, 거룡강 12.78m, 임해진 11.30m, 밀양 수산진 10.00m, 삼랑진 10.70m, 양산군 원동 8.49m, 동래군 구포 5.04m, 남강 정암진 9.37m를 나타냈다(朝鮮總督府, 1926, 53~54쪽).

이 수치는 황강 · 남강 · 밀양강 등의 지류가 낙동강으로 합류하는 구간에서 물이 잘 빠져나가지 못하여 중앙저지 일대의 홍수위가 하구 부근의 구포보다 5~7m나 더 높아진다는 사실을 나타낸다. 이 홍수 때 경상도에서 많은 가옥이 파괴되었는데[12] 피해의 대부분이 낙동강 중류 및 하류지역에서 발생하였다. 예를 들면 1880년 홍수 시 막대한 피해를 입은 합천군은 수백 호의 민가가 유실되고 구릉 상에 입지했던 군청마저 붕괴되어 읍치를 현내면 야로(冶爐)로 이전하였다가 1893년경 현재의 합천읍으로 복귀하였다.

1925년 홍수의 경우를 보면 남강과 낙동강 본류의 합류지점으로부터 하류 쪽의 범람면적은 약 35,000정보, 가옥 침수는 10,760호, 이재민의 수는 약 15만에 달하였다. 전답 중 약 3,000정보는 완전히 유실되었고 침수가옥의 약 61%가 유실 및 붕괴되었다(朝鮮總督府, 1926, 57~58쪽). 낙동강 홍수피해의 핵심지역은 남강과 본류의 합류지점으로부터 삼랑진에 이르는 구간이다. 중류에서 남지까지 남쪽 방향으로 흐르던 낙동강이 남강의 물을 합친 후 유로를 90° 돌려 동류하다가 삼랑진에서 밀양강 물을 모은 후 다시 직각으로 유로를 바꾸기 때문에 삼랑진 상류부의 물이 원활하게 빠져나가지 못한다. 그러므로 이 구간의 대산평야 · 하남평야 · 남지평야 등 저지대는 빈번하게 침수피해를 입었다. 이에 삼랑진을 비롯한 낙동강 하류의 주요 취락에는 일제 초에 홍수위 표지, 홍수경보시설, 방수벽과 방수문 등이 설치되었다(그림 1-6). 잦은 홍수 때문에 낙동강 유역의 평야에는 취락이 발달하지 못하였으며 강변의 가옥들은 자연제방에 한정적으로 분포하였을 뿐이다. 따라서 영구적인 살림집

12) 『증보문헌비고』 22년 8월조에 '경상도 대수표퇴(大水漂頹) 6천여 호'라 하여 낙동강 유역의 수해가 심각하였음을 암시하고 있다.

〈그림 1-6〉 삼랑진의 홍수위 표지(위)와 방수벽 · 방수문 · 홍수경보시설(아래)

으로 형성된 이른바 야촌(野村)이 들어서기 시작한 것은 낙동강 제방이 건설된 1935년 이후이다.[13)]

19세기 낙동강 하류의 기상재해는 이 지방 민란의 한 요인이 되었다. 즉 수재로 가옥이 파괴되고 농경지가 유실되거나 토사로 매몰되었음에도 불구하고 정부의 구호대책이 미흡하였을 뿐더러 때로는 가혹한 세금이 부과되어 다수의 농민들이 그들의 근거지를 이탈하게 된 것이다(이상배, 1996, 16쪽). 이재민 중 상당수는 지리산을 비롯한 서부경남의 산지로 이주하고 일부는 동부산지 또는 항포구로 이주하였으며 보부상으로 직업을 전환한 자도 상당수에 달했다. 산간지방으로 이주한 자들은 예외 없이 산지를 개간하였으므로 이 시기에 화전(火田)이 급증하였다(정치영, 2006, 76~77쪽). 기상재해는 직접적인 인명 및 재산피해를 입히는 데 그치지 않고 홍수 후에 발생하는 콜레라를 비롯한 수인성 전염병과 저습지에 서식하는 모기에 의해 발병하는 말라리아 창궐로 인한 인명피해도 유발시켰다. 그러므로 전염병 역시 평야지대 주민의 원거주지 이탈의 한 원인이 되었다(정치영, 1999, 40쪽).

겨울 기온이 비교적 높아 온난하고 무상기일이 길며, 강수량이 많은 경상남도에는 난대성 식물인 대나무 · 팽나무 · 비자나무 등 난대성 상록활엽수림이 널리 분포한다. 그러나 지형 변화가 크기 때문에 고산지대와 내륙지방에는 침엽수와 낙엽활엽수의 혼합림이 분포한다. 서부산지의 소나무 · 전나무 · 자작나무 평야 및 구릉지대의 대나무, 저습지의 갈대, 고위 평탄면의 억새 등은 이 지방 전통가옥의 재료로 활용되었다(그림 1-7).

경상남도의 다양한 자연환경은 이 지방 전통가옥의 성립에 지대한 영향을 주었다. 즉 기후 조건에 따른 가옥 구조, 지형조건에 대응하는 주거

---

13) 제보: 1998년 2월, 박남이(78세), 밀양시 삼랑진읍 삼랑진 2리.

〈그림 1-7〉 밀양시 단장면 천황산 고위평탄면인 사자평의 억새군락(위)과
부산시 사하구 을숙도의 갈대밭(아래): 억새는 서부산지의 고산지대, 창녕 화왕산,
동부산지에 군락을 형성하며 민가의 지붕 재료로 쓰였다. 갈대는 낙동강 하류 삼각지,
대산평야, 창녕, 함안 등지의 저습지에 분포하였으며 이엉 재료로 쓰였다.

공간의 배치와 좌향 결정, 건축재 선정 등에 지역성이 반영된 것이다. 고온다습한 여름과 온난한 겨울 기후조건을 참작하여 방한 및 난방보다는 여름철의 방습·방열을 염두에 둔 통풍 위주의 개방형 가옥이 발달한 것이다.

4. 가옥과 취락 발달의 역사적 배경

1) 개화기 이전

비달학파의 지리학자들은 결코 자연환경이 인간의 문화 창조활동에 절대적인 영향을 끼친다고 보지 않는다. 예를 들면 인간이 집을 지을 때 건물의 형태와 구조는 인간의 가치관과 의지에 따라 결정되는 것이지 자연환경에 의해 좌우되지 않는다는 것이다(Brunhes, J., 1962, p.48). 이러한 관점은 풍토성 가옥(*vernacular house*)의 개념과 합치되는 것으로 토지에 정착한 농민집단의 주거와 밀접한 관계가 있다. 농가는 농민의 휴식공간인 동시에 생활용구, 귀중품, 농기구, 저장용 곡물, 가축 등 다양한 재산을 수용하는 기능을 보유한다. 이와 같은 전통가옥의 형태는 문화환경에 적응된 것으로서 일단 형성된 풍토성 가옥의 유형은 수세기 동안 보존된다(Roberts, B.K., 1996, p.74). 이러한 관점에서 볼 때 경상남도의 전통가옥은 농경문화가 싹트기 시작한 신석기시대부터 오랜 기간 동안 진화과정을 거쳐 오늘에 이른 것으로 보인다.

경상남도의 지역성을 인문환경적 측면에서 고찰하려면 우선 이 지역에 대한 역사지리적 접근이 필요하다. 이 지역은 조선시대 이래 경상도라는 단일 행정구역의 일부로 존재해왔으나 낙동강 하류지역은 고대로부터 중·상류지역과 다른 역사적 배경을 가지고 발전해왔음을 패총의 탄화미·청동기·철기 등 선사시대의 유물과 유적, 그리고 역사시대의 문헌과 유적을 통하여 파악할 수 있다. 이와 같은 곡물의 흔적 및 각종 도구를 정착생활에 기반을 둔 취락의 성립을 입증하는 증거로 볼 수 있다. 왜냐하면 정착민들이 영구적인 주거를 조성하지 않는 한 정상적인 형태와 구조를 가진 취락은 성립되지 않기 때문이다(Jackcon, J.B., 1984, p.91). 이러한 증빙자료를 바탕으로 경상남도의 지리적 변화를 역사적으로 고찰해보기로 한다.

1~3세기경 낙동강 유역에는 세력이 비슷한 24개의 소국들이 무계층(無階層) 상태로 존재하였는데 진한계(辰韓系) 12국은 주로 영남의 동북부에, 변한계(弁韓系) 12국은 서남부에 위치하였다. 군장국가(君長國家, chiefdom) 또는 성읍국가(城邑國家)라 일컫는 이 소국들은 4,000~5,000호의 대국으로부터 600~700호의 소국에 이르기까지(김태식, 1993, 59쪽) 규모의 차이가 있었다. 대국은 종속되는 취락의 수가 수십 개인 반면 소국은 5~10개에 불과하다는 차이 외에 정치적 구조는 유사하였다. 그런데 진한계 성읍국들은 사로국에서 출발하여 오늘날의 경상북도 대부분과 경남 동부의 울산·언양 일대를 장악하여 영역국가(領域國家)로 성장한 신라에 흡수되었으나 변한계 소국들은 6세기 후반까지 가야연맹체를 구성하여 각국이 독립을 유지하였다.

변한계 소국, 즉 전기 가야 소국들의 위치는 학자에 따라 견해 차이가 다소 있으나 김해 · 밀양 · 창녕 · 동래 · 창원 · 고성 · 함안 · 합천 · 하동 · 곤명 · 성주 · 고령 등지로 비정되고 있다. 전기 가야의 총 호수는 4~5만 호로 추정되는데(김태식, 1993, 77쪽), 하동과 곤명 대신 개령을 전기 가야국의 하나로 비정하는 학자가 있는가 하면(김준형, 1999, 134쪽), 거창군의 가조분지와 마리분지 역시 후보지로 보고 있다(김태식, 1993, 70쪽). 이러한 학설을 토대로 전기 가야의 강역을 비정해보면 그 범위는 울산과 언양을 제외한 경상남도 대부분을 포함한다(그림 1-3 참조).

4세기 말~5세기 초 가야연맹은 고구려의 남침과 신라의 서진정책으로 일시적인 해체기를 맞이했으나(김준형, 1999, 134쪽), 5세기 후반 고령의 대가야를 중심으로 10여 개국의 연맹체로 부활하였다(김태식, 1993, 91쪽). 그러나 530년경부터 백제와 신라의 침투로 대가야가 붕괴되기 시작하여 562년에는 신라에 완전히 병합되었다.

신라가 파사왕〔婆娑尼師今〕29년(108) 창녕과 대구 일대를 점거하고[14] 3세기 후반에는 경상북도 대부분을 차지하였음에도 불구하고 낙동강 하류 황산강 일대의 전투에서는 노전습지를 적절히 이용한 가야군의 매복전술에 휘말려 6세기 후반까지 가야 정복의 염원을 이루지 못했다. 신라가 가야 정복에 심혈을 기울였던 이유와 가야가 수세기 동안 독립을 유지할 수 있었던 점은 지리적으로 검토해볼 필요가 있는 문제이다. 왜냐하면 이 사실은 오늘날 서부경남의 지역성 형성과 밀접한 관계가 있기 때문이다.

신라의 가야 침략은 아마도 이 지역의 철 · 동 등의 광산물, 곡물과 어염 등 자원의 확보라는 경제적 목적과 신라 해안을 자주 침범했던 왜와 가야 간의 교류차단이라는 정치적 목적을 배경으로 깔고 있었을 것이다. 고대인이 이용했던 사철(沙鐵)은 주로 화강암 · 화강편마암 지역에 분포하였는데, 중생대 퇴적암 지대가 광범위하게 분포하는 경남지방에서 철은 특정지역에 편재하는 자원이었으므로 충분히 전략물자로서의 가치가 있었다. 가야의 철은 마한 · 예 · 왜에도 수출되었다.

남해안 수역은 원시적인 어구를 사용하던 시대에는 동해안보다 조건이 좋은 어장이었으며, 자염(煮鹽) 조건도 양호하였다. 남해안의 어염은 낙동강과 섬진강 수로를 이용하여 낙동강 중 · 상류와 전라도 동부 내륙으로 수출되어 가야인들에게 많은 이익을 제공하였을 것이다. 동서양 어느 지역에서나 어염의 교역로는 권력집단들이 수단을 가리지 않

---

14) 『삼국사기』 권1, 신라본기 제1 파사이사금 29년 여름 5월조.

고 장악하려 했으므로(Gilmore, H.W., 1955, p.1014; Heaton, H., 1968, pp.159~160; 富岡儀八, 1976, 53쪽) 염도(鹽道)의 확보는 신라의 제국주의적 정책목표의 하나였을 것이다. 그러나 항해술이 우수하고 철제무기로 무장한 해양민족인 가야는 신라가 쉽게 정복할 수 있는 약체는 아니었다.

가야를 병합한 신라는 구 가야지역을 신라의 행정구역으로 편입시켰는데, 초기에는 경상남도 일대에 거열주(居烈州, 거창)와 삽량주(歃良州, 창녕)를 설치했다가 통일신라기에는 강주(康州, 진주) · 양주(良州, 양산)로 개편하였다. 강주 소속 군현으로는 경남의 남해 · 하동 · 고성 · 함안 · 거제 · 단성 · 거창, 전북의 운봉과 경북 땅의 고령 · 강양 · 성산 등지가 있었고 양주 소속 군현으로는 김해 · 밀성 · 형산 · 동래 · 화황 · 임관 등이 있었다.

고려시대에는 몇 차례의 행정구역 개편이 있었으나 행정제도가 완비된 성종 14년(995)에 이르러 경상도의 강역 내에 영남도(嶺南道, 상주), 영동도(嶺東道, 경주), 산남도(山南道, 진주)의 3개도가 설치되었다. 산남도는 아마도 지리산의 남쪽 길, 즉 진주~구례~남원으로 통하는 대로에서 유래한 것으로 보인다. 고려시대의 경상남도 강역은 산남도의 진주 소속 9개 군, 합주 소속 12개 군, 거제의 3개 군, 고성 · 남해 등 2개 군, 영동도의 울주 소속 2개 군, 금주 소속 5개 군, 양주 소속 2개 군, 밀성 소속 6개 군 등으로 구성되었다.

고려 고종 10년(1223)부터 조선조 세종 25년(1443)까지 약 220년간 경상도의 남해안 지방은 극심한 왜구의 피해를 입었다. 왜구의 소굴이었던 쓰시마 섬(對馬島) · 이키 섬(壹岐島)은 남해안까지 당일로 도착할 수 있는 거리에 위치하는데 특히 쓰시마 섬은 일본 본토보다 우리나라가 더 가깝고 혼란기에는 일본 중앙정부의 통제가 거의 불가능하였다. 일본의 가마쿠라 막부(鎌倉幕府)의 몰락(1333)을 전후한 시기부터

무로마치 막부(室町幕府)에 의한 통일기까지(1392)의 대혼란기에 왜구의 본거지는 물론 일본 각지는 전란과 식량부족으로 인하여 극심한 곤경에 처했다(宇田川武久, 1983, 205쪽).

가마쿠라 막부 말기에는 중앙정부가 규슈를 비롯한 도서지방의 통솔능력을 상실해 이 지방 주민의 다수가 지방 토호의 지휘하에 해적 집단화하였다. 쓰시마 섬과 이키 섬은 왜구의 제1차 전진기지가 되어 한반도와 중국의 산동반도 일대에 출몰한 해적의 소굴이 되었다(Kuno Yoshi S., 1937, p.69; So Kwan-wai, 1975, p.3). 이들은 약 530회나 우리나라 각지에서 약탈을 자행하였으며(나종종, 1980, 62~63쪽), 1223~1349년까지는 주로 남해안에 간헐적으로 출몰하는 데 그쳐 그 피해는 그리 심각한 수준은 아니었다. 이때는 여 · 몽 연합군의 일본 정벌 당시에 설치되었던 합포(마산)와 금주(김해)의 수군진이 기능을 유지하던 시기였으므로 왜구도 고려의 대왜 방비책을 무시하지 못하였다.[15)]

그러나 홍건적의 침입으로 고려의 국방력이 서북부 국경으로 집결된 기회를 이용하여 왜구는 집중적인 공격을 감행하였다. 특히 1374년에는 331회의 침구가 있어 남 · 서해안 주민들이 내륙으로 피난하자 왜구는 약탈대상을 찾아 내륙까지 침투하였다. 그들은 낙동강과 섬진강 수로를 소강하면서 침투로를 개척하였으므로[16)] 해안에서 100여 리에 달하는 밀양 · 청도 등 내륙지방도 결코 안전지대가 아니었다.

경상남도 각 군별 왜구 침입 기록을 보면 고성 10회, 김해 9회, 양산 · 밀양 · 합포 6회, 진주 · 사천 · 울산 5회, 거제 · 동래 · 하동 4회, 창원 3회, 웅천 · 남해 · 의령 · 언양 · 진해 · 칠원 · 함안 · 기장 · 단성 · 거

---

15) 『고려사』 권29, 세가 충렬왕 7년 3월조 및 권30, 세가 충렬왕 15년 9월조.

16) 『세종실록』 권101, 세종 25년 8월 경인조; 李領, 『倭寇と日麗關係史』, 東京: 東京大學出版會, 1999, 154쪽.

창 · 안의 · 합천 · 삼가 · 산청 · 함양 등지도 1~2회로 나타난다.[17] 창녕 · 영산 · 초계를 제외한 경상남도 전 지역이 왜구의 침입을 받았다. 밀양을 경유한 왜구가 경상북도의 청도를 침범하였고, 금강 하류 진포(鎭浦)에 상륙한 대규모의 왜구는 추풍령 · 선산을 경유하여 거창 · 함양을 통과하고, 다시 팔랑치를 넘어 전라도의 운봉으로 진출했다가 이성계군에게 격멸되었다(그림 1-8).[18]

14세기 중 · 후반 경상남도 해안지방은 장기간 주민이 거주하지 않아 생산력이 감퇴하였으므로 거제군은 거창군 속현인 가조분지로 옮기고(이수건, 1984, 460쪽), 남해현도 내륙으로 이전하였다.[19] 왜구가 진정된 후에도 이 지역들은 월경지로 존속되다가 조선조 세종 대에 이르러 반환되었다.[20]

왜구로 인한 서남해안의 공동화는 고려의 존망을 좌우할 정도로 심각하였는데 그 실상은 조준(趙浚)의 상소문에 잘 나타난다.

> 수천 리에 달하는 비옥한 들이 왜구의 약탈이 시작된 후 방치되었습니다. 들에는 잡초가 무성하고 국토는 어염과 목축 · 농산의 이익을 잃었습니다. (중략) 문관으로 되어 있는 지방관을 수군 지휘관으로 바꾸십시오. 군사들에게는 성을 쌓고 노약자를 성안에 보호하게 하십시오. 먼 지역까지 척후를 두고 봉화를 조심스럽게 운영케 하시고 그들에게 농업 · 어업 · 대장간업, 기타 생업에 종사하게 하십시오. 수군에게는 더 많은 배를 만들어주십시오. 왜적이 쳐들어오면 백성들을 재빨리 성으로 들어가게 하여 수군이 왜구를 공격토록 명령하십시오.

---

17) 『고려사』 권22~46, 세가 열전, 46~48쪽의 왜구 관련 기록 참조.
18) 『고려사절요』 권30, 우왕 1년 7월조.
19) 『고려사』 권57, 지리지 2, 경상도 남해현조.
20) 『신증동국여지승람』 남해읍성정이오기(南海邑城鄭以吾記).

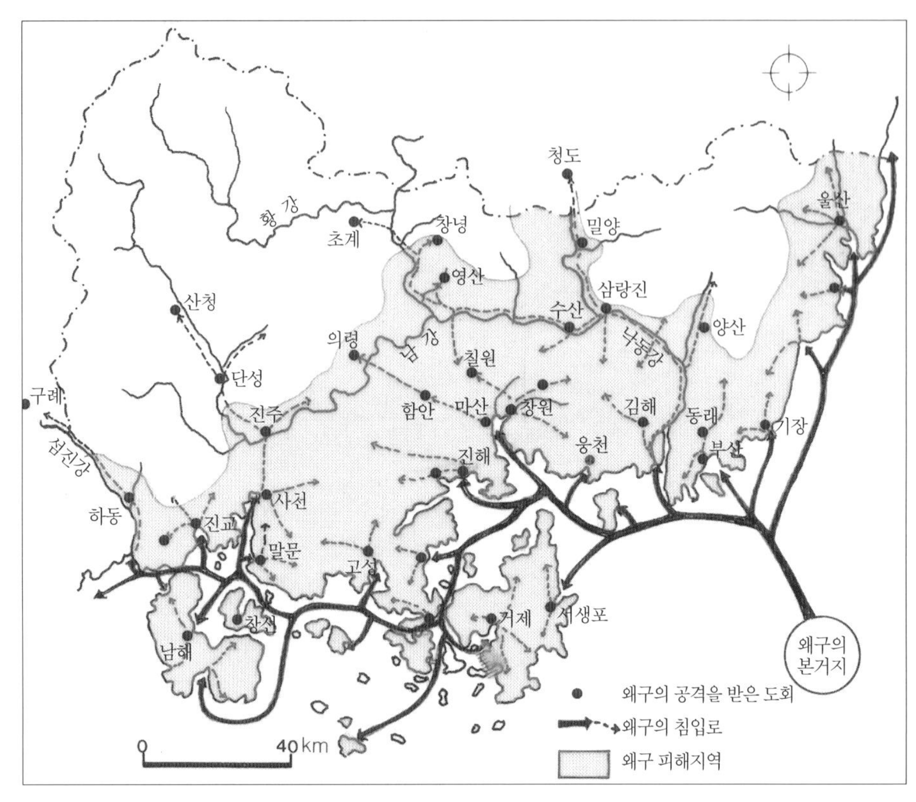

〈그림 1-8〉 고려 말·조선 초의 왜구 침입:
왜구 침입은 조선시대의 복거지 선정에서 불리한 요건으로 작용하였다.

만일 이 계획이 합포(合浦)에서 의주(義州)까지 이루어지면 피난 간 백성들은 곧 고향으로 되돌아올 것입니다(종지).[21]

고려의 왜구 토벌은 홍건적의 침입을 격퇴한 후 비로소 구체화되었다. 조정은 주민들을 소집하여 군사훈련을 시키고 각도 요충지에 방호(防護)를 두어 해안에 가까운 고을의 산성을 수축하였다.[22] 그리고 전략요

21) 『고려사』 권32, 신우 14년 8월조.
22) 『고려사』 권46, 열전 우왕 3년 2월조.

지와 군사기지의 수령을 무관으로 교체하고 흩어진 백성을 모으게 하였다(고병익, 1983, 224~225쪽). 이 시기에 김해 · 창원 · 양산 · 합천 · 창녕 · 함안 · 삼가 · 안의 · 사천 · 거창 · 단성 등지의 산성을 수개축하고 울산 · 동래 · 언양 · 진주 · 김해 · 양산 · 합포 · 곤양 · 삼가 등 대부분의 읍성이 완공되었다(차용걸, 1984, 143~146쪽).

왜구의 준동은 경상남도 일대의 가옥과 취락발달에 지대한 영향을 주었다. 이중환은 남해안을 왜와 가까워 사대부가 살 만한 복거지가 아니라고[23] 하였는데 실제로 지리산지의 궁벽한 골짜기에는 왜구의 침입 당시부터 외지인(주로 남해안)들이 들어와 설촌(設村)한 유서 깊은 촌락들 다수가 분포한다(정치영, 1999, 36~39쪽).

조선 초기 지방행정제도의 개편에 따라 영남지방에 경상도가 설치되었으나 경상도의 행정체계는 수차에 걸쳐 수정되었다. 태조 2년(1393) 11월 경상도에는 경주 · 상주 · 안동 · 경산 · 김해 · 진주 등 여섯 개의 계수관(界首官)이 선정되고 감영은 경주에 설치되었다. 그러나 '왕화(王化)는 북(왕도인 한양)에서 남으로 전파되는 것이 마땅하지 남쪽 경주에서 북으로 향할 수 없다'는 영의정 황희(黃喜)의 의견에 따라 경상도 감영은 상주로 이전되었다.[24] 또한 경상도는 타도에 비해 땅이 넓고 인구가 많다는 이유로 낙동강을 경계로 좌 · 우도로 나누었는데, 좌도는 경주 부윤(府尹), 우도는 상주 목사(牧使)가 관찰사를 겸직하도록 하였다.[25] 임진왜란을 계기로 좌 · 우도제가 철폐되는 동시에 경상도의 중앙에 위치하는 대구에 새로운 감영이 설치되었다.

영남지방의 주요 도회인 경주 · 안동 · 상주 · 거창 · 진주 · 창원 · 동래 등이 대구로부터 직선거리로 60~80km 범위에 분포하며, 도내의 주

---

23) 『택리지』 팔도총론 경상도 · 전라도조.
24) 『세종실록』 권10, 세종 30년 4월 경신조.
25) 『대동야승』 권14 을묘록보유 하 노필전.

요 교통로들이 이곳에 수렴되므로 대구의 중심성(nodality)은 왜란으로 와해 위기에 처했던 경상도의 지역통합에 유리하게 작용하였다. 그러나 16세기부터 경상도는 가야산지를 경계로 낙동강 중 · 상류, 즉 오늘날의 경북에 해당되는 상도(上道)와 하류부, 즉 경남에 해당되는 하도(下道)로 구분되었다. 전자는 안동 중심의 퇴계학파, 후자는 남명학파에 속하는 사대부들이 주로 거주하였으며, 17세기 이래 환로(宦路)의 진출에서 전자가 후자를 압도하게 되었다.[26] 그러나 경제적으로는 진주를 중심으로 한 서부경남이 상도보다 우위에 놓여 이 지역 사대부들이 상도의 사대부들에 비해 여유 있는 생활을 유지하였다.

경상도의 지방행정조직은 태종 대에 거의 정비되었다. 각 군현은 수령의 관등에 따라 부윤(종2품), 대도호부사 · 목사(정3품), 도호부사(종3품), 군수(종4품), 현령(종5품), 현감(종6품)으로 읍격(邑格)을 차등화하였다. 군현의 등급은 호수(戶數)와 전결수(田結數) 등 사회 · 경제적 수준, 왕실과의 관계, 정치적 상황, 배출 인물 등을 고려하여 정하였으며 명칭은 읍격에 따라 정하였다. 즉 부윤 부(府)와 목(牧)에는 경주 · 진주 등과 같이 '주'(州) 자의 의존명사를 붙이고 그 외의 고을에는 '산' · (山) '천'(川) 자를 붙였다. 동시에 군현의 통폐합도 시행하였는데 예를 들면 의창현과 회원현을 합쳐 창원군을 만들고 곤명현과 남해현을 곤남군(昆南郡), 이안현과 감음현을 합쳐 안음현(安陰縣), 삼지현과 가수현을 삼가현(三嘉縣)으로 통합하였으며 울산 · 사천 · 합천 · 양산 등도 인접 소현들을 병합하였다.[27]

여말 선초에는 외관(外官)이 배치되지 않았던 속현과 향(鄕) · 부곡(部曲) · 처(處) · 장(莊) 등 임내(任內)의 정리작업이 추진되었다. 선초

---

26) 『택리지』 팔도총론 경상도조.

27) 『태종실록』 권16, 태종 8년 7월 을미조.

경상남도에는 부곡 46, 향 13, 소 35개 등이 분포하였는데 이들 대부분은 인근 고을에 편입되었다. 예를 들면 진주목은 인근의 12개 부곡, 6개소, 1개 향을 병합하였고, 밀양은 11개 부곡, 3개 향, 1개소를, 의령은 2개 부곡, 2개 향, 4개소를, 함안은 2개 부곡과 5개소를, 김해는 2개 부곡과 4개소를, 영산은 3개 부곡, 2개소, 1개 향을 편입하였다. 그 밖에 창원 · 양산 · 동래 등이 각각 5개의 임내지역을 병합하였고, 함양은 3개, 삼가 · 칠원 · 산음 · 창녕은 각각 2개씩, 초계와 안음 등은 1개의 임내를 편입하였다. 임내는 대체로 각 군현의 접경지대에 위치하여 군현 간의 완충지대를 형성하였으나 고려 예종 원년(1106) 이래 임내에 대한 쟁탈전이 전개됨에 따라 인접 군현으로 편입된 것이다(이수건, 1996, 260~262쪽). 이는 인구증가에 따른 토지수요, 농림 · 수산자원 확보의 필요성과 밀접한 관계가 있을 것이다.

일찍이 이앙법(移秧法) · 분전법(糞田法) · 객토법(客土法) 등 중국 강남의 선진농법을 수용한 영남 사림들은 오지 또는 벽지에 속했던 임내지역 개발의 선구자로서 새로운 터전을 확보하기 시작하였는데, 특히 산지가 발달한 서부경남에서는 계곡 물을 이용한 관개기술을 바탕으로 한해(旱害)를 방지하고 곡저평야를 농경지로 다듬었다. 저습한 대하천 유역의 평야와 달리 계류변의 분지와 곡저평야는 지대가 다소 높은 하안단구(河岸段丘)가 발달하여 수해도 비교적 적었다. 물론 이러한 지역은 규모가 작아 사대부들도 대지주로 성장하지 못하고 중소지주로 만족할 수밖에 없었다. 또한 도로사정이 나쁘고 교통수단도 발달하지 못하여 지역 중심지와의 교통이 불편하였으나 생필품의 대부분을 자급자족할 수 있었으므로 광대한 평야지역에 비해 생활여건은 양호하였다(그림 1-9).

이러한 지역은 피병피세지(避兵避世地)로도 인기가 높아 평야지대보다 비교적 일찍 개발의 한계에 도달하여 인구밀도가 높고 포화상태에

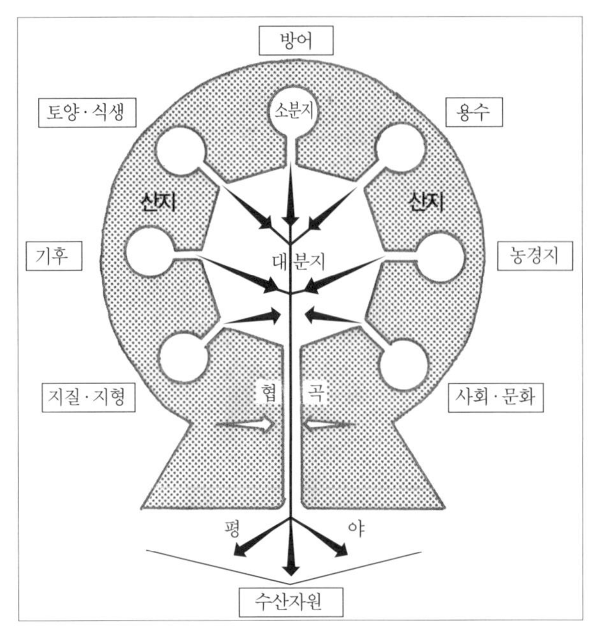

〈그림 1-9〉 서부경남의 거주환경 개념도: 진주를 중심으로 한 서부경남은 지리산·황매산·한산산맥 등으로 둘러싸여 외부에 노출되지 않는 이점이 있어 일찍이 고대국가들이 입지하였고, 조선 후기까지 전국에서 가장 개발이 잘 된 지역으로 인식되었다. 그러나 지형적 고립성은 근대화의 장애 요인으로 작용하였다.

도달한 예가 적지 않다. 이러한 과잉인구는 분지 주변으로 출가(出稼)하여 행상을 하거나 신전(新田) 개발을 통하여 집단으로 이주하는 경우가 많았다(黑崎千晴, 1989, 9쪽). 경상남도의 경우 상업 분야 진출은 일반적으로 평민층, 신전개발은 사대부들을 중심으로 진행되었다.

임진왜란은 경상남도 일대를 초토화시켜 전란 후에 지역구조 개편을 불가피하게 만든 계기가 되었다. 왜군이 부산포에 상륙한 이래 동래·밀양·함안·진주·울산 그리고 남해안 도처에서 격전을 치렀으며, 약 7년간 왜군에게 점거되었기 때문에 이 지역은 전국에서 가장 전란의 피해가 컸다. 주요 도회는 물론 평야지대의 취락들 대부분이 파괴되었기 때문에 주민들 대부분이 서부경남의 산지로 도피하였다. 그러므로 지리산 · 덕유산 · 가야산 · 백운산 · 황매산 등지에는 남해안 지방과 기타 평야지대로부터 피난 온 사람들에 의해 설촌(設村)된 많은 취락들이 형성되었다. 서부경남의 중심지였던 진주목의 이수(里數)가 왜란 전 112개에서 왜란직후 59개로 감소했다는 연구(정진영, 1999, 278~279쪽)는 그 사실을 반영하는 근거로 볼 수 있다.

『택리지』에서도 지리산을 '사람을 살리는 산'으로 묘사하는 동시에 심산유곡의 취락 대부분이 피병피세지에 입지하고 있음을 밝히고 있다.[28] 물론 서부경남 고산지대의 신설취락 중 충청도 · 전라도 출신들이 설립한 것도 다소 있으나 대부분은 진주 · 함안 · 창원 · 고성 · 남해 출신들에 의해 설촌되었다(정치영, 1999, 53~54쪽).

정치영은 이 지역 산촌 대부분이 임진왜란 당시에 형성되었으며 비슷한 시기에 해발 700미터의 산복(山腹)에까지 구들논이 조성되어 벼농사가 확산되었음을 밝히고 있다(정치영, 1999, 130쪽). 조선 중기에 이미 경상도의 여러 산골짜기에 화전(火田)이 존재하고 있다는 사실이 확인되지만,[29] 주민들이 설촌한 후 이동하지 않고 이를 숙전화(熟田化)함으로써 산전(山田)으로 변하였다. 즉 산촌 주민들이 산복의 농지를 계단식으로 다듬어 제전화(梯田化)하고 수로를 만들어 개답(開畓)하게 되었다. 이러한 실상에 대하여 이경식은 산지의 농지 모두가 이동식 화전이 아니며 화전은 산전의 일부에 포함되기 때문에 양자를 동일시해서는 안 된다고 강조하고 있다(이경식, 1989, 163쪽). 왜란 후 도입된 신대륙의 농산물 종자 역시 서부경남 산촌의 발달에 영향을 주었을 것이다. 옥수수 · 감자 · 고구마 · 호박 · 담배 등이 대표적인 작물인데 옥수수 · 감자 · 고구마는 단위 수확량이 많아 구황작물로 인기가 높았다. 이 작물

---

28) 『택리지』 복거총론 산수조.

29) 『승정원일기』 164, 현종 원년(1660), 10월 11일.

들의 보급 과정은 제2부에서 상세히 설명하기로 한다.

한편 평야지대에서는 우선 진황전(陳荒田) 복구에 전념한 후 이어서 저습지 개간에 착수하였다. 낙동강 중 · 하류의 저습지는 오랫동안 인간의 간섭을 받지 않고 자연상태로 유지되다가 고려 말부터 소규모로 개간되기 시작한 것 같다. 저습지 개간에 관한 최초의 기록은 고려 말 일본 원정군을 지휘한 김방경(金方慶)이 밀양군 남쪽 수산현(守山縣)에 주위 50리에 달하는 수산제를 쌓아 둔전을 조성하고 여기에서 생산된 미곡을 군량미로 조달했다는 것이다.[30]

조선 전기에는 낙동강 하류의 농지개간에 대한 정보가 보이지 않으나 후기부터 밀양 · 양산 · 의령 등지에서 몇 개의 사례가 확인된다. 필자는 밀양 송지리 주민의 제보에 따라 삼랑진 동남 약 3km 지점에 서 있는 작원교(鵲院橋)[31] 비문을 조사하고 배후습지인 작원들〔鵲院坪〕을 답사한 결과 송지리(현 삼랑진읍) 배후의 평야는 과거에 배후산지에서 내려오는 3개의 계류들이 약 8km나 연속되는 낙동강 자연제방에 막혀 출구를 열지 못하다가 처자교 부근에 이르러 비로소 좁은 틈을 얻어 낙동강에 유입되기 때문에 작원들 일대에 넓은 저습지가 형성되었음을 확인하였다(그림 1-10).

영남대로의 송지리~원동간 작천잔도(鵲遷棧道)는 본래 저습지의 북쪽 호안을 돌아 우회했으나 작원교 건설과 자연제방 정비에 따른 뚝방길 조성 후 그 거리가 $\frac{1}{3}$로 단축되었으며 과거의 습지 일부는 뽕밭과 논으로 개간되었다. 정조 11년(1787)에는 양산천 하류 황산역(黃山驛) 앞의 평등벌이 개간되었으나 1791년 대홍수로 침수되었으며 1792년 이

30) 『신증동국여지승람』 권26, 경상도밀양군도호부 고적조.

31) 건륭 29년(1764, 영조 40년) 송지리~작원관 사이의 뚝방길에 건설된 석교. 현재 이 다리 안쪽에는 폐농상태의 논과 밭이 넓게 분포한다.

〈그림 1-10〉 처자교: 낙동강 우안의 자연제방 상에 건설되었던 이 석교는
낙동강의 운반물질에 덮여 매몰되었으나 2011년 발굴되었다.
자연제방의 안쪽에는 넓은 저습지가 형성되었다.

를 복구하였다.[32] 그 밖에도 의령 · 칠원 · 함안 · 밀양 등지의 저습지 개간이 꾸준히 진행된 것으로 보인다. 19세기 말의 문헌을 보면 새로 개간된 전답의 세수자료(稅收資料)가 명기되어 있는데, 이러한 신전(新田) 세액이 의령군과 함안군은 각각 미곡 20석, 밀양군은 전(錢) 20냥, 칠원은 미곡 107석이었다. 울산의 초평(草坪)은 전 141냥, 하동의 광평(廣坪)은 미곡 약 31석에 달하였다.[33]

신개간 습지의 위치는 고지도에서도 어느 정도 파악할 수 있다. 의령군 지정면 웅곡 둔지(遯地)의 국농소(國農所), 함안군 대산면 구혜리 일

32) 『비변사등록』 제171책, 정조 11년 9월 29일조; 동 179책, 정조 15년 11월 8일조.
33) 『경상남도계묘조각둔역도급세액봉미이정성책』(慶尙南道癸卯條各屯驛賭及稅額捧未釐整成冊)(규19623~4), 1904, 재산정리국.

대, 밀양부 하남면 동산리 일대의 국농소, 칠원현 북면 일대 저습지, 하동군 하동읍의 광평 등지가 신개간지로 비정된다. 밀양의 국농소는 고려 말에 개간되었다가 한때 방치된 것을 18세기 말 재개발된 것으로 보인다. 왜냐하면 18세기 중엽의 『해동지도』 상에 국농소는 하나의 호수로 나타나기 때문이다.[34]

그러나 낙동강 하류부에는 조선 후기까지 상당 면적의 노전습지가 남아 있었다. 노전은 해일 · 대홍수 등 재해 시에 침수 · 포락(浦落)되거나 새로운 노전이 형성되기도 하므로 면적의 변화가 심하다. 순조 5년(1805) 김해군의 노전 총면적 약 244결 중 약 143결이 진전(陳田)이었는데[35] 1863년에는 약 194결로 확대되었다.[36]

낙동강 델타부에 속하는 김해군과 양산군 일대 약 220결의 노전 가운데 김해군 덕도면(德島面)에 약 49%, 가락면(駕洛面)에 20%, 명지면(鳴旨面)에 6%, 하동면에 3%, 칠산면 · 유동면 · 녹산면 · 우부면 · 대야면 등지에 4%, 양산군에 18%가 분포하였다.[37] 현재 서울시 면적의 1.4배에 해당되는 이 넓은 노전의 갈대는 건축재와 염전의 연료용으로 활용되었다.

주민의 대부분이 내륙으로 도피했던 해안 · 도서지방에서도 경지 및 취락의 복구와 어염업의 재건이 시행되었을 것이다. 필자의 충남 서해안 연구(최영준 외 2인, 1996, 986~987쪽)에서 확인한 바로는 순어민이든 겸업어민이든 어민은 농업에 대한 적응력이 낮아 타지로 이주할지

---

34) 『해동지도』(경상도), 밀양부.

35) 『경상도김해부소재용동궁노전이생처타량성책』(慶尙道金海府所在龍洞宮蘆田泥生處打量成冊)(규18310), 김해부, 순조 3년(1803).

36) 『김해군노전개량대장』(규18651).

37) 『경상도양산군소재경성사동서판서댁차지노전타량성책』(慶尙道梁山郡所在京城社洞徐判書宅次知蘆田打量成冊)(규18576), 양산군 함풍 6년(1856); 『김해군소재노전세납책』(규18568), 김해부.

라도 어업에 종사하고자 하며 그것이 불가능할 경우에는 어로가 가능한 지역을 찾아 재이주하는 경향이 있다. 한국 어업사 연구에서는 더욱 주목을 끄는 연구가 발표된 바 있는데 여말 · 선초의 왜구 침입시기 및 임진왜란 당시 서남해안 도서지방 어촌들이 거의 공도화(空島化)하여 어촌을 복설한 것은 대체로 1640년을 전후한 시기였다고 한다(박광순, 1993, 128~130쪽).

농 · 산 · 어촌의 복구는 왜란 후 전후복구사업을 재정비 · 체계화한다는 의미에서 반드시 시행되어야 하는 사항이었다. 즉 조선 후기에 단행된 전후 복구사업에서 전란 전의 상태를 복원하기보다는 새롭게 형성된 인구 및 취락분포상을 말단 지방행정조직을 개편하는 이른바 5가통사목(五家統事目)의 제정이 불가피했던 것이다.[38] 숙종 원년(1675) 9월에 반포된 '5가통사목'은 제3부에서 설명하기로 한다.

왜란 이후 100여 년간 전후 복구사업을 진행한 결과 영 · 정조 대에 이르러 조선조는 부흥기를 맞게 되었다. 중앙 및 지방의 행정조직이 안정되고 농업이 발달하였으며 상업이 발달하여 물화의 유통도 활발해졌다. 그 결과 왜란 전과 달리 수령의 품계, 즉 읍격이 높은 군현보다 경제적 조건이 양호한 지역이 더 많은 인구를 보유하게 되었다. 따라서 중앙정부와의 관계를 고려하여 상징적으로 설정되었던 지방행정체계는 정치 · 경제적으로 많은 비합리성을 노출하였다. 이에 다산(茶山)은 이러한 모순을 지적하고 체계적인 군현분등 방안을 제시하였다(표 1-1). 그는 민호수(民戶數)와 전결수(田結數)를 합친 수치를 근거로 전국의 군현을 8등급으로 나누었는데[39] 여기에서 전결수는 지역의 경제력을, 민

38) 왜란의 전후 복구가 어느 정도 마무리된 조선 후기부터 자연촌의 성장으로 리(里) · 촌(村) 가운데 면으로 승격된 곳이 적지 않았다(이수건, 『조선시대지방행정사』, 민음사, 1989, 71쪽).

39) 『경세유표』 권4, 천관수제 군현분등조 참조.

〈표 1-1〉 18세기 경상도 남부(경상남도)의 군현분등

군현명	민호수(호)	전결수(결)	계	분등	수령의 품계
밀양	22,900	10,000	32,900	대주(大州)	종3품 도호부사
진주	15,000	14,000	29,000	〃	정3품 목사
김해	13,000	10,000	23,000	대군(大郡)	종3품 도호부사
고성	15,000	6,000	21,000	〃	종5품 현령
울산	9,500	8,500	18,000	중군(中郡)	종4품 군수
창녕	9,500	6,000	15,500	〃	종6품 현감
창원	8,000	6,000	14,000	소군(小郡)	정3품 도호부사
함안	6,000	6,500	12,500	〃	종4품 군수
거창	5,000	4,500	9,500	대현(大縣)	종6품 현감
영산	5,500	4,000	9,500	〃	〃
의령	8,000	1,000	9,000	〃	〃
하동	5,000	4,000	9,000	〃	종3품 도호부사
진해	3,000	6,000	9,000	〃	종6품 현감
함양	5,500	3,500	9,000	〃	종3품 도호부사
거제	5,500	3,000	8,500	〃	〃
양산	5,000	3,500	8,500	〃	종6품 현감
합천	4,500	4,000	8,500	〃	종4품 군수
동래	5,000	3,000	8,000	중현(中縣)	종3품 도호부사
남해	5,000	2,500	7,500	〃	종5품 현령
사천	4,500	3,000	7,500	〃	종6품 현감
초계	4,000	3,500	7,500	〃	〃
웅천	4,500	2,500	7,000	〃	〃
안의	4,500	2,000	6,500	〃	〃
삼가	4,000	2,500	6,500	〃	〃
곤양	3,500	2,500	6,000	〃	〃
기장	3,500	2,000	5,500	소현(小縣)	〃
칠원	1,500	4,000	5,500	〃	〃
산청	3,000	2,000	5,000	〃	〃
단성	3,000	2,000	5,000	〃	종5품 현령
언양	1,500	2,000	3,500	잔읍(殘邑)	종6품 현감

호수는 생산자인 동시에 소비자인 인구수를 산정하는 기초가 된다(최영준, 2004, 411~412쪽).

다산에 의하면 18세기 후반 전국의 대주(大州) 수는 15개인데 그 중 7개가 영남지방에 분포하였으며 현 경상남도권의 밀양과 진주가 이에 포함되었다.

군현분등 상에도 직제상의 모순이 드러난다. 예를 들면 진주목(정3품 목사)보다 하위의 밀양(종3품 도호부사)의 분등수치가 월등히 높으며, 고성 · 창녕 · 함안 · 영산 · 의령 등 하위 군현의 분등수치도 합천 · 동래(종3품 도호부사)보다 우위에 있다. 그리고 칠원 · 언양 등 잔읍의 분등수치는 밀양의 $\frac{1}{8}$~$\frac{1}{9}$에 불과하다.

영정시대 부흥기도 19세기에 들어서면서 점차 붕괴되기 시작하였다. 19세기 초부터 발생한 수차에 걸친 낙동강 대홍수와 한발은 경상남도 민란의 요인이 되었다. 철종 13년(1862) 단성현에서 발생한 민란이 진주목으로 비화되어 수곡면 · 마동면 · 원당면 · 백곡면 · 금단면 · 삼장면 · 시천면 등으로 확대되더니 드디어 경상도 동북부는 물론 전라도와 충청도까지 영향을 받게 되었다(김준형, 1999, 193쪽). 특히 고종 대에는 홍수가 잦았는데 1885년 8월의 대홍수는 낙동강 본류는 물론 지류 유역에도 극심한 피해를 주었으며 1894년에 이어 1895년에도 홍수가 일어났다. 이러한 실정에도 불구하고 조정이 재정수요를 타개하기 위해 백성에게 과중한 세금을 부과한 것이 화근이 되어 1894년 1월 함안과 사천에서 농민봉기가 일어나고 이어서 김해 · 고성 · 하동 등지에서도 소요가 발생하였다(김준형, 1992, 75~76쪽). 한발과 민란은 이어서 상세하게 고찰하기로 한다.

2) 개화기

강화도조약에 따라 부산포가 개방된 1876년부터 대한제국이 일제에게 국권을 강탈당한 경술국치(1910)에 이르는 약 34년을 흔히 개화기라 칭하는데, 비록 그 기간은 한 세대 남짓 짧은 시기에 지나지 않지만 우리 역사상 중대한 사건이 빈발했던 격동기이다. 개화기는 시대적 특성에 따라 전기(1876~94), 중기(1895~1904), 후기(1905~10)로 구분된다(이세영 · 최윤오, 1990, 15~37쪽; 유승렬, 1994, 1쪽).

전기는 부산에 이어 원산과 인천이 외국인에게 개방되고 이들 항구에 외국인 조계(租界)가 설치됨에 따라 외국자본과 문물이 쏟아져 들어오기 시작한 시기이다. 외세의 침투에 대한 대비책을 마련하지 못한 우리 정부가 우왕좌왕하는 가운데 각처에서 민란이 빈발하던 중 동학농민운동이 일어나고 급기아 청일전쟁으로 확대된 혼란기였다. 중기는 동학농민운동과 청일전쟁을 겪은 후 우리 조정이 선진문물을 적극적으로 도입하여 나라를 근대화하고자 부단한 노력을 기울였던 때로, 이른바 갑오개혁과 광무개혁(光武改革)을 통하여 외세의 간섭을 배제하는 동시에 자주적 근대화를 촉진하여 근대적 입헌군주국가 건설을 시도했던 의미 있는 시기이다.

그러나 근대화를 통한 자주성 확립이라는 대한제국의 의지는 일제의 강압에 의해 좌절되고 후기의 외교권 박탈과 국권상실로 이어졌다. 이와 같은 민족적 불행은 당시의 허약했던 국력과 지배층의 분열, 그리고 국제 외교 및 통상에 대한 경험부족에서 야기된 문제이다. 개화기 후기는 우리나라의 국권이 일제에 의해 좌지우지되던 시기이므로 이 책에서는 비중 있게 다루지 않기로 한다.

개화기 한국과 같은 후진사회에서 근대화 사업은 마땅히 정부가 주도할 수밖에 없는 일이었으나 강화도조약에서 드러난 몇 가지 사항을 검토해보면 당시 우리나라 지배층이 얼마나 무책임하고 무능하였는가를 알 수 있다. 강화도조약 이후 경술국치까지의 변화상을 경상남도를 중심으로 지리적 관점에서 시기별로 고찰해보기로 한다.

진주민란이 수습된 후 14년 만에 부산포가 개항되면서 개화기 전기가 시작되었다. 이 시기에 발생했던 여러 사건들의 원인을 파악하려면 1876년 8월 24일에 조인된 한일수호조규(韓日修好條規)의 내용을 검토할 필요가 있겠다. 동 조약 부록 제3관에 '조선국 정부에 속하는 땅은 조선국 인민으로부터 관(官)에 납조(納租)함과 동일한 임대가격을 납부하고 거주한다. 부산 초량항(草梁項) 공사관에는 종전에 조선국 정부로부터 수문(守門) · 설문(設門)을 설정하였으나 금후 이를 철폐하고 새로 정한 한계에 의하며 표지를 경계 상에 설립한다' 하였다. 제4관에서는 '부산항에서 일본국 인민이 통행할 수 있는 도로의 이정(里程)은 방파제로부터 계산하여 동서남북 각 직경 10리(조선법에 의함)로 정한다. 동래부중(東萊府中)에 있어서는 이정 밖이라 할지라도 특별히 왕래할 수 있다. 이 이정 내에서 일본국 인민은 자유로 통행하고 기타의 물산 및 일본국 산물을 매매할 수 있다'고 하였다. 제7관에서는 일본 화폐의 자유로운 유통을 허가하였다(국회도서관 입법조사국, 1964, 21~22쪽). 또한 동 조약 본문 제9관은 양국 인민은 각자 임의로 무역하되 양국 관리는 이에 간섭하지 못한다(국회도서관 입법조사국, 1964, 15쪽)고 하였다.

한일수호조규의 내용을 보면 우리 정부는 일본인들이 요구하는 조계 지역 내의 사유지를 저가로 수용한 다음 그들에게 공급하여 영구 조차하도록 허용하고, 과거 초량 왜관(倭館)의 울타리를 철거하여 일인들의 활동범위를 10리 권으로 넓히되 필요에 따라 10리 권 밖의 동래읍까지 자유롭게 통행할 수 있도록 하며, 일본산 물품은 물론 일본인들이 들여오는 타국산 물품에까지 관세를 부과할 수 없다고 못을 박고 있고, 교역물품의 대금은 일본 화폐로 지불할 수 있다는 것으로 정리할 수 있다. 이와 같은 불평등조약을 체결한 결과 일본인들은 정치적으로 안전을 보장받으면서 일본산 및 서양산 직물 · 석유 · 염료 · 시멘트 · 연초 · 소금 ·

구리 · 설탕 등을 무관세로 들여와 판매하고 쌀 · 콩 등의 곡물을 사들여 일본으로 반출하면서 막대한 이익을 챙겼다.

제1장 제3절에서 언급한 바와 같이 경상남도는 일본과는 가까운 반면에 서울과는 거리가 먼 변방에 속하여 역사적으로 중앙의 통치력이 강하게 미치지 못한 지방이었다. 특히 개항을 전후한 19세기 말에는 약 30년간 경상도에서 10여 차례 이상 수해와 한발이 발생하였음에도 불구하고[40] 중앙정부는 과도한 징세로, 지방관리들은 수탈을 자행하여 백성들을 생활고에 빠뜨렸다(서영희, 1991, 168~169쪽). 그럼에도 불구하고 곡창지대를 거점으로 활동한 객주(客主)들은 지주들로부터 쌀과 콩을 매집하여 부산포의 왜상(倭商)들에게 넘겼다.

부산포 개항 이래 1895년까지 부산항의 무역통계를 보면 영남지방의 풍흉에 따라 다소 변동이 있었으나 1876년 137,431원, 1881년 1,557,858원, 1891년 1,786,271원으로 상승하였다. 다만 1895년은 농민봉기와 동학농민운동의 영향을 받아 880,805원으로 낮아졌다. 1890~92년 부산항 수출총액의 80% 이상을 곡물이 차지했던 점(홍순권, 1972, 102~105쪽)을 감안할 때 영남지방의 주민생활이 어떠하였을지 짐작할 수 있다.

곡물 수출을 통하여 치부한 자들은 소수의 지주 및 부농, 그리고 객주들인 반면에 대다수의 소작농 · 임금노동자 · 영세상인 · 어민들은 극심한 생활고에 직면하였다. 이는 국내의 식량수요를 감안하지 않은 과도한 미곡 수출로 인하여 야기된 문제였다. 곡물 수출로 치부한 자들은 군 · 면의 경계를 넘나들면서 농지를 매입하여 수개 면에 걸쳐 수십 필지의 농

40) 대규모의 재해는 1857, 1865, 1875, 1881, 1885, 1891, 1894, 1895년에 빈발하여 비옥한 평야지대는 물론 해안지방에도 막대한 피해를 주었다. 朝鮮總督府 內務局, 『朝鮮の大洪水』, 1926, 53~54쪽; 안수한, 『한국의 하천』, 민음사, 1995, 75~77쪽.

토를 소유한 대지주로 성장한[41] 반면에 다수의 소농들은 소작농 · 임금 노동자 · 행상 등으로 전락하였다. 이른바 일가(日稼)로 지칭되는 임금 노동자들은 크게 농촌의 일가군(日稼群)과 개항장 및 상업중심지의 일가군으로 분류된다.[42] 전자는 경상남도의 대농업지역이었던 밀양군에 가장 많이 분포하였고 의령군 · 진주군 · 김해군 일부 지역에서도 높은 분포율을 나타내었다.[43] 후자는 부산포 주위의 사중면(총 인구의 40.1%) · 사하면(17.1%), 통영읍 주위의 서면(9.2%)과 동면(7.9%), 마산포 외곽 등지에 집중되었다.

영국의 경우를 보면 농촌을 이탈한 농촌 노동력의 도시집중현상은 17~18세기 산업발달에 지대한 영향을 끼쳤으나(Darby, H.C., 1973, pp.302~305) 부산을 비롯한 개항기 경상남도의 해안 도시들은 그들을 수용할 만한 충분한 산업시설을 갖추지 못하였으므로 개항기의 산업발달에 크게 기여하지는 못하였다. 그러나 일제시대를 거쳐 오늘에 이르기까지 개항기의 이촌향도(離村向都) 현상이 가져온 파급효과는 부산 · 마산 등지의 도시 발달에 적지 않은 기여를 했을 것이다.

일제의 경제침탈 피해는 서민층으로부터 점차 객주 등 상인들에게

41) 『경상남도합천군양안』(규17688)과 『경상남도산청군양안』(규17689)(1904년 지계아문편)을 보면 지주 문시중은 합천군 4개 면에 걸쳐 57개 필지(약 15결)의 농지를 소유하였으며, 산청군에서도 3~5개 면에 10결 이상의 토지를 소유한 지주 6명의 이름을 확인할 수 있다.

42) 1909년에 실시된 인적조사 결과를 정리한 『민적통계표』 상에 11개 종으로 분류된 직업통계가 제시되어 있다. 이는 필자가 사용한 광무호적보다 작성연도가 2~10년 늦으나 개화기는 직업전환이 용이하지 않았던 때이므로 양자를 비교하는 데 큰 무리는 없을 것으로 보인다. 고려대학교 이헌창 교수가 분석 · 정리한 『민적통계표의 해설과 이용방법』(1997, 고려대학교 민족문화연구원)으로 일가의 군 · 면별 분포상을 상세하게 파악할 수 있다.

43) 농촌의 노동력 분포상을 보면 밀양군 전체 직업군에서 일가의 비율이 부내면(20.8%), 상동면(12.3%), 하서면(11.1%), 상서면(9.7%), 부북면(9.5%), 의령군 풍덕면(20.1%), 진주군 가이면(16.4%), 진남군 등지에서 높은 수치를 나타냈다.

로 확대되었다. 개항 초 한국인 객주를 통하여 곡물을 수집하던 왜상(倭商)들이 한국인 향도를 앞세우고 직접 내륙까지 잠행하기 시작하였기 때문이다. 물론 이들의 모험은 조계를 벗어나는 것이므로 척왜(斥倭)의 감정이 고조된 지방에서 발생할 수 있는 위험을 감수해야 하는 행위였다. 그러나 일본인들은 1883년 7월 25일 한일간행리정협정약서(韓日間行里程協定約書)의 조인으로 이 난제를 쉽게 해결할 수 있었다. 간행리정(間行里程, treaty limit)은 의미상으로 외국인의 이동범위를 우리 정부가 제한하는 것이지만 사실은 그들의 활동범위를 확대시켜준 것이었다. 상세한 내용은 제3부 제5장에서 상세히 서술하고자 한다.

간행리정조약이 효력을 발휘하는 즉시 외국인들은 가옥과 토지를 매입하기 시작하였다. 동래부 감리서(監理署) 보고에 의하면 고종 24년(1887) 일본인들은 절영도의 토지와 가옥을 매입하고, 고종 28년(1891) 미국 선교사, 프랑스 선교사, 영국 선교사 및 의사들이 조계 밖의 토지와 가옥을 매입하였다.[44] 서양인들의 부동산 매입이 대부분 교회 및 병원 건축을 목적으로 부산과 동래 일대에 집중된 반면 일본인들의 매입활동은 내륙까지 침투하여 농지 · 과수원 부지 등을 대상으로 광범위하게 전개된 점이 주목을 끈다.

같은 개항장이면서도 부산포에서 일본인의 독주와 횡포는 인천에 비해 극심하였는데, 이는 아마도 다음의 원인과 관련이 있을 것이다. 인천은 서울과 가까워서 중앙정부의 관심이 높았던 반면에 부산은 중앙의 영향력이 상대적으로 낮았을 것이다. 부산은 일본과 가깝기 때문에 일본인의 인구증가가 빨라, 1896년 그 수는 5,000명을 돌파하였고 1905년에 이미 12,000명을 넘어섰다(김용섭, 1984, 307쪽). 인천에서는 조계 면적의 61%를 100명 남짓한 구미계 주민들이 장악하고 경제 · 사회 ·

---

44) 『각사등록』 49, 경상도보유편 1, 감리서관첩존안(監理署關牒存案).

문화적으로 절대적 우위를 점하여 조계 주민의 90%를 차지한 일본인들을 견제하였으나(국사편찬위원회, 1986, 86쪽; 최영준, 1997, 393쪽) 부산에서는 모든 면에서 일본인의 독주가 가능하였다(최영준, 1997, 398쪽). 따라서 부산포를 중심으로 한 일본인들의 활동을 더 이상 방치할 경우 경상남도의 주요부를 일본인들이 장악할 위험성이 이미 극에 달해 있었다.

개항기 중기는 동학농민운동을 경험한 조정이 선진문물을 적극적으로 도입하여 나라를 근대화하고자 부단한 노력을 기울였던 시기이다. 조선 조정이 종주국으로 받들었던 청국이 일본에게 패전하는 것을 본 우리 조야(朝野)가 받은 충격은 매우 컸을 것이다. 비록 봉기에는 실패했을지라도 국가와 국제질서에 대한 농민층의 의식은 동학농민운동을 통하여 더욱 높아졌으며 이러한 분위기는 지배층에도 적지 않은 경각심을 주어 집권자나 지주층 가운데서도 자신들의 기득권을 유지하면서 사회를 변화시키고자 하는 세력, 즉 개화파(開化派)가 등장하였다.

이들은 선진문물의 수입경로를 청국을 통하는 대륙 루트에서 일본을 통하는 해양 루트로 바꿈으로써 자주적 근대화를 촉진하여 부강한 민족국가를 건설하겠다는 의지를 보였다. 그러나 개혁의지에 비해 한국 정부는 재력 · 기술력이 부족한 터에 친일파 · 친청파 · 친로파 등으로 분열되어 심각한 대립상을 보였다. 결국 대한제국의 개혁정책은 친일세력에 의해 주도되었으며, 만족할 만한 성과를 거두지 못하고 오히려 일제에게 한반도의 식민화를 촉진시키는 빌미를 제공하였다.

갑오개혁과 광무개혁은 다양하고 전반적인 형태로 전개되었다. 비록 개혁사업의 성과가 적었다 할지라도 근대적인 방법으로 토지와 가옥 · 인구 · 자원 등 국가경영의 기초가 되는 자료를 수집 · 조사하였고 행정 · 사법제도를 개혁하였으며, 신분제도를 타파하고, 새로운 교통 · 통신체계와 교육제도를 도입하고 상공업 진흥을 도모했던 점에서 이 시기의 개혁사업은 큰 의미를 지니고 있다고 할 수 있다. 조선 후기와 일제시대의 중간에 놓여 있는 개화기는 당시에 작성된 기초조사 자료를 이용함으로써 우리나라의 전통적인 지역구조를 종합적으로 파악할 수 있는 시기임에도 불구하고 지리학계의 관심은 낮은 편이다. 따라서 취락발달사적 측면에서 볼 때 개화기는 하나의 멸실고리적 존재로 남아 있는 반면 일제시대가 오히려 근대화의 여명기처럼 인식되고 있다. 그러나 오늘날 시행되고 있는 각종 제도 가운데 상당 부분이 갑오 · 광무개혁을 통하여 기본 틀을 갖추게 되었음을 간과해서는 안 된다. 갑오 · 광무개혁 가운데 호적 · 행정구역, 교통 · 통신 등 지리적으로 관련이 깊은 몇 가지 사항을 선별하여 상세히 고찰해보기로 한다.

고종 32년(1895) 3월 내무아문(內務衙門)에서 각도에 보낸 훈시의 개혁안 88조 가운데 호적과 관계 있는 내용을 선별해보자. 첫째, 노호(奴戶)를 주호(主戶)에 붙이지 말고 분호(分戶)하여 응역(應役)할 것이며 둘째, 고용인도 인구장(人口帳) 내에 현록(懸錄)하며 셋째, 유상(流商)과 유민(流民)의 원적(原籍)과 원주(原主)를 현록하고 유주(留住)한 지 1개월이 지나면 해동(該洞)에 유역하고 넷째, 각리에 현재한 호수와 인구를 일일이 실록(實錄)하여 탈루함이 없게 할 것(국사편찬위원회, 1986(1), 731~736쪽) 등 네 개의 항목을 포함하고 있다.

1891년의 울산호적(하부면 · 청량면)에는 상당수의 사노비(私奴婢)가 등재되어 있으나[45] 부농이 많이 분포했던 1898년의 밀양호적이나 1897년 의령호적 상에는 이미 노비의 존재가 삭제된 것으로 보아[46] 갑오개혁 직후 모든 노비호는 자유민으로 분호된 것 같다. 그 대신 광무호적은 고용인을 남녀별로 구분하고 그 수를 명기하고 있다.

---

45) 『경상도울산부신묘식호적대장』(규14968), 1891.
46) 『경상남도의령군상정면호구조사표』, 건양 2년(1897).

고종 32년(1895) 9월에 발표된 내부령(內部令) 제8호 호구조사세칙(戶口調査細則)은 호적과 작통(作統)에 관한 상세한 내용을 담고 있다. 호구·호적조사의 목적은 '전국의 호수와 인구를 상세히 편적(編籍)하여 인민으로 하여금 국가에 보호하는 이익을 균점(均霑)케 한다'(국사편찬위원회, 1986(3), 249~250쪽)는 것이었다. 호구조사세칙 제1관 제3조는 '호주의 부모·형제·자손일지라도 각호에 분거(分居)하여 호적이 따로 있을 시는 해당 호적 내에 진입치 아니하여 인구가 첩재(疊載)치 않게 하며 1호가 원호(原戶)면 성적(成籍)하고 타호(他戶)에 별거하는 호적을 새로 만들 때는 새 호적 내에 원적의 모(某) 지방을 난외의 별행(別行)에 주명(駐明)하여 고열(考閱)에 편안케 한다'고 하였다. 제4조는 '인민 중 무가무의(無家無依)하여 원적을 별도로 구성하지 못하고 족척지구간(族戚知舊間)의 호 안에 기거하거나 혹은 일신(一身)만 기식하여도 기구(寄口)에 참입하여 인구누락을 없앤다'고 하였다.[47]

중기의 개혁사업 가운데 지리적으로 가장 의미가 큰 사업은 지방행정조직의 개편이었다. 대한제국 정부는 1895년 8도제를 23부제로 개편하였다. 이는 하나의 도를 몇 개의 주요 거점도시를 중심으로 한 부(府)를 분리한 것으로 현재의 경상남도 강역은 대체로 진주부·동래부·대구부 등 3개 권역으로 나뉘었다. 진주부에는 21개 군, 동래부에는 10개 군, 대구부에는 23개 군이 소속되었다. 오늘날의 경상남도 밀양군·창녕군·영산군 등이 대구부 관할에 소속된 반면 경상북도의 동해안 6개 군이 동래부 관할 아래 있었다(내무부 지방행정국, 1976). 그러나 일본의 도제(都制)와 유사한 이 제도는 시행 1년 만에 폐지되었고 새로운 지방제도에 따라 전국이 13도로 개편되었다. 이때 비로소 오늘날의 경상남도

47) 칙령 제61호 호구조사규칙, 건양 원년(1896) 9월 1일(한말법령자료집 II).

윤곽이 확정되었다.[48]

칙령 제35호에 의하여 시행된 지방제도 개혁은 근대적 중앙집권국가 실현을 위한 관료제도 및 재정정책의 확립을 추구한 것이며 동시에 동학농민운동으로 폭발했던 향촌사회의 모순을 해결하고 안정을 도모하기 위한 대응이었다. 이 개혁정책을 시행하기 직전 농민봉기와 동학군의 활동이 활발했던 군을 일시적으로 인접 군에 폐합했던 경우가 있었으나[49] 경상남도 진주에 관찰부(觀察府)가 설치됨과 동시에 관찰사가 30개 군을 관할하게 하였다.

신설된 경상남도는 호구수 및 호구세, 경지면적 및 농지세 등의 규모로 볼 때 전국 제4위의 도세(道勢)였다. 호수는 전국의 9.2%(105,385호)로 경상북도에 이어 제2위이고 경지면적(10%)과 농지세액(11.4%)은 전국 4위를 차지하였다[50](표 1-2).

행정적 측면에서 볼 때 경상남도는 북도에 비해 도세가 현저하게 떨어졌다. 우선 관할 군의 수가 경상북도는 41개로 남도보다 11개나 더 많고 호수도 38,000여 호가 더 많았다. 행정적으로도 북도는 개혁 이전 부윤부 1개, 대도호부 · 목 4개 등을 소속시킨 반면 남도는 오직 진주목을 가졌을 뿐이다. 경지면적을 비교하면 북도의 지수를 100으로 볼 때 남도는 79.4인데 농지세액은 북도를 100이라 할 때 남도는 91.5로, 남도의 농지세가 상대적으로 북도보다 높다. 이는 남도가 북도보다 평야가 넓

---

48) 건양 원년(1896) 8월 4일 23부제 폐지의 건에 의거.

49) 고종 32년(1895) 1월 11일 함양을 안의에, 현풍(현 경상북도 소속군)을 창녕에 소속케 하고 1월 29일에는 곤양군을 사천에 병합하였다. 이는 동학농민운동 발발 수개월 전인 1894년 초 이들 지역이 농민봉기로 인하여 행정적 혼란에 빠졌기 때문이다(국사편찬위원회, 『고종시대사』 3, 716~718쪽 참조).

50) 『경상남도전진주부소관각군을미조수조안』(慶尙南道前晉州府所管各郡乙未條收租案)(규17926), 사세국(司稅局), 건양 원년(1896); 현채, 『대한지지』, 광문사, 1901, 제2~13편, 제5과.

〈표 1-2〉 개화기 13도의 도세

도	호수 (호)	가구 세액 (냥)	경지 면적 (결)	농지 세액 (냥)	농지 세율 (%)	총세액 (%)	도세 순위
경기도	103,449	310,347	67,976	1,845,643	7.84	2,155,990(8.0)	7
충청북도	68,781	206,343	42,469	1,181,126	5.02	1,387,469(5.14)	8
충청남도	105,200	315,600	86,919	2,588,098	11.00	2,903,698(10.76)	5
전라북도	89,608	269,040	94,315	2,795,796	11.88	3,064,836(11.36)	3
전라남도	99,059	297,177	142,603	4,289,387	18.22	4,586,564(17.0)	1
경상북도	143,425	430,275	118,343	2,935,338	12.47	3,365,613(12.47)	2
경상남도	105,385	316,155	93,991	2,684,563	11.41	3,000,718(11.12)	4
황해도	94,290	282,870	85,186	2,382,015	10.12	2,664,885(9.88)	6
평안남도	89,857	269,571	62,702	936,916	3.98	1,206,487(4.47)	9
평안북도	76,512	229,536	35,576	487,432	2.07	716,968(2.66)	11
강원도	80,748	241,141	19,887	474,621	2.02	715,762(2.65)	12
함경북도	55,570	166,700	59,740	706,505	3.00	873,205(3.24)	10
함경남도	36,202	108,606	38,487	229,162	0.97	337,768(1.25)	13
13도	1,148,086	3,443,361	948,194	23,536,602	100	26,979,963(100)	

* 자료: 현채, 『대한지지』, 1901.

고 토지도 비옥한 데서 연유하는 결과이다. 또한 남도는 어염세와 선세(船稅)가 많아 경제적으로 북도에 크게 뒤지지 않았으므로 개항장 부산포와 상세(商稅)까지 포함시키면 남북도의 도세 격차는 많이 좁혀질 것이다.

지방행정개혁에서 주목할 사항은 과거의 군현제 폐지와 군의 단일화였다. 그러나 단일화 작업은 군세(郡勢)를 평준화하는 것이 아니라 명칭만 통일하고 각 군의 행정적 비중에 따라 1~5등급으로 차등을 두어 구분하였다(현채, 1901, 140~149쪽). 경상남도의 30개 군은 제1등 군 2

개(진주 · 동래), 제2등 군 2개(김해 · 밀양), 제3등 군 10개, 제4등 군 16개[51]로 나누었다(표 1-3). 이를 다산의 군현분등방식으로 분석해보면 120~130년 사이에 군세의 변화가 있었음을 짐작할 수 있다.

우선 전체적으로 각 군의 호수와 전결수가 다산의 균현분등보다 현저하게 감소되어 경상남도에서는 진주만이 대주(大州)의 규모를 유지하고 밀양은 민호 및 전결수가 ⅓로 감소하여 3단계 낮은 소군(小郡)의 수준으로 떨어졌다. 대군에 속했던 김해 역시 2등급 추락하여 소군이 되었다. 군세가 상승한 곳은 의령군과 거창군뿐이고 다산의 분류와 거의 비슷한 수준을 유지한 곳은 함양 · 안의 · 산청 등지이며 대부분의 군들이 호수 및 전결수의 감소현상을 나타내었다. 따라서 대주는 진주군뿐이고 대군과 중군은 존재하지 않으며 소군 수준은 밀양 · 김해 · 의령 · 거창 등 4개 군이다. 다산이 폐합 대상으로 지목했던 잔읍 수준의 군이 18세기에는 2개에 불과하였으나 갑오개혁 당시에는 10여 개로 증가하였다. 이와 같은 군세의 약화는 19세기 말 경상남도 일대에 빈발했던 자연재해와 농민봉기, 그리고 개항장으로의 인구유출 등에서 연유했을 것이다.

동래는 호수와 전결수의 합이 6,000 정도에 그치고 가구세와 전세의 총액도 경상남도에서 12위에 불과한 고을임에도 불구하고 수령의 직급은 관찰사에 버금가는 부윤(府尹)이었다(국회도서관 입법조사국, 1964, 149~150쪽). 이와 같은 행정적 배려는 부산포의 외국인 거류지에서 발생하는 각종 국제적인 문제와 관련이 깊다. 즉 부산포의 일본인 수의 증가와 무역액의 상승, 내국인과 외국인 사이에서 발생하는 각종 외교문제의 급증 등을 고려하여 동래 군수가 부산포 감리(監理)를 겸직하도록 한 것이다.

---

51) 건양 원년(1896) 8월 4일 칙령 제36호 제5조에 의거.

〈표 1-3〉 경상남도 각 군의 세액(1900년경)

군 등급	군명	직명	면수	호수 (호구세액)	전결수 (토지세액)	어염 선세액	총 세액	세액 순위
1등	진주	군수	71	12,644호 (37,932냥)	12,514.16결 (361,656냥)	557냥	400,145냥	1
	동래	부윤	8	3,382호 (10,146냥)	2,760.48결 (82,814냥)	477냥	93,437냥	12
2등	밀양	군수	13	6,767호 (20,301냥)	6,589.43결 (197,668냥)	187냥	218,156냥	2
	김해	군수	18	6,932호 (20,796냥)	5,323.99결 (159,685냥)	945냥	181,426냥	3
3등	울산	군수	11	3,257호 (9,771냥)	4,991.87결 (149,756냥)	638냥	160,165냥	4
	창원	군수	16	3,714호 (11,142냥)	4,641.58결 (139,213냥)	422냥	150,777냥	5
	의령	군수	19	7,375호 (22,125냥)	3,518.92결 (105,516냥)	18냥	127,659냥	6
	창녕	군수	13	3,034호 (9,102냥)	3,907.30결 (117,219냥)	0	126,321냥	7
	고성	군수	14	2,084호 (6,252냥)	3,849.14결 (115,413냥)	1,906냥	123,571냥	8
	함안	군수	18	4,407호 (13,221냥)	3,295.28결 (96,711냥)	2냥	109,934냥	9
	하동	군수	12	3,444호 (10,332냥)	2,994.10결 (89,789냥)	489냥	100,610냥	10
	거창	군수	22	7,473호 (22,410냥)	3,553.80결 (71,979냥)	0	94,389냥	11
	합천	군수	20	3,636호 (10,908냥)	2,720결 (67,998냥)	0	78,966냥	15
	함양	군수	18	5,339호 (16,016냥)	3,005.19결 (96,711냥)	0	76,081냥	19
4등	남해	군수	10	2,460호 (7,830냥)	2,545.97결 (76,375냥)	914냥	85,119냥	13
	사천	군수	8	1,347호 (4,041냥)	2,581.25결 (77,404냥)	480냥	81,925냥	14

4등	거제	군수	6	1,174호 (3,522냥)	2,390.45결 (71,680냥)	2,379냥	77,581냥	16
	영산	군수	7	3,537호 (10,611냥)	2,218.37결 (66,561냥)	44냥	77,216냥	17
	곤양	군수	7	1,388호 (4,164냥)	2,404.70결 (72,123냥)	288냥	76,575냥	18
	초계	군수	11	2,083호 (6,249냥)	2,275.62결 (66,211냥)	0	72,460냥	20
	삼가	군수	12	3,087호 (9,261냥)	2,321.79결 (57,987냥)	0	67,248냥	21
	단성	군수	8	1,849호 (5,547냥)	1,949.50결 (58,481냥)	0	64,028냥	22
	기장	군수	7	1,436호 (4,308냥)	1,809.05결 (54,263냥)	323냥	58,894냥	23
	양산	군수	6	1,664호 (4,992냥)	1,689.72결 (50,704냥)	116냥	55,812냥	24
	웅천	군수	5	1,307호 (3,921냥)	1,358.74결 (47,049냥)	1,003냥	51,973냥	25
	안의	군수	12	3,721호 (11,163냥)	1,996.29결 (39,920냥)	0	51,083냥	26
	칠원	군수	4	2,060호 (6,180냥)	1,355.25결 (40,626냥)	100냥	46,906냥	27
	언양	군수	6	1,224호 (3,672냥)	1,581.33결 (39,531냥)	0	43,203냥	28
	산청	군수	14	2,636호 (7,908냥)	1,671.95결 (33,433냥)	0	41,341냥	29
	진해	군수	4	924호 (2,772냥)	844.03결 (25,299냥)	200냥	28,271냥	30
계	30군		400	105,385호 (316,595냥)	95,669.25결 (2,729,775냥)	11,488냥	3,021,272냥	

* 자료: 1.『대한지지』, 1901, 140~149쪽.
2.『경상도내연강해읍갑오조선염곽어세총수도안』(慶尙道內沿江海邑甲午條船鹽藿漁稅摠數都案)(규19456)

** 전세(田稅) 산출근거는 거창 · 함양 · 안의 · 산청 등 4개 군은 결당(結當) 20냥, 합천 · 언양 · 삼가는 25냥, 그 외의 군은 30냥씩 부과하였다.

개화기 중기의 경상남도 군단위 행정조직은 마산포 개항, 진남군의 창설, 동래군으로부터 부산 개항장을 분리시키는 작업 등으로 일단 마무리되었다.

마산포는 창원군 관내의 일개 포구상업 취락에 불과했으나 1899년 개항과 동시에 감리서(監理署)가 설치되면서 도시화가 빠르게 촉진되었다. 진남군은 1900년 남해안 방어가 중요시됨에 따라 경상남도의 31번째 군으로 설치되었다. 광무 3년(1899) 1월 15일 정부가 고성군(固城郡) 통영에 진위대대(鎭衛大隊)를 설치하면서 이 지역의 행정적 중요성이 높아졌다. 광무 7년(1903)에는 동래 · 창원 · 인천 · 평양 등 외국인 거류가 허용되었던 10개 주요 군의 부윤부(府尹府)를 군수로 개정하고[52] 1904년에는 동래의 감리서와 창원의 감리서를 각각 소속군에서 분리시켜 부산포 감리서와 마산포 감리서로 독립시켰다. 이로써 동래군과 창원군은 군세(郡勢)가 위축되었는데 특히 동래군의 경우는 1등 군에서 3등 군으로 격이 떨어졌다.

개화기 말기는 을사오조약(乙巳五條約) 체결로 우리 정부가 일제의 내정간섭에 시달리던 시기이다. 1906년 정부는 내부(內部)에 지방제도 조사위원회를 설치하고 행정구역 조정작업을 시작하였다. 그러나 이는 일제의 통감부(統監府)가 자국민을 용이하게 보호 · 관할할 목적으로 시도한 조치에 지나지 않았다.

한국 정부가 감리서 소재지를 부(府)로 개칭 · 승격시킨 이유는 인구 증가로 인한 행정업무와 경제활동 등 복잡한 사안을 원활하게 해결하기 위함이었다. 즉 고을의 격을 높이고 우수하고 노련한 직원을 증원하여 개항장에서 발생하는 난제들을 풀어나가고자 하였던 것인데 일제의 압력으로 광무 6년(1902) 2월 감리서를 이사청(理事廳)으로 개편하지 않

---

52) 광무 7년 9월 3일 칙령 제10호에 의거.

을 수 없었다(국사편찬위원회, 1986, 82쪽). 각 이사청의 관할구역은 개항장에 한정되는 것이 아니라 광대한 지역을 포함하고 있었다. 즉 부산이사청은 부산 · 동래 외에도 경상남도의 김해 · 밀양 · 영산 · 창녕과 경상북도의 영일 · 흥해 · 장기 · 청하 · 영덕 · 영해, 강원도의 평해 · 울진 · 삼척 등지를, 마산이사청은 창원 · 함안 · 진해 · 웅천 · 칠원 등지를 관할하였다. 한편 광무 7년(1903)에는 이사청의 진주지청을 설립하여 진주를 비롯한 서부 및 남부경남 13개 군을 관할구역으로 삼았다(小松悅次, 1909, 466~467쪽).

지방제도조사위원회는 일부 군의 통폐합과 군의 강역을 대폭 개편하였다. 경상남도의 경우에는 규모가 지나치게 큰 군과 영세한 군 간의 면적 및 호수의 불균형을 해소하여 개화기의 군현분등표에 나타난 바와 같은 다소의 잔읍들의 규모를 확대시키는 작업을 시행하였다. 1906년 9월 24일에 시행된 면단위 행정구역 개혁사업에 의해 71개 면으로 구성되었던 진주군은 54개 면으로 몸집을 줄였다. 그러나 진해군 · 칠원군 · 웅천군 · 영산군 · 초계군 · 언양군 등은 아직도 잔읍의 수준에서 벗어나지 못하였으며 군면 통폐합이 시행된 1913년에 이르러서야 비로소 어느 정도 정리되었다.

5. 요약 및 소결

모든 인간이 자신만의 개성을 가지고 있듯이 지역 또한 고유의 특성, 즉 지역성을 가지고 있다. 이 지역성은 지역의 자연환경을 바탕으로 그 지역에 거주해온 주민들에 의해 형성된 복합체이다. 지역성은 무형적 · 비가시적 · 정신적 개념이지만 그 지역 주민이 가치관 · 경제력 · 기술력 · 문화수준 등의 속성을 토대로 지역의 자원을 활용하면 농경지 · 교통로 · 가옥 · 취락 · 산업시설 등 가시적 및 구체적인 물질적 속성으로 나타난다.

이러한 물질적 경관은 누대에 걸쳐 진화·축적되어왔기 때문에 천지개벽과 같은 대재앙이 아닌 한 웬만한 자연재해나 전란으로는 완전히 소멸되지 않는다. 다시 말하면 지역성 형성의 주체는 자연이라기보다 인간이라는 것이다.

근대 지리학자들에게 지역성 구명(究明)은 중요한 연구과제였다. 어떤 부류는 개별 지역의 특성에 초점을 맞추었던 반면에 다른 부류는 지역의 공통성에 관심을 두고 연구하였다. 물론 세계의 모든 지역이 기술과 정보를 공유하게 된 오늘날에는 후자가 더 영향력을 발휘할 수 있으나 19세기 이전에는 하나의 자연지역 또는 정치적 단위는 충분히 유일성을 보존한 지역으로 인정받을 수 있었다.

경상남도는 갑오개혁에 의하여 탄생한 인위적인 광역행정단위이다. 영남지방이 경상남도와 경상북도로 분리되기 이전까지 경상도는 한반도에서 가장 지역성이 뚜렷한 단일문화권을 형성하고 있었다. 실학사상가들이 "영남은 8도 가운데 가장 지리가 좋다"고 언급한 바와 같이 경상도의 70여 개 군현 가운데 10여 개 남짓한 고을을 제외한 대부분이 낙동강 수계에 속하였으며 문화적으로도 전 지역이 유사한 속성을 공유했다. 그러므로 영남지방에서 경상남도만을 분리하여 지역성을 논하는 데는 신중을 기해야 할 점이 적지 않았다.

그러나 자연환경, 역사적 배경, 기타 물질적 속성 등을 면밀히 검토해보면 경상남도의 지역성을 어느 정도 파악할 수 있다.

지리적으로 경상남도는 영남지방의 남부, 즉 낙동강 중하류부에 위치한다. 경상북도 대부분이 낙동강 수계의 상·중류부에 속하는 반면 경상남도는 6할이 낙동강 하류부에 속하고 4할은 남해안과 동해안의 연안역(沿岸域)에 속한다. 다시 말하면 경상북도의 대부분은 내륙분지와 산간지역으로 구성된 반면 경상남도는 해양과 밀접한 관계가 있다. 기후적으로도 남도는 다우지역에 속하나 북도는 남부지방 중에서는 강수량이 적은 지역이다. 이와 같은 지역 차는 북도와 남도의 주민생활에도 많은 영향을 주었다.

일찍이 소규모 보(洑)와 천방(川防)을 이용한 관개농업이 발달한 경상북도는 벼농사와 밭농사가 균형을 이룬 지역인 반면, 남도는 벼농사가 성했으나 하천변 충적지의 배수시설이 갖춰지기 전까지 농업생산력이 북도에 비해 낮았다. 그러므로 해안지방 주민의 상당수는 어염업에 종사하였으며, 이 지방의 해산물은 낙동강 수로와 육로를 통해 내륙으로 운송되어 북도의 곡물과 교환되었다. 다시 말하면 경상북도가 전통적인 자급자족 농업체계를 갖추었다면 경상남도는 농업 외에도 수산업과 상업의 의존도가 비교적 높은 지역이었다.

경상남도는 정치적 위치로 볼 때 중앙정부로부터 거리가 먼 변방에 속한다. 경상남도와 서울과의 거리가 300~400km인 반면 일본 서부지역과는 100km 남짓하기 때문에 이 지역은 긍정적인 측면에서 볼 때 해양진출의 전진기지로 활용할 수 있는 전략요충지이지만 부정적인 측면에서는 호전적인 해양세력에 쉽게 노출되는 약점을 지니고 있다. 고려 말~조선 초의 왜구, 선초의 삼포왜란, 임진왜란, 부산포 개항 등의 정치적 사건에서 경상남도는 항상 막심한 피해를 입었다.

경상남도가 1894년의 지방행정조직 개편에 의하여 탄생한 것이기는 하나 지형적 특성을 보면 북도와의 자연적 경계가 그리 부자연스럽지는 않다. 서부의 대덕산에서 동쪽으로 뻗는 가야산(伽倻山) 산각(山脚)과 동쪽의 가지산에서 서주(西走)하는 산각이 창녕군과 합천군 사이의 낙동강변에 이르러 마주하는데, 이 선은 충분히 도의 경계선으로 삼을 수 있을 정도의 비고(比高)를 유지한다. 그러나 이 경계선의 남쪽 지방에 속하는 경상남도는 구조가 복잡하여 서부산지 · 중앙저지 · 동부산지 · 해안지방 등 4개의 지리구(地理區)로 나뉜다.

중앙저지는 낙동강 본류 및 주요 지류 유역에 속하며, 오늘날에는 경상남도를 대표하는 농업지역이 되었으나 20세기 초까지도 넓은 저습지가 많아 농업과 취락의 발달이 지체되었던 곳이다. 서부산지는 낙동강 서쪽의 황강 · 남강, 그리고 섬진강 유역에 속하는 지역이다. 지리산 · 황매산 · 덕유산 · 가야산 등의 산지 사이 계류에 발달한 소규모 분지와 곡저평야는 일찍이 가야시대부터 농경과 취락이 발달했던 곳이며 가장 경상남도적 특성이 강한 지역이다. 동부산지는 낙동강 동쪽의 산지로서 그 범위는 서부산지에 비해 좁으며 일찍이 신라에 병합되어 경주의 영향권에 포함된 지역이다. 해안지방은 섬진강 하구로부터 낙동강 하구에 이르는 남해안과 남해도 · 거제도 등 많은 도서로 구성된 지역과 울산으로부터 동래군 동쪽에 이르는 지역으로 구분된다. 전자는 복잡한 리아스식 지형으로, 일찍이 어염업의 중심지로 발달하였다.

경상남도의 지역성 형성의 배경에서 문화생태적 측면은 자연생태적 측면보다 우위를 점유한다. 이 지역에는 일찍이 변한계 성읍국가 연맹체가 형성되었는데, 이 연맹체의 범위는 오늘날의 서부경남은 물론 동부경남의 창녕 · 밀양, 경북 청도 · 고령 · 성주 · 지례, 전라도의 동부지방 일부를 포함했던 것으로 보인다. 즉 서부산지와 중앙저지의 대부분이 본래 변한계의 가야연맹 강역에 속하였으나 신라의 팽창에 따라 점차 강역이 축소되고 6세기 후반에 이르러 완전히 신라에 병합됨으로써 역사에서 사라졌다.

신라의 가야연맹 정복은 북부지방 진출에 앞서 후방의 안정을 도모하고자 하는 전략적 측면 외에도 가야지방의 철 · 동 등 광산물과 곡물 및 어염 등의 자원확보라는 경제적 이득을 취하는 데 목적을 두었다. 그러나 가야는 낙동강 하류의 저습지라는 천연방벽, 서부산지의 방벽, 뛰어난 항해술을 활용하는 전략으로 수세기 동안 신라의 압력에도 버틸 수 있었다.

고려 후기부터 선초까지 약 220년간 경상남도의 거의 전 지역은 왜구의 침입을 받았으며, 특히 해안지방은 거의 무인지경화하였다. 임진왜란에는 부산포에 왜군이 상륙하였고, 전란 중 왜군이 경상남도 일대에 장기간 주둔함으로써 이 지방 주민의 대왜(對倭) 공포감은 극에 달하였다. 경상남도를 가리켜 "왜에 가까워 사대부가 살 만한 곳이 못 된다"고 한 이중환의 지적은 시사하는 바가 적지 않다.

조선시대에 조정은 인구가 많고 자원이 풍부하다는 이유로 경상도를 낙동강 동쪽의 좌도와 서쪽의 우도로 구분하였다. 임진왜란 후 경상도 감영을 대구로 확정하여 지역통합을 시도하였으나 좌도와 우도의 문화적 차이는 해소되지 않았다. 좌도는 일찍이 퇴계를 비롯한 영남 사림파(士林派)의 중심지가 되어 다수의 인재를 환로(宦路)에 진출시킨 반면 우도는 인재양성에서 좌도에 압도되었다. 그 결과 본래 우도에 위치한 상주·선산·성주 등이 좌도 문화권에 흡인되었다. 그러나 우도는 토지가 비옥하고 기후조건이 양호하며, 어염의 이익이 크고, 상업이 발달하여 경제적으로 좌도보다 여유가 있었다. 다만 좌도의 농업이 발달하기 시작한 것은 빈번한 홍수로 인하여 방치되었던 낙동강 연안의 저습지가 개간이 이루어진 조선 후기부터이다.

영정시대(英正時代)에 이르러 마무리된 전후 복구사업은 영남 남부지방의 지역체계에 변화를 가져오는 계기가 되었다. 임진왜란 전에는 중앙정부와의 관계를 고려하여 상징적으로 설정하였던 읍격에 변화가 일어나 하위의 군현이 상위의 군현보다 군세가 강해지는 현상이 발생한 것이다. 민호와 전결의 수를 기준으로 작성한 다산의 군현분등에 의하면 18세기 후반 전국적으로 최상급에 속하는 대주 15개가 있었는데 상주(5위)·경주(7위)·밀양(9위)·성주(10위)·진주(11위)·안동(14위)·대구(15위) 등 7개 군이 경상도에 분포하였다. 경주(종2품 부윤부), 대구(종2품 관찰부), 상주·성주·진주·안동(정3품 목사 또는 대도호부사)보다 격이 낮은 밀양(종3품 도호부사)의 분등이 진주 등지보다 높은 것은 주목할 만한 사실이다. 그 밖에도 고성(종5품 현령), 창녕(종6품 현감) 등이 제2등급인 대군 또는 3등급인 중군으로 분류된 것은 이들 지역이 어염업 또는 상업이 발달하여 상대적으로 많은 인구를 부양할 수 있었음을 암시한다. 이러한 사실은 개화기의 군현등급분류에서 더욱 구체화되었다.

개화기에는 전국의 군을 5등급으로 구분하였는데, 이때 경상남도의 군은 1등급 2개, 2등급 2개, 3등급 10개, 4등급 16개로 나누고 5등급 군은 두지 않았다. 군의 등급분류에는 호구세, 토지세, 어염 · 선세 등을 기준으로 설정하였으나 부산 개항장이 설치된 동래군만은 예외로 진주 감영과 동급인 부윤을 배치하였다. 따라서 읍격은 세액이 가장 높은 진주(1등 군), 밀양과 김해(2등 군), 울산 · 창원 · 의령 · 창녕 · 고성(3등 군) 등의 순으로 정하였다.

부산포와 마산포의 개항장은 극히 협소한 토지를 외국인에게 분양해 준 것으로 인식하기 쉬우나, 하나의 바늘구멍만한 상처가 의학적으로 온몸을 마비시킬 수도 있는 화농(化膿)이 될 수도 있다는 점을 일깨워 준 역사적 사건이다. 부산을 근거지로 삼은 일본인들은 경상남도를 거쳐 영남, 그리고 한반도 중앙부까지 점진적으로 세력을 확장하여 식민화의 토대를 구축하였다.

국제정세에 어두웠던 대한제국 정부는 미숙하나마 자주적 근대화와 부국강병 대책을 세우고자 하는 의지를 보였다. 현전하는 가호안 · 양안 · 신호적 등 개화기에 작성된 문헌을 보건대 아마도 경상남도가 대표적인 근대화의 시험대상이 아니었던가 보인다. 이 문헌들은 근대적인 방법을 사용해 작성된 토지 · 가옥 · 인구 · 자원 등 국가경영의 토대가 되는 자료집의 가치를 지니고 있으며, 나아가서 가옥의 질과 규모, 대지의 형태와 면적, 토지이용상, 직업별 · 성별 · 연령별 인구분포, 취락의 규모, 취락별 성씨 분포 등 경제 · 사회 · 문화적인 내용을 담고 있다.

세수원(稅收源) 확보를 목적으로 한 자료조사 외에도 한국 정부는 행정 · 사법 · 군사 · 통신제도를 개혁하였고, 근대식 교육제도를 도입하였으며, 상공업 진흥을 도모하였다. 물론 개혁사업은 준비작업이 미비하였고, 성과를 거둘 만한 충분한 시간적 여유가 부족하였으며, 결국 일제의 간섭 때문에 중단될 수밖에 없었다. 그러므로 지리학적 측면에서 볼 때 개화기는 근대화의 여명기로 오인되는 일제 36년 사이의 멸실고리를 복원할 수 있는 시기로 인식되고 있다.

경상남도가 탄생한 지 약 120년이 지났다. 인위적으로 분도(分道)된 행정구역일지라도 3세대가 경과하면서 경상남도는 나름대로 독특한 지역구조를 구축하게 되었다. 같은 영남권에 속하지만 경상북도는 지리적으로 내륙성이 강한 반면, 경상남도는 해양성을 띠고 있다. 역사 · 문화적으로 경상북도는 삼국시대 신라의 강역에 속하였고 고려 및 조선시대에 경상좌도로서 중앙정부의 관심을 끌었던 반면에 경상남도는 삼국시대 가야의 핵심부였고, 고려 · 조선시대에는 소외된 경상우도에 속하였다. 경제적으로 북도는 벼농사와 밭농사가 균형을 이룬 농업지대였으나 남도는 농업 외에도 어염업과 상업이 성하였다. 이러한 지역적 배경 아래 경상남도는 독특한 주거생활사를 엮어왔으나, 부산포 개항 이후 식민통치를 경험한 모든 나라에서 볼 수 있는 바와 같이 부산을 핵으로 하는 지역구조로 개편되었다.

나는 개화기의 과학 · 기술 및 경제 · 문화의 수준이 전 근대적이었기 때문에 당시 경상남도 주민의 주거문화가 자연종속적이었다거나, 자연을 충분히 극복하고 압도할 수 있는 자연지배적 수준에 놓여 있었다고 보고 싶지는 않다. 그러나 개화기의 경상남도 주민들은 적절하게 자연에 순응하고, 이용하면서 단순하나마 지역환경에 적합한 주거문화를 창조하고 완성시켜왔다고 할 수 있다.

제 2 부

경상남도의 대지와 가옥

제2장 가좌와 가옥

1. 서론

성호(星湖)는 일찍이 "백성들이 살아가는 데 필요한 것은 첫째로 먹는 것이고, 둘째는 입는 것이며, 셋째는 집이다"[1]라고 말하였다. 경제 · 문화적 가치를 가지고 논할 경우 가옥은 음식물이나 의복과는 비교가 되지 않을 만큼 중요하다. 다시 말하면 집은 인간이 태어나서 살다가 임종을 맞는 장소일 뿐 아니라 휴식 장소이고 동시에 재물을 저장 · 보관하는 공간이다. 그러므로 가옥은 인간의 문화속성 중에 가장 중요한 요소로서 단순한 거처 이상의 의미를 지닌다(Sullivan, L., 1994, pp.82~83). 따라서 어떤 문화권에서나 가옥은 가장 뚜렷하게 나타나는 가시적 문화경관이며 문화수준의 지표로 인식되고 있다(Jackson, J.B., 1984, p.92).

한 채의 가옥은 건물과 그것을 앉힐 수 있는 대지(垈地), 즉 가좌(家座)로 이루어진다. 가좌의 토질 · 형태 · 규모는 지리적 위치와 지형조건, 소유자의 경제력과 사회적 지위의 영향을 받는다. 또한 이는 가옥의 형

1) 『성호사설』 권10, 인사문 와옥.

태 · 질 · 규모에도 영향을 준다.

최근까지 조선시대의 가정은 대부분 3~4대가 한 울안에 거주하는 대가족을 형성했을 것이라는 막연한 개념이 하나의 상식으로 받아들여졌다. 만일 이러한 개념이 사실이었다면 각 가정은 적어도 2~3채〔棟〕 이상으로 구성된 비교적 규모가 큰 가옥을 가져야 했고, 또한 그러한 집을 들어앉힐 수 있는 넓은 대지를 보유할 필요가 있었을 것이다. 그런데 조선시대의 이상적 살림집의 규모는 3간형이었다는 점을 염두에 둔다면 이러한 소형 가옥으로 대가족을 수용할 수 있었겠는가 하는 의문을 갖게 된다.

이 같은 의문을 실증적으로 밝히기 위해 필자는 개화기에 작성된 경상남도 가호안 · 양안 · 신호적, 가택성책(家宅成冊) 등의 자료를 분석하여 대지와 가옥의 규모 형태 · 질 등을 파악하고자 한다. 가호안은 경상남도 11개 군(154개 면), 양안은 3개 군(46개 면), 신호적은 5개 군(19개 면), 가택성책은 1개 군(10개 면)의 정보를 담고 있다. 문서의 작성시기가 거의 비슷하고 지리적으로 평야 · 내륙분지 · 산지 · 해안도서지방 등을 고르게 포함하기 때문에 1세기 전 경상남도 살림집의 대지와 가옥의 특성을 파악할 수 있음은 물론 그 결과를 인접하는 경상북도와 호남지방에도 적용 · 검토할 수 있을 것으로 확신한다(그림 2-1).

이 연구를 통하여 경상남도 가좌의 소유관계, 토지의 등급 · 규모 · 형태, 그리고 가옥의 규모와 구조, 초와가(草瓦家)의 분포상 등 100여 년 전 주거생활상을 밝힐 수 있을 것으로 기대한다. 부수적으로 1970년대 이래 경제사학자와 사회학자들이 제기해온 조선시대 핵가족설의 진위를 검증하는 데 일조할 수 있을 것으로 믿는다.

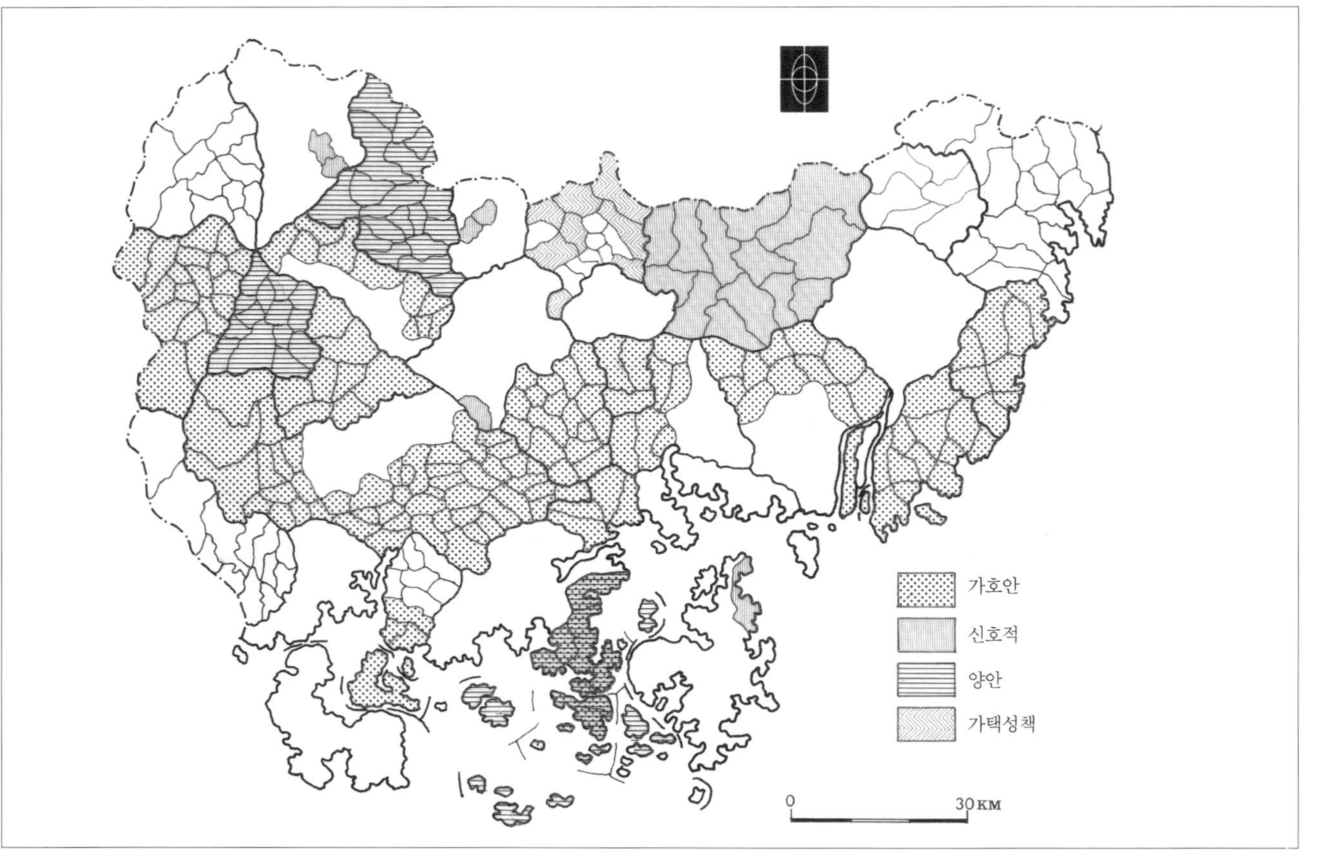

〈그림 2-1〉 대지 및 가옥 관련 자료: 양안 3개 군, 가호안 11개 군, 신호적 5개 군, 가택성책 1개 군 등 총 229개 면의 자료를 토대로 작성한 지도이다.

2. 원사료 작성의 시대적 배경과 내용

1) 원사료 작성의 시대적 배경

가호안 · 양안 · 신호적 · 주판(籌版) · 가택성책 등 가옥과 관련이 있는 문헌의 작성배경은 19세기 말~20세기 초의 급격한 사회변화에서 발생한 농민운동으로부터 찾을 수 있다. 철종(哲宗) 13년(1862) 2월 경상남도 단성(丹城)과 진주(晉州) 일원에서 일어난 농민봉기는 인접한 함양(咸陽)과 거창(居昌)을 거쳐 경상도 전역으로 확산되었다. 이어서 전라도와 충청도에까지 영향을 주었다. 그 후에도 소규모의 농민항쟁이 도처에서 일어나더니, 급기야 1894년에는 동학농민운동으로 확대되었다. 그러나 이 운동은 계획과 준비가 철저하지 못한데다가 청 · 일 등 외세까지 개입하였기 때문에 농민들이 기대했던 성과를 이루는 데는 실패하였다.

자신들의 소망을 성취하지 못했을지라도 이러한 봉기를 통하여 백성들의 의식은 높아졌으며, 그 분위기는 지배층에도 적지 않은 경각심을 갖게 만들었다. 집권자나 지주층 중에는 자신들의 기득권을 잃지 않으면서 사회를 변화시키고자 하는 세력, 즉 개화파가 등장하였다. 비록 이들이 주도한 개화파 정권이 단명으로 끝나기는 하였으나 삼정(三政)의 문란이 농민운동의 원인임을 파악한 개화파의 노력은 갑오개혁과 광무개혁으로 나타났다.

이른바 양전론(量田論)은 갑오개혁의 일환으로 시행된 재정개혁의 방안이며, 농지뿐 아니라 대지를 포함한 모든 토지소유관계를 정확히 파악하여 세수원을 확보하고자 한 일종의 지조개정안(地租改正案)이다. 1898년 대한제국 정부는 양전을 담당하는 양지아문(量地衙門)을 설치하고, 실무진으로 양전감리 · 양무위원 · 조사위원 및 기술직 요원을 두기로 하였다(김용섭, 1984, 273쪽). 이때 측량기술진으로 미국인 수

석기사 거렴(巨廉, Krumm, R.E.L.)을 초빙하고 그의 조수로 소수의 일본인들을 채용하였다(宮嶋博史, 1991, 290쪽). 이듬해에 조정은 지방관 중에서 4명의 양전감리(量田監理)를 선임하였는데 경상남도의 책임자로 임명된 사람은 거창군수 남만리(南萬理)였다.[2] 남 군수에 의해 경상남도 10개 군의 토지조사가 완료되었고, 1901년 3월에 지계아문(地契衙門)이 신설되어 양지아문의 업무를 계승하도록 하였다. 양지아문이 완수하지 못한 1부(府) 20개 군의 조사는 지계아문이 완성하였다. 현전하는 경상남도 가호안과 양안은 이때 완성된 것이며, 신호적과 가택성책 역시 같은 시기에 비슷한 의도로 작성된 것으로 보인다.

농상공부대신 이도재(李道宰)가 의정부에 올린 토지특량에 관한 의정서를 보면 '토지측량은 정치유신에서 매우 중요한 사업인 만큼 전답(田畓)·산촌(山村)·천택(川澤)·가좌(家座) 등이 모두 포함되어야 한다'는 내용이 강조되어 있다. 측량비는 토지의 비옥도, 토성, 지목에 따라 여섯 등급으로 차등을 두었다. 특히 주목을 끄는 사항은 대지와 가옥에 관한 내용인데 가좌의 경우 와옥(瓦屋) 1간의 경우 측지비는 초가 1간의 5배이며 이는 논 1부(負)의 비용과 같은 수준이었다.[3] 이로써 대지는 절대면적상 농지보다 협소하지만 세수차원에서는 가치가 높다는 점을 위정자들이 파악하였음을 알 수 있다. 즉 가호안의 작성은 토지소유권의 확립, 토지와 가옥, 인구 등에 관한 전반적인 조사를 통하여 지세 수입의 증대를 모색하고, 이를 바탕으로 국가경영의 기초를 강화하고자 한 정부의 정책과 밀접한 관계가 있다(이영하, 1995, 16~17쪽).

가호안 외에도 가좌연구에 활용할 수 있는 자료로 양안과 주판을 들 수 있다. 개화기 경상남도의 양안 중 현전하는 것은 합천군·산청군·진

2) 『관보』, 광무 3년(1899) 4월 29일.
3) 『거래존안』「토지측량에 관한 사건」(농상공부 거래존안), 광무 2년(1898) 6월 22일.

남군 등 3개 군[4]인데, 가호안의 가좌에는 토지등급만이 기재된 데 비해 양안에는 가좌의 면적과 형태까지 상세하게 표기되어 있다. 언양현 주판[5]은 대지면적 대신 세액이 명시되어 있어 세액을 대지면적으로 환산하여 면적을 개략적으로 파악할 수 있다.

2) 원사료의 내용

개화기 경상남도의 대지와 가옥의 실상을 파악할 수 있는 자료는 가호안 · 양안 · 주판 · 가택성책 등이 있으며 이밖에도 일부 군의 신호적이 참고가 된다. 그런데 이들 자료는 각기 다른 특징을 가지고 있어 동일한 방법으로 분석 · 해석할 수는 없고 내용에 따라 분석방법을 달리해야 한다.

가호안은 지계아문에서 작성한 문헌으로, 현전하는 것은 11개 군뿐이다. 경상남도 31개 군 가운데 가장 면적이 넓고 호수가 많았던 진주군은 5책, 함양 · 동래 · 함안군은 각각 2책, 창원 · 기장 · 삼가 · 단성 · 진해 · 진남 · 김해군은 1책으로 구성되었다. 그러나 진주군은 본래 6책, 창원 · 삼가 · 진남 · 김해군 등은 본래 2책이었으나 1책씩 낙질된 것이다. 다시 말하면 11개 군의 가호안 중 5책이 낙질되어 진주군 14개 면, 창원군 12개 면, 삼가군 10개 면, 진남군 9개 면, 김해군 9개 면의 자료가 빠져 총 158개 면의 약 65.8%만이 분석이 가능하다.

가호안 조사의 기초 단위는 자연촌락인 동 또는 촌이며, 면 단위로 집계되어 있다. 면의 수는 강역이 넓은 진주군 56, 함양과 함안은 각각 18, 규모가 가장 작은 진해는 4개이다(표 2-1). 동 · 촌의 수도 진주가 470

---

4) 『경상남도합천군양안』 20책(규17688), 지계아문 광무 8년(1904).
『경상남도산청군양안』 15책(규17689), 지계아문 광무 8년(1904).
『경상남도진남군양안』 11책(규17690), 지계아문 광무8년(1904).
5) 『언양현주판』 4책(규15020).

개로 2위인 함양의 2.3배, 진해의 6.5배나 많다. 만일 낙질본이 없었다면 진주는 약 70개 면에 500동 이상의 대군일 것이며 김해는 22개 면에 300여 촌락으로 이루어진 큰 군이었을 것으로 보인다.

면의 분포상 특이한 점은 진주군과 진남군에서 발견된다. 전자는 본래 사천군 강역에 속하는 상남 · 중남 · 하남 등 3개 면과 창선도의 창선면과 적량면의 월경지(越境地)를 포함하며, 진남군은 도서인 미륵도의 일부를 편입시키고 있다.

면과 동의 수는 가호의 수와 반드시 비례하지는 않는다. 왜냐하면 1~2호로 구성된 극소형 마을이 있는가 하면 200호가 넘는 거대한 마을도 있다. 면 역시 40호 미만의 영세한 곳으로부터 1,200호 이상의 거대한 곳에 이르기까지 규모의 차이가 크다. 그런데 가호안의 동 · 면별 호수 및 가옥의 간수(間數) 합계에 오류가 심할 뿐 아니라 오늘날 지방문화재로 지정된 상당수의 대저택들이 누락 또는 20간호 정도로 축소 보고된 사실을 현지답사에서 확인할 수 있었다. 가옥의 호수 및 간수 합계의 오류는 검산과정을 거쳐 수정하였으나 의도적인 규모축소는 원자료를 따르기로 하였다.

가호안의 조사항목은 지번, 가좌의 토지등급, 소유관계, 초 · 와가의 구분, 가옥의 규모 등이다. 가좌는 결부법(結負法)에 따라 6등분하였는데(김용섭, 1984, 286쪽), 이는 토지등급에 따르는 징세액 차등화의 기초가 된다.

양안은 전 · 답 · 저전(楮田) 등의 농경지와 대지를 지번, 토지등급, 형태, 가좌 수, 면적 소유자 등을 항목별로 조사한 지적(地籍) 문서이다. 양안의 지번은 가호안과 달리 평(坪) · 계(溪) · 동(洞) · 곡(谷) 등 지형조건을 참조하여 설정되었기 때문에 자연촌을 기초로 작성된 가호안보다 위치파악이 용이하다.

양안의 작성 당시 토지측량도 병행된 것으로 보이나 경상남도 합

〈표 2-1〉 가좌 관련 자료의 내역

군명	면수	동수	자료명	규장각 문서번호	책수	비고
진주	56	465	가호안	17944	5	제6책 낙질 (14개 면)
함양	18	205	〃	17945	2	
함안	18	115	〃	17946	2	
동래	12	152	〃	17947	2	
창원	6	68	〃	17948	1	상책 낙질 (12개 면)
기장	8	88	〃	17949	1	
삼가	10	111	〃	17950	1	하책 낙질 (10개 면)
단성	8	120	〃	17951	1	
진해	4	77	〃	17952	1	
진남	5	48	〃	17953	1	상책 낙질 (6개 면)
김해	13	173	〃	17954	1	하책 낙질 (9개 면)
합천	20	211	양안	17688	20	
산청	14	148	〃	17689	15	
진남	10	88	〃	17690	11	
언양	5	46	주판	15020	4	부분 낙질 (1개 면)
계	207	2,115			68	

천·산청·진남군의 경우 당시의 지적도는 아직 발견되지 않고 있다. 1900년대 초에 제작된 충북 제천군 근좌면 13개리의 『경지배열일람도』(耕地配列一覽圖)를 분석해보면[6] 내용상 경상남도 3개 군의 양안과 거의 일치함을 알 수 있는데, 이는 아마도 지계아문에서 작성한 것으로 짐작된다.

양안은 가호안만으로는 파악이 불가능한 실제 대지 면적의 확인이 가능한 자료이다. 산군(山郡)인 합천과 산청군, 그리고 해읍(海邑)인 진남군으로 자료가 한정된 것은 유감스러우나 이 중 산청군은 비교적 농경지가 많은 편이기 때문에 함안·밀양·김해 등 평야지역 농가 대지의 특성을 유추하는 데 큰 무리는 없을 것 같다.

주판은 언양현의 토지세 징수를 목적으로 작성된 문서이다. 따라서 토지면적 대신 지대(地代)만 기록되어 있으므로 토지등급에 따른 세액을 기준으로 실면적을 환산할 수밖에 없다. 김해군 활천면·진례면 소재 내수사(內需司) 장토(庄土)의 지대는 1910년경에는 토지등급이 상·중·하로 간소화되어 상등은 1부(負) 당 1두, 중등은 0.78두, 하등은 0.5두로 확정되었다. 이와 같은 김해군의 지대는 『언양현주판』에 등재된 대지의 실면적 환산에 적용할 수 있을 것 같다. 언양현은 경상남도에서 비교적 토지가 척박한 지역이며, 중·하등전 비율이 비교적 높기 때문에 모든 대지를 중등전에 준하여 실면적을 환산하였다.

가호안·양안·주판 등의 자료에 수록된 면의 수는 총 207개이며, 이는 개화기 경상남도 31개 군 소속 면의 약 45.5%에 해당된다. 지역별로 개략적으로 분류하면 서부산지 5개 군 70개 면, 중앙저지 4개 군 93개 면, 동부산지 2개 군 13개 면, 남해안 4개 군 31개 면이다. 물론 진주군은 부분적으로 서부산지 또는 중앙저지에 속하고 창원군도 일부는 중

6) 서울역사박물관, 『이찬 기증 우리 옛 지도』, 2006, 도엽 99-1~99-13 참조.

앙저지, 나머지는 남해안에 속한다. 마을 수는 서부산지 795동(37.6%), 중앙저지 821동(38.8%), 동부산지 134동(6.3%), 남해안 365동(17.3%)이다.

3. 가좌

1) 가좌의 소유관계

가(家)란 본래 '가좌'(家座)를 소유하고 있는 연호(烟戶)를 일컫는 것이므로 자기 소유지에 집을 짓고 사는 것이 가장 바람직한 일일 것이다. 그러나 개화기의 경상남도에는 상당수의 가호가 지주의 사전(私田)·국공유지·사원전(寺院田) 등에 집을 짓고 살았다. 『대전회통』(大典會通)에 '집은 밭에 짓는데 밭은 도조제(賭租制)로 되어 전주(田主)는 임차인이 그 땅에 경작을 하건 집을 짓건 문제 삼지 못한다. 공대(空垈)나 포전(圃田)을 막론하고 백성에게 가옥건축을 허가했을 때 전주가 이를 방해하면 제서유위율(制書有違律)로서 논죄한다'[7] 고 하였다.

그런데 농지를 가좌로 전용함에서 논은 절대 불가하고 밭만 허용했던 것은 아닌 듯하다. 예를 들면 경상남도 초계군(현 합천군 초계면)의 팔진역(八鎭驛)은 약 100호로 구성된 취락이었는데 지형적으로 저평한 초계분지 중앙부에 입지하였으므로 가옥의 반 정도는 대답(垈畓)에, 나머지는 대전(垈田)에 들어앉을 수밖에 없었다. 지대는 논이 밭보다 비싸기 때문에 밭이 대지로 선호될 수밖에 없었을 것이다.[8]

그 밖에도 관개시설이 없는 산지와 해안 및 도서지방의 천수답 중에도 대지로 전용된 예가 적지 않았는데, 그 대표적인 지역은 남해안의 진

7) 『대전회통』 권2, 호전 급조가지증조(給造家地增條).

8) 『경상남도초계군팔진역토영정도지작인성명성책』(慶尙南道草溪郡八鎭驛土永定賭支作人姓名成冊)(규19237), 경리원, 1907.

남군 산양면과 원산면, 그리고 합천군 각사면 등지에 분포하였던 직답가좌(直畓家座)들이었다.[9]

임차대지에는 집을 지은 후 소작료에 준하여 지대를 지불하는 것이 일반적인 경향이었는데(최원규, 1995, 238쪽), 지대는 토지의 비옥도와 지역의 사정에 따라 달랐으며, 사전과 국공유지 간에도 차이가 있었다. 국공유지의 경우 '군병(軍兵)으로서 공유대지에 입거(入居)하는 자는 면세한다'[10] 고 하였으니 수·병영의 군병은 물론 병조(兵曹) 소속 역호(驛戶)와 목장의 목부(牧夫) 등 국역에 종사하는 자들 역시 면세대상에 포함되었을 것이다. 그러나 일반인은 국유지에 집을 지을 경우에도 모두 지대를 납부하였다.

경상남도 14개 군 200여 면의 총 호수(58,013호)에서 임차대지의 비율은 약 20.2%, 자기소유 대지의 비율은 79.8%이다. 다시 말하면 주민의 3/4 이상은 자기 땅에 집을 짓고 살았던 셈이다. 그러나 주요 농업지역인 함안군은 임차대지의 비율이 50%에 육박하고 김해군은 40%를 상회하며 진해·진남·언양 등지도 임차대지의 비율이 지역평균치를 상회한다. 함안· 김해·진주 등 평야지대에는 부유한 지주들이 많았으며, 이들의 농지를 소작하는 농민들은 지주의 가좌를 임차하여 집을 지은 예가 적지 않다. 반면에 삼가·단성·합천·산청 등 산군은 임차가좌율이 낮다(표 2-2).

임차가좌를 소유자별로 분류하면 크게 사유지·국유지·공유지 등으로 구분할 수 있다. 사유지는 재지지주 소유지가 대부분이지만 약간의 사원전·재실전·재경지주전이 포함된다. 국유전은 역둔전·목장전·사포서전·수병영전·중앙관아전·궁방전 등으로 구성되었다. 공유지

9) 『경상남도진남군양안』(규17690), 지계아문, 1904; 『경상남도합천군양안』(규17688), 지계아문, 1904.

10) 『대전회통』 호전 전택조.

〈표 2-2〉 군별 가좌의 소유

군명	총 가호수(호)	자기소유 가좌율(%)	임차가좌율(%)	비고
진주	12,273	81.9	18.1	가호안
함양	5,785	83.2	16.8	〃
함안	5,058	51.8	48.2	〃
동래	5,081	78.8	21.2	〃
창원	3,015	82.7	17.3	〃
기장	2,092	91.5	8.5	〃
삼가	2,305	97.7	2.3	〃
단성	2,515	97.3	2.7	〃
진해	1,109	70.8	29.2	〃
진남	3,440	77.3	22.7	가호안 · 양안
김해	4,760	58.6	41.4	가호안
합천	4,986	86.9	13.1	양안
산청	2,550	88.0	12.0	〃
언양	3,044	70.8	29.2	주판
14개 군	58,013	79.8	20.2	

에는 동중(洞中) 및 종중전(宗中田) · 학전 등이 있었다.

임차가좌의 약 71.2%는 사유지이다. 경상남도는 지리적으로 한양과 거리가 먼 관계로 재경 부재지주의 토지가 타 지역에 비해 적었고 대부분은 재지지주의 소유지였다. 이러한 대지의 비율은 군에 따라 큰 차이를 보이는데, 사유지의 비율이 평균치를 상회하는 군은 언양 · 함안(90% 이상), 동래 · 김해 · 산청(80% 이상), 합천 · 진남 · 진해 · 창원 · 삼가(70% 이상) 등 10개 군이고 진주 · 기장 · 단성 등 3개 군은 그 비율이 낮다.

임차가좌 중 국유지의 비율은 약 25.9%인데, 이 가운데 약 54.5%가

진주군 관내에, 함양(7.5%) · 함안(7.3%) · 김해(6.9%) · 진남(6.3%) · 합천(4.2%) · 동래(3.7%) 등지에 약 35.9%, 기타 7개 군에 약 9.6%가 분포하였다. 국유지 가운데 가장 많은 것은 목장전인데[11] 그 대부분이 진주군의 월경지인 창선면(887좌)과 적량면(102좌)에 집중되어 있으며 진남군 서부면(112좌)과 동래군 남하면에도 약간 분포한다. 역둔전은 목장전에 비견될 정도로 많으며, 가좌가 경상남도 각지에 산포한다. 진주군 소촌역(405좌)을 필두로 하여 함양 사근역(136좌), 김해 금곡역(90좌), 합천 권빈역(80좌), 기타 20여 개의 역촌에 1,078좌의 역둔가좌(驛屯家座)가 분포한다. 특히 소촌역 소재지인 진주군 문산면은 총 가좌수의 81%, 사근역 소재지인 함양군 사근면은 약 50%가 역둔토이다(그림 2-2).

사포서[12](司圃署) 둔대(屯垈)는 국유지의 약 8.3%를 점유하는 264좌인데, 지리산 동록의 진주군 청암면(110좌)에 가장 많고, 삼장면(75좌) · 시천면(72좌), 기타 면(7좌)에 분포한다. 좌수영 둔대는 통영 인근의 진남군(90좌) · 진해군(29좌) · 창원군(16좌) 일대에, 우수영 둔대는 동래군 남상면과 남하면(31좌) 일대에 분포한다. 그 밖의 군사용지상의 대지로는 부산진(8좌) · 창원병영(5좌) · 김해(1좌) 등지의 육군진 소유지를 들 수 있다.

중앙관부 소유지는 수어청 · 궁내부 · 내수사 · 종친부 · 충훈부 · 훈련원 소속 대지와 약간의 궁방전이 있는데(96좌) 그 비율은 국유전의 2.9%에 불과하다. 수어청 둔대는 김해군(30좌)에 집중되어 있고, 훈련원 대지는 김해군(9좌), 충훈부 대지는 합천(7좌) · 삼가(4좌) · 함양(3좌)에, 그리고 종친부대(7좌)는 김해군, 궁내부대는 창원군에만 분포한

11) 경상남도 4개 군의 목장가좌의 수는 1,162좌이다.

12) 사포서는 포장을 관장하고 과목과 초목을 식재하던 중앙관부의 하나이다.

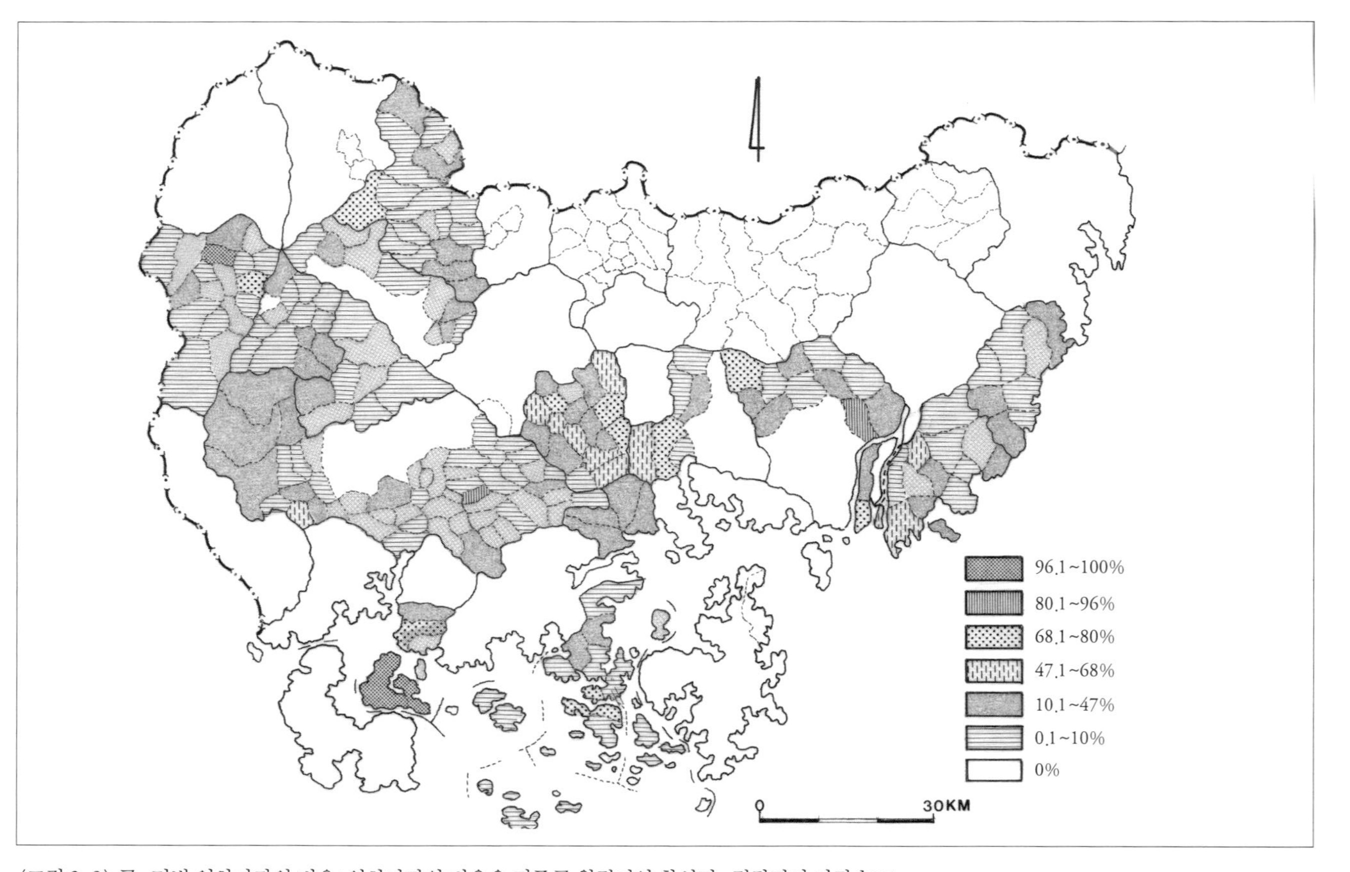

〈그림 2-2〉 군 · 면별 임차가좌의 비율: 임차가좌의 비율은 진주군 월경지인 창선면 · 적량면이 가장 높고, 진주군 문산면, 김해군 활천면이 이에 버금간다.

다. 궁방소속 대지의 대부분은 김해군에 집중적으로 분포하는데, 명지면에 용동궁 소유대지 21좌, 덕도면에 명례궁 소유지 9좌가 있다. 후자는 낙동강 삼각주 평야 상부에 개발된 농장 소속 대지이고 전자는 명지도의 염장(鹽場)과 관련이 있는 대지로 보인다.

명지도는 낙동강 하구 삼각주의 말단부에 위치하는 갈대가 무성한 섬이다. 『대동여지도』(大東輿地圖)의 명지도 부분에 '자염최성'(煮鹽最盛)이라 기입되어 있고 『경상도읍지』에는 명지도를 "읍 남쪽 바닷길로 30리에 있으며 주위는 17리이다. 큰 바람이 불거나 큰 비가 내리려 하면 섬이 반드시 울음소리를 내는데 마치 천둥처럼 들린다. 주민들은 소금 굽는 일을 생업으로 삼는다"[13]고 서술하고 있다. 이 섬은 염습하고 음용수가 귀해 취락입지로 부적합함에도 불구하고 제염업이 성하여 큰 취락이 성립되었다.

이 섬에는 궁방과 부유한 상인들에 의해 운영된 50여 개의 염분(鹽盆)과 60여 결(結)의 염전이 있었는데[14] 1745년 이곳이 공염장(公鹽場)으로 바뀌어 1819년까지 별장(別將)에 의해 관리되었다(강만길, 1984, 170쪽). 공염장제도가 철폐된 후 염장은 다시 소수의 부상대고(富商大賈)에 의해 운영되었을 것이라는 설이 제기된 바 있으나 용궁동 소유가좌 21좌가 존재했던 것으로 보아 궁방소속 염한(鹽漢)들이 거주했을 것으로 보인다(표 2-3).

아록전 · 향청전 · 관아전 · 장방전 등으로 구성된 지방관아 소유대지는 국유지 총 면적의 약 8.2%를 점유한다. 지방관아 소유대지는 함양군(84좌)이 가장 많고, 단성군(43좌) · 동래군(35좌) · 진해군(30좌) · 산청군(19좌) · 진주군(13좌) · 함안군(14좌) 등의 순으로 분포하였다.

---

13) 『경상도읍지』 제10책 「김해읍지」 산천조.
14) 『탁지지』(度支志) 권8, 판적사자염사업조(版籍司煮鹽事業條).

〈표 2-3〉 군별 임차가좌의 유형별 분포

군명	사유	국유	공유	계
진주	624좌(24.1%)	1,797좌(69.3%)	172좌(6.7%)	2,593좌
함양	464좌(65.1%)	248좌(34.9%)	1좌(0.1%)	713좌
함안	2,537좌(90.9%)	241좌(8.6%)	13좌(0.5%)	2,791좌
동래	885좌(87.8%)	122좌(12.2%)	0	1,007좌
창원	363좌(73.5%)	37좌(7.5%)	94좌(19.0%)	494좌
기장	57좌(32.6%)	69좌(89.4%)	49좌(28.0%)	175좌
삼가	40좌(71.4%)	16좌(28.6%)	0	56좌
단성	30좌(41.1%)	37좌(50.7%)	6좌(8.2%)	73좌
진해	231좌(74.8%)	78좌(25.2%)	0	309좌
진남	630좌(75.0%)	208좌(24.8%)	2좌(0.2%)	840좌
김해	1,626좌(86.9%)	229좌(12.2%)	16좌(0.9%)	1,871좌
합천	508좌(77.7%)	138좌(21.2%)	8좌(1.2%)	654좌
산청	204좌(81.9%)	36좌(14.5%)	9좌(3.6%)	249좌
언양	848좌(95.3%)	39좌(4.4%)	3좌(0.3%)	890좌
계	9,047좌(71.1%)	3,295좌(25.9%)	373좌(2.9%)	12,715좌(100%)

동중(洞中) · 종중(宗中) · 이숙(里熟) 및 학위대는 임차대지 총수의 약 12.7%에 달한다. 이중 동 · 종중전(335좌)의 비율이 가장 높고 이숙 및 학위대는 70좌이다. 동중대는 진주(56좌) · 창원(47좌) · 함양(49좌) 등지에 많이 분포하는데, 특히 진주군 월경지인 중남면 실안촌(62좌)과 대방촌(61좌), 남양면 송천동(50좌)의 대지는 대부분이 동중전이다.[15)]

15) 『경상남도진주군가호안』 5책 참조. 가호안에는 중남면과 남양면이 진주군의 월경지로 포함되어 있으나 19세기 후반의 호적대장에는 사천군 소속 면으로 나타난다.

2) 가좌의 형태와 등급별 가좌분포

① 가좌의 형태

가좌의 형태는 지형의 영향을 많이 받는다. 들이 넓고 저평한 지역의 대지는 일정한 규모와 형태로 구획이 가능하지만 기복이 심하고 공간이 협소한 곳은 대지의 규모가 작고 형태도 불규칙하다.

> 나라 안의 전지(田地)를 반듯반듯하게 바로잡아 모두 한 결(結) 형태로 만들며 한 전지를 잡아 그 등급을 정하고, 그 등급을 잡아 율을 차등하는 것은 어려운 일이 아닐 것이다. 그런데 현실은 그렇지 못해 비뚤어져 비스듬하게 모가 났거나, 길쭉한 타원형이거나, 혹은 뾰족하게 솟은 예각이거나 또는 둔각이거나, 중간이 벌의 허리처럼 잘록하거나, 혹은 개 이빨처럼 엇갈려 들었거나 (중략) 혹은 펼치고 춤추는 팔 같기도 하여 기이하게 비뚤어지고 기울어져서 천 가지 모습과 만 가지 형태를 띠는데, 그 실제 면적에 포함된 것이 혹은 가늘고 작아서 파(把), 속(束)으로 되며, 혹은 넓고 큰 것은 결(結)·부(負)가 된다.[16)]

다산은 이렇듯 우리나라의 토지경관이 복잡하고 오묘함을 잘 묘사하였다. 구체적인 토지형태를 기하학적 도형으로 정리하면 대체로 네 모서리가 반듯한 것(방전〔方田〕), 반듯하면서 긴 것(직전〔直田〕), 직각삼각형인 것(구전〔句田〕), 둔각삼각형인 것(규전(〔圭田〕), 사다리꼴인 것(제전〔梯田〕), 마름모꼴인 것(사방전〔斜方田〕), 초생달 모양인 것(아미전〔蛾眉田〕), 둥근 것(원전〔圓田〕) 등으로 나눌 수 있다.[17)]

---

16) 『경세유표』 권9, 지관수제 전제별고2, 어린도설.
17) 『경세유표』 권1, 지관수제 전제고6, 방전의.

토지의 형태가 불규칙하면 밭갈이, 작물의 파종, 김매기, 수확 등 모든 농경활동에 불편이 따른다. 이 문제는 대지의 경우에도 농경지와 다를 바 없어 사람들이 가장 선호했던 대지의 형태는 직전과 방전이었다.

경상남도 대지형태를 파악할 수 있는 자료는 산청군 · 진남군 · 합천군의 양안이다. 군별로 대지형태를 보면 합천군 20개 면의 대지 4,986좌 중 직전의 비율은 약 65.9%, 방전은 약 34.0%이며 0.1%는 원전이다. 산청군은 직전 약 65.9%, 방전 약 34%이며 원전은 0.1%로 합천군과 비슷하다. 이 점은 아마도 합천과 산청이 모두 서부경남의 내륙에 위치하며 대부분의 취락들이 산간분지와 곡저평야에 입지함으로써 형태별 대지의 분포 상 유사성을 보인 것으로 생각된다. 반면에 11개 면 가운데 도서가 5개, 반도부 5개, 반도와 도서에 걸친 면이 1개소인 진남군은 84.3%가 직전이고, 15.5%는 방전이며, 0.2%는 규전과 원전으로 구성되어 있다.

3개 군 양안 상의 대지 10,580좌의 약 71.4%는 직전이고 약 28.5%는 방전이며, 기타 형태는 약 0.1%에 불과한데, 직 · 방전 이외의 대지 중 규전은 진남군 도선면(3좌)과 원산면(1좌)에만 나타나고 원전은 합천군 각사면(3좌), 산청군 금석면(2좌), 진남군 동면(1좌)에 약간 분포할 뿐이다. 양안 상의 대지 형태는 이처럼 단순하지만 실제로는 다양한 형태의 대지들이 존재했을 것으로 생각된다. 다시 말하면 사방전은 방전, 제전은 직전, 다섯 변 이상의 다각형 대지는 원전, 아미전과 구전은 모두 규전으로 단순하게 정리했을 것이다.

대지의 형태를 면별로 살펴보면 흥미로운 점이 발견된다. 즉 산청군 금석면 · 고읍면 · 황산면, 합천군 걸산면 · 상삼면 · 천곡면 · 두상면 · 양산면 등, 분지와 곡저평야가 발달한 곳은 방형대지의 분포가 탁월하고 들이 비좁고 산지가 많은 면들은 직전형 대지의 비율이 80% 이상을 점유하고 있다.

② 등급별 가좌분포

가좌는 밭에 준하여 토지등급을 6등급으로 분류하였다. 등급이 높은 대지는 대체로 지형이 평탄하고 좌향이 남향 또는 남동향이며, 수해의 위험이 적고, 도로의 접근성이 좋으며 마을의 기반시설과 가깝다. 따라서 상등지의 선호도는 높고 하등지일수록 선호도는 낮았다. 경상남도 13개 군 196개 면의 대지 54,969좌 가운데 1등급은 67.4%, 2등급은 25.8%, 3등급은 5.7%, 4~6등급은 1.1%에 불과하다는 사실은 이 점을 잘 반영하고 있다(표 2-4).

군별 1등급 가좌비율은 평야가 발달한 함안군과 창원군이 높고 진남군은 가장 낮으며, 김해 · 진해 등 해읍은 50~60% 수준을 보인다. 지리산지 동록의 진주와 단성 역시 1등급 가좌비율이 평균치보다 낮다. 하위 등급(5~6등급) 대지는 해안 도서지방인 진남군이 가장 높고(4%), 김해와 산청도 타군보다는 높은 편이다. 특히 진남군 원삼면은 147좌의 대지 중 5~6등급 대지가 99%에 달한다. 김해군 상북면, 동래군 사중면, 단성군 도산면, 함양군 마천면, 합천군 각사면 등지도 하등 가좌의 비율이 비교적 높다.

낙동강 하류의 저습지에 위치하는 김해군 상북면은 1~2등급 대지가 전무하고 3~4등급의 중 · 하등지는 약 30%를 차지한다. 동래군 사중면은 부산시 남쪽 해변에 우뚝 솟은 보수산 동록과 절영도 지역으로, 본래 이곳은 평지가 거의 없는 암석해안이었기 때문에 경사면에 취락이 형성되었다. 그 밖의 지역은 모두 하등대지의 비율이 5~10%인 내륙산간지대였다.

하등대지들은 지형조건에 따라 다른 특징을 가지고 있었다. 저습한 평야지대의 하등대지는 주변 농경지가 비옥한 반면 홍수 시 침수가 잦아 큰 마을이 발달하지 못하였으며 평야 면보다 높은 자연제방을 따라 길게 가옥이 배열되는 열촌(列村)이 형성되었다. 한편 해안에서는 바다

〈표 2-4〉 군별 가좌등급별 분포

군명	면수	1등	2등	3등	4등	5등	6등	계
진주	53	7,375 (60.1%)	4,025 (32.8%)	809 (6.6%)	61 (0.5%)	2	1	12,273
창원	6	2,572 (85.3%)	371 (12.3%)	72 (2.4%)				3,015
김해	13	2,718 (57.1%)	1,228 (25.8%)	576 (12.1%)	153 (3.2%)	76 (1.6%)	9 (0.2%)	4,760
진해	4	566 (51.0%)	466 (42.0%)	61 (5.6%)	15 (1.4%)	1		1,109
진남	11	1,386 (40.3%)	1,321 (38.4%)	554 (16.1%)	41 (1.2%)	107 (3.1%)	31 (0.9%)	3,440
동래	12	3,943 (77.6%)	929 (18.3%)	175 (3.4%)	25 (0.5%)	6 (0.12%)	3 (0.08%)	5,081
기장	8	1,725 (82.5%)	321 (15.3%)	45 (2.2%)	1			2,092
함안	18	4,218 (83.4%)	713 (14.1%)	116 (2.3)	2	9 (0.2%)		5,058
단성	8	1,179 (46.9%)	1,122 (44.6%)	181 (7.2%)	12 (0.5%)	20 (0.8%)	1	2,515
함양	18	4,101 (70.9%)	1,434 (24.8%)	225 (3.9%)	3	10 (0.2%)	12 (0.2%)	5,785
삼가	10	1,671 (72.5%)	613 (26.6%)	21 (0.9%)				2,305
합천	20	3,539 (71.0%)	1,231 (24.7%)	194 (3.9%)	20 (0.4%)	2		4,986
산청	15	2,037 (79.9%)	411 (16.1%)	79 (3.1%)	11 (0.4%)	12 (0.5%)		2,550
계	196	37,030 (67.4%)	14,185 (25.8%)	3,108 (5.7%)	344 (0.6%)	245 (0.4%)	57 (0.1%)	54,969

와 접근이 용이한 저지대에 상등지가 분포하고 고도가 높아질수록 대지의 등급이 낮아진다. 하등지는 넓은 대지를 조성하기 곤란하며 자연 샘이 솟는 해변의 용천대(湧泉帶)와의 거리가 멀어 급수 사정도 열악하다. 따라서 고지대의 하등지는 포촌(浦村)의 극빈층 주거지로 이용되었다.

3) 가좌의 규모

① 토지등급별 면적

조선시대의 가좌는 전(田)에 준하여 토지등급을 6등분하였으며, 등급에 따라 실면적에 차이가 있었다.[18] 즉 등급이 낮을수록 실면적은 넓고, 등급이 높으면 실면적은 좁았다. 전지 1결의 면적이 1등전 약 2,753평, 2등전 약 3,247평, 3등전 약 3,932평, 4등전 약 4,725평, 5등전 약 6,897평으로 환산되었다(천관우, 1965, 1492쪽). 개화기에 이르러 확정된 도량형 규칙에 의하면 1등전 1결은 38무(畝)에 준하는데 사방 1척(尺)을 10파(把), 1파를 1속(束), 10속을 1부(負)라 하고 100부를 1결이라 하였다.[19] 1등전 대지 1결의 실면적은 약 10,000m², 즉 1ha로 정하고 하등전으로 내려갈수록 실면적은 증가하여 5등전의 실면적은 1등전의 2.5배, 6등전은 4배가 더 넓다(표 2-5).

대지의 등급을 나눈 목적은 차등을 두어 지대를 징수하는 데 있었다. 경상남도 초계군 팔진역과 경상북도 상주군의 역둔토 양안을 비교해보면 이 사실은 명료해진다. 즉 같은 등급의 토지일지라도 경상남도의 도세(賭稅)가 경상북도보다 다소 높고, 경북 상주군 내에서도 낙동역토가 낙서역토보다 상위였음을 알 수 있다.

대지의 도세는 밭에 준하여 콩·조 등 밭곡식으로 받았는데, 세액은 관

---

18) 『대전회통』 권2, 호전 양전조.
19) 『관보』 호외 「도량형규칙」, 1912년 10월 21일.

〈표 2-5〉 가좌의 등급별 실면적

토지등급 \ 내역	주척(周尺)	실면적	환산면적(m²)
1	4척7촌7분5리	38무	10,000
2	5척1촌7분5리	44무7분	11,763
3	5척7촌3리	54무	14,211
4	6척4촌3분4리	69무	18,158
5	7척5촌5분	95무	25,000
6	9척5촌5분	152무	40,000

〈표 2-6〉 대전(垈田)의 등급별 도세액

지역 \ 토지등급		1등	2등	3등	4등	5등
초계 팔진역	결부수	42부4속				
	도세액	콩 73두				
상주 낙동역	결부수	2부8속		2부		
	도세액	콩 3두		콩 2두5승		
상주 낙서역	결부수	3부8속	3부5속	2부9속	2부5속	2부1속
	도세액	콩 3두2승	콩 2두2승	콩 1두3승	콩 7승	콩 5승

행상 소출량의 10% 정도였음을 현지답사에서 확인할 수 있었다. 개화기 경상남북도 3개 역촌의 도세를 비교·분석해보면(표 2-6) 초계 팔진역은 1등전의 도세가 부(負)당 1.72두인 데 비해 상주 낙동역은 1.07두, 낙서역은 0.84두였다. 3등전에서는 낙동역이 낙서역의 거의 2배 정도로 높았다.[20] 그러나 토지를 비옥도에 따라 상·중·하로 3분할 경우 1부당 상

20) 『경상남도초계군팔진역토영정도지작인성명성책』(慶尙南道草溪郡八鎭驛土永定賭支作人姓名成冊)(규19237), 경리원, 1907.

『상주군각둔역전답영정도세성책』(尙州郡各屯驛田畓永定賭稅成冊)(규17912),

〈표 2-7〉 조선 전기 한양의 신분별 택지면적

품계(품) \ 대지면적	부(負, 坪)
1	35(1,365)
2	30(1,170)
3	25(975)
4	20(780)
5	15(585)
6	10(390)
7	8(312)
8	6(234)
9	4(156)
서인	2(78)

등전은 1두, 중등전은 0.78두, 하등전은 0.5두로 보편화되었다.[21]

② 가좌의 규모

대지란 살림집이 들어앉는 터, 즉 가좌를 가리키지만, 건물 외에도 타작마당, 텃밭 등의 공간이 포함된다. 인구가 조밀하고 지가가 비싼 도회지역은 대지의 공급에 제약이 따랐으므로 조선시대에는 품계에 따라 택지의 규모를 차등적으로 정하였다. 선초 한양에서는 정1품관의 택지보유 상한선을 35부로 정하였으며, 9품관은 4부, 서인은 2부로 하였다[22](표 2-7). 그러나 점차 도성 내의 인구가 증가하고 택지난이 심각해짐에 따라 15세기 후반에는 대폭 축소 조정하게 되었다. 그 결과 1~2품관의 택

사세국(司稅局), 1905.

21) 『朝鮮總督府統計年報』, 1911.

22) 『태조실록』 권1, 4년 3월 을유조.

지면적은 선초에 비해 57.2% 감소한 15부로 축소되었고 3~4품관은 10부, 5~6품관은 8부, 7품관 이하는 4부로 줄었다.[23)]

지방, 특히 농촌의 물리적인 택지사정은 한양보다 양호하였을 것으로 보인다. 그러나 실제로 경상남도 3개 군, 46개 면의 택지공급은 별로 여유롭지 못하였던 것 같다. 호당 평균 대지면적을 면별로 보면 합천군은 2부 이상이 10개 면, 산청군은 9개 면, 진남군은 6개 면이다. 즉 조선 중후기 한양에 거주했던 서인의 택지면적 수준과 비슷한 면의 수가 25개(54%)이며 이 중에는 면의 평균치가 4부 내외에 달하는 곳도 산청군 군내면 · 지곡면 · 부곡면, 진남군 광산면 등 4개 면에 달한다.

호당 대지면적의 격차는 한양보다 더 극심한데, 이는 조정의 규제가 가해졌던 한양에 비해 지방에서는 철저한 통제가 덜했기 때문인 듯하다. 경상남도 산청군 · 합천군 · 진남군의 대지를 면적에 따라 소형(1속~5속), 중소형(6속~2부 5속), 중형(2부 6속~10부), 중대형(10부 1속~40부), 대형(40부 1속~1결 60부) 등 5개 계급으로 분류하였다(표 2-8).

소형대지는 1등전을 기준으로 할 때 1~5속(10m²~50m²)의 면적을 가진 작은 집터인데, 진남군에는 소수가 분포한다. 특히 진남군에는 1속의 초극소형 대지 14좌 , 2~3속의 극소형 대지가 155좌나 분포하는데, 이러한 대지들 중에는 토지등급이 낮은 것이 대부분이므로 실제 면적은 20~100m²에 달했을 것으로 보인다. 그러나 10~20m²의 협소한 공간은 한 간형 가옥 한 채를 겨우 앉힐 정도이며 40~50m²의 대지일지라도 방 한 간과 부엌 한 간의 소형 가옥을 겨우 지을 수 있다.

소형대지는 사회적 신분이 낮거나 빈곤층이 거주하는 곳에 많이 분포하였다. 진남군의 경우 3속 미만의 초극소형 및 극소형 대지가 169좌나

---

23) 『대전회통』 권2, 호전 급조가지조(給造家地條).

〈표 2-8〉 군별-대지규모별 분포

군 \ 대지면적	산청	합천	진남
소형 (1속~5속)	25(1.0%)	110(2.2%)	433(12.6%)
중소형 (6속~2부 5속)	1,716(67.3%)	3,355(67.3%)	2,415(70.2%)
중형 (2부 6속~10부)	793(31.1%)	1,471(29.5%)	537(15.6%)
중대형 (10부 1속~40부)	16(0.6%)	40(0.8%)	50(1.5%)
대형 (40부 1속~1결 60부)		10(0.2%)	5(0.1%)
계	2,550(100%)	4,986(100%)	3,440(100%)

분포하는데, 그 대부분이 통영읍이 위치한 동면에 집중되었다. 통영읍은 조선 왕조의 최대 수군진이었고 개화기에도 진위대가 주둔했던 군사기지였으며 동시에 남해안의 어업기지이고 상업요지였다. 그러므로 다수의 수군, 선부(船夫), 일가(日稼) 노동자들이 거주하였다. 지형적으로 해안에는 평야가 없어 주거지는 해변의 구릉 위에 조성되었으며 수부와 일가 노동자들은 구릉지 상단부의 소규모 대지에 거주하게 된 것이다.

중소형 대지는 6속~2부 5속(60~250m²) 규모로 전체 대지의 약 70%를 차지한다. 중소형 대지 중에도 1부 2속 미만의 비교적 규모가 작은 대지는 진남군에서 약 40%라는 높은 점유율을 보인다. 반면에 농업지역인 산청군과 합천군은 130~250m²의 대지가 50% 이상의 높은 비율을 차지하는데 이 정도는 2~3간 살림집과 헛간·측간 등을 지을 수 있는 면적으로 볼 수 있다.

2부 6속~10부(260~1,000m²)의 중형대지의 비율은 약 22.6%이며 산청군(31.1%)과 합천군(29.5%)은 그 비율이 비교적 높으나 진남군

(15.6%)은 산청군의 1/2 수준에 그치고 있다. 이는 순수 농업지대인 산청군과 합천군은 살림집 외에 축사 · 타작마당 · 텃밭 등을 갖춘 중 · 대농의 비율이 높은 반면 주민의 대다수가 어업 또는 농어겸업에 종사하는 진남군에는 중 · 대농이 적었음을 암시하는 것이다.

10부 이상의 중대형 대지는 총106좌로, 3개 군 대지의 약 1.1%에 불과하다. 중대형 및 대형 대지의 1/2 이상은 진남군에 집중되어 있고 합천군에도 약 47%가 분포하지만 산청군에는 중대형 대지만 약간 존재하고 대형 대지는 전무하다. 특히 진남군에는 1결~1결 60부(10,000~16,000m²)의 초대형 대지 소유자 약간 명이 분포하는 특이한 현상을 보이고 있다.

전술한 바와 같이 조선 후기의 한양 성내 고관들의 대저택 면적이 15부(약 1,500m²)였고 서민주택의 그것은 2부(200m²)였던 점을 감안하면 토지의 제약이 적고, 농경활동상 도시에 비해 더 넓은 대지를 필요로 했던 개화기 경상남도의 가호 당 대지면적은 한양보다 더 넓어야 마땅할 것이다. 비록 서울의 대저택에 비견될 만한 가옥은 드물었을지라도 상류 지주층은 대가족을 거느릴 수 있는 건물, 농산물 저장시설, 농기구 창고, 축사, 타작마당 등을 갖춘 넓은 공간을 가질 필요가 있었을 것이다. 오늘날 우리나라 농가의 일반적인 대지 면적이 200평(약 600m²)인 점을 고려해볼 때 개화기 중농의 이상적인 대지면적은 10부 내외였을 것으로 보인다. 그러나 경상남도 3개 군에서 10부 이상의 대지는 약 1.6%에 불과하였으며, 83% 정도는 2부 5속 미만의 좁은 터에 집을 짓고 거주하였다. 물론 넓은 대지를 소유한 자가 모두 대저택을 보유했던 것은 아니며 오히려 소작인 또는 외거노비에게 대지를 임대하여 지대를 거둬들였다. 이러한 사실은 가호안과 양안의 분석을 통하여 확인이 가능하다(표 2-9).

〈표 2-9〉 군별 다가좌 소유자 분포(단위: 좌)

군명＼가좌수	5~10	11~20	21~40	41~60	61~80	81~100	100 이상	비고
진주	4							
함양	21	16	10	1				지내면(지주 6, 동중 2~144좌), 사근면(지주9~125좌), 덕곡면(지주 11~192좌), 유등면(지주 12~82좌)
함안	54	15	5			1	1	상리면(지주 11~183좌), 남산면(지주 10, 동중 1~97좌), 내대면(지주 6~85좌), 우곡면(지주 6~82좌)
동래	36	13	9	2				사중면(지주7~213좌), 사상면(지주 8~75좌), 사하면(지주 38〔52〕좌)
진해	6	1						
삼가	1							
김해	38	22	13	3	5	2	1	대산면(지주 13, 동중 1~124좌), 하계면(지주 19~349좌), 활천면(지주 17~166좌), 명지면(지주 12~590좌), 덕도면(지주 12~480좌)
창원	9	2	1	1	3			서일면(지주3~96좌), 서이면(지주5, 동중3~229좌)
진남	37	2	2					서면(지주31~205좌)
산청	8	2						
합천	10	2	2	1				봉산면(지주7~229좌)
계	224	75	42	8	8	3	2	362

5좌 이상의 대지를 타인에게 임대하여 도지를 받는 지주는 11개 군에 362명이 분포하였으며 그들이 보유했던 대지의 수는 약 4,600~5,000좌에 달했다. 지주들 가운데 5~10좌 소유자가 약 61.9%로 가장 많고,

11~20좌 소유자는 약 20.7%, 21~40좌 소유자는 11.6%, 41~60좌 소유자와 61~80좌 소유자는 각각 2.2%이다. 이 가운데 일부는 동중대(洞中垈)와 종중대(宗中垈)인데, 창원군 서이면(3개동 소유 160좌), 함양군 지내면과 마천면(3개동 40좌), 함안군 남산면(1개동 28좌), 김해군 대산면(1개동 10좌) 등지의 동중대와 함안군 산익면(1개동 14좌)과 죽산면(1개동 5좌)의 종중대가 있다. 함안군 산익면의 종중대는 물론 함안(咸安) 이씨 동족촌 소유이고 죽산면 종중대는 진주 정씨 동족촌 소유지인데 아마도 다른 마을 동중대 역시 동족촌 소유 대지였을 것이다.

80좌 이상의 가좌 소유자들은 모두 함안 · 김해 · 창원 등 평야지대에 거주하는 지주들이다. 특히 함안군 상리면 신교동의 구여행(具汝行), 김해군 명지면 조역리의 백모(白某), 김복삼 등이 대표적인 인물이다.

4. 가옥

1) 호의 구조와 주거여건

① 호의 구조

조선시대 호(戶)의 구조를 막연하게 대가족 구조로 일반화했던 과거의 학설에 문제가 있음을 인식하고 이 문제를 바로 잡고자 노력한 학자들은 사회학 · 역사학 · 경제사학 전공자들이었다. 이들은 양안과 호적을 정밀 분석한 결과를 토대로 극소수 양반지주호만이 대가족을 거느릴 수 있었을 뿐이고 대부분의 가호는 소가족호였다는 결론을 내리고 있다.

가호에 대한 학계의 관심은 일제시대부터 일어났으나 활발한 논의가 시작된 것은 1970년대부터이다. 통일신라기 장적(帳籍)의 분석을 통한 가족구성에 관한 연구(이태진, 1975; 이진욱, 1980), 고려 말 호적을 분석하여 호당 가구원 수를 산출한 연구(최홍기, 1975), 조선시대 가구원 수를 파악한 연구(최재석, 1983) 등이 학계의 주목을 받고 있으며 이들의 주요 연구주제는 가호의 구조와 가구원 수에 관한 논의이다. 이태진은 하나의 자연가호를 중심으로 다른 가호 또는 인(人)을 채우는 것이 공연(孔烟) 편성의 방식이었으며 연(烟)이 바로 자연가호라고 정의하였다. 그는 구체적으로 같은 자연가에 거주하는 사람들이 서로 다른 호에 편제되기도 하고 여러 개의 자연가가 모여 하나의 호를 구성할 수도 있다는 편제호설을 제기하였다(이태진, 1986, 50~53쪽). 그런데 만일 부모와 혼인한 자식이 함께 거주하는 경우에는 분호(分戶)되어 부모는 주호(主戶)가 되었으므로, 이러한 경우 대가족은 자연히 성립되는 것이다. 그러나 분호는 대체로 경제력이 있는 경우에 이루어졌다(이영훈, 1988, 21쪽).

『경국대전』에 '솔거 자녀 모모 연갑, 노비 고공 모모 연갑'(率居子女某某年甲 奴婢雇工某某年甲)[24]이라 하였는데, 이는 주호의 자녀 외에도 노비와 고용인 등 예속인까지 호의 구성원에 포함되었음을 암시한 것이다. 그러나 재력을 갖춘 부농이나 부유한 사대부가 아니면 대가족을 먹여 살리고 또 그들을 수용할 수 있는 큰 집을 가지기 어려웠다. 부호일수록 가구원 수가 많은 이유는 경제력 때문이며, 따라서 소농은 대가족 형성이 어렵다는 점은 세계 어느 지역에서나 확인된다(Sjoberg, G., 1965, p.158).

김용섭은 18세기 부농기준을 보유농지 면적 1결 이상으로 규정하고, 이 수준 이상의 농가비율이 극히 낮았다는 설을 제기하였고(김용섭, 1970, 147쪽), 이영훈은 호적에 등재된 원호(元戶) 가운데 소유농지가 전혀 없거나 영세했던 농가가 높은 비율을 차지하였으며 동일호에 편재된 가족들조차 다른 자연가에 거주한 예가 많아, 경상도의 경우 4~5인 호가 약 51.7%, 3~4인 호가 약 35.4에 달하였다는 연구결과를 발표한

---

24) 『경국대전』 예전, 호구조.

바 있나(이영훈, 1988, 251쪽). 이러한 연구성과를 토대로 김건태는 조선 후기의 호는 자연가, 즉 독립된 농가세대를 단위로 하지만 자작농으로 성장하지 못한 예속인은 하나의 농가세대를 형성하지 못하기 때문에 상전(上典)의 호에 편입되었다고 하였다(김건태, 2003, 267~268쪽).

상전가는 호를 대표하는 주호로서 각종 부세(賦稅)를 납부하는 책임자였던 반면에 상전의 가택에 거주하는 소작인, 농막직(農幕直) 등 예속인은 협호(挾戶)를 구성하며, 이들은 부세의 부담능력이 없는 세대로서 호적에 등재되지 않아 주호와 협호 사이에는 종속관계가 성립되었다(이영훈, 1988, 20쪽).

19세기 후반의 안의군 · 창녕군 · 사천군 · 울산부 등 4개 군의 호적을 분석해본 결과 호당 평균 가구원 수가 안의는 약 4.04명으로 가장 높고 창녕(3.65명)이 그 다음이며, 울산(2.88명)과 사천(2.78명)은 매우 낮다. 당시에는 호당 약 0.53명의 솔거노비를 거느리고 있었으므로 실제 가구 당 인구수는 3.26명이었다(표 2-10). 노비를 제외한 주호만의 가구원 수는 안의 3.41명. 창녕 2.91명, 울산 2.45명, 사천 2.39명에 불과하므로 경상남도의 가호가 소가족 체제였음을 확인할 수 있다. 주호의 가구원 수 분석은 대가족설의 진위를 확인할 수 있는 명확한 근거를 제시한다.

일반적으로 대가족호는 부부와 조손(祖孫) 등 3대가 함께 거주할 때 성립되며, 호주의 미혼 형제, 자매, 때로는 의탁할 자녀가 없는 숙 · 백부와 처부모 등이 포함되는 경우도 있다. 4개 군의 호적 상 가족 수가 7인 이상인 가호의 약 반 정도는 부부와 조손으로 구성되어 있으므로 이를 대가족의 최소 단위로 정하고 4개 군의 대가족호를 산출한 결과 그 수는 373호(약2.2%)에 불과하였다. 물론 7인 미만의 가호 중에도 3대가 함께 거주하는 예가 있고 7~10인호 등 상당수는 3대로 구성되지 않으나 대가족의 비율을 2% 내외로 보아도 큰 무리는 없을 것이다.

1인호의 존재는 소가족호의 비율을 높이는 데 큰 영향을 준다. 1인호

〈표 2-10〉 19세기 경상남도 4개 군의 주호와 노비호

군명	면수	호수	주호 인구수	노비수	합계 (호당 인구수)	주호의 가구원 수별 구분(호)				노비소유(호)				
						1 인호	7~10 인호	11~20 인호	21인 이상	5~10 명	11~20 명	21~30 명	31~40 명	40명 이상
안의	9	3,271	11,169 (84.6%)	2,031 (15.4%)	13,200 (4.04명)	77	83	8	1	26	9	2		
창녕	11	4,020	11,703 (79.8%)	2,960 (20.2%)	14,663 (3.65명)	428	72	8		31	5	1	1	1
사천	11	3,839	9,182 (86.2%)	1,473 (13.8%)	10,655 (2.78명)	1,798	97	18		8				
울산	12	5,953	14,598 (85.1%)	2,562 (14.9%)	17,160 (2.88명)	154	82	3	1	7	2			
계	43	17,083	46,652 (83.8%)	9,026 (16.2%)	55,678 (3.26명)	2,457	334	37	2	72	16	3	1	1

는 주로 한량(閑良), 역리(驛吏), 모군(募軍), 수부(水夫), 속오군(束伍軍), 고령의 남성, 과녀(寡女), 장인(匠人) 등으로 구성된다. 1인호는 어느 군에나 분포하지만 특히 해읍이 높은 비율을 나타내는데 사천군은 전체 가구의 46.8%가 1인호이며 그 대부분을 차지하는 집단은 한량(약 4%)이고 다음으로 과녀가 높은 비율을 나타낸다.[25]

노비는 2호당 1명 비율로 분포하였으므로 가족 구성원으로서 확고한

---

25) 대가족호와 1인호의 수는 다음의 호적을 정리하여 산출하였다.
- ㅇ『안의현병자식성적일장』(安義縣丙子式成籍一帳), 『안의현경오식성적삼장』『경상도안의현을유식성적오장』.
- ㅇ『경상도창녕현정유식호적대장』『창녕현을묘식호적대장』『창녕군갑오식호적대장』『창녕군정묘식호적대장』.
- ㅇ『사천현병오식호적대장』(초동〔初同〕· 이동〔二同〕), 『사천현갑오식호적대장』『사천현을유식호적대장』『사천현무자식호적대장』.
- ㅇ『울산부을유식호적대장』『울산부임오식호적대장』『경상도울산부신묘식호적대장』『울산부병자식호적대장』.

위치를 차지하고 있었다. 물론 소수의 대농 지주들이 다수의 노비를 독점적으로 소유하였으므로 5명 이상의 노비소유 호는 전체 가호의 0.5%에 불과하였다.

노비를 포함한 주호의 가족 수는 가옥의 규모와 구조를 결정짓는 요인이 되었다. 가족의 수가 많으면 그에 비례하는 수용공간이 필요하였고, 신분에 따른 주호와 노비를 구분 짓는 공간배치, 주호 가족의 성별 및 연령별 간배치도 가옥의 조영에 반영되었다.

갑오개혁으로 신분제가 폐지됨에 따라 호적상의 노비가 사라졌다. 그러나 자기 소유의 농토와 가옥을 갖지 못하였고 직업교육도 받지 못한 해방노비들은 비록 신분이 상승되었을지라도 주호를 벗어나기 어려웠을 것이다. 일부 해방노비가 부산과 마산의 개항장으로 이주하여 부두노동자가 되었으나 대부분은 주호의 고용인으로 남을 수밖에 없었다. 초계군 · 거창군 · 거제군의 광무(光武) 호적에 보이는 기구(寄口) 및 용인(庸人)의 존재는 아마도 상당수가 해방노비들임을 의미할 것이다. 초계군 백암면 호적대장에는 72명(남 60명, 여 12명), 초책면에는 59명(남 33명, 여 26명), 거창군 호적대장에는 가서면 184명(남 99명, 여 85명), 하가남면 269명(남 147명 여 122명), 거제군 외포면 호적대장에는 2명(남 1명 여 1명)의 기구 및 고용인이 등재되어 있다.[26] 이들 가운데 남성은 주로 농업호에 거주한 머슴들로 추측되고 초계면의 여성들은 대다수가 직적호(織績戶)에 속하였다(표 2-11).

7인 이상의 대가족호 비율은 초계군이 21.4%로 가장 높고 밀양군은 약 16.2%로 뒤를 이으며, 거제군(4.3%)과 거창군(0.44%)은 매우 낮다. 밀양군은 21~30인 이상 호가 50호, 31~40인호가 15호나 될 정도여서

26) 초계군 · 거창군 · 밀양군의 호구자료는 갑오개혁 이후에 작성된 신호적을 정리한 것이다.

〈표 2-11〉 개화기 경상남도 4개 군의 가호체제(주호와 기구 및 고용인호)

군명	면수	호수	주호인구 (호당평균)	기구	고용인	계 (호당평균)	1인호	7~10인호	11~20인호	21~30인호	31~40인호
초계	2	640	3,230 (5.05명)	134	131	3,495 (5.46명)	11	116	20	1	
거창	2	676	2,927 (4.33명)	172	451	3,014 (4.46명)	28	3			
거제	1	206	745 (3.62명)	1	2	748 (3.63명)	4	9			
밀양	13	6,410	30,202 (4.71명)	?	?		30	764	210	50	15
계	18	7,932	37,104 (4.68명)				73	892	230	51	15

＊2~6인호는 제외하였다.

아마도 3~5대가 함께 거주하는 대가족호가 많았을 것이다. 이러한 대가족호는 비옥한 들이 넓은 밀양군 부북면 · 천화면 · 하동면 · 단장면 등지에 많이 분포하였으며, 이 지역에는 현재도 대가족을 수용하기에 충분한 대저택들이 많이 남아 있다. 그리고 저택을 중심으로 소규모의 초가들이 둘러싸고 있어 해방노비들이 과거의 상전호와 경제적 종속관계를 지속하였음을 짐작할 수 있다. 이러한 관행은 일제시대에도 지속되었음을 다음의 기록에서 확인할 수 있다.

중선 이남(中鮮以南)의 종속 소작인은 주로 행랑인 · 토방인(土房人) · 차호(次戶) 등으로 불리며, 지주의 거택 일부에 거주한다. 그 밖에 지주의 거택을 중심으로 그 주변에 이들을 살게 하고 소작시키는 것이 일반적이다. 따라서 한 지주의 소작인 수는 보통 1호, 드물게는 2, 3호인 경우도 있다. 지주가 독립된 가옥을 지급하는 경우 소작인의 수는 적으면 1, 2호 또는 수호에 불과하지만 많은 경우에는 20~30호에서 70~80호에 달하는 경우도 있다(小野寺二郎, 1932, 816~818쪽).

가호 안에는 가옥과 대지의 소유자가 분리된 예가 적지 않은데, 특히 한 명의 지주소유 대지에 적게는 1~2명, 많게는 100여 명의 가옥소유자 성명이 등재된 예가 적지 않다.[27] 이는 앞에서 언급한 지주와 소작인 또는 고용자의 종속관계를 나타내는 증거의 하나로 보인다. 다시 말하면 대지주의 저택을 중심으로 주위에 이른바 호저(戶底)집들이 둘러싸는 독특한 취락구조를 이룬 것이다(김용섭, 1970, 242쪽). 호저집은 대부분 2~3간 초가였으며, 그 중 일부는 지주소유의 임차가옥이었다. 그러므로 이러한 가옥에 거주하는 주민들은 신분상으로는 주호로부터 독립된 존재였으나 경제적으로는 상전에게 예속될 수밖에 없었을 것이다.

② 주거여건

가옥의 규모는 호의 구조 및 가족 구성원 1인당 확보공간의 면적, 다시 말하면 가옥의 크기에 따른 주거여건을 파악할 수 있는 근거가 된다. 가호안에는 경상남도 11개 군(54개 면)에 분포하는 모든 가옥의 규모(간수)가 표기되어 있고 개화기의 호적은 6개 군, 27개 면의 가옥자료를 수록하고 있다. 특히 개화기 호적은 주호의 가족 수는 물론 기구와 고용인의 수까지 기재되어 있어 가구원 1인당 점유 간수를 산출할 수 있다.

가옥의 크기를 세는 전통적인 단위는 네 기둥으로 이루어진 공간인 간(間)이다. 그러나 한 간의 넓이는 지역에 따라 다르고 또한 초·와가에도 차이가 있다. 인류학계의 연구에 의하면 와가의 한 간방 넓이는 초가보다 다소 넓으며, 안방을 기준으로 할 때 초가 1간의 면적이

27) 『김해군가호안』을 보면 명지면 진목리의 대지 101좌 중 100좌는 김기표의 소유였다. 이 마을 가옥 중 59호는 2간호, 40호는 3간호이고 4간호는 2채에 불과하였다.

〈표 2-12〉 마을별 안방의 규모(1간 기준)

가옥구분 / 마을명	와가			초가		
	단변 (短邊, m)	장변 (長邊, m)	면적 (m^2)	단변 (m)	장변 (m)	면적 (m^2)
경주 양동	2.70	3.83	10.340	2.45	3.15	7.715
의인 섬마을	2.60	4.28	11.128	2.76	3.37	9.3012
안동 하회	2.80	4.53	12.684	2.52	3.26	8.2152

* 자료: 이종필 외, 1983, 29쪽.

7.7m^2~9.3m^2인 데 비해 와가는 약 10.3m^2~12.7m^2라고 한다. 경주 양동마을을 비롯한 영남지방 3개 마을의 안방 넓이 평균치는 초가가 약 8.4m^2이고 와가는 약 11.38m^2로, 와가가 초가보다 약 1.35배 정도 넓다. 초가의 안방은 의인 섬마을의 집이 가장 넓고 양동이 가장 좁으며, 와가는 하회가 가장 넓고 양동이 가장 좁다(표 2-12)(이종필 외, 1983, 29쪽). 이처럼 한 간의 넓이는 절대면적이 아니기 때문에 1인당 점유 간수만으로 주거여건을 단정적으로 평가하기는 어렵다. 그러나 경제사정이 나은 계층의 주거사정이 빈한한 계층에 비해 양호했을 것은 자명한 사실이다.

다음에 나오는 〈그림 2-3〉은 개화기 경상남도 4개 면과 경상북도 1개 면의 1인당 점유 간수를 도형화한 것이다. 1인당 점유 간수는 의령군 상정면이 넓고(1.18간), 안동군 남선면이 그 다음을 차지하며(1.14간) 거제군 외포면이 가장 작다(0.62간). 상정면이 남선면보다 1인당 점유 간수가 다소 높지만 3간 이상호가 전무한 데 비해 후자는 4~6간인 가호의 비율이 2%를 상회하므로 경상남도의 주거여건이 경상북도에 비해 열악하였다는 느낌이 든다. 창녕군 성산면(1.01간), 밀양군 부내면 · 부북

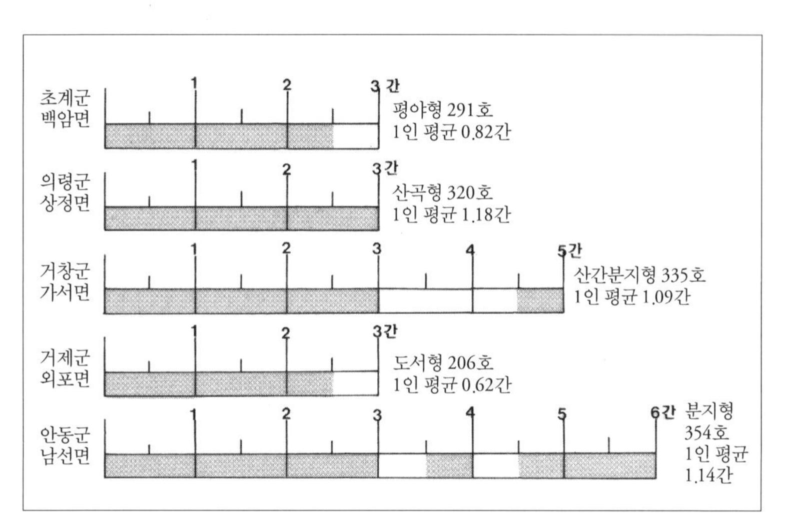

〈그림 2-3〉 간별 호수 비율과 1인 평균 점유 간수

면 · 상서초동면 · 상북면, 창녕군 옥야면 등 중 · 대형 가옥이 많이 분포하는 면들 역시 1인당 점유 간수는 0.9~1.0간에 불과하다.

1인당 점유 간수를 타 지역과 비교해보면 경상남도의 주거여건이 열악하였음을 짐작할 수 있다. 개화기의 주요 도회 호적자료 상에 나타난 수치를 보면 1인당 점유공간이 한성부 1.3간, 개성 1.9간(吉田光男, 1993, 94쪽), 인천 2.0간으로 나타난다.[28] 이로써 중부지방 도회의 주민들이 경상남도 사람들에 비해 2배 이상 넓은 집에 거주하였음이 판명된 것이다.

1인당 점유 간수는 가옥의 규모와 가족 수에 비례한다. 거창군 가서면에는 가족 수 10인 이상이 2간호에 거주하는 집이 2호이고, 초계군에는 9인 이상이 거주하는 2간호가 14호나 되었다. 이처럼 소규모 주택에 대가족이 거주하는 경우에는 거주 여건이 극히 나쁠 수밖에 없다.

28) 『경기인천항축현외동호적대장』, 광무 2년(1898).

2) 지역별 가옥의 규모

조선시대 살림집에 대한 광역의 자료는 매우 귀하기 때문에 당시 가옥의 평균규모를 상세히 산출하기는 쉽지 않다. 반계(磻溪) 유형원(柳馨遠)이 말하기를 서인(庶人)의 가사(家舍)는 10간, 사가(私家)는 5간이 적당하다[29]고 하였으나 오늘날의 건축사가들은 3간호를 표준형이었을 것으로 보고 있다. 이는 3간집을 향촌사대부의 이상적 주거규모로 본 『산림경제』에 근거한 듯하다.[30] 물론 전통 주거의 간수는 방과 대청만을 포함시키고 부엌 · 측간 · 헛간 등은 제외시켰을 것으로 보는 견해도 있다(신영훈, 1983, 67쪽). 이를 감안하면 조선시대 초가삼간의 실제 면적은 3.5~4.5간 정도까지 넓게 볼 수도 있다. 그러나 부엌은 당연히 안방과 같은 채에 속하는 공간이며, 취사 · 난방 · 식품저장의 장소이므로 별개의 공간으로 보아서는 안 될 것이다.

김홍식은 조선 후기 가옥을 규모에 따라 소농형(5간 미만), 중농형(10간 내외), 부유한 사대부의 저택(25간 이상) 등으로 구분한 바 있다. 그는 소농형은 소작농 가옥으로 안채와 아래채를 가지고 있으며, 대농형은 소수 자작농 가옥으로, 안채와 사랑채로 구성되어 있다고 정의하였다(김홍식, 1993, 281쪽). 그의 분류는 아마도 중부지방 등 가옥의 평균규모가 경상남도보다 월등히 큰 지역의 자료를 바탕으로 이루어진 것으로 보이므로 경상남도에는 적용이 불가능하다. 왜냐하면 경상남도 가옥의 35.6%는 1~2간호이고, 58.17%는 3~4간호여서 전체 가옥의 약 94%가 4간 미만의 소형주택이기 때문이다.

김홍식이 중농형 및 대농형 가옥으로 분류한 10~20간호가 경상남도에는 0.5%에도 미달하여 사대부의 대저택으로 볼 수 있는 가옥 역

---

29) 『반계수록』 권25, 속편 상 가사(家舍).

30) 『산림경제』 권1, 복거조에 "不能卜居山郎於岡阜回複 林木幽翳處 闢 地類畝築室三楹……"이라 하였는데 삼영(三楹)이란 3간집을 말한다.

시 7호에 불과하다. 다시 말하면 김홍식 기준으로 본다면 경상남도 가옥의 90% 이상은 외거노비 및 소작농형 가옥이고 중농 및 대농형 가옥은 극소수라는 결론에 도달하게 되는 것이다. 그러나 단성군 원당면 배양동, 의령군 상정면 등지의 호적표에서 확인한 바로는 자작농 반가(班家) 중에도 2~3간호가 허다하고, 경상남도에 분포한 약 3,400개 동의 마을 가운데 양반으로 구성된 동족촌이 약 60%에 달한다는 점에 유의할 필요가 있다. 따라서 가옥의 규모만으로 소 · 중 · 대농을 구분하는 것은 무리이다.

김용섭은 중부지방 양안의 가호안 분석을 통하여 7결 이상의 농지를 소유한 대농 중에도 2간 초가에 거주하는 자가 있는가 하면 1결 미만의 농지 소유자가 35간(와옥 25간+초옥 10간)의 대저택을 보유하고, 심지어 농토가 없는 자가 13간호에 거주하는 사례를 들고 있다(김용섭, 1984, 372쪽). 이와 같은 학계의 연구결과를 참조하여 필자는 경상남도 실정에 적합한 가옥 규모별 분류방법을 모색하고자 한다.

가호안 · 신호적 · 가택수효성책 등에 등재된 개화기의 경상남도 17개 군 174개 면의 약 54,000호의 간수 총계(약 162,000간)를 산출한 후 가옥규모별 분포 상을 살펴본 결과 2간과 3간 , 4간과 5간, 6간과 7간, 8간과 9간, 12간과 13간, 19간과 20간 사이에서 급변점이 발견되었다. 이를 바탕으로 경상남도의 가옥을 극소형(1~2간), 소형(3~4간), 중소형(5~6간), 중형(7~8간), 중대형(9~12간), 대형(13~19간), 초대형(20~32간) 등 7개 계급으로 분류하였다(표 2-13).

극소형 가옥은 전체 가옥의 약 35.6%를 차지하는데, 이 중 약 0.6%는 1간호이다. 1간호는 부엌도 없이 단칸방으로 이루어진 가옥으로 난방은 한데 아궁이를 이용한다. 이러한 가옥은 초계군 · 밀양군 등지에 많이 분포하고 거창군과 진남군에도 약간 존재하였다. 1간호의 소유자는 대부분 1인 가구이며 소작농, 직적업(織績業) 종사자, 수부 등이다. 2간

〈표 2-13〉 경상남도 각 군의 가옥규모별 호수

가옥규모 / 군명	면수	극소형	소형	중소형	중형	중대형	대형	초대형	호수	총 간수	호당 평균 간수	비고
		1~2 간	3~4 간	5~6 간	7~8 간	9~12 간	13~19 간	20~32 간				
진주	53	4,322 (35.52%)	7,656 (62.92%)	181 (1.49%)	4 (0.03%)	2 (0.02%)	2 (0.02%)		12,167	31,269	2.57	가호안 (1904년)
함양	18	2,743 (47.33%)	3,027 (52.22%)	18 (0.31%)	4 (0.07%)	3 (0.05%)		1 (0.02%)	5,796	14,935	2.58	〃
함안	18	1,882 (37.36%)	3,003 (59.62%)	144 (2.86%)	6 (0.12%)	2 (0.04%)			5,037	13,974	2.77	〃
동래	12	1,012 (21.18%)	3,487 (72.97%)	237 (4.96%)	24 (0.5%)	18 (0.38%)	1 (0.02%)		4,779	14,977	3.13	〃
창원	6	1,458 (48.36%)	1,547 (51.31%)	10 (0.33%)					3,015	7,751	2.57	〃
기장	8	734 (34.97%)	1,329 (63.31%)	31 (1.48%)	4 (0.19%)		1 (0.05%)		2,099	5,828	2.78	〃
삼가	10	591 (30.91%)	1,294 (67.68%)	25 (1.31%)	2 (0.1%)				1,912	5,552	2.90	〃
단성	8	640 (25.51%)	1,764 (70.31%)	97 (3.87%)	5 (0.2%)	2 (0.08%)	1 (0.04%)		2,509	7,734	3.08	〃
진해	4	313 (28.22%)	788 (71.06%)	8 (0.72%)					1,109	3,641	3.28	〃
진남	5	570 (27.61%)	1,468 (71.12%)	22 (1.07%)	2 (0.1%)	2 (0.1%)			2,064	5,871	2.84	〃
김해	13	2,652 (55.7%)	2,095 (44.0%)	13 (0.27%)					4,761	11,793	2.48	〃
밀양	13	1,641 (24.24%)	3,091 (45.66%)	1,434 (21.18%)	382 (5.64%)	128 (1.9%)	88 (1.3%)	6 (0.08%)	6,770	23,420	3.46	신호적 (1898년)
초계	2	236 (36.03%)	265 (40.46%)	123 (18.78%)	31 (4.73%)				655	2,251	3.44	〃 (1907년)
거창	2	194 (29.04%)	275 (41.17%)	196 (29.34%)	2 (0.3%)	1 (0.15%)			668	2,248	3.37	〃 (1903년)
거제	1	95 (46.57%)	102 (50.0%)	6 (2.94%)	1 (0.49%)				204	550	2.70	〃 (1902년)
의령	1	96 (30.0%)	144 (45.0%)	75 (23.44%)	3 (0.94%)	1 (0.31%)	1 (0.31%)		320	1,087	3.40	〃 (1891년)
계	174	19,179 (35.61%)	31,335 (58.17%)	2,620 (4.86%)	470 (0.87%)	159 (0.3%)	94 (0.17%)	7 (0.01%)	53,864	15,288	2.84	

호는 한 간 방과 수방, 또는 한 간 방과 부엌 및 작은 부엌방이 붙어 있는 집이며 김해군(55.7%) · 창원군(48.4%) · 함양군(47.3%) · 거제군(46.6%) 등지에서 높은 비율을 나타낸다.

소형 가옥은 경상남도 가옥의 58% 이상을 점유하므로 이 지역을 대표하는 가옥형이었다고 해도 과언이 아니다. 부엌 한 간과 분합문으로 구분되는 두 간 방으로 구성된 3간호와 부엌과 두 간 방, 대청 등으로 이루어진 4간호는 동래군 · 진남군 · 진해군 등지에서 탁월한 분포상을 보이고 삼가군 · 기장군 · 진주군 · 함안군도 경상남도의 평균치를 웃도는 수치를 나타낸다. 소형가옥의 80% 이상이 3간호였으므로 극소형 가옥을 합친 1~3간형 가옥은 경남 17개 군 가옥의 8할 이상을 점유했다고 할 수 있다.

창녕군을 제외한 16개 군, 174개 면의 호당 평균 간수는 약 2.84간인데 면 평균치가 경상남도 평균치보다 낮은 곳은 진주군 26개, 김해군 13개, 함양군 17개, 삼가군 6개, 동래군과 창원군 각각 5개, 기장군 4개, 진남 · 진해 · 단성군 각각 2개, 거제군 1개로 도합 93개 면이다. 즉 전체 면의 53% 이상이 조선시대 살림집의 표준치였던 3간호에 미달되었던 것이다. 특히 김해군(10%) · 함양군(94.4%) · 창원군(83.3%) · 삼가군(60.0%) 등 4개 군은 지역평균치 이하의 면 비율이 매우 높다.

경상남도 174개 면 중에 평균 간수가 가장 작은 곳은 함안군 외대산면(2.17간)이며, 진해군 동면(2.18간), 함안군 백토면(2.27간), 진주군 가수개면(2.28간) 등지도 평균 간수가 극히 낮은 곳들이다. 이러한 면들은 대부분의 가옥이 2간호로 구성되어 있다.

중소형(5~6간) 및 중형(7~8간) 가옥은 지역 전체의 약 5.73%를 점유한다. 3~4간의 안채와 부속채 또는 안채와 사랑채로 구성되는 이 가옥들은 거창군(29.64%), 밀양군(26.82%), 의령군 상정면(24.38%), 초계군(23.51%)에 많이 분포하며, 함양군(0.38%), 창원군(0.33%), 김해군(0.27%), 진해군(0.72%) 등지는 분포율이 매우 낮다. 특히 창원군과 진해군에는 중소·중형 가옥이 전무하고 김해군과 거제군 외포면도 극소수의 중소 또는 중형가옥을 보유하고 있다.

중대형 이상의 가옥은 260채(0.48%)에 불과한데, 이 중 약 61%는 중대형(9~12간)이고, 대형(13~19간)은 약 36%, 초대형(20~32간)은 약 3%에 불과하다. 이 가옥들의 대부분은 양반지주들의 주택이지만 동래부 소재의 건물들은 대부분 객주가들이다. 대형 및 초대형 가옥들은 대부분 밀양군에 집중적으로 분포하며 소수가 진주군·함양군·동래군·기장군·단성군·의령군 등지에 산포한다. 그러나 『창녕군가택수효성책』에 등재된 창녕군 8개 면의 호당 평균 간수가 4.64간으로 밀양군(3.46)보다 월등히 높으며, 특히 옥야면(5.41간), 고암면(5.18간), 성산면(4.85간) 등지의 호당 평균 간수가 여타 면의 2배에 가까운 점을 감안한다면 창녕군의 중대형 또는 초대형 가옥의 분포율은 밀양에 버금갈 것으로 보인다.[31)]

규모별 가옥의 분포상을 상세히 고찰하기 위해 경상남도 3개 동·면과 경상북도 1개 면의 가호 내용을 비교해보기로 한다.[32)] 단성군 배양동은 합천 이씨가 주민의 8할을 차지하는 반촌임에도 불구하고 기와집은 전무하고 가옥의 평균 간수도 작은 편이다. 그러나 6간호가 12개나 되고 9간호도 1개가 분포하는 특이한 분포상을 보이고 있다. 의령군 상정면은 창녕 조씨(曺氏), 거창 이씨, 합천 이씨, 진주 강씨(姜氏)의 동족촌이 입지한 사족들의 거주지였다. 이와 같은 성씨 구성상의 영향이 반

---

31) 『경상남도창녕군각면인구남녀가택수효별구성책』, 병오(1906).

32) 『경상남도단성군호적표』, 남면 원당리 배양동, 광무 8년(1904).
『경상남도의령군상정면호구조사표』, 건양 2년(1897).
『경상남도초계군초책면호구적표』, 광무 11년(1907).
『경상북도안동군기해식적표』 제4, 남선면, 광무 3년(1899).

〈표 2-14〉 영남지방 4개 면(동)의 간수별 가옥분포 (단위: 호)

간수 면	1	2	3	4	5	6	7	8	9	10	11	12	13	총 호수	총 간수	평균 간수
단성군 남면 배양동	1	11	31	1		12			1					57	201	3.53
의령군 상정면	1	96	111	33	52	23	1	2	1					320	1,088	3.4
초계군 초책면	44	105	127	45	30	16	10	1						378	1,139	3.01
안동군 남선면	3	53	139	55	33	78		2					1	364	1,408	3.87

영되어 중형가옥의 비율이 비교적 높으며 4호의 와가도 분포한다. 초계군 초책면은 초계 변씨(卞氏)와 정씨(鄭氏)의 근거지이므로 중형 가옥이 존재하나 1~3간호의 분포상이 두드러지게 나타난다. 이러한 소형가옥들은 직적업에 종사하는 과부, 고용직(임가업〔賃稼業〕), 행상 및 주막업, 걸인들의 주거가 대부분이다.

안동군 남선면은 경상남도 3개 면 · 동에 비해 3간호 및 중형가옥의 비율이 월등히 높고 평균 간수 역시 0.5~1간 정도 더 넓다(표 2-14). 전통적으로 안동은 남인계 사대부들의 영향을 많이 받은 지역이었으므로, 이 지방 사대부들은 정형화된 큰 집을 짓고 주거를 잘 정돈하는 생활을 중요시하는 경향이 있었다(홍승재, 1992, 71~72쪽). 주목할 만한 점은 사대부 외에도 상당수의 장인(匠人)들이 평균 4.3간의 가옥을 소유하고 있었다는 사실이다.

면별 가옥의 평균 규모는 앞에서 언급한 바와 같이 창녕군 옥야면이 가장 크고 함안군 외대산면이 가장 작다. 표준편차[33]에 따라 연구지역

33) 표준편차는 0.57인데, 정규분포에서 평균치+표준편차와 평균치-표준편차 사이에 전체 면수의 81%가 분포한다. 필자 임의로 표준편차의 약 1/2인 0.29씩 차이를 두어 10단계로 구분하였다.

의 면들을 10계급으로 구분한 결과 최상급(4.63간 이상)에 속하는 면은 창녕군 옥야면 · 고암면 · 성산면 등 3개 면, 제2계급(4.34~4.62)에는 밀양군 단장면 등 2개 면, 창녕군 유장면 등 3개 면, 제3계급(4.05~4.33)에는 밀양군 4개 면과 창녕군 2개 면, 제4계급(3.76~4.04간)에는 4개 면, 제5계급(3.47~3.75간)에는 3개 면, 제6계급(3.18~3.46간)에는 15개 면, 제7계급(2.89~3.17간)에는 48개 면, 제8계급(2.60~2.88간)에는 50개 면, 제9계급(2.31~2.59간)에는 40개 면, 제10계급(2.3간 미만)에는 6개 면이 소속된다.

면 단위로 2간호 비율이 가장 높은 곳은 함안군 외대산면인데, 298호 중 83.6%가 2간호이다. 창원군 성산면(1,248호), 함양군 마천면(756호), 김해군 명지면(717호) 등 500호 이상의 큰 면들은 2간호 비율이 60%를 상회하고, 100~500호의 면 가운데 함양군 4개 면, 김해군 3개 면, 진주군 2개 면 등 16개 면도 2간호 비율이 60%를 넘는다. 3간호는 상대적으로 2간호 비율이 낮거나 전혀 없는 곳에 집중적으로 분포한다. 3간호 비율이 60% 이상인 군은 진해군과 진남군이며, 면 단위로 보면 진주군 용암면 · 일반성면 · 백곡면은 전체 가옥의 90% 이상이 3간호로 구성되어 있다(그림 2-4).

가옥의 분포상을 보다 면밀히 고찰하기 위해 조사대상을 동(洞) 또는 촌(村) 단위로 좁히기로 한다. 연구지역 내에는 3,421개 동 · 촌이 분포하는데, 이 중 20호 이상의 동은 1,796개이다. 이들 가운데 1~2간호 비율이 50% 이상을 차지하는 마을 수는 김해군 65, 진주군 64, 함양군 52, 함안군 29, 창원군 22, 기장군 14, 동래군과 단성군은 각 12, 진남군 8, 삼가군 7, 진해군과 거창군 5, 거제군 3, 밀양군 2 등 도합 300개 동이다. 80% 이상인 마을은 진주군 9, 함안과 함양군 각각 7, 김해 5, 단성 4, 창원 3, 진해 2, 동래와 삼가는 각각 1개 등이다. 특히 진주군 개천면 하물안동, 삼장면 유평촌, 김해군 명지면 하신리는 마을 전체가 2간호로 구

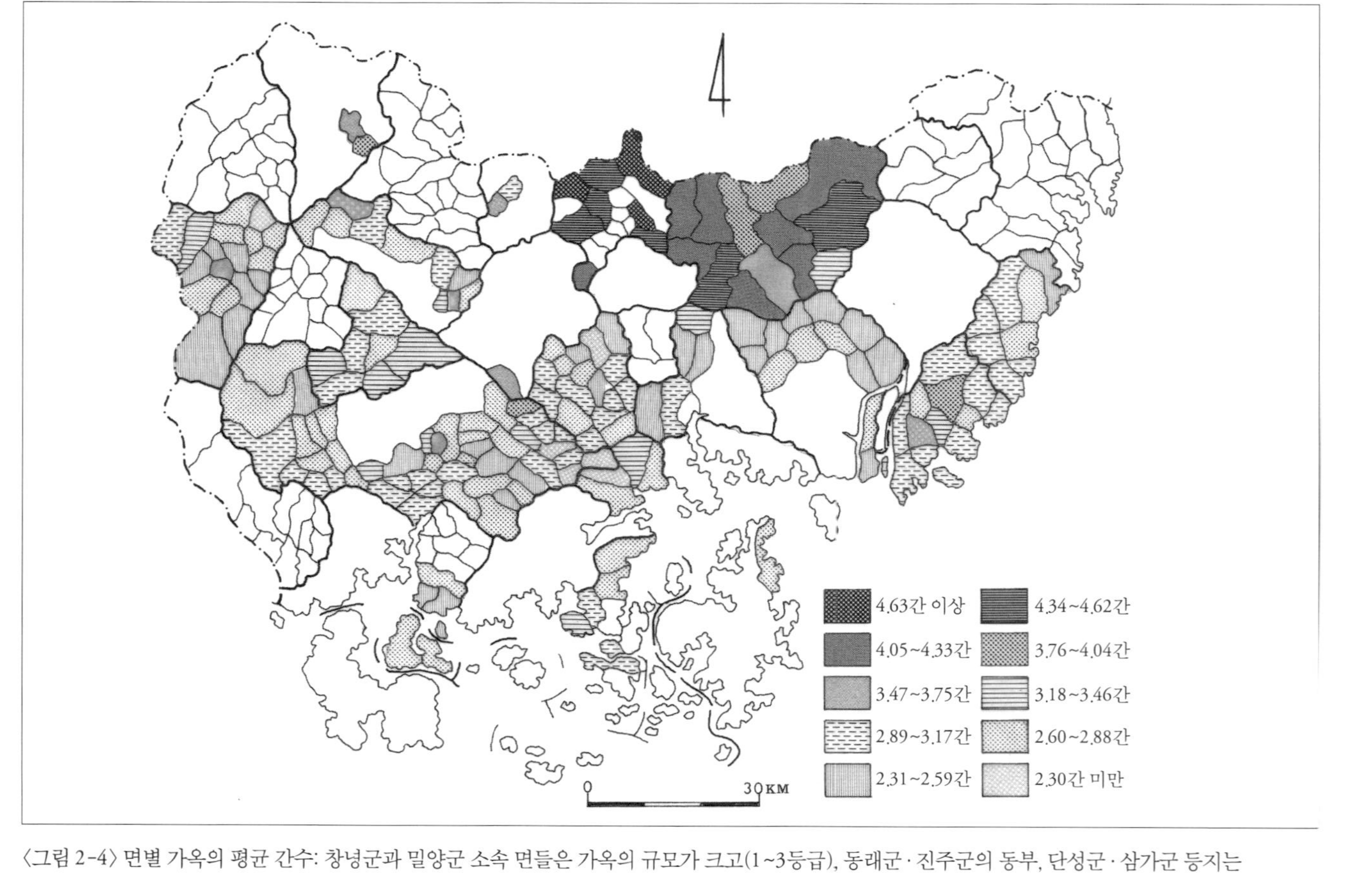

〈그림 2-4〉 면별 가옥의 평균 간수: 창녕군과 밀양군 소속 면들은 가옥의 규모가 크고(1~3등급), 동래군 · 진주군의 동부, 단성군 · 삼가군 등지는 중간계급에 속하는 면이 많으며, 김해 · 함양 · 진주군의 서부, 거제 등지에는 하위계급의 면들이 많이 분포한다.

성되었다. 함양군 예림면 국계동, 마천면 내마동과 동마동, 진해군 동면 성내동과 하북면 상령동, 김해군 신정동은 90% 이상의 가옥이 2간호이다.

3간호의 비율이 70%를 상회하는 곳을 비율에 따라 제1계급(91~100%), 제2계급(81~90%), 제3계급(71~80%)으로 구분하고 군별로 분포상을 살펴보기로 한다(그림 2-5).

제1계급에 속하는 동은 진주군 · 단성군 · 동래군에 각각 9개 동, 진해군에 8개 동, 진남군에 4개 동, 함안군 · 함양군 · 창원군 · 김해군에 각각 3개 동, 기장군과 삼가군에 각각 1개 동이 분포한다. 이 중 27개 동은 마을의 가옥 전체가 3간호로 구성되었는데, 대표적인 마을은 진해군 동면 서읍동(62/62), 단성군 원당면 입석동(59/59), 동래군 동평면 범일동(68/68)이다.

제2계급에는 진주군 13개 동, 동래군 9개 동, 창원군 6개 동, 진남군 · 함안군 · 함양군 각각 3개 동, 진해군 · 기장군 · 단성군 각각 2개 동, 김해군 1개 동 등 31개 마을이 소속된다. 진주읍성 내의 중안면 3동(132호)과 동래군 동평면 구관동(130호)은 규모가 큰 가옥이 많은 마을이다.

제3계급은 진주군 27개 동, 함양군 19개 동, 함안군 10개 동, 단성군 · 삼가군 · 동래군 각각 9개 동, 진남군 6개 동, 기장군 5개 동, 진해군 4개 동, 김해군 3개 동, 창원군과 거창군 각각 1개 동 등 103개 동을 포함한다. 진주군 중안면 성내 1동(93/131호), 함안군 우곡면 춘곡동(98/106호) 등이 대표적인 마을이다.

경상남도의 군들 대부분이 2간호 및 3간호가 압도적 우위를 차지하는 소형가옥 분포지를 형성하는 반면 밀양군 · 창녕군 · 초계군 · 거창군 · 의령군 등지는 극소형 가옥으로부터 중형 및 대형가옥에 이르기까지 규모별 분포상이 비교적 폭넓고 고르게 나타난다. 특히 거창군 가서면과 하가남면에는 5간호의 비율이 80~90%에 달하는 마을이 다수 분포하고

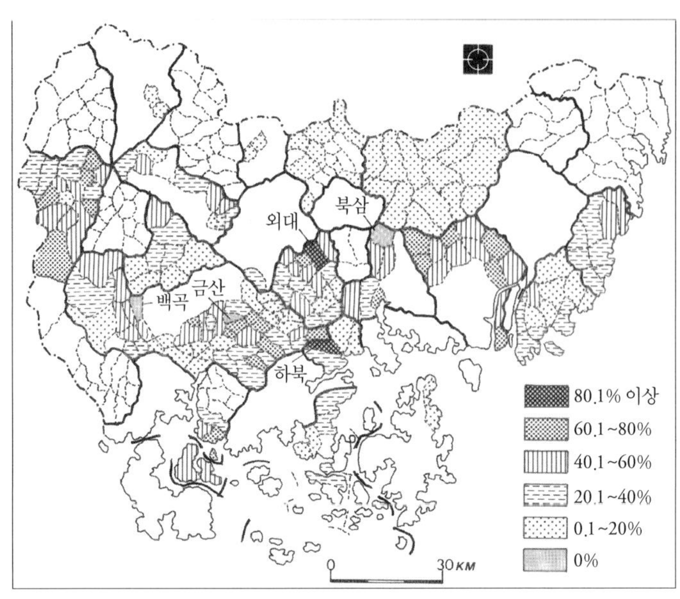

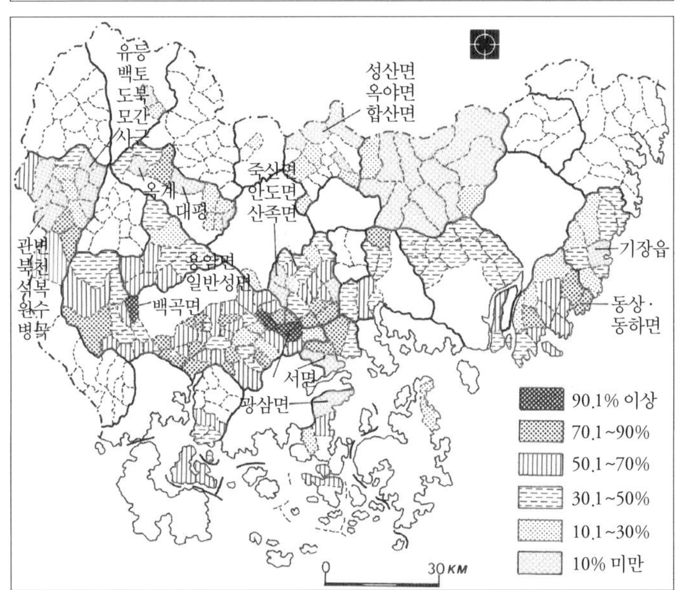

〈그림 2-5〉 면별 1~2간호(위)와 3간호(아래)의 비율: 1~2간호의 분포율이 40% 이상인 지역은 김해 · 함안 · 창원 · 진주 등 평야지역과 함양 · 삼가 등 서부산지 일대이다. 반면에 밀양 · 초계 · 거창 등지는 그 비율이 매우 낮다. 3간호 역시 서부경남 · 진해 · 동래 등의 해안지방에서는 높은 분포율을 나타낸 반면 밀양 · 초계 · 거창 일대는 낮다.

있어 주목된다.[34] 이들 지역에 중형 및 대형 가옥들이 많이 분포하는 이유는 비옥한 농경지를 이용하여 축적된 부와 밀접한 관계가 있을 것이지만 타 지역들이 일찍이 건축재로 쓰인 송림이 파괴된 반면 밀양·창녕·거창·의령 등지는 인근에 삼림자원이 풍부하였던 점을 간과해서는 안 될 것이다.

극소형 및 소형가옥의 비율이 94%에 가깝다는 이유만으로 개화기 경상남도 가옥을 대부분 소작농과 해방노비들의 주거로 단정할 수 없는 점은 『택리지』를 통해서도 짐작할 수 있다. 이중환은 "경상남도는 토지가 비옥하고 부자가 많다[35]"고 하였고, 이어서 "진주는 지리산 동쪽에 있는 큰 도읍이며 (중략) 토지가 비옥할 뿐만 아니라 강산의 경치가 좋아 사대부들은 부를 자랑하고 주택과 정자 꾸미기를 좋아한다[36]"고 기술하여 이 지역 주민의 생활이 결코 곤궁하지 않았음을 강조하고 있다.

지리산지 동록의 계곡들은 토지가 비옥하고 수량이 풍부하며 기후조건이 양호하여 이상적인 계거(溪居)가 많았기 때문에 왜란 후 설촌된 마을들이 도처에 분포하였다(정치영, 1999, 271~272쪽). 조선 전기의 토지등급분류에서도 경상우도 대부분은 상의 상 등급에 속하였으며,[37] 특히 진주는 성주·남원과 함께 8도에서 가장 비옥한 곳으로 평가되었다. 밀양·창녕·의령·초계·합천·단성 등지도 진주에 버금가는 비옥한 지역이었다. 그럼에도 불구하고 창녕과 밀양을 제외한 경상남도 각 군의 가옥 규모가 중부지방은 물론 경상북도에 비해 유난히 작았던 점은 이해하기 어렵다. 이는 아마도 조사자들이 의도적으로 가옥의 규모

---

34) 거창군 가서면의 8개 동 중 부로동 등 3개 동, 하가남면의 8개 동 중 일기동 등 2개 동은 5간호 비율이 80%를 상회한다.

35) 『택리지』 팔도총론 경상도조.

36) 『택리지』 팔도총론 생리조.

37) 『세종실록』 권78, 19년 정유조; 권82, 20년 2월 기해조.

〈표 2-15〉 가옥 규모별 호수와 간수 비율

규모 유형	간별	호수	비율	간수	비율
극소형	1	110	35.61%	110	23.52%
	2	19,069		38,138	
소형	3	22,075	58.17%	66,225	63.51%
	4	9,260		37,040	
중소형	5	1,817	4.87%	9,085	8.55%
	6	804		4,824	
중형	7	305	0.87%	2,135	2.13%
	8	165		1,320	
중대형	9	77	0.3%	693	0.97%
	10	36		360	
	11	20		220	
	12	26		312	
대형	13	17	0.17%	721	1.2%
	14	11		168	
	15	18		270	
	16	20		320	
	17	12		204	
	18	9		162	
	19	6		114	
초대형	20	2	0.01%	40	0.1%
	21	1		21	
	22	2		44	
	23	0		0	
	29	1		29	
	32	1		32	

(표 머리: 규모 유형 / 호·간수 / 간별)

를 축소보고했거나 조사방법이 달랐던 데서 연유하였을 것이다. 이 점에 대한 신영훈의 조사보고는 유의할 가치가 있다. 즉 의령군 상정면의 조균호 씨 집은 건양 2년(1897) 호구조사표에 초가삼간으로 등재된 고가이지만 실제로는 一자형 안채 외에 4동의 부속채로 구성되어 있다. 안채만으로도 4간 또는 4간 반인데 굳이 3간이라 한 이유는 부엌을 제외한 안방·건넌방·대청 등 주거공간 위주의 계산법을 사용했기 때문이라는 것이 신영훈의 주장이다(신영훈, 1987, 67~68쪽).

가옥 간수의 비율은 가옥의 규모 비율과 반비례한다. 전체 가옥의 약 94%를 차지하는 극소형 및 소형가옥의 간수 비율은 약 87%로 낮아지는 반면에 가옥수 비율이 4.87%인 중소형의 간수는 8.58%, 중형가옥은 가옥수 0.87%에서 간수 2.13%, 중대형은 가옥수 0.3%에서 간수 0.98%, 대형은 가옥수 0.17%에서 간수 0.9%, 초대형은 가옥수 0.01%에서 간수 0.1%로 급증한다. 다시 말하면 가옥수의 비율에 비해 간수는 중형급이 약 2배, 중대형은 3배, 대형은 5배, 초대형은 10배로 높아진다(표 2-15). 그러나 중형 이상의 가옥은 수적으로 소형가옥에 비해 열등하기 때문에 경상남도의 주거문화에서 그리 주목을 받지 못한다.

3) 와가

우리는 일반적으로 가장 한국적인 전통가옥은 마을 배후의 산봉우리를 닮은 초가(草家)라고 주장하면서도 초가는 가난의 상징이라는 인식을 가지고 있다. 반면에 와가(瓦家)는 소수의 부유한 자나 신분이 높은 자의 집이라 여기고 기와집을 동경해왔다. 그럼에도 불구하고 한옥(韓屋)이라는 명칭사용에서 우리 선조 대부분이 거주했던 초가는 제외하고 와가만을 한옥이라 칭하는 모순을 저지르고 있다.

일찍이 성호(星湖)는 이렇게 말하였다.

백성은 짚으로 지붕을 잇는데 10년이 지나면 기와보다 비용이 더 많이 든다. 또 짚은 우마의 사료가 되므로 초가 이엉을 얹으면 이중의 손해를 본다. 초가는 온 마을이 화재를 입을 우려가 크므로 지붕을 기와로 바꾸어야 한다. ……반드시 지붕에 기와를 덮어야 하지만 시골 살림은 여기까지 미치지 못한다. 반계(磻溪)가 각 고을에 와국(瓦局)을 설치해야 한다고 했는데, 그의 말대로 주민이 기와 만드는 계를 만들면 십수 년 만에 한 마을이 모두 기와집이 될 것이다. 만일 토목작업이 편리하고 가까운 곳에 와국을 설치하여 기와를 굽고 백성에게 무역을 하게 하면 원대한 생각을 하게 될 것이다. 백성을 다스리는 방법은 함부로 옮겨 다니지 못하게 함이 중요하니 이미 기와집이 있으면 곧 자리 잡고 사는 한 시초가 되므로 즉시 시행해야 한다.[38]

그러나 지붕에 기와만 얹으면 되는 것이 아니라 무거운 지붕을 떠받칠 수 있는 주춧돌을 놓고, 튼튼한 기둥을 세운 후, 대들보를 놓고 그 위에 잘 다듬은 서까래를 얹은 후라야 기와를 덮을 수 있다. 또한 와가는 구조가 초가처럼 단순하지 않아 전문 기술자들의 설계와 조영이 필요하므로 재력을 가진 자들의 전유물처럼 인식될 수밖에 없었다. "다수의 종속 소작인을 거느린 지주는 문벌가인 이른바 양반토호의 부류로 그 취락형태는 기와로 된 호화롭고 큰 지주의 가택을 중심으로 그 주위에 초가의 군거적(群居的) 거주를 이룬다"(小野寺二郎, 1932, 89쪽)고 한 일제시대의 기록은 우리나라 농촌취락에서 와가가 지니는 위상이 어떠했는가를 잘 보여주고 있다.

와가는 토지와 함께 부동산으로서의 가치가 초가에 비해 월등 높았다. 20세기 초 진주와 부산의 가옥 매매가를 보면 진주의 초가 3간호는

38) 『성호사설』 권10, 인사문 와옥.

50원, 5간호는 80원, 10간호는 150원이었고 부산의 3간호는 150원, 5간호는 230원, 10간호는 450원이었다. 와가는 진주의 경우 3간호 200원, 10간호 300원이고, 부산은 3간호 180원, 5간호 300원, 10간호 550원이었다.[39] 소형 가옥은 와가가 초가보다 진주는 3배, 부산은 1.2배 이상 더 비쌌다. 부산의 집값이 진주보다 높은 이유는 대지의 가격 때문이었던 것으로 보이는데, 이는 초가와 와가의 가격 차이가 진주는 2~3배인데 비해 부산은 1.2~1.4배에 그친 사실로도 짐작할 수 있다.

가호안 · 신호적 · 가택수효성책 등에 등재된 경상남도 17개 군의 와가수는 273호(1,698간)에 불과할 정도로 희소하다. 이들 와가의 규모는 최소 2간에서 최대 32간에 이르기까지 다양하며 호당 평균 간수는 6.22간이다. 규모별 가옥수는 2간호 5호(1.8%), 3~4간호 95호(34.8%), 5~6간호 81호(29.7%), 9~12간호 36호(13.2%), 13~19간호 53호(19.4%), 20~32간호 3호(1.1%)이다. 와가는 밀양군 12개 면의 93호, 진주군 10개 면의 23호, 동래군 8개 면의 89호, 함양군 5개 면의 26호, 함안군 3개 면의 5호, 단성군 3개 면의 7호, 삼가군 3개 면의 8호, 기장군 2개 면의 7호, 창원군 2개 면의 5호, 의령군 1개 면의 4호, 거창군 1개 면의 2호, 진남군 · 초계군 · 거제군 · 창녕군의 각 1호 등 54개 면에 한정적으로 분포한다. 다시 말하면 17개 군, 182개 면 가운데 128개 면에는 와가가 전무하다(그림 2-6).

와가가 가장 많이 분포하는 곳은 밀양군(93호/650간)[40]이고 동래군(89호/546간)이 뒤를 잇는다. 밀양군은 하동2동면을 제외한 12개 면에

---

39) 한국학문헌연구소 편, 『조선각지물가조사개요』(하), 아세아문화사(영인본), 1986.

40) 『경상남도밀양군호적통표』와 『경상남도밀양호수남녀구수급와초댁간수공합성책』(慶尙南道密陽戶數男女口數及瓦草宅間數共合成冊), 광무 2년(1898)은 작성 시기가 거의 비슷함에도 불구하고 전자 와가의 간수는 650간인 반면 후자는 568간에 불과하다.

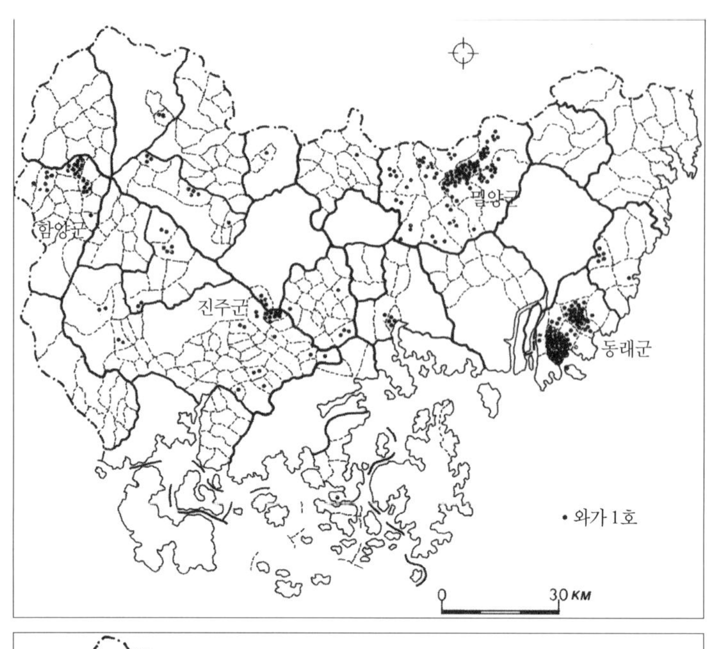

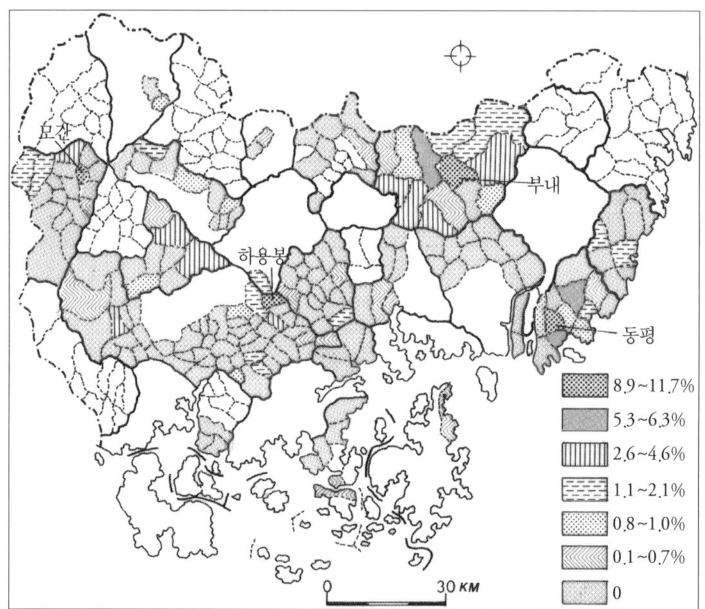

〈그림 2-6〉 와가의 분포(위)와 면별 와가 간수의 비율(아래): 와가는 동래군과 밀양군에 집중적으로 분포하며 함양군과 진주군에도 다소 분포한다.

와가가 분포하는데, 부내면(23호/182간), 부북면(20호/129간), 단장면(15호/98간), 천화면(10호/67간) 등 4개 면에 전체 와가의 약 75%가 집중되어 있다. 동래군은 동평면(31호/235간), 읍내면(28호/175간), 사중면(21호/97간) 등 3개 면에 약 90%의 와가가 분포한다. 면별 와가 분포는 동래군 동평면, 밀양군 부내면 · 부북면, 동래군 사중면, 밀양군 단장면의 순이다. 부산포의 핵심부를 이루는 동래군 동평면과 사중면은 경상남도 제1의 와가 분포지이다. 그러나 대형 와가는 오히려 동래군보다 밀양군에 대부분 집중되어 있다.

밀양과 동래 외의 주요 와가 분포지는 함양군 덕곡면과 모간면, 진주군 하용봉면이다. 그 밖에 의령군 상정면, 진주군 종화면, 함양군 병곡면, 단성군 신등면, 창원군 서삼면 등지에도 소수의 와가들이 산포되어 있다. 그러나 서부경남 및 남해안 지역은 와가의 수나 규모상 동부경남의 밀양 · 동래에 비해 많이 뒤진다.

와가는 부유한 사대부, 지주, 부유한 상인들이 많이 거주하는 지역에 주로 분포한다. 사대부의 본거지로는 밀양 손씨 동족촌이 입지한 밀양군 부내면 교동과 천화면 죽원리, 여주 이씨의 동족촌이 있는 부북면 퇴로리, 하동 정씨(鄭氏) 동족촌인 함양군 덕곡면 개평리 등이 대표적인 사례로 꼽힌다.[41] 지주의 가옥으로는 능성 구씨(具氏)와 김해 허씨의 동족촌인 진주군 하용봉면 승산동이다.[42] 와가는 객주(客主) · 여각(旅

41) 함양군의 와가는 대부분 읍의 북쪽인 덕곡면 · 모간면 · 병곡면 일대에 집중되어 있다. 이 가운데 개평리 하개동의 정여창가는 1570년 정여창 선생의 후손들에 의해 조영된 저택인데 치재에 성공한 후손들이 증축하여 오늘날 안채 · 익랑채 · 안사랑채 · 바깥사랑채 · 곳간채 · 행랑채 등 여러 채를 갖추게 되었다.

42) 『진주읍지』(1895년 간행) 각리조에 승산동을 "東勝山南大江土地卑下多被水害"라고 기술하고 있음에도 불구하고 현지 제보자들에 의하면 이 마을에는 과거에 수명의 만석꾼들이 거주했다고 하는데 이는 아마도 남강변 저습지의 개간과 무관하지 않을 것이다.

閣) 등이 많이 있던 부산포에 가장 많이 집중되었다.[43)]

가옥의 총 간수에서 와가의 간수비율을 면별로 산출하고 급변점을 경계로 가옥자료를 보유한 182개 면을 7등분한 결과 제1계급(8.9~11.7%)에 해당되는 곳은 함양군 모간면, 진주군 하용봉면, 동래군 동평면, 밀양군 부내면 등 4개 면이고, 제2계급(5.3~6.3%)에는 동래군 읍내면과 사중면, 밀양군 부북면 등 3개 면이 포함된다. 제3계급(2.6~4.6%)에 속하는 면은 함양군 덕곡면 등 10개 면이며 제4계급(1.1~2.2%)에는 함안군 병곡면 등 12개 면, 제5계급(0.8~1.0%)에는 진주군 대여면 등 10개 면, 제6계급(0.5~0.7)에는 단성군 법물면 등 10개 면, 제7계급(0.3~0.4)에는 초계군 초책면 등 5개 면이 포함된다. 이들 54개 면 외에 와가가 전무한 128개 면은 제8계급으로 분류된다.

면별 와가의 간수 비율은 와가의 호수가 많은 곳이 반드시 상위 계급에 속하는 것은 아니다. 예를 들면 진주군 하용봉면은 와가가 6호(46간)에 불과하지만 초가의 비율이 높지 않기 때문에 와가의 간수 비율이 182개 면 중 가장 높은(11.0%) 반면에 밀양군 단장면은 15호(98간), 천화면은 10호(67간)의 와가가 있음에도 불구하고 초가의 비율이 높아 전자는 제3급, 후자는 제4급으로 분류된다.

밀양군은 41개 마을에 와가가 널리 분포하였으며 경상남도에 분포하는 20간 이상의 대저택들 대부분이 이곳에 집중되어 경상남도 최대의 와옥문화지대를 형성하고 있었다. 그런데 경상남도 관찰부 소재지이며 대읍인 진주읍에 단 한 채의 와가도 등재되지 않았으며 함양읍(원수면), 함안읍(상리면), 단성읍(군내면), 삼가읍(현내면), 진해읍(동면), 기장읍

---

43) 부산포의 와가는 동평면 범1, 범2동, 구관동, 좌천1, 좌천2동, 사중면 초량동과 영주동 등지에 집중되었다. 최초의 개항장으로 많은 물상객주들의 집결지였음에도 불구하고 20간 이상의 와가는 전무하였다. 같은 개항장인 인천에는 20~60간의 대규모 와가들이 7~8호나 분포하였던 점과 대조적이다.

(읍내면) 역시 와가가 전무한 점은 가호안의 신뢰성을 감소시킨다.

5. 요약 및 소결

양지아문에 이어 지계아문이 계승·완수한 토지측량사업은 전답뿐 아니라 산림·천택(川澤)·가옥 등 모든 부동산을 조사대상에 포함시켰는데, 이는 근대화를 국가경영의 목표로 삼은 대한제국이 폭넓은 세수원 확보의 의지를 반영한 것이었다. 『경상남도가호안』『양안』 등은 갑오개혁기에 정부가 재정개혁의 일환으로 시행한 토지측량사업의 결과물이며, 신호적·가택수효성책(창녕군) 등과 함께 대지의 면적 또는 토지등급, 대지의 형태, 대지의 소유관계, 가옥의 규모와 질, 가옥의 소유관계 등을 파악할 수 있는 기초자료들이다. 토지와 가옥, 호적조사는 전국적으로 시행된 듯하나 대부분이 산실되었다. 다행히도 가호안·양안·신호적·주판 등 경상남도에는 전도(全道)의 반을 복원할 수 있는 조사자료가 현전한다.

가호안은 진주군을 비롯한 서부경남 4개 군, 김해군 등 낙동강 중·하류 평야지대의 3개 군, 동래군 등 해안지방 4개 군 등 11개 군의 자료 18책으로 구성되어 있다. 등재된 면의 수는 158개, 동의 수는 1,627개이며 45,256호의 가호에 대한 정보가 수록되어 있다. 가호안으로 파악할 수 있는 지리적 정보는 지역별 가좌의 토지등급, 가좌의 소유관계, 지역별 및 간별 호수, 초·와가의 분포 등이며, 그 밖에 취락의 분포와 규모, 취락의 주요 성씨분포 등도 파악이 가능하였다.

양안은 합천군 20책, 산청군 15책, 진남군 11책 등 총 46책으로 구성되어 있다. 등재된 자연촌은 475개이며, 약 11,000호 가좌의 면적·토지등급·형태·소유자명 등이 명시되어 있다. 신호적은 밀양군 13개 면, 초계군과 거창군 각각 2개 면, 의령군 1개 면, 거제군 1개 면 등 19개 면의 가옥규모, 초·와가 구분, 소유자 등을 명기하고 있다. 그 밖에 언양군주판으로는 대지면적과 소유자를, 가택수효별 구성책으로는 창녕군 10개 면 초·와가의 규모별 분포상이 명기되어 있다.

가호안·양안·신호적의 일부가 작성된 1900년대 초는 개항장 및 그 주변지역을 제외한 경상남도 대부분의 지역이 외국문물의 영향을 크게 받지 않았던 시기이므로 전통적 주거문화의 특성을 파악할 수 있다.

대지는 소유관계·형태·규모 등의 항목으로 나누어 고찰하였다. 대지 소유는 경상남도 200여 개 면의 58,000여 호 중 자기소유가 약 78.5%, 임차대지가 약 21.5%였다. 임차대지는 함안과 김해(40~50%)가 높고, 진해·언양·진남도 지역평균(21.5%)보다 높았다. 그러나 삼가·단성·기장·산청·합천·함양 등지는 지역평균보다 현저히 낮았다. 임차가좌는 약 71%가 사유지이고 26%는 국유지, 3%는 공유지였다. 사유지는 수좌로부터 100좌 이상의 소수지주 소유의 대지들이며, 함안군의 임차가좌 대지 중 거의 97%는 지주 소유의 대지였다. 국공유지 대지의 약 70%는 목장전(牧場田)과 역둔전(驛屯田)인데, 목장전의 대부분은 진주군 월경지였던 창선도(약 990좌)와 진남군 서부면(110좌)에 집중되었으며 역둔전은 진주 소촌(약 1100좌)에 널리 분포하였다.

건축학계에서는 조선 후기의 가옥을 규모에 따라 소농형·중농형·대농형, 사대부의 대저택으로 구분하는 경향이 있으나 이러한 분류기준은 경상남도에 적용되지 않는다. 왜냐하면 19세기 말 경기·충청도 농촌가옥의 평균규모가 4간에 달했던 데 비해 경상남도는 3간에도 미치지 못하기 때문이다. 경상남도 16개 군 가운데 호당 평균 간수가 3간에 못 미치는 곳은 9개 군에 달하였다. 전체 가옥의 약 36%는 1~2간, 58%는 3~4간에 불과했으며 5~6간은 약 5%, 7간 이상은 1%를 약간 상회할 뿐이었다.

가옥의 규모는 창녕군과 밀양군이 비교적 크고 함양·김해·함안·

진해 · 진주 등지가 작은 편이다. 평균 간수가 5간 이상인 면은 창녕군 2개, 4간 이상은 창녕 6개 면과 밀양 7개 면이며, 2.5간 미만인 면은 진주 7, 김해 7, 함양 7, 창원 3, 함안 2, 진해 · 기장 · 거제 · 동래 등이 각각 1개 면씩이다. 다시 말하면 해읍과 평야지역 면들의 가옥규모가 작다.

건축학 및 민속학계에서는 이른바 '가랍집', '호저집', '막살이집'으로 호칭하는 1~2간 집을 외거노비 또는 소작인의 주거로 보는 경향이 있다. 그런데 뜻밖에도 이러한 작은 집의 비율이 매우 높다. 조선시대의 8도 가운데 가장 토지가 비옥하고 물산이 풍부한 지역으로 일컬었던 이 지방 주민의 36%가 작은 집에 거주했다는 점만으로 외거노비 또는 소작인으로 간주될 수는 없다. 이 점은 각 군의 호적대장을 검토해보아도 쉽게 판별할 수 있다. 또한 경상남도 17개 군에 분포하는 와가의 수가 273채에 불과하며 30간 이상인 대저택의 수도 극소수인 점도 수긍하기 어려운 문제이다. 이는 19세기 말~20세기 초의 호적표를 발굴 · 분석하여 추후에 밝힐 필요가 있는 과제이다.

이 지역의 가구원 1인당 점유 간수 역시 중부지방은 물론 경상북도의 안동에 비해 협소함을 확인하였다. 한 간의 실면적은 초가가 와가의 70~80% 수준으로 좁은데, 이는 와가의 비율이 극히 낮았던 경상남도의 주거생활 수준을 반영하는 것이다. 결과적으로 이 지방의 1인당 주거점유공간은 2간호 2인 가옥의 경우는 약 8.4m², 3인 가족은 5.63m²이고 부엌을 제외하면 2인호는 4.2m², 3인호는 2.77m²에 불과하다. 3간호의 경우는 공간상 다소 여유가 있으나 이러한 영세한 가옥에 3대가 함께 거주한다는 것은 매우 어려웠을 것이다. 따라서 물리적 관점에서 볼 때 개화기 경상남도의 가호는 4인 내외의 소가족호였을 것으로 결론을 내릴 수밖에 없다.

제3장 지역별 가옥의 특성

1. 서론

학계에서는 때때로 전통가옥을 민가(民家)라 하여 상류층 주거를 배제한 서민층 가옥에 한정시키는 경향이 있다. 다시 말하면 서민층 가옥은 국지적(局地的) 건축자재를 사용하여 비전문가인 가옥주가 친지들의 도움을 받아 지은 단순한 구조의 집으로서 국지환경의 특성을 잘 반영한다. 반면 상류층 가옥은 건축자재로부터 가옥의 설계와 조영(造營)에 이르기까지 타 지역의 영향을 많이 받는다는 점에서 지역문화의 특성을 대표하지 못하는 것으로 인식되고 있다.

가옥의 발달사적 측면에서 볼 때 가장 단순한 기술수준을 토대로 공동체 구성원 스스로 짓는 집을 원시형(primitive style) 가옥이라 하고, 기본구조를 특수한 기능인이 설계하고 건물의 외벽 · 지붕 · 내부장식 역시 기능공의 손에 맡겨 완성된 집을 풍토적(vernacular style) 가옥이라고 정의하는 학자도 있다.

후자는 다시 전 산업형 가옥과 산업형 가옥으로 나뉘는데, 일반적으로 국내학자들이 민가라고 부르는 가옥은 엄밀한 의미에서 원시형 가옥에 한정된다. 그러므로 가옥을 지역문화의 수준에서 종합적으로 고찰하려면 적어도 풍토적 가옥에서 그 특성을 찾아야 한다(Roberts, B.K., 1996, pp.69~70).

한 지역을 대표하는 가옥의 형은 부유한 상류층의 주거였던 문화재급 대저택은 아니지만, 그렇다고 해서 가난한 서민층이 살았던 한두 간짜리 막살이집도 아니다. 오히려 가옥의 형태와 구조상 평균수준을 상회하는 표준형 가옥이 지역성을 가장 잘 나타내는 모델로 적합할 것이다. 필자는 이 글에서 경상남도를 대표하는 표준형 전통가옥의 성립 배경을 지역의 자연환경 및 역사적 관점에서 고찰하고자 한다. 또한 경남 여러 지역의 전통가옥을 유형별로 분류, 고찰함으로써 지역별 주거문화의 특성을 밝히고, 과거의 주거문화 전통이 근대화 과정에서 어떻게 기능하는가를 파악하고자 한다.

이 연구를 수행하기 위하여 필자는 우선 고전 속에 담긴 선조들의 복거관(卜居觀)과 주택에 대한 인식을 알아보고, 건축학·민속학·사회학 등 인접학문의 연구성과를 검토하였다. 기존의 연구물들은 대부분 특징적인 몇 개 마을의 가옥들을 집중적으로 조사·연구한 것이 대부분이며, 경남 전 지역을 몇 개의 지역으로 나누어 고찰한 연구는 드문 편이다.

필자의 현지조사는 1998년 2월부터 2011년까지 10차에 걸쳐 수행되었다. 조사지역은 기존 연구성과를 재검토하는 의미에서 일제시대의 일본인 학자와 최근 국내학자들의 연구대상이 되었던 촌락의 가옥들을 우선 선정하고, 그 밖에 지리적으로 특징이 있다고 생각되는 마을의 가옥을 조사대상에 포함시켰다. 조사대상 마을은 동부산지 7개, 중앙저지 28개, 서부산지 33개, 해안 및 도서지방 20개 등 모두 88개였다(그림 2-7).

현지조사에서 유의한 사항은 마을의 입지와 좌향, 지형, 주민의 경제활동, 주민의 구성, 마을의 규모 등이었다. 이러한 조건들은 가옥의 향·규모·형태·구조·건축재 등과 밀접한 관계가 있다. 조사대상 가옥들

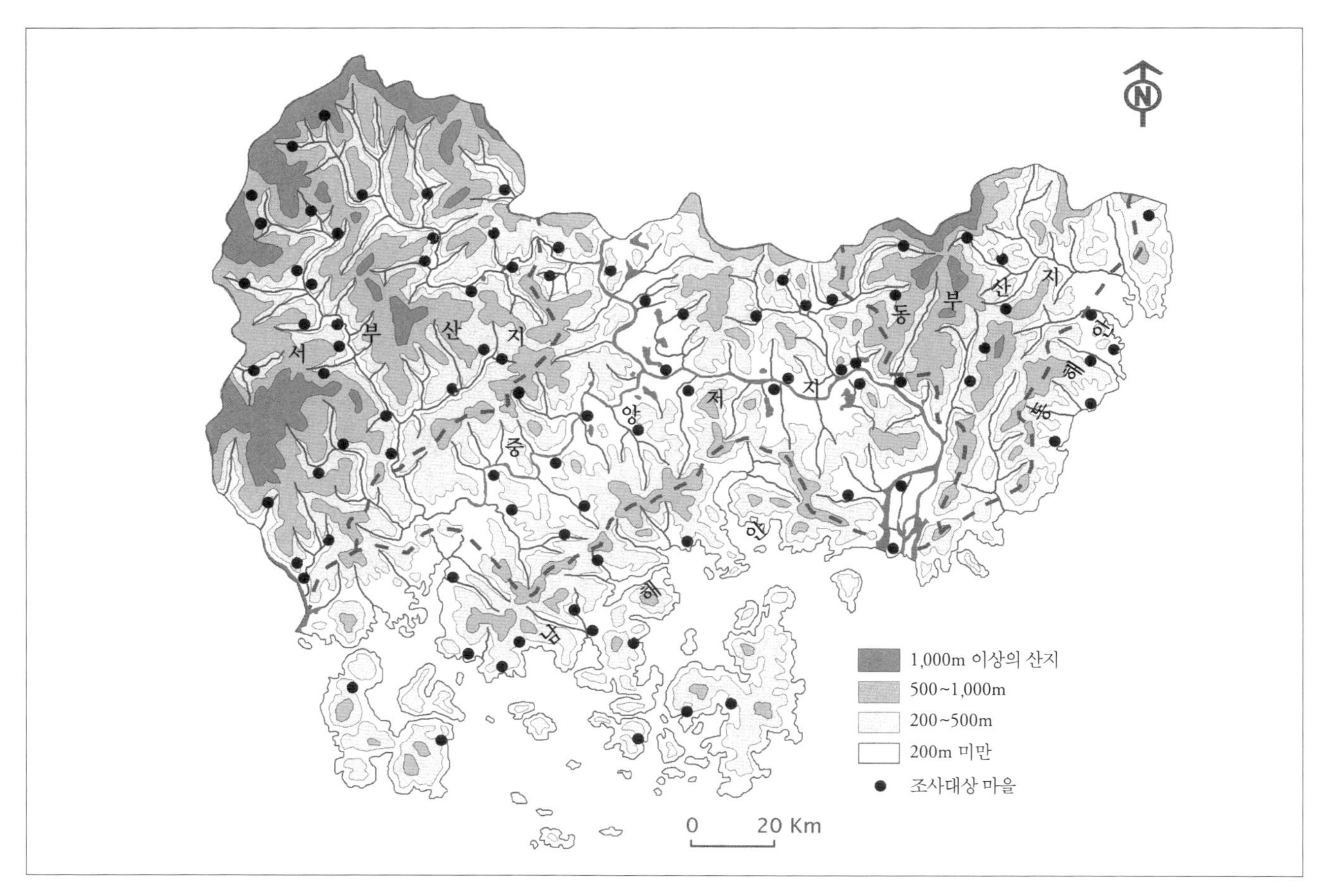

〈그림 2-7〉 주요 조사대상 취락의 분포

은 가능한 한 100년 이상 된 가옥으로 한정하였으며 평면도와 특정부분의 스케치를 작성하고, 면담을 통하여 가옥의 건축연도, 가구주의 직업, 건축재 등을 확인하였다. 이와 같은 정보는 경상남도의 전통건축 문화권 설정의 기초자료로 활용하였다.

2. 경남형 가옥의 특성

경상남도는 한반도의 동남부에 자리 잡고 있는 하나의 인위적인 대단위 행정구역이므로 이를 문화지역으로 설정하는 데는 다소 무리가 따른다. 왜냐하면 이른바 영남지방의 남부에 속하는 이 지방은 자연적으로나 문화적으로 경상북도와 뚜렷하게 구분 짓기 어렵기 때문이다. 다만 낙동강 중상류부에 속하는 경북이 소백산맥과 태백산맥으로 삼면이 높은 산지로 둘러싸여 주로 작은 내륙분지에 주민들의 생활터전이 마련되어 있는 것과 달리 경남은 낙동강 중하류의 충적평야와 남해안의 반도와 섬이 조화를 이루고 있어 일찍이 농업과 어염업이 주민의 경제활동의 근간이 되어온 점에서 전자와 구별된다. 기후적으로도 경북은 바다의 영향이 적은 과우지에 속하며 계절적인 기온의 차이가 큰 데 비해 경남은 다우지이며 겨울 기온이 따뜻한 편이다.

역사 및 문화적으로 경상남도의 대부분은 영남의 타 지역과 구분된다. 이 지역은 가야문명의 고토로서 조선 후기까지 낙동강 동쪽과 다른 문화적 배경을 유지해왔다. 이와 같은 자연환경과 문화배경의 차이는 경남의 건축문화에 적지 않은 영향을 주었을 것이다. 경남형 가옥은 건축재, 가옥의 평면형태와 간 배치, 가옥의 향과 구조 등 여러 면에서 특징을 보인다.

1) 건축재

서양 학자들은 일반적으로 동부아시아를 목재건축 문화권으로 분류하는 경향이 있지만(Gourou, P., 1975, pp.178~179) 우리나라에서는 목재 외에도 흙·돌·회·수숫대·대나무·짚·억새·갈대·너와·기와 등 다양한 재료가 사용되었다. 그러므로 우리 건축을 목재건축으로 단정하는 데에는 약간의 문제가 있다. 건축재는 가옥의 규모·형태·구조·질 등을 좌우하는 요인이 되는데, 지역성 및 집주인의 재력과 신분에 따라 사용되는 건축재의 질과 종류도 달랐다. 다시 말하면 부유층이나 상류계층에서는 고급 건축재로 집을 지었고 서민층 가옥은 국지적 자재의 의존도가 높았다.

전통가옥에서 목재는 무거운 지붕을 지탱하고 가옥의 기본 골격을 이루는 데 필요한 자재이므로 기둥·대들보·서까래 등으로 쓰이는 목재는 가장 신중하게 골랐다. 특히 건물 면적이 넓고 추녀가 높은 상류층 가옥은 규모가 클 뿐 아니라 지붕에는 무거운 기와를 얹기 때문에 무거운 하중을 견뎌낼 수 있어야 하므로 굵고 크며 질이 좋은 송재(松材)를 썼다.

소나무는 기둥 외에도 마루용과 건물 외벽 재료로 널리 사용되었다. 특히 경남의 가옥은 타 지역에 비해 넓은 대청과 마루를 깐 방(청방 또는 안청·고방)이 많기 때문에 상당량의 판재(板材)가 사용되었다. 소나무 외에도 편백이 집의 구조체 재목으로 널리 쓰였으며 느티나무·상수리나무·가죽나무·오동나무 등이 사용되었는데, 상수리나무·가죽나무 등은 외양간·디딜방앗간·측간 등의 기둥감용이었다(김홍식, 1993, 163쪽).

경남의 서부·동부의 고산지대에는 전나무·소나무·자작나무·상수리나무 등이 자라지만 경상남도는 농경을 바탕으로 한 취락발달의 역사가 길고 인구가 조밀하기 때문에 일찍이 삼림의 개발이 시작되어 조선시대에는 양질의 재목을 구하기가 어려웠던 것 같다. 그러므로 관아나 부유층의 가옥 조영에 쓰인 목재 중 상당량이 전라도 산지[1] 또는 강원도 남부로부터 수로를 이용해 경남까지 수송되었다. 고급 건축재를 구하기 어려웠으므로 평야지대의 서민층 가옥 중에는 좋은 소나무 대신 쉽게 구할 수 있는 버드나무 · 오리나무 · 밤나무 등을 가리지 않고 사용할 수밖에 없었던 것 같다.

가옥의 벽 재료로는 수숫대 · 갈대 · 대나무 등이 많이 쓰였다. 낙동강 유역의 저지대에서는 강변에 무성하게 자생하는 갈대를 자리처럼 엮어 벽체에 붙여 세우고 안팎으로 진흙을 발라 벽을 두껍게 만들었는데, 김해평야 · 하남평야 · 물금 · 창녕군 이방면 일대의 고가 가운데 이러한 집들이 많다. 특히 낙동강 델타의 녹산지구 가옥을 조사한 논문에서도 상당수 서민층 전통가옥은 벽체의 심벽(心壁)을 갈대 열 개 정도씩을 가로 세로로 엮어 만든 스크린으로 세우고 그 안쪽과 바깥쪽에 흙으로 발랐음을 확인하고 있다(서경태, 1991, 31쪽). 그러나 대부분의 농가에서는 벽체용으로 갈대보다 굵고 단단한 수숫대를 사용하였으므로 건축재로 쓰이는 수수가 범람원이나 척박한 땅에 소규모로 재배되는 예가 많았다.

경상남도 거의 전 지역에는 대나무가 널리 분포하는데 이 지방의 대나무는 비교적 굵고 단단하므로 이를 세로로 자르고 잘 다듬으면 갈대나 수숫대에 비해 더 단단한 심벽을 만들 수 있다. 그러므로 경제적으로 여유가 있는 집에서는 대나무를 이용하는 경우가 적지 않았다. 필자는 1998년 2월 답사 중 창녕읍 하병수(河丙洙) 씨 댁에서 재건축 중인 사

---

1) 고성군 대가면 송계리의 함안 이씨 종택은 하동군과 구례군의 지리산 서록에서 벌채한 송재(松材)를 섬진강 수로로 벌류한 후, 이를 해로로 고성 해안까지 수송하고 다시 육로로 옮겨 100여 년 전 이 집을 지었다고 한다. 제보: 1998년 2월, 이학윤(69세), 고성군 대가면 송계리.

랑채 공사 광경을 목격하게 되었는데, 이 건물의 심벽은 모두 대나무로 짠 스크린으로 되어 있었으며, 이러한 건물은 산청 · 초계 · 함양 등지에서도 여러 채 확인되었다. 부유층 가옥은 벽의 하단부를 돌로 쌓아 두껍게 만들고 윗부분에 백회를 발랐으나 경상남도에는 이러한 건물들이 중부지방이나 안동 일대에 비해 적은 편이다.

돌은 건물의 기둥을 받치는 주춧돌 · 축대 · 디딤돌 · 장독대 · 우물 · 구들장 · 담벽 등에 많이 사용되었다. 그런데 반듯하게 다듬은 돌은 조선 조정에서 사용을 규제하였을 뿐 아니라 가격도 비쌌기 때문에 서민층 가옥에는 별로 쓰이지 않았다. 경상남도의 경우 울산 웅촌면 석천리 학성 이씨 마을, 밀양시 교동의 손씨 마을, 부북면 퇴로리 여주 이씨 마을, 산외면 다죽리의 손씨 마을, 창녕읍, 고성군 대가면 송계리의 함안 이씨 마을, 진주군 하용봉면 승산동의 능성 구씨마을, 고성군 하일면 학림리의 전주 최씨 마을, 산청군 단성면 남사 마을, 함양군 지곡면 개평리 등지에서 잘 다듬은 돌을 석주 · 주춧돌 · 계단 · 우물 등에 사용한 저택들을 일부 목격할 수 있다. 그러나 대부분의 가옥은 다듬지 않은 돌을 골라 적절히 사용하고 있다.

부유층 가옥에 가장 널리 사용된 석재는 화강암인데, 경상남도에서 화강암 분포지역은 서부산지의 안의군 · 거창군을 비롯한 산청 · 함양 일대이며, 동부산지의 밀양군 동북부와 울산시 서부, 거제도 중앙부, 남해도 남부 등지이다. 그러나 양질의 석재산지는 주로 서부산지에 분포하기 때문에 화강석은 중부지방에 비해 보편적으로 사용되고 있지 않다. 따라서 저명한 반촌(班村)에 일반적으로 나타나는 잘 다듬은 돌로 아름답게 꾸며진 고샅이 경남에서는 드물게 나타난다(그림 2-8).

경상남도 도처에는 중생대 경상계에 속하는 퇴적암층이 널리 분포하는데, 이암(泥岩) · 혈암(頁岩) · 사암(砂岩) 등으로 이루어진 이 암석들은 판상절리(板狀節理)가 발달하여 얇게 떨어지기 때문에 구들장용 ·

〈그림 2-8〉 고샅: (위) 산청군 단성면 남사리(1970년대, 황헌만 촬영)와
(아래) 진주시 지수면 승산동(2009년, 필자 촬영)

돌담용 등으로 사용하기가 편리하다(국립지리원, 1985, 400쪽). 그러므로 밀양군 동북부의 표충사 계곡 등지를 비롯한 동부산지, 남해안 등지에서는 구들장 · 돌담 외에도 마당 · 골목길 등에 이러한 석판을 깔아놓은 경우가 많다. 그러나 낙동강변의 충적평야 일대에서는 석재를 구하기가 어려워 가옥의 주요부를 제외하면 돌을 이용하지 않는다.

건축재로 쓰인 흙으로는 진흙 · 멍개 · 백토 · 석비레 등이 있는데, 화강암이 널리 분포하는 지역에서는 심층풍화(深層風化)를 받은 토양층에서 진흙 · 백토 · 석비레 등을 쉽게 채취하여 쓸 수 있으나, 이러한 재료가 분포하는 곳은 서부산지와 동부산지 등 일부지역에 한정된다. 점성이 강한 진흙은 건물의 초벽 바르기, 토담 치기, 기와 잇기, 구들 및 부뚜막 설치 등에 사용하였고, 불순물에 의한 산화작용을 받지 않은 장석, 풍화토인 백토는 벽 바르기에 사용하였다.

한편 낙동강 본 · 지류 일대의 충적지에서는 강변의 흙을 벽 바르기에 많이 사용하였다. 특히 홍수 시에 강변이나 저습지 바닥에 많이 쌓이는 멍개는 입자가 곱고 부드럽기 때문에 벽 바르는 작업에 유용하였다.

경남지방 민가의 건축재로 중요시된 것으로는 지붕재료로 쓰인 볏짚과 갈대 · 억새 등이 있다. 볏짚은 벼농사가 가능한 경남의 거의 전 지역에서 생산되었으므로 가장 널리 쓰인 지붕재료였다. 그러나 벼농사를 많이 짓지 못한 산간지방 농가에서는 조짚으로 이엉을 엮었다고 한다(김홍식, 1992, 641쪽).

갈대는 낙동강 본류 및 지류의 저습지에 널리 자생하는 식물이므로 강변 주민들이 활용하였는데, 볏짚에 비해 길고 질기기 때문에 지붕의 내구성이 높았다. 갈대는 그대로 사용하기도 했으나 돗자리처럼 엮어서 지붕에 얹는 경우도 있었다. 갈대 지붕은 한때 김해 델타지역 민가의 반 이상을 점유하기도 했으나 1960년대 이후 농촌주택 개량사업에 의해 대부분 소멸되었다.

억새는 산간지방 가옥의 지붕재료로 널리 쓰였다. 억새는 동부산지·서부산지·중앙저지의 산지 등에 널리 자생하므로 이 지역 주민들은 가을에 이를 채취하여 지붕재료로 사용하였다. 동부산지의 천황산·가지산 등지의 고위 평탄면, 창녕의 화왕산, 서부산지의 고위 평탄면 등 과거 화전이 행해졌던 산지에는 지금도 억새군락이 형성되어 있으나 현재 억새를 지붕재료로 사용하는 경우는 매우 드물다. 그러나 과거에 산촌 주민들은 볏짚을 소의 사료 또는 고공품 제조에 사용하고 지붕에는 억새로 엮은 이엉을 덮었는데, 억새지붕은 볏짚보다 내구성이 강하였다. 오늘날 억새지붕은 거창군·함양군 등 서부산지, 의령군 양성리, 울주군 살티마을 등지에서 간헐적으로 발견될 뿐이다(그림 2-9).

우리는 가장 한국적인 가옥은 초가라고 생각하면서도 초가집은 가난의 상징이며 기와집은 부유한 자의 집이라는 인식을 가지고 있다. 그러나 초가집들은 아마도 경상남도의 원초적인 가옥형에 가장 가까운 것으로 볼 수도 있을 것이다.

초가의 기원은 적어도 삼국시대 이전까지 소급될 것으로 보인다. 가야 초기의 취락들은 대체로 강이나 바다에 근접하는 구릉지·하안단구·해안단구 상에 입지하였을 것이며, 당시의 주거는 대부분 사면체형 또는 원추형의 갈대로 덮인 지붕을 가진 반지하식〔堅穴〕 주거로서(김원용, 1977, 131~133쪽), 터돋움 대지 위에 앉혀졌을 것이다. 방형 공간의 모서리에는 네 개, 원형은 여러 개의 기둥을 비스듬히 박고 모든 기둥의 끝을 가운데로 묶어 집의 골격을 만들었던 것으로 밝혀지고 있다. 갈대지붕은 벽체를 겸하게 되며 지붕 밑바닥을 파내어 반지하식 주거가 성립되었다. 출입구는 강·호수·바다 등 경제활동의 무대가 되는 방향으로 냈을 것이다. 오늘날 시골에서 볼 수 있는 초가들은 이러한 반지하식 가옥이 진화한 것이다.

조선 후기에 주요 도시는 물론 경기도, 경북 동북부 등지에는 상당수

〈그림 2-9〉 갈대지붕과 억새지붕: (위) 낙동강 하구 명지도 민가의 갈대지붕(황헌만 촬영), (아래) 울주군 상북면 현북리 살티마을 황태수 씨 집의 억새지붕

의 와가가 분포하였음에도 불구하고 경남에는 소수의 반촌을 제외하면 와가가 극히 드물었으며, 양반의 주거 중에도 안채만이 와가이고 부속채는 대부분 초가였던 경우가 많았다.

2) 가옥의 평면형태와 공간배치

가옥의 평면형과 공간배치는 지역의 자연환경, 경제구조, 사회적 특성 등을 바탕으로 이루어지기 때문에 지역성 파악의 열쇠가 된다. 우리나라 전통가옥의 평면형태를 보면 남부지방은 一자형, 중부지방은 ㄱ · ㄷ자형, 동부산지는 田자형이 탁월하다고 한다. 그러나 지역별 가옥형태를 이처럼 단순하게 일반화하는 데는 많은 무리가 따른다(장보웅, 1981, 55쪽). 실제로 필자가 경남의 85개 마을들을 조사하는 과정에서도 기존의 분류가 정밀한 조사자료를 바탕으로 이루어진 것이 아님을 확인할 수 있었다. 필자가 조사한 가옥의 대부분은 100년 이상 된 건물들이지만 일부 가옥의 부속채 중에는 근래에 축조된 것이 있고 경우에 따라 옛 건물이 소멸된 것도 있었기 때문에 이러한 점을 염두에 두지 않을 수 없었다.

경상남도 가옥의 평면형태는 남부지방에 탁월하게 나타나는 一자형을 기본형으로 하지만 지역에 따라 약간의 차이를 보인다. 一자형 살림채에서 시작하여 농토가 늘어나는 등 경제력을 갖추거나 가족의 수가 늘어나면 부속채의 수가 증가하여 二자형 가옥, 살림채(안채)의 좌우에 익랑채〔翼廊棟〕를 배치한 튼 ㄷ자형, 살림채와 사랑채를 二자형으로 두고 좌우에 익랑채를 지은 튼 ㅁ자형 등으로 바뀐다.

이와 같이 주거공간을 여러 채로 분산시키는 경우에 살림채 안에는 넓은 공간이 필요하지 않기 때문에 채의 규모가 그리 크지 않고 통풍이 잘 되는 홑집이 발달한다. 이러한 가옥에서는 각 채로 둘러싸인 안마당이 가사활동의 중심을 이루기 때문에 각 채에서 마당으로 쉽게 드나들

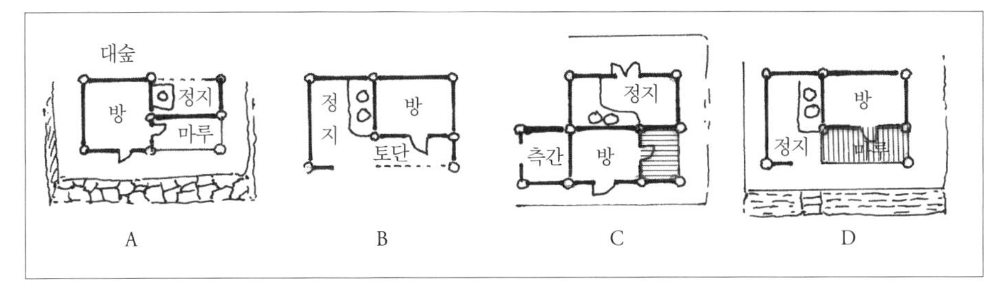

〈그림 2-10〉 막살이집 평면도: 소규모의 원초적인 살림집으로 부엌 한 간에
방 한 간으로 이루어진 집들이다. 대지면적이 협소하고 건축재도 빈약하다.
(A) 합천군 초계면 상포리의 변차규 씨 집, (B) 김해시 녹산면 와룡마을의 권씨 집,
(C) 울산시 울주군 삼남면 조일리 보삼마을의 조무형 씨 집, (D) 합천군 문림리 이점이 씨 집

수 있도록 가옥의 공간배치가 바뀐다. 즉 각 채에는 비교적 폭이 넓은 툇마루가 마당 쪽으로 설치되는데, 이러한 집을 경남에서는 '툇집'이라고 한다.[2)]

一자형 홑집 가운데 가장 작고 형태가 단순한 것은 2간 막살이집이다.[3)] 막살이집은 오늘날 드물게 남아 있으나 김해평야, 울주군 상북면 덕현리 살티마을 및 동군 삼남면 조일리 보삼마을 등 동부산지의 산촌에서 발견된다(그림 2-10). 방 한 간과 부엌 한 간 또는 부엌 한 간에 방 두 간으로 이루어진 이러한 소형가옥은 대부분 폐가가 되었으나 19세기 말까지 경남 도처에 많이 분포했던 것으로 보인다(그림 2-11).

표 2-16처럼 경상남도 6개 면의 가옥 중에 규모가 작은 1~3간 형이 70% 이상을 차지하는데, 특히 지리산 산록에 위치하는 진주군 청암면은 그 비율이 92%에 달한다. 반면에 평야지대에 위치하는 밀양군 부북

2) 경기도에서는 툇마루가 대체로 집의 측면이나 뒤에 배치되며 폭도 1~2자에 불과하다.
3) '막살이집'이란 아무렇게나 살기 위해 지은 집이란 뜻으로, 작다는 뜻을 가진 '오'자를 머리에 두어 '오막살이집'이라고도 한다. 크기는 2간형과 3간형이 있다(김홍식, 1993, 507쪽). 그러나 필자는 개화기 경상남도의 일부지역에 110여 채의 1간형 가옥이 분포하였음을 확인하였고 현지답사에서도 몇 채의 1간호를 목격하였다.

〈그림 2-11〉 막살이집: (위) 합천군 초계면 상포리의 변차규 씨 집,
(아래) 합천군 문림리의 이점이 씨 집

〈표 2-16〉 개화기 경상남도 6개 면의 간별 가옥수 분포

군·면 간별	진주군 청암면	거창군 하가남면	밀양군 부북면	초계군 백암면	의령군 상정면	함안군 산족면	계
1간		3 (0.9%)	9 (1.6%)	10 (3.3%)	1 (0.3%)		23 (1.0%)
2간	48 (10.5%)	106 (31.5%)	120 (21.1%)	93 (30.7%)	95 (29.7%)	93 (29.7%)	555 (24.2%)
3간	374 (81.7%)	124 (36.9%)	187 (32.9%)	65 (21.5%)	110 (34.4%)	175 (55.9%)	1,035 (45.0%)
4간	35 (7.6%)	24 (7.1%)	80 (14.1%)	38 (12.5%)	33 (10.3%)	36 (11.5%)	246 (10.7%)
5간	1 (0.2%)	75 (22.3%)	62 (10.9%)	54 (17.8%)	54 (16.9%)	8 (2.6%)	254 (11.1%)
6간		2 (0.6%)	42 (7.4%)	24 (7.9%)	23 (7.2%)	1 (0.3%)	92 (4.0%)
7간			32 (5.6%)	8 (2.6%)	1 (0.3%)		41 (1.8%)
8간		1 (0.3%)	13 (2.3%)	11 (3.6%)	2 (0.6%)		27 (1.2%)
9간		1 (0.3%)	7 (1.2%)				8 (0.3%)
10~15간			10 (1.8%)		1 (0.3%)		11 (0.5%)
16~20간			4 (0.7%)				4 (0.2%)
21~30간			2 (0.4%)				2 (0.1%)
총 호수	458	336	568	303	320	313	2,298 (100%)
총 간수	1,363	1,087	2,448	1,099	1,095	901	
평균 간수	2.98	3.24	4.31	3.63	3.42	2.88	4.04
비고	와가 무	와가 2호	와가 17호	와가 무	와가 4호	와가 1호	

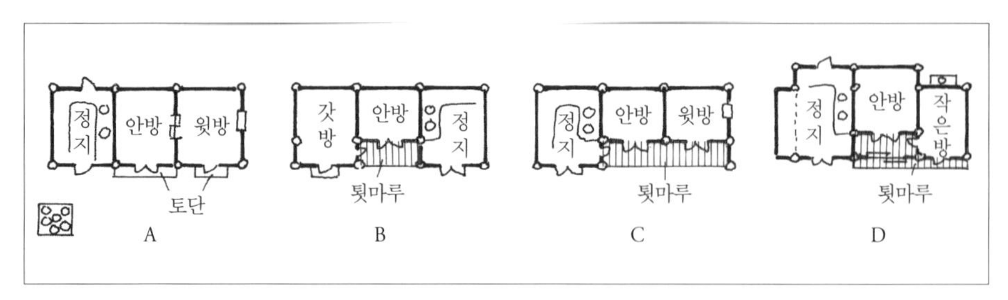

〈그림 2-12〉 3간형 살림채 평면도: (A) 울산시 상북면 지내리의 정씨 집,
(B) 거제읍 법동리의 김씨 집, (C) 합천군 합천읍 내곡의 이용헌 씨 집,
(D) 의령군 봉수면 죽전리의 박을문 씨 집

면과 초계군 백암면은 소형가옥의 비율이 55~60%이고 의령군 상정면과 거창군 하가남면은 65~70% 정도여서(표 2-16) 평야지대의 가옥이 산지보다 다소 큰 것을 확인할 수 있다. 진주군 청암면과 함안군 산족면은 중형 가옥이 극소수이지만 초계군 백암면과 의령군 상정면은 중형 가옥의 비중이 다소 높으며, 밀양군 부북면은 중형은 물론 대형 가옥도 상당수 분포한다. 물론 부북면에는 다수의 와가도 존재한다.

일반적으로 남부형 가옥에서 간(間)의 분화가 이루어지려면 살림채의 규모가 4간 또는 5간은 초과되어야 한다. 다시 말하면 一자형 홑집인 살림채는 대체로 5간 미만인 것이 대부분이다. 안채를 기준으로 3간형 가옥, 4간형 가옥, 5간형 가옥의 평면형태와 구조를 고찰해보기로 한다.

3간형 가옥은 ① 청(마루)이 없는 형, ② 안방의 전·후에 퇴가 있는 형, ③ 안방의 앞에 작은 청과 퇴가 있는 형, ④ 정지가 오른쪽에 있고 안방 앞에 작은 청, 청의 앞에 툇마루를 배치한 형 등으로 구분된다(그림 2-12). 제1형은 안방·작은방·부엌 등 3간 구조로서 좁은 툇마루가 방의 앞에 놓여 있다.

제3형은 안방과 작은방의 벽이 약간 어긋나게 지어진 집으로, 본래 2간형 막살이집에 나중에 작은방을 잇달아 지은 것으로 보인다. 제3형은 부엌의 위치가 가옥의 오른쪽에 놓여 있으며 퇴 앞에 미닫이문을 달았

〈그림 2-13〉 3간호 살림채: (위) 합천읍 내곡의 이용헌 씨 집,
(아래) 하동군 청암면 묵계리 시루봉 사면의 강씨 집

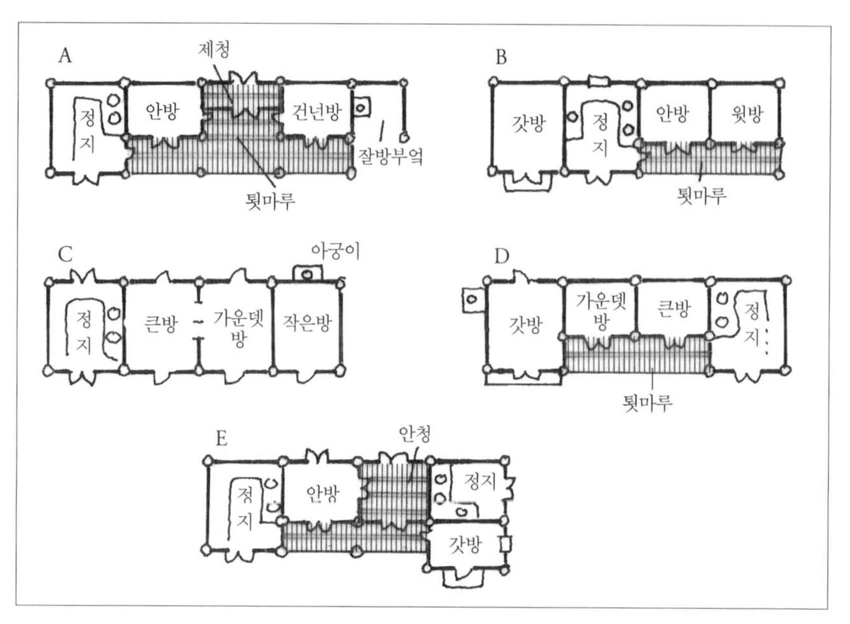

〈그림 2-14〉 4간형 살림채의 평면도: (A) 합천군 합천읍 내곡의 이병상 씨 집, (B) 산청군 단성면 남사리 이석홍 씨 집 안채, (C) 밀양시 삼랑리의 이성욱 씨 집, (D) 함안군 칠북면 화천리 김영호 씨 집, (E) 고성군 하일면 학림리 최영석 씨 집. A와 E는 대청이 있고, B와 D는 툇마루가 있으나 C는 마루가 전혀 없다.

다. 이러한 퇴는 거제도를 비롯한 남해안 도서지방에서 강한 비바람을 막기 위해 근래에 개조한 가옥에서 발견된다(그림 2-13).

4간형 가옥은 대청이 없는 형, 중앙대청형, 전퇴형, 갓방이 있는 형 등으로 구분된다(그림 2-14). C형은 왼쪽의 정지로부터 오른쪽으로 방들을 잇달아 지은 집이고, A형과 E형은 중앙에 대청을 배치하고 대청의 좌우에 안방과 작은방 또는 갓방을 둔 집이다. 두 집의 차이는 전자의 갓방 앞에 마루가 없는 반면 뒤쪽에 작은 부엌을 만든 것이다. B형은 정지의 오른쪽에 안방과 윗방을 잇달아 짓고 방 앞에 긴 툇마루를 단 집이다. C형은 정지를 가장자리에 두고 세 개의 방을 잇달아 배열한 점이 특이하다. E형의 안청과 A형의 제청은 겨울철 외부의 냉기를 차단하고 제

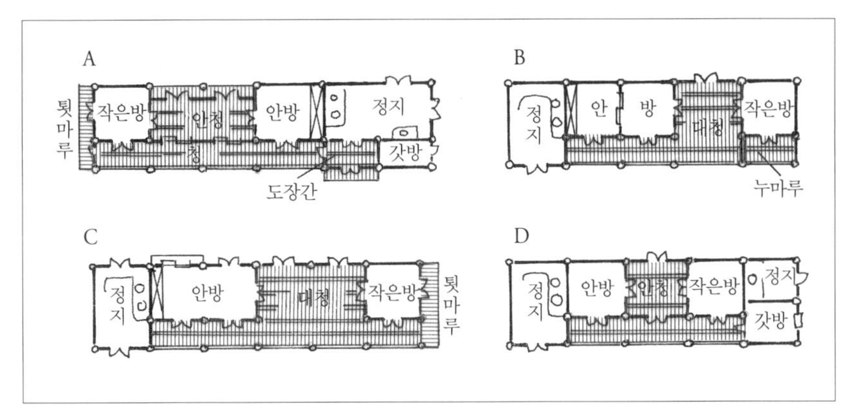

〈그림 2-15〉 5간형 살림채: (A) 밀양시 산외면 다죽리 손완현 씨 집,
(B) 울산시 웅촌면 학성 이씨 종택, (C) 함양군 지곡면 개평리 홍소달 씨 집,
(D) 하동군 하동읍 비파리 김정근 씨 집. 5간형 살림채들은 모두 와가이며
넓은 대청을 가지고 있다. A와 D는 대청의 앞에 문을 달아 안청으로 사용한다.

사공간으로 사용할 수 있다.

5간형 가옥(6간 구조를 가진 것도 있음)은 대체로 중 · 상류형 가옥의 살림채 중에서 많이 발견되며 2간 대청형, 2간 안방 및 2간 대청형, 2간 안방과 누(樓)마루형 등으로 구분된다(그림 2-15). A형은 2간 대청의 좌우에 각각 안방과 작은방을 배치하고 가옥의 전면과 왼쪽에 퇴를 달았다. 안방의 오른쪽 앞에 도장간 · 갓방을, 그 뒤에 부엌을 둔 반겹집형 가옥이다. C형은 건물의 왼쪽에 부엌을, 2간 대청의 왼쪽에 부엌과 이어 2간 안방을 배치하고 대청 오른쪽에 작은방을 만들었다. 안방에는 벽장을 만들었고 작은방 오른쪽에 퇴를 달았다. B형의 안방은 2간인 데 비해 대청은 1간으로 앞의 두 가옥보다 마루가 작다. 작은방의 앞마루는 대청보다 높은 누마루이다. D형은 중앙의 안청 좌우에 각각 방을 만들고 왼쪽 끝에 정지, 오른쪽 끝에 작은 정지와 갓방을 배치한 형이다.

경상남도 전통가옥의 대부분이 一자형이지만 겹집 또는 반겹집도 상당히 많은 편이다. 이러한 집들은 간의 분화가 발달하지 않은 소농의 살

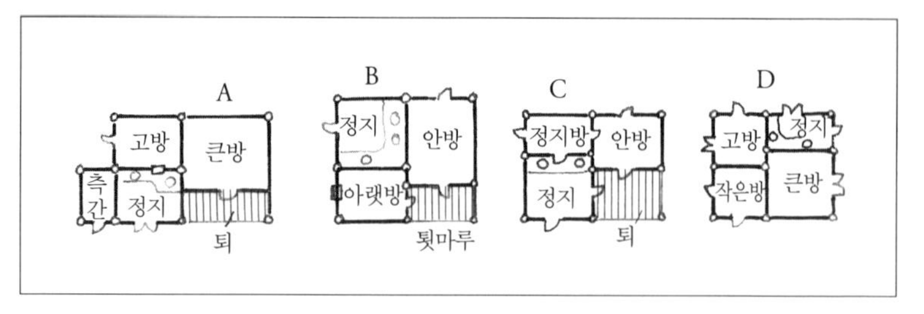

〈그림 2-16〉 겹집(반겹집): (A) 김해시 신호마을 김종민 씨 집,
(B) 김해시 강서구 대저2동 막도마을의 공가, (C) 밀양시 삼랑리 김황호 씨 집,
(D) 울산시 상북면 살티마을 황태수 씨 집.
田자형 평면형태를 이루며, 가옥의 규모가 매우 작다.

림집들이 대부분이지만 중 · 대농의 안채 및 사랑채 중에서도 많이 발견된다.

겹집 및 반겹집형 가옥은 바람이 많이 부는 낙동강 하류지역에 주로 분포하나 울주군(현 울산광역시) 살티마을, 의령군 산간지대 등지에서도 목격된다. 김해시 신호마을의 김종민 씨 집은 큰방 앞에 툇마루, 정지 뒤에는 작은 고방을 두었는데, 고방은 혼인 전에 딸이 사용하던 공간이지만 현재는 식품저장고로 사용하고 있다. 김해 대저동의 공가는 정지를 뒤에 배치하고 앞에는 작은 아랫방을 두었다. 삼랑리의 김황호 씨 집은 김종민 씨 집과 유사한 형태이다. 살티마을 황태수 씨 집은 정지를 큰방 뒤에 두었고 작은방 뒤로 고방을 배치하였다. 툇마루가 없으므로 정지와 모든 방은 별도의 출입문을 가지고 있다(그림 2-16).

중부지방과 경상좌도에 많이 분포하는 ㄱ · ㄷ · ㅁ자형(곡가형(曲家型)) 가옥이 경상남도에는 매우 드물다. 특히 소농형 가옥에는 곡가형이 없고 중상류형 주거의 사랑채 중에서 ㄱ(ㄴ)자형, ㅏ자형, ㄷ자형 등 곡가형 채가 발견된다. 대표적인 건물로는 울주군 웅천면 석천리의 학성 이씨 마을, 밀양시 교동의 밀양 손씨 마을, 함양군 지곡면 개평리의 정씨 마을의 가옥들을 들 수 있다.

조선시대 경상우도는 자연환경이 좋고 생산력이 뛰어나 살기 좋은 곳으로 꼽혔고, 많은 인재가 배출되었으며 이들 중 상당수가 중앙관직에 등용되어 관직에 있는 동안에는 서울에서 거주했을 것이다. 조선 중·후기 영남지방은 남인계 유학자들의 본거지였는데, 그들은 유학사상의 중심을 이루는 예학사상(禮學思想)의 영향을 받아 자신들의 주거에 정형성을 강조하였을 것이다(홍승재, 1992, 71~72쪽). 경상좌도 출신 사대부들은 퇴관 후 낙향하여 집을 지을 때 서울에서와 같이 ㅁ자형 가옥을 많이 짓고 살았는데, 좌우대칭을 이루는 이러한 가옥형은 사대부들의 의식구조를 상징적으로 표현한 것이라 할 수 있다.

그런데 경상우도는 남인계에 속하면서 남명학파(南冥學派)의 영향을 받은 사대부들이 많았으며, 이들은 인(仁)을 숭상하고 정치현실에 참여하여 문중의 명예를 추구했던 좌도의 퇴계학파와 다른 가치관을 지니고 있었다. 즉 우도의 사대부들은 의(義)와 절기(節氣)를 숭상하고 현실정치의 참여보다는 백성의 생활상을 살피면서 그 대책을 마련하는 데 뜻을 두고 있었다(이상필, 1996, 80~81쪽). 이러한 기풍은 경상우도 사대부의 살림집 조영에도 영향을 미쳐 정형성을 강조하는 좌도의 폐쇄형 가옥보다 우도 고유의 가옥형인 一자형 살림채를 기본으로 하고 익랑채·사랑채 등 一자형 부속채 세 개가 중정(中庭)을 둘러싼 튼 ㅁ자형과 살림채·사랑채·행랑채가 나란히 배치되는 三자형 구조로 발전하였다(그림 2-17).

3) 가옥의 향과 구조

살 집을 지을 때 우선 할 일은 터를 고르는 것이고, 그 다음은 집의 향(向)을 정하는 것이다. 터를 고르는 것을 복거(卜居)라 하며, 이때 중요시된 이론은 양기풍수적(陽基風水的) 지리론이다. 풍수에서 보는 이상적인 집터를 명기(名基)라 하는데, 그러한 터는 대체로 산을 뒤로 두고

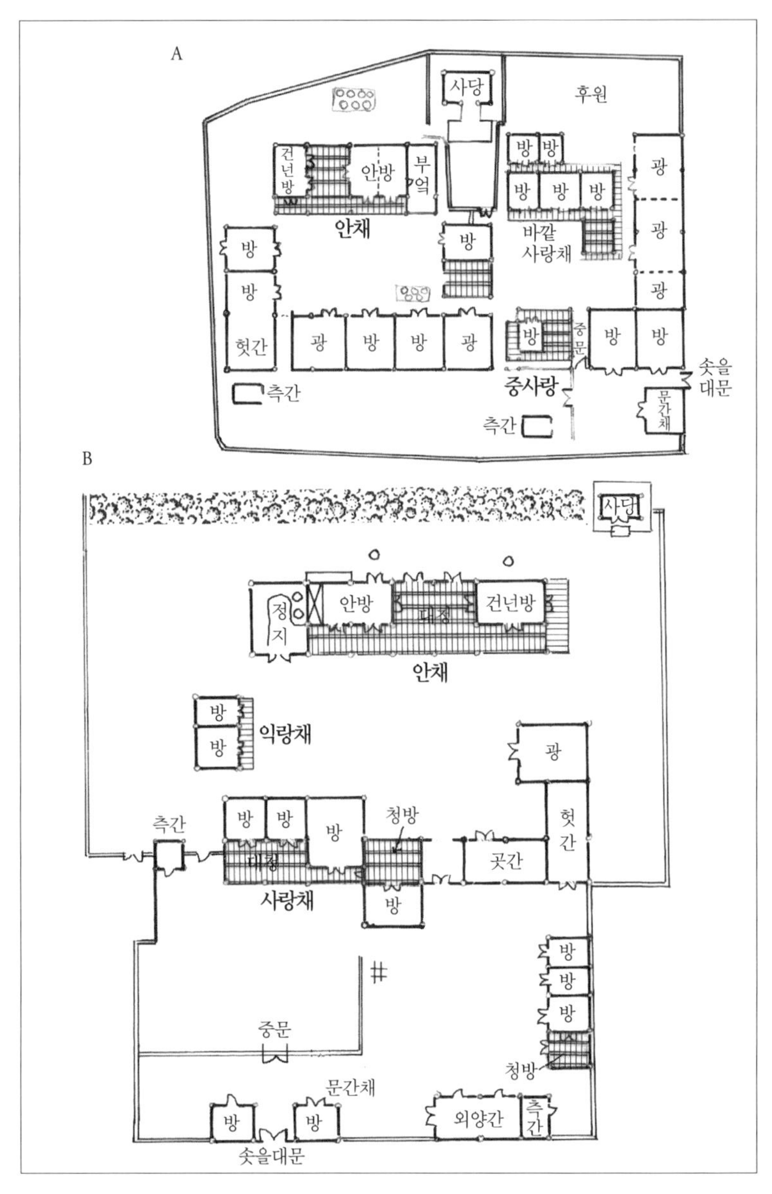

〈그림 2-17〉 상류층 가옥 평면도: (A) 밀양시 교동의 손병문 씨 집,
(B) 울산시 웅촌면 석천리의 학성 이씨 종가. 채와 간의 분화가 이루어졌다.
전자는 日자형 중정을 두었고 후자는 안채 · 사랑채 · 문간채가
三자형 구조를 이루고 있다.

앞으로는 흐름이 완만한 냇물을 접함으로써 집 앞에 널찍한 국면(局面)이 전개되는 배산임수의 입지이다.[4] 터 고르기가 끝나면 집의 좌향을 정하는데, 이는 살림채를 기준으로 결정된다. 겨울철이 길고 한랭건조한 서북풍이 탁월한 우리나라에서는 남향이 가장 선호된다.

전통가옥 가운데 풍수의 원리에 따라 조영된 집의 비율이 과연 어느 정도에 달할 것인지를 고려해보면 취락 및 가옥의 구조를 논하면서 어떤 경우에나 풍수론적 접근법을 적용하는 데 신중을 기하는 것이 마땅하다는 생각이 든다. 19세기 말 경남지방 6개 군, 30개 면 가옥의 규모별 분포에서 나타난 바와 같이 이 지방에서는 특정 가문의 종가를 제외하면 대부분의 가옥이 2~3간에 불과하였기 때문이다. 즉 이 지방에서 살림집을 지을 때 풍수적 명기를 택할 수 있었던 계층은 풍수에 대한 어느 정도의 지식을 가지고 있던 일부 사대부와 전문 풍수를 고용할 만한 재력을 갖춘 부유층에 국한되었을 것으로 보인다.

터 고르기와 향은 가옥의 구조에 큰 영향을 주지만 가옥의 규모가 작고 평면 형태가 단순한 경우에는 터 고르기와 좌향의 결정은 비교적 용이해진다. 반지하식 주거의 경우에는 건물의 좌향이 인간의 활동무대 쪽으로 열려 있었으나 지상주거의 경우에는 좌향의 개념이 바뀐다. 지상주거의 등장 시기는 철제 연장의 발명과 밀접한 관계가 있을 것이다. 도끼 · 칼 · 낫 · 자귀 · 끌 · 톱 등 나무를 다듬는 도구가 발달함에 따라 기둥 위에 대들보 · 서까래 등을 넣고 벽체를 세우고 지붕을 얹은 건물이 등장하였다.

철기시대의 지상주거 가운데 고상식(高床式) 주거가 있는데(주남철, 1994, 23쪽), 이는 원두막과 형태가 유사하며 오늘날 동남아시아의 수변에 많이 분포한다. 그러나 상고시대까지 한반도에도 이러한 집들이

4) 『택리지』 복거총론 지리조.

존재하였음을 신라시대의 가옥형 토기인 소거(巢居)로 짐작할 수 있다.

경남의 가옥들이 대부분 一자형을 이루는 이유로 첫째, 여름철 기후가 고온다습하고 겨울은 비교적 온난하여 난방보다 오히려 여름의 지열과 습기를 극복하는 데 유리한, 통풍이 잘 되는 개방형 가옥이 선호되었던 점을 들 수 있다. 재력과 신분의 향상에 따라 가옥의 규모가 커지더라도 이 지방 주민들은 경상좌도 사람들처럼 채의 크기를 늘리거나 익랑(翼廊)을 안채에 붙여 짓지 않고 규모가 작은 독립된 채로 분산시켰다.

둘째, 경남은 가야시대부터 조선 말에 이르기까지 낙동강 서쪽의 문화전통을 잘 보존해왔으며, 이 전통은 모든 신분계층의 주거는 물론 관아·사찰의 건축물에서도 맥이 유지되어왔다.

셋째, 이 지방은 고려 말의 왜구 침입, 16세기 말의 임진왜란, 조선조 말의 민란 등으로 주민들이 시달려왔다. 이러한 전란은 건축문화에도 영향을 미쳐 주민들은 주택에 많은 재력을 투입하기보다 싸고 실용적인 주택, 즉 임시거처 비슷한 주거를 짓는 경향이 생길 수 있으며, 이러한 가치관이 하나의 전통으로 정착될 가능성도 있다. 다시 말하면 경상남도는 영남의 내륙에 해당되는 북도보다 전란과 사회적 소요가 더 잦았던 바, 이러한 점이 가옥의 향과 취락의 입지에 반영되었을 가능성이 크다는 것이다. 이러한 유형의 집들은 일반적으로 침입자에게 쉽게 노출되지 않으면서도 자신들은 용이하게 침입자들을 미리 확인할 수 있는 향과 구조적 특성을 가지게 된다.

넷째, 근대 교통기관의 도입 이전까지 경상우도는 우리나라의 문화중심지인 수도권과 가장 접근성이 떨어지는 곳에 위치하였으므로 타 지역문화의 유입이 적었다. 따라서 이 지방의 전통적 가옥문화는 타 지역의 영향을 가장 적게 받아 고유의 구조를 보존할 수 있었을 것이다.

터 잡기와 좌향은 가옥의 구조에 큰 영향을 준다. 가족의 수가 늘어나거나 살림의 규모가 커지면 우선 간의 수가 늘어나고 그 다음으로 채의 분화가 일어나게 된다. 안채는 여성 전용의 주거공간이 되고 남성들은 사랑채로 옮기며, 경제력에 따라 안채의 바로 양옆에 날개처럼 익랑채가 배치된다. 안채가 남향이면 사랑채 역시 남향을 취하는 예가 많으며 안채 오른쪽의 익랑채(동향 건물)는 대체로 방과 도장간, 왼쪽의 익랑채(서향 건물)는 곳간으로 쓰이는 경우가 많다.

우리 선조들은 간의 수가 홀수인 것이 바람직하다고 여겨 안채의 경우 3간·5간·7간 등을 취하였으며 부속채를 건설할 경우에도 이 원칙을 지키려고 하였다. 집의 평면배치도 口·日·月자형은 길하고 工·尸자형은 불길한 것으로 여겼다(김홍식, 1993, 165~166쪽). 그러나 표 2-16에 나타난 바와 같이 경남 6개 면의 가옥 중에 1~2간 막살이집이 전체의 약 25%를 차지하였으며 4간형, 6간형도 적지 않아 사대부 또는 부유층이 아니면 집의 간수를 홀수로 유지하기는 용이하지 않았을 것이다. 또한 채의 분화에서 경남에는 정형성을 지닌 가옥이 극히 드물기 때문에 앞에 언급한 평면형은 거의 없었다고 해도 과언이 아니다.

안채를 기준으로 할 때 그 규모가 7간 이상인 예는 거의 없으며, 서민층 가옥의 안채는 3~5간이 대부분을 차지한다. 3간형 가옥은 부엌과 두 개의 방으로 이루어지는데, 방 앞에는 반 간 넓이의 툇마루가 놓이는 분산형 홑집이 기본형이다. 그러나 경남에는 안방 앞에만 퇴가 있는 집, 안방 앞의 퇴는 넓고 작은방 앞의 퇴는 좁은 집 등이 있는데, 후자는 본래 2간 막살이집에 새로 작은방을 잇달아 지은 것으로 보인다. 경우에 따라 퇴가 없는 작은방을 두 개로 나눈 반겹집도 낙동강 유역과 남해안에서 발견된다.

4간형 안채는 안방·작은방·대청·부엌으로 이루어진 구조이다. 안방은 부부의 생활간이고 작은방은 자녀의 생활간인데, 만일 아들과 딸이 있다면 작은방은 딸이 사용하고 아들은 부속채에 방을 만들어 들게 한다. 4간형 안채 중에도 대청이 없이 안방과 가운뎃방이 연속되고 이어서 마루가 없는 갓방을 들인 집이 있는데, 이러한 가옥은 안방과 작은방 앞에만 퇴를 단다. 그러나 동부산지에서는 퇴가 전혀 없는 가옥도 목격된다. 대청이 있는 4간형 가옥의 작은방 쪽에 부엌을 달아 지은 집은 5간형 가옥이 되나 원형은 4간이다. 작은방 부엌을 반 간 정도로 줄이고 그 앞에 갓방을 단 집이 있는데, 이러한 집은 대청에 문을 달아 안청으로 이용한다.

중류가옥은 대체로 안채와 사랑채, 그리고 부속채가 튼 ㄷ자형을 이루고 있는 예가 많다. 안채는 대개 4~5간 구조로서 넓은 대청을 중심으로 좌우에 안방과 작은방, 그리고 부엌을 가지고 있으며, 대청에 문을 달아 안청으로 쓰는 경우가 많다. 사랑채는 대체로 안채의 전면에 배치하나 측면 배치도 있다. 고성군 하일면 학림리의 최영석 씨 집과 하동군 비파리 김정근 씨 집이 후자의 예이고 의령군 가례면 정현덕 씨 집과 의령군 봉수면 죽전리 박을문 씨 집이 전자의 예이다.

웅천의 학성 이씨 종택, 밀양의 손병문 씨 집, 함양의 정여창 선생 고택 등 상류층 저택은 안채 · 사랑채(안사랑 · 바깥사랑 등) · 문간채 · 행랑채 · 사당채 및 기타 부속 건물로 이루어진 대저택들이다. 솟을대문으로부터 중문 · 내당문에 이르기까지 둘 또는 세 개의 문을 통과해야 문간채 · 사랑채 · 안채로 들어갈 수 있는 복잡한 구조를 가지고 있다. 각 채의 사이에는 높은 장벽이 놓여 있어 안채와 사랑채, 사랑채와 행랑채 또는 문간채 사이에 ㅁ자형 공간(courtyard form)이 형성된다.

간의 구성을 보면 안채와 사랑채에 각각 넓은 대청과 5~10개의 방, 사랑채에 누마루, 익랑채에 곳간 · 광 · 도장간 · 고방 등이 있으며 헛간과 축사는 사랑채 밖에 있다. 측간은 안채용과 사랑채용이 별도로 존재한다. 사당채는 특수한 경우에만 존재하는데 집터 안에서 가장 높은 곳에 설치되며, 집의 좌향이 남쪽이면 사당채는 대개 해가 뜨는 양(陽)의 방향인 동북쪽에 지었다. 사당채를 별채로 두지 못한 집에서는 대청에 문을 달아 만든 안청에 위패를 모셨고 사당벽장을 만든 집도 있었다.

조선시대 상류층은 일반적으로 3대 또는 4대가 한 집에 거주하는 대가족을 이루고 있었으며, 하인과 솔거노비까지 거느린 예가 적지 않았다. 그러므로 신분별 · 장유유서별 · 성별 공간분화가 불가피하였다. 이러한 공간분화는 대체로 3개 유형으로 분류되는데, 一자형 안채와 ㄴ자형 사랑채, 익랑채로 형성된 트인 ㅁ자형 공간을 중심으로 부속채가 그 주변을 둘러싸고 있는 형(함양 정여창 고택), 一자형 안채와 ㄴ자형 부속채 및 一자형 익랑채를 중심으로 형성된 트인 ㅁ자형 공간과 중사랑채 · 문간채 · 바깥사랑채가 ㄷ자형을 이룸으로써 가옥 전체의 채의 배치가 거의 日자를 이루는 형(밀양 손병문 씨 집), 안채 · 사랑채 · 문간채가 나란히 배열된 三자형(밀양 다죽리 손완현 씨 집) 등이 있다.

마당은 주거의 좌향을 결정하는 요소로서 여러 채의 건물에 의해 형태를 이루게 된다. 양의 속성인 채와 음의 속성인 마당은 상호보완적 관계로 존재하는데, 사방이 건물로 둘러싸였을 경우 양의 속성인 원심성(遠心性)보다 마당이 가지는 구심성(求心性)이 강하게 나타나 주거의 중심성을 표현한다(이응희 · 이중우, 1995, 65쪽). 이러한 가옥들은 대개 두 개 이상의 ㅁ자형 마당을 가지고 있는데 대문간과 행랑채 사이의 마당은 하인의 공간이며 중문으로부터 안채에 이르는 공간은 주인의 공간이다. 그러므로 다죽리 손씨의 집은 축사와 헛간 등을 바깥마당에 두고 있다. 안채와 사랑채 사이의 안마당은 주택 전체의 중심이며, 이를 경계로 여성의 생활공간인 안채와 남성의 생활공간인 사랑채가 구분된다. 그러나 경상남도의 가옥은 안동 · 봉화 등지의 가옥과 달리 개방적인 성격이 강하기 때문에 극히 일부를 제외하면 채와 채 사이의 간격이 넓다.

3. 지역별 가옥형

경상남도는 해안지방으로부터 해발고도 1,915m의 지리산에 이르기까지 고도 차이가 매우 크기 때문에 지역에 따라 집터를 잡는 기준도 상당히 다르다. 해안지방이나 평지에 자리 잡은 마을이 있는가 하면 구릉지상에 입지한 마을, 해발 700m 이상의 산간에 들어앉은 마을도 있다. 그러나 대부분의 가옥은 해발 100m 미만의 평야지대와 해변에 입지하고 있다.

낙동강변에는 경북 접경에 가까운 창녕군 북부까지, 그리고 남강 중류인 함안까지 해발 20m 미만의 저평한 지대가 연속되며 섬진강 하류, 태화강 하류 등지에도 이러한 충적평야가 발달하였다. 물론 남해안의 반도부와 도서에도 소규모의 평야가 분포한다. 그러나 서부산지와 동부산지 · 중앙저지 내의 일부 산지에는 해발 200m 이상의 산간분지와 곡저평야가 분포한다.

필자가 조사대상으로 삼은 85개 취락의 70% 이상은 해발 100m 미만에 입지한 야촌(野村)인데, 200~500m의 것이 약 20여 개 마을이며, 500m 이상의 고산촌은 5개이다. 이와 같은 지형조건은 기후조건과 함께 가옥의 터 잡기, 향, 가옥의 구조 등에 적지 않은 영향을 준 것으로 보인다. 그러므로 필자는 경상남도의 가옥을 중앙저지 · 해안 · 서부산지 · 동부산지 등 4개의 지역으로 구분하고 지역별 특성을 고찰하고자 한다.

1) 중앙저지의 가옥

중앙저지는 경상남도의 자연지역 가운데 가장 넓은 면적을 차지하며 포용하는 인구수도 많다. 지역의 대부분이 낙동강 본류와 지류에 속하지만 창녕군 동쪽과 밀양군의 동쪽에는 500m 이상의 산지가 넓은 면적을 차지한다. 그러나 주민의 대부분은 평지에 거주하며 산간지역에는 소규모의 취락이 드물게 분포할 뿐이다. 그러므로 이 지방의 가옥은 입지에 따라 야촌형과 산록형으로 크게 나누어도 무방할 것 같다.

야촌형 가옥은 평야 면과 구릉의 접촉부, 자연제방, 도상산지(島狀山地), 하안단구(河岸段丘) 등지에 주로 분포한다. 이러한 가옥들은 낙동강을 따라 대규모 제방이 축조되기 전까지 자주 수해를 입었으며, 자연제방 안쪽에는 넓은 저습지가 형성되어 있었기 때문에 취락의 입지에 매우 불리하였다. 수렵과 채집생활을 했던 선사시대 사람들이 어패류가 풍부한 하천변에 거주하였던 자취가 많이 발견되지만 그것은 대부분 여름철의 캠프 장소에 지나지 않으며 초기농경이 시작되면서 비교적 침수의 위험이 적은 땅을 경지로 이용하고 그 주변의 수해 안전지대에 영구취락을 건설하였던 것으로 보인다. 청동기 후기 또는 초기 철기시대에 이르면 평야 면보다 상당히 높은 하안단구나 구릉지 상에 취락이 형성되었는데, 울산시 웅촌면 검단리 등지에서 확인되고 있는 이러한 취락터들은 농경지와 용수원(用水源)을 둘러싼 취락 간의 갈등이 고조됨에 따라 성립되었던 방어에 유리한 입지로 해석되고 있다(권오영, 1997, 56~57쪽).

넓은 평야 면에 나타나는 작은 도상산지를 경남에서는 막등 또는 똥매(똥뫼)라고 하는데, 이러한 작은 구릉지는 제방이 건설되기 전까지 홍수 때마다 고립되는 일이 잦았다. 그러나 주변의 넓고 비옥한 범람원을 경지로 이용하는 이점이 있어 구릉의 가장자리에 마을이 발달하였다. 홍수에 대비하여 대부분의 가옥은 지면보다 1~2m로 터돋움을 한 터에 앉았다. 마을의 가옥들은 동서남북 등 다양한 향을 취하나 하천 쪽으로 가장 많은 가옥이 배열되었다. 가옥의 대부분은 3~4간짜리 一자집인데 최근 기계화 영농의 영향으로 살림채를 개조한 집이 많으며 농기계와 농산물을 넣을 수 있는, 안채보다 큰 현대식 부속채 건물들이 신축되고 있다. 이러한 예로 함안군 법수면 주물리 · 부동마을 · 돈래산마을, 대산평야의 모산리 등을 들 수 있다.

자연제방과 평야 면에 발달한 야촌들은 위의 두 유형의 촌락에 비해 설촌(設村)의 역사가 짧다. 인공제방의 축조 이전에도 자연제방에 약간의 취락들이 입지했으나 대부분은 낙동강 수운과 관계가 깊은 포구취락들이었다. 낙동강 인공제방이 축조된 1930년대 이후 인공제방의 내측, 즉 자연제방 안쪽에 취락이 발달하기 시작하였는데 제방의 폭이 넓으면 괴촌(塊村)을 이루지만 대부분의 촌락은 열촌(列村)을 형성하였다. 밀양군 삼랑리 · 수산리, 대산평야의 갈전리 · 모산리, 의령군 정암리, 함안군 용성리 등의 자연제방 상의 취락들은 배후습지 또는 평야 면에 비해 3~5m 정도 높은 고도를 유지하는 정도이기 때문에 결코 수해의 안전지대는 아니다. 따라서 견고하고 높은 인공제방이 축조되기 전까지는 가옥이 들어서기 어려웠으며, 인공제방 축조 이후에도 배후습지나 평야의 내수가 빠져나가지 못할 경우에는 가옥이 침수되기 때문에 많은 가옥들이 지면보다 높게 터돋움한 땅에 자리 잡고 있다. 또한 침수 시 벽이 허물어지지 않도록 판자를 대거나 양회를 바른 예도 있다.

야촌은 대부분 전통취락의 입지 모델이라 할 수 있는 배산임류의 개념을 적용시킬 수 없기 때문에 가옥의 향은 하천의 유로나 평야의 위치에 따라 이루어진다. 삼랑리 · 수산리 등 한때 하항의 기능을 가지고 있던 취락에서 인공제방을 쌓을 필요가 없는 하안단구 부분에는 가옥의 향이 하천에 면하는 예가 많다. 그러나 창녕군 이방면 이남리와 같이 일찍이 하항의 기능이 소멸되고 순 농촌으로 바뀐 마을에서는 가옥들이 강과 반대의 내륙 쪽 또는 도로에 면해 있다.

평야형 가옥의 평면 형태는 막살이집, 一자형 퇴간집, 二자형(쌍채)집, 튼 ㄷ자집, 튼 ㅁ자집 등으로 매우 다양하다. 서민주택은 마루와 퇴가 있는 一자집이 주류를 이루며 살림채 외에 부속채를 지은 경우 쌍채집 또는 익랑채가 달린 一자 또는 트인 ㄷ자형으로 확대되기도 한다. 그런데 상류층 가옥은 개방적인 튼 ㅁ자형 몸채와 부속채를 가진 집, 튼 日자형 집, 안채와 사랑채가 병렬로 배치되고 사랑채와 문간채 사이에 익랑채를 지은 집 등이 있다(김택규 외, 1996, 577쪽).

막살이집은 부엌(정지)과 방이 각각 한 간씩인 2실 주택으로, 원초적 주거인 이 집의 방 앞에 토방이라고 부르는 토단(土壇)이 있다. 이러한 가옥은 김해평야 일대에 주로 분포하며 삼랑진을 비롯한 밀양군 · 초계군 일대에도 드물게 분포한다(김택규 외, 1996, 581쪽). 막살이집 중에는 두 개의 방과 작은 부엌을 가진 집이 있는데, 이러한 집의 안방 앞에는 좁은 툇마루를 달았다. 막살이집의 간이 분화하면 반겹집과 一자형 퇴간집으로 바뀐다.

반겹집 역시 김해평야에 가장 널리 분포하며 삼랑진 · 수산 · 대산평야 · 남지평야 등지에도 나타난다. 김해평야 대저동 막도마을의 겹집은 가옥의 앞과 뒤가 분할된 후에 간의 수가 종적으로 분할한 예로서 안방과 작은방의 출입문이 퇴간으로 통하며 정지는 가옥의 후면 왼쪽에 만들었다. 이 가옥과 거의 비슷한 것이 수산리 강변의 어가(漁家) 안채인데, 이 집은 김해 대저동과 달리 강변의 구릉 상에 위치한다. 이 반겹집과 형태는 매우 유사하나 가옥의 규모가 겹집보다 작은 집도 있는데 반간 미만의 퇴를 방 앞에 두고 정지 뒤쪽에는 매우 협소한 정지방을 만든 집들은 삼랑리, 김해평야 남단의 신호마을 등지에 남아 있다. 이러한 가옥들은 대부분 농토를 충분히 보유하지 못하여 농업 외에도 어염업 · 임노동의 수입으로 생계를 유지했던 가난한 서민층의 주거였다.

낙동강 하류 및 중류에 분포하는 막살이집 및 막살이집에서 분화된 가옥들은 대부분 과거에는 갈대로 지붕을 덮은 집(새나래집)들이었다. 이러한 집들은 갈대 이엉이 두껍기 때문에 지붕의 경사도가 매우 컸다. 김해평야에서는 갈대를 벽 재료, 바자울 재료로도 썼다(서경태, 1991, 25~27쪽).

경남의 전형적인 서민가옥은 마루와 퇴가 있는 4간형 一자집이다. 이러한 4간집은 20세기 중반에 들어와 급격한 증가 추세를 보인 것으로 보고 있는데, 대청을 중심으로 안방과 작은방이 마주 보며 대청과 두 개의 방 앞에 긴 어간청이 놓여 있다. 부엌은 안방과 붙어 있다(문화공보부, 1985, 372~373쪽). 그러나 이 유형의 가옥 중에도 몇 가지 변형이 있는데, 첫째 유형은 어간청과 대청 사이에 문을 달아 고방처럼 사용하는 안청으로 이용하는 경우이며, 둘째 유형은 정지(부엌)를 중앙에 두고 왼쪽에 갓방, 오른쪽에 안방과 윗방을 배치한 경우이다. 창녕읍의 하병수 씨 집 안채는 오른쪽에 부엌을 배치한 4간 一자형 집이며 어간청을 만들지 않고 안방과 작은방 앞에 각각 전퇴를 달았다. 창녕 · 의령 · 함안 · 밀양 · 김해 등지의 평야지대에는 정지의 공간을 나누어 작은 정지방을 만든 집도 눈에 띈다.

중앙저지의 산록지대는 대체로 진주 · 밀양 · 창녕 · 함안 등 낙동강 지류에 분포한다. 이러한 지형에 분포하는 취락들은 설촌의 역사가 길고 배산임류의 입지적 특성을 가지고 있기 때문에 분지 · 곡저평야의 가옥들은 경남 전통가옥의 전형에 가깝다고 해도 무방할 것 같다. 대표적인 마을로 진주 이반성면 평촌리, 밀양 다죽리, 함안 화천리 · 유원리, 창녕 도천면 샛터마을 등을 선정하고 가옥의 특성을 고찰하였다.

밀양시 산외면 다죽리 다원1구는 동부산지의 천황산과 가지산에서 발원한 밀양강 지류인 동천(東川)의 곡저평야에 입지하는 배산임류형 취락이다. 북쪽의 산지에 의지하여 완만한 사면에 앉은 가옥들은 전면의 다원들과 동천을 바라보고 길게 퍼져 있는데, 손씨 동족촌인 이 마을의 종가는 거의 중앙부에 자리 잡고 있다. 종가는 정남향을, 그 밖의 집들은 동남향 또는 서남향을 취하고 있다. 가옥의 대부분이 一자형 홑집인데 안채와 사랑채가 병렬로 배치되거나 안채와 익랑채가 ㄱ자로 배치된 집이 많으나 대농의 주거는 안채 · 사랑채 · 문간채가 三자형을 이루

A

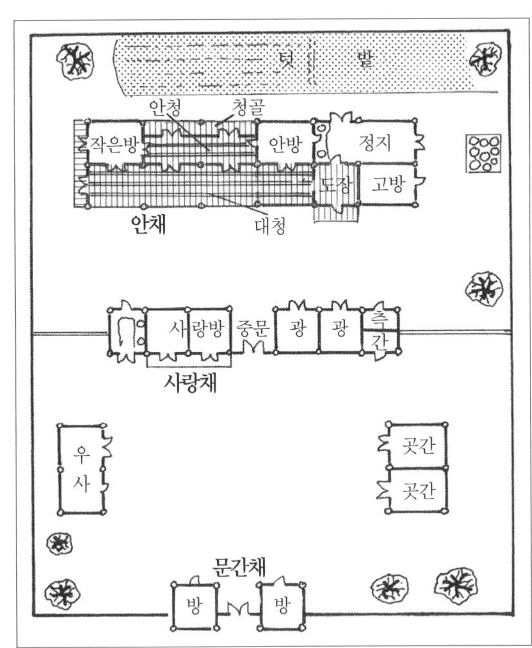

B

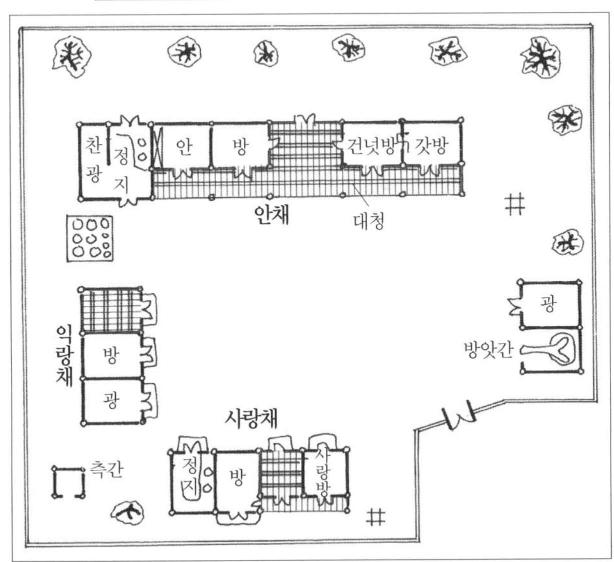

〈그림 2-18〉 중앙저지형 가옥: (A) 밀양시 산외면 다죽리 다원1구의 손완현 씨 집, (B) 진주시 이반성면 평촌리의 은현고택(한기락 씨 소유)의 평면 배치. 상류 양반층의 가옥이다.

고 사랑채 앞에 익랑채를 날개처럼 배치하거나, 사랑채와 안채 사이에 장벽을 설치하여 남성의 생활공간과 여성의 생활공간을 구분하고 있다(그림 2-18).

진주시 이반성면 평촌리의 은현고택은 낮은 구릉지 사이에 발달한 곡저평야에 있는 반가(班家)이며 안채 · 익랑채 · 사랑채가 튼 ㄷ자형을 이룬다. 안채는 넓은 대청을 중심으로 좌우에 각각 두 개의 방을 배치하였다. 이 마을 가옥의 대부분이 넓은 대청을 가지고 있으며 일부는 안청으로 만들었다. 대농형은 안채와 사랑채의 대청이 거의 두 간이며 어간청의 넓이도 매우 넓다. 손완현 씨 집은 대청 · 북벽을 분벽(粉壁)으로 간을 막고 가운데에 문을 달았는데, 청골방이라고 일컫는(신영훈, 1972, 530쪽) 이 공간은 상청으로 쓰이거나 위패를 모셔두는 곳이다. 이는 경기 지방의 사당벽장과 기능상 유사하다(그림 2-19).[5] 이 마을 가옥 중에는 부엌 앞에 고방(마루방)과 도장방(온돌)을 두어 반겹집 구조를 가진 것들이 다소 보인다. 넓은 대청을 둔 가옥은 안채와 사랑채의 방문을 여름에는 모두 천장에 매달아 통풍이 잘 되도록 한 개폐구조를 지닌 것도 있다.

함안군 칠북면 화천리는 남강으로 유입하는 소하천을 따라 발달된 곡저평야와 60~80m의 구릉지의 접촉부에 입지한다. 북북서~남남동 방향으로 길게 뻗은 배후 구릉지는 마을 동쪽에 치우쳐 있어 대부분의 가옥이 서쪽에 놓인 화천들 쪽을 향하고 있으므로 가옥의 향은 주로 서향과 서남향이 탁월하다. 지금은 슬레이트나 함석지붕으로 개량된 가옥이 많으나 아직도 갈대로 이엉을 엮은 집이 다소 남아 있다. 우포늪을 비롯하여 다수의 늪지대를 끼고 있는 창녕군 이방면과 대곡면 일대에도 갈대 이엉을 얹은 집이 다소 남아 있는데 과거에는 대다수의 가옥들이 갈

---

5) 필자는 강화도 · 포천 · 이천 · 양주 등 경기도 내 여러 곳의 고가에서 사당벽당을 목격하였는데 이 공간은 사당채의 기능을 대신하고 있었다(최영준, 1977, 421쪽).

〈그림 2-19〉 사당벽장: 창녕읍 하병수 씨 집 안채의 사당벽장은 대청 안쪽에 위치한다.

대집이었다고 한다.[6)]

이 마을에는 一자형 안채와 부속채가 병렬로 배치된 二자형과 안채와 익랑채가 튼 ㄷ자형을 이룬 가옥들이 많다. 함안군 칠북면 화천리의 김명호 씨 집은 툇마루가 달린 2간형 안채와 3간 문간채가 二자형을 이룬 서남향 갈대집이고, 창녕군 이방면 이남리의 김점호 씨 집은 3간호 두 채가 모두 二간형으로 배열된 갈대집이다. 김명호 씨 집의 안채는 3간 겹집으로 안방과 작은방에 퇴가 있고 오른쪽에 헛간을 달아 지었으며 김점호 씨 집은 문간채 오른쪽에 도장간을 설치하였다.

익랑채를 도장채라고도 부르는데, 이 채에는 곡식을 저장하는 도장간

---

6) 제보: 1998년 8월, 장준식(64세) · 노영석(63세), 창녕군 이방면 이남리.

2간과 기물을 보관하는 간이 있고 사랑방 기능을 가진 방 두 개와 마루, 부엌이 있어 반겹집 구조를 나타낸다. 이와 유사한 가옥들이 중앙저지에는 널리 분포한다(그림 2-20).

2) 서부산지의 가옥

서부산지는 낙동강 지류인 황강 및 남강의 상류에 해당하는 넓은 지역으로, 서쪽과 북쪽은 높은 산지를 이루고 있으나 동쪽은 비교적 산세가 험하지 않다. 이 지역은 황강과 남강에 의해 개석(開析)된 거창분지 · 가조분지 · 초계분지 · 함양분지 · 산청분지 등을 중심으로 일찍부터 농경문화가 발달하였다. 이중환은 거창 · 함양 · 산음 · 안음 등 지리산 북쪽의 네 고을은 토지가 기름지다고 하였다.[7] 또한 이렇게도 언급하였다.

> (지리산은) 계곡이 넓고 깊으며 토성(土性)이 두껍고 기름져 온 산이 사람 살기에 적당하다. 산속에는 백 리나 되는 긴 골짜기가 많은데 밖은 좁고 안쪽은 넓어서 왕왕 사람들이 알지 못하는 곳이 있어 나라에서 부과하는 세금을 내지 않는 수가 있다. 땅이 남해에 가깝고 기후가 따뜻해 산속에 대나무가 많고, 또 감과 밤도 대단히 많아서 저절로 열매를 맺었다가 떨어진다. 높은 봉우리 위에 기장과 조를 뿌려도 무성하게 크지 않는 곳이 없다. 평지의 밭에도 심을 수 있으므로 산속의 마을 집은 사찰과 함께 있다. 승려나 속인이 함께 대나무를 베고, 감과 밤을 주우면서 살 수 있기 때문에 힘들여 일하지 않고도 생리(生利)를 얻을 수 있다. 농공(農工) 역시 그리 노력을 하지 않아도 모두 풍족하다. 온 산이 풍년과 흉년을 모르고 지내므로 부산(富山)이라고 부른다.[8]

---

7) 『택리지』 팔도총론 경상도조.
8) 『택리지』 복거총론 산수조.

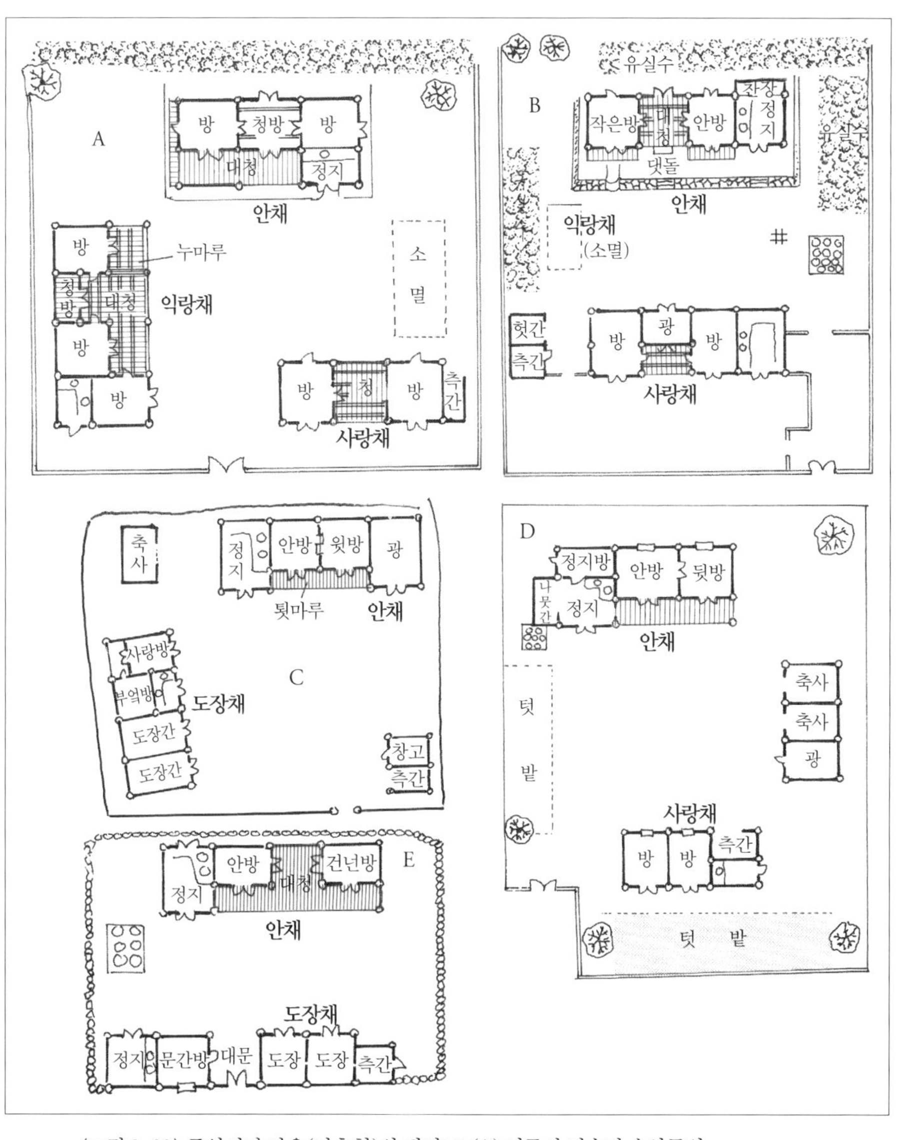

〈그림 2-20〉 중앙저지 가옥(야촌형)의 평면도: (A) 진주시 지수면 승산동의 허씨 집(한귀남 씨가 관리 중), (B) 창녕군 창녕읍 술정리의 하병수 씨 집 (이 집 안채의 지붕은 억새를 덮었으며 약 500년 전에 조영된 건물로, 민속자료 제10호로 지정되었다), (C) 함안군 칠북면 화천리의 김명호 씨 집, (D) 창녕군 이방면 현창리의 설순 씨 집, (E) 창녕군 이방면 이남리 김점호 씨 집. A는 와옥이며 C · D · E는 갈대지붕이다. C와 E에는 도장채가 있다.

다시 말하면 이중환은 지형적 장애에도 불구하고 지리산은 많은 인구를 수용할 만한 여건을 갖추고 있음을 암시하는데, 덕유산 · 가야산 일대도 지리산과 비슷한 환경을 가지고 있다고 볼 수 있다. 그러므로 이 지역은 피병피세지(避兵避世地)로 인기가 높아 깊은 산지에도 취락이 분포하였으며, 여러 지방으로부터 전입한 사람들이 정착함으로써 다양한 주거양식이 도입되었다. 이러한 문화적 요인은 이 지역의 자연환경과 조화를 이루며 서부산지 특유의 가옥을 발전시켰다.

서부산지는 지리적으로 중앙저지 및 남해안, 그리고 전남북의 동부산지와 밀접한 관계를 가지고 있으므로 이들 지방의 가옥양식이 서부산지에 많은 영향을 주었을 것이다. 서부산지의 가옥은 경남 타 지역과 기본형은 비슷하나 부분적으로 차이를 보인다. 이 지방 가옥의 일반적인 특징은 첫째, 중농 규모의 가옥은 넓은 대청을 둔 반면에 서민가옥은 전퇴집이 많다. 둘째, 대부분의 가옥이 3~4간을 넘지 않는 반면에 2~3채의 부속채를 가진 집이 많아 二자형, 익랑채 하나를 가진 튼 ㄱ자형, 익랑채가 둘인 튼 ㄷ자형, 튼 ㅁ자형 가옥 등으로 다양하다. 셋째, 안채 또는 익랑채에 뒤주를 설치한 가옥이 많다. 넷째, 반겹집형 가옥이 있다. 다섯째, 고상식(高床式) 통시가 널리 분포한다. 여섯째, 산지 취락에는 억새를 지붕재료로 활용했던 점을 들 수 있다.

서부산지 가옥의 특성을 분지 · 곡저평야 · 산지로 구분하여 고찰해보되 추가하여 섬진강 하류 충적평야의 가옥도 이에 포함시킨다. 조사지역은 서부산지에서 비교적 고도가 낮은 편인 서부 및 남부의 의령군 죽전리 · 양성리, 산청군 남사리, 내륙의 당본리 · 개평리 · 내수리, 소백산지의 개명리와 중남리, 섬진강 하류의 하저구리 · 문도 · 비파리 등지이다.

죽전리의 허정건 씨 집은 안채와 문간채가 二자형으로 배치된 가옥이었는데, 후에 우사와 창고가 있는 익랑채를 지어 튼 ㄷ자가 되었다. 문간채는 사랑채를 겸한 반겹집 구조인데 오른쪽에 방과 측간을 달아 지었고 마당 왼쪽에 큰 뒤주를 설치하였다.

의령군 가례면에서는 양성리의 우마실 · 갑을마을 · 조마실마을 등지의 가옥이 조사대상이 되었다. 양성리는 해발 500~600m의 산이 병풍처럼 둘러싼 산간분지로서, 분지 안에는 남쪽으로 흐르는 가례천이 흐른다. 남쪽으로 열린 분지의 입구는 좁으나 분지 내부는 상당히 넓어 한들 · 샛들 · 월명들 등 비교적 경사가 완만한 평지가 전개된다. 창녕 조씨(曺氏)를 비롯한 여러 성씨의 마을들이 분지 안에 분포하는데 지형에 따라 동쪽 사면의 조마실은 서향집이 많고, 북사면의 우마실은 남 · 남동향집, 서쪽 사면의 갑을마을은 동향집이 많다. 다시 말하면 가옥의 대부분이 분지 중앙부의 가례천 방향으로 앉은 것이다(그림 2-21).

우마실 정씨(丁氏) 집은 튼 ㄷ자형 가옥인데 안채는 3간 전퇴집이고, 사랑채는 반겹집형이다. 오른쪽 익랑의 부속채에 붙어 있는 측간은 고상식 통시이다. 현재 사용하지 않는 사랑채는 기와집이고 안채는 슬레이트 지붕인데 본래는 억새지붕이었다. 갑을마을 정현덕 씨 집은 동향의 튼 ㅁ자형인데 안채와 사랑채는 3간 전퇴집이며, 사랑채와 오른쪽 익랑채는 반겹집이다. 조마실마을 정분이 씨 집은 서향집으로 안채는 3간 전퇴형이고 사랑채는 오른쪽 익랑채로 배치하였다. 부속채로는 우사와 뒤지가 있다. 양성리의 가옥에는 잘방(작은방) 부엌과 디딜방앗간이 많다(그림 2-22).

산청군 단성면 남사마을은 남강 지류인 남사천의 하안단구 상에 입지한 배산임수형 취락으로 이(李) · 하(河) · 박(朴) · 최(崔) 등 6개 성씨가 살고 있는 마을이다. 마을 중앙에는 반월형 공간을 남겨두어 마을의 형태가 초승달 모양을 이룸으로써 항상 성장하는 형세를 유지하게 하였다. 이 공지를 중심으로 각 문중의 가옥들이 하천 방향으로 둥글게 배치되었기 때문에 가옥의 향은 동남향 · 남향 · 서남향 · 동향 등으로 다양하다. 각 성씨의 종택을 비롯한 많은 와가가 분포하지만 대부분의 가옥은

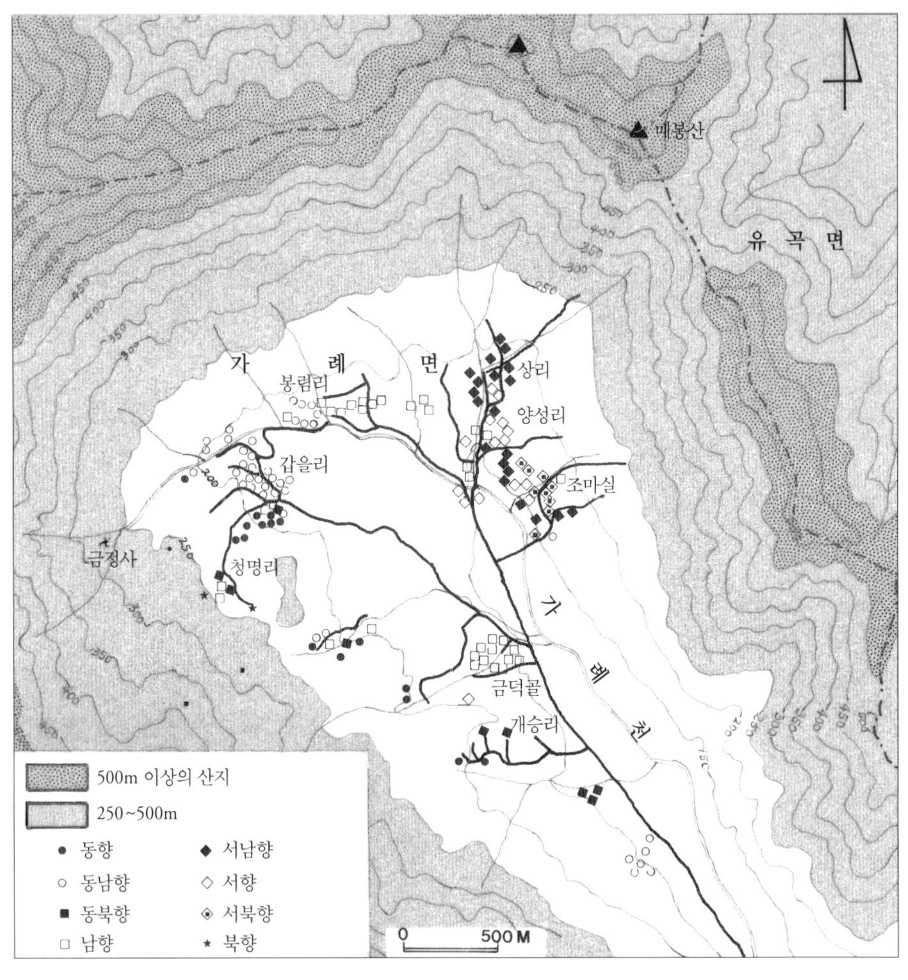

〈그림 2-21〉 의령군 가례면 양성리 가옥의 좌향: 대부분 가옥의 좌향이 분지의 중안부를 향하고 있다.

슬레이트나 함석으로 지붕을 덮었는데 이는 본래 초가지붕을 개량한 것이다. 마을 북쪽의 이씨 종택, 중앙의 최씨 집 등 규모가 큰 상류층 저택들은 넓은 대지를 높은 장벽으로 둘러막아 대문간에 이르는 고샅은 전통마을 경관을 잘 나타내고 있다.

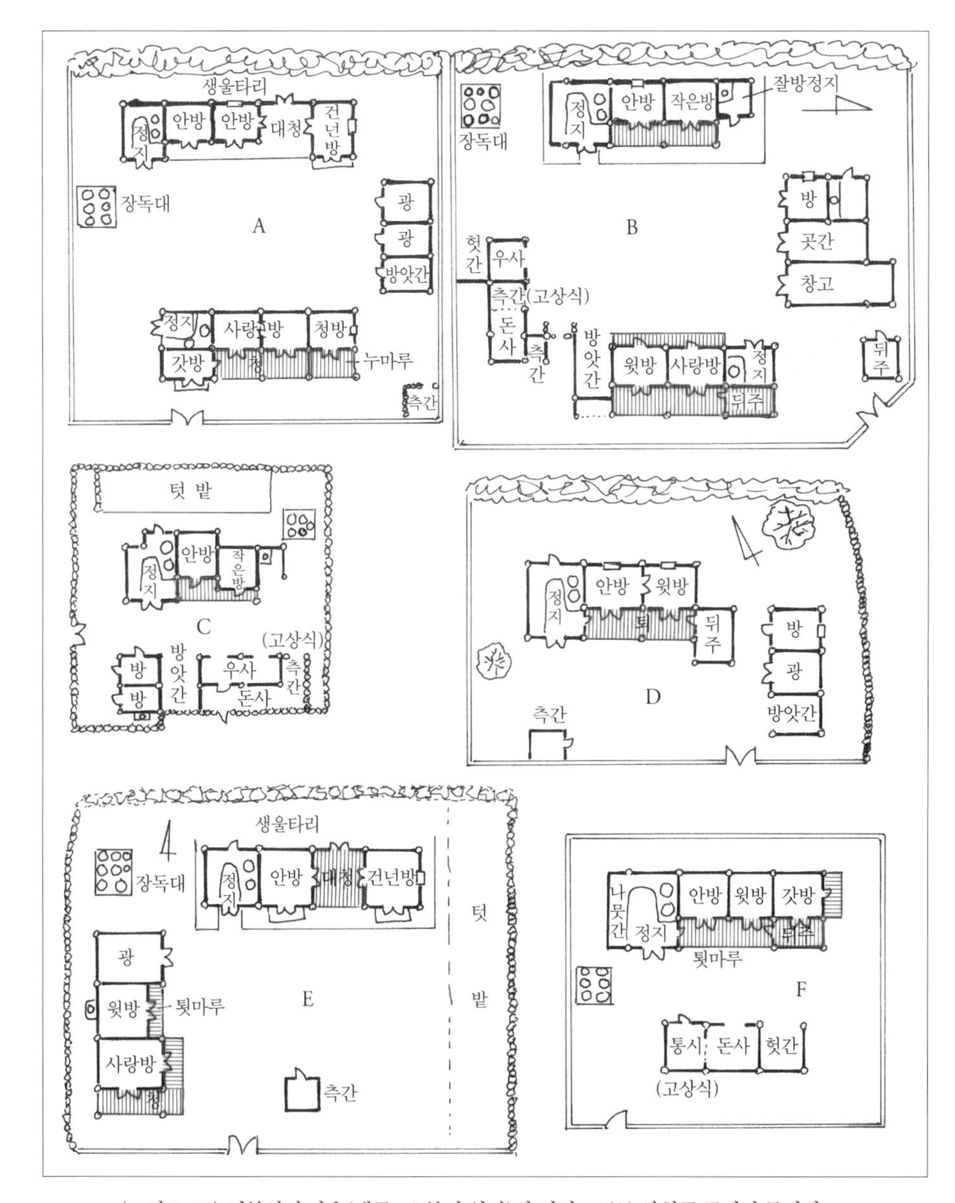

〈그림 2-22〉 서부산지 가옥(계곡·소분지 입지)의 평면도: (A) 산청군 금서면 특리의 민영모 씨 집, (B) 의령군 가례면 갑을마을의 정덕현 씨 집, (C) 의령군 봉수면 죽전리의 박을문 씨 집, (D) 함양군 서상면 중남리 복동마을 박계순 씨 집, (E) 합천군 합천읍 내곡동 이재문 씨 집, (F) 합천군 초계면 상대리 민씨 집

가옥의 평면배치는 튼 ㅁ자형, 튼 ㄷ자형, ㄱ자형, 二자형 등 매우 다양하나 튼 ㄷ자형이 가장 많다. 이 마을의 ㄷ자형의 공가(空家)의 경우를 보면 4간 전퇴형 안채, 3간 사랑채, 3간 부속채가 튼 ㄷ자형으로 배치되어 있다. 안채의 잘방부엌은 의령의 것보다 크며, 사랑채 툇마루는 안채와 마주보고 있어 중정(中庭)이 이 집의 주요 작업공간이었음을 나타내고 있다. 이 마을에는 고상식 통시가 여러 집에 남아 있는데, 대표적인 예는 성주 이씨 종가의 안채 통시(200여 년 전에 설치)와 최재기 씨 댁의 통시를 들 수 있다(장보웅, 1996, 369~370쪽). 지면에서 1m 이상의 높이로 지은 이씨 집 통시에는 10여 년 전까지 돼지를 사육했다고 하는데, 필자도 함양군 지곡면과 마천면, 합천군 봉산면 봉계리 등 지리산지 도처에서 고상식 통시를 목격하였다(그림 2-23). 돼지를 사육한 고상식 통시는 1960년대까지 서부경남에 보편적으로 분포했다.

필자가 조사한 무릉리 · 외토리(합천), 지막리 · 내수리(산청), 개평리 · 도천리(함양), 간치리(거창) 등 7개 마을의 가옥들은 중앙저지나 남해안에서 볼 수 있는 가옥들과 외관상 큰 차이를 보이지는 않으나 부분적으로 특징을 가지고 있다. 이 지역의 가옥을 평면배치를 기준으로 고찰해보면 一자형 막살이집, 튼 ㄱ자형, 二자형, 튼 ㄷ자형, 튼 ㅁ자형 등 매우 다양하다. 이 가운데 원초적 가옥인 막살이집은 19세기 말에 작성된 가호안에서 높은 비율을 차지했던 사실과 달리 지곡면 개평리 등지에서 약간 발견될 뿐이며, 서민층 주거의 대부분이 3간 전퇴형 안채와 부속채로 구성되어 있다.

이러한 주거 가운데 二자형은 산청읍 내수리, 지곡면 개평리, 삼가면 외토리 등지에 분포하는데, 모두 안채에 대청마루가 있는 집이다. 이 가운데 합천군 초계면 상대리의 정씨 집은 대청의 중간부분을 벽으로 막아 청골방을 만들었으며, 작은방 앞의 어간청을 도장으로 이용하고 있다. 외토리의 이씨 집과 산청군 내수리의 손덕수 씨 집은 고상식 통시를

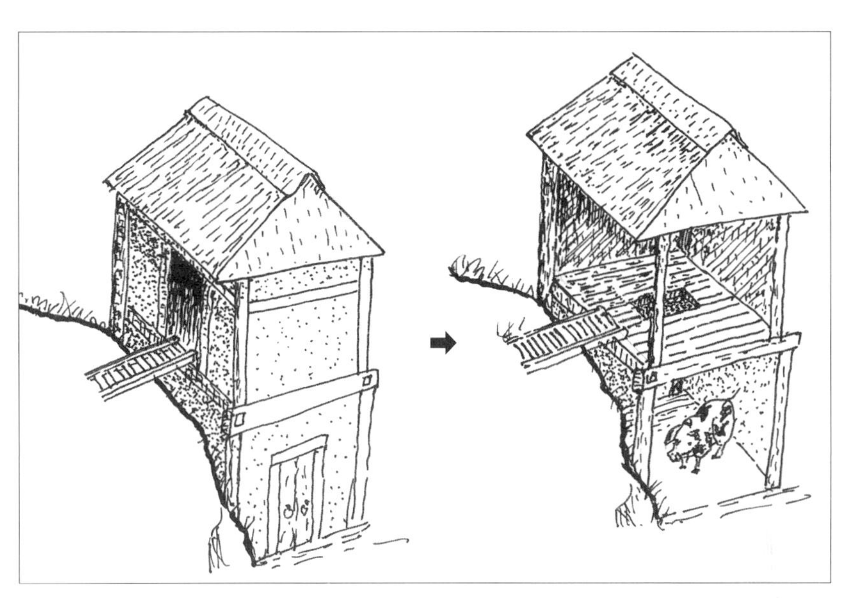

〈그림 2-23〉 고상식 통시: (위) 합천군 봉산면 봉계리 장씨(章氏) 집의 통시. 1960년대 초 이래 헛간으로 사용 중. (아래) 함양군 지곡면 개평리의 고상식 통시. 헛간 겸 변소로 이용 중(2008년 3월 그림 및 촬영). 현지조사 결과 1960년대까지 거창·안의·함양·합천·삼가·산청·단성·진주 서부·하동·의령 등 서부 경남지방에는 이러한 시설이 널리 분포하였음을 확인할 수 있었다.

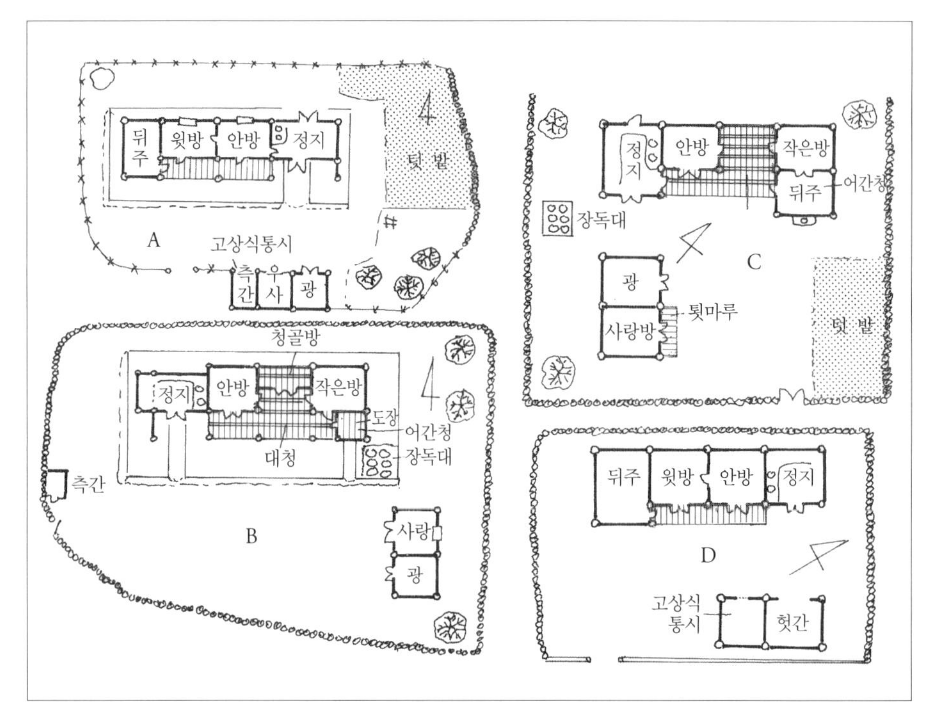

〈그림 2-24〉 서부산지의 가옥(분지형): (A) 합천군 삼가면 외토리 토동마을의 이기일 씨 집, (B) 합천군 초계면 상대리 무릉마을의 정씨 집, (C) 산청군 금석면 지막리의 한현석 씨 집, (D) 산청군 산청읍 내수리의 손덕수 씨 집

가지고 있다. 튼 ㄱ자형 집은 드문 편으로 산청군 금석면 지막리의 한현석 씨 집을 들 수 있다. 전퇴형 3간집인 안채의 툇마루 끝에 뒤주를 설치했고 오른쪽 익랑채에 창고, 외양간, 방 한 간을 만들었다(그림 2-24).

튼 ㄷ자형은 살림의 규모가 약간 큰 집에서 발견되는데, 함양군 서상면 도천리의 하씨 집이 일반형에 가깝다. 이 집의 안채는 3간 막살이집에 가까우나 왼쪽 익랑채에 방 두 간과 창고, 왼쪽 익랑채에 사랑방 두 간과 뒤주를 설치하여 중농가옥에 가까운 규모를 가지고 있다.

대표적인 상류층 주거로는 함양군 지곡면 개평리의 정여창 선생 고택을 꼽을 수 있다. 속칭 99간이라 일컫는 이 집은 1570년대에 지어졌다고 하는데 안채 · 익랑채 · 사랑채가 튼 ㅁ자형을 이룬다. 기타 부속채로 안사랑채, 사랑채, 창고 2동, 문간채, 2동의 측간, 잿간 등이 있다. 각 채 사이에는 장벽이 설치되어 안마당 외에도 4개의 마당이 있으며 안마당과 바깥사랑채에는 작은 정원도 조성되었다. 바깥사랑채에는 높은 누마루가 설치되어 웅장한 모습을 자랑한다.

이 마을에는 중대농 주거가 다수 분포하는데, 홍소달 씨 집도 그 중의 하나이다. 이 집은 안채와 곳간 · 방앗간으로 쓰이는 부속채가 일렬로 배치되고 이들 건물 앞에 사랑채가 마주보는 二자형을 이루지만 대문 앞에 있던 문간채는 소멸되어 건평이 줄어들었다. 안채는 3개의 방과 정지가 있으며 중앙에 넓은 대청이 놓여 있다. 작은방 앞의 마루는 대청보다 한 자 정도 높은 누마루 구조이다. 사랑채 역시 안채와 거의 같은 구조인데 안마당 쪽에 툇마루를 달았다. 부속채는 이층구조인데 아래층은 헛간 · 방앗간 · 곳간으로 이용하고 위층은 멍석 · 각종 기구를 얹어두는 공간으로 이용된다. 이 집은 모든 채가 기와지붕인 점으로 보아 과거에는 단단한 재력을 가지고 있었다고 보인다.

서부산지의 취락 중에도 해발 500m 이상의 산지 사면에 입지하는 마을은 독특한 구조를 가지고 있다. 이러한 취락들은 소백산맥의 동 · 서를 연결하는 팔랑치 · 육십령 등의 영하취락(嶺下聚落)들인데 1960년대까지 주민의 대부분이 화전을 일구며 생활하였다. 6 · 25전쟁 당시에는 공비의 출몰이 잦아 한때 마을이 폐쇄되기도 하였으며, 오늘날에는 산업화 및 도시화의 영향으로 마을마다 공가가 늘고 있다.

이 지역은 고지대에 속하므로 겨울철 적설량이 많고 기온 변화가 심하여 농작물이 냉해를 입는 경우가 잦다. 또한 농경지가 부족하므로 주민들은 특용작물과 고랭지 채소 재배, 산채 채취 등의 부수입으로 생계를 꾸려나간다. 이와 같은 자연적 · 사회적 조건은 이 지방의 가옥에 많은 특성을 부여하였다.

농경지의 규모가 작기 때문에 이들 마을의 대부분 살림채 외에 넓은 부속채를 둔 집이 많지 않다. 안채는 대부분 3간 또는 4간의 一자형 홑집인데 벽이 두껍고, 흙벽 밖으로 널빤지를 대어 방설 및 방한 효과를 도모한 예가 많다. 정지는 비교적 넓은데, 이는 정지간에 월동용 식료품을 저장할 뿐만 아니라 작업공간으로도 이용할 수 있기 때문이다. 대부분의 가옥에 곡식을 저장하는 도장간 또는 뒤주를 설치하였으며, 바닥을 마루로 깐 경우와 흙바닥으로 한 경우가 있다. 거창군 상수내마을의 도장간은 대부분 어간청 모서리에 판자로 벽을 막고 도장간을 설치하였고 마루 밑에 아궁이를 만들어 작은방의 난방을 하는 동시에 곡식의 부패를 막는 효과도 얻고 있다. 이 마을 강은도 씨 집은 대청 뒤쪽에 청골방을 만들어 조상의 위패를 모시는 공간으로 사용한다. 함양 박계순 씨 집의 측간은 고상식이다(그림 2-25).

이 산지마을 가옥의 또 하나의 특징은 지붕이다. 1960~70년대 취락구조개선사업의 영향으로 오늘날에는 대부분의 가옥이 함석 · 슬레이트 집으로 바뀌었으나 40여 년 전까지 산간지대 가옥의 대부분은 지붕을 억새로 엮었다. 지붕 위에 가는 솔가지를 얹은 후에 산에서 억새를 베어다가 두껍게 이엉을 엮어 얹으면 지붕의 경사가 커서 보온 효과가 컸을 뿐더러 지붕에 내린 눈이 쉽게 미끄러져 내리므로 가옥의 붕괴를 막을 수 있었다고 한다. 벼농사가 성하지 않아 볏짚의 생산량이 적었을 뿐더러, 볏짚은 소의 여물이나 고공품 재료로 쓰였기 때문에 이를 지붕재료로 쓰기는 어려웠으며 볏짚은 억새에 비해 내구성도 떨어져 사용하지 않았다.[9)]

---

9) 제보: 1998년 8월, 박계순(73) · 김태용(57), 경남 함양군 서상면 중남리.
1988년 8월, 강은도(86), 경남 거창군 고제면 개명리.

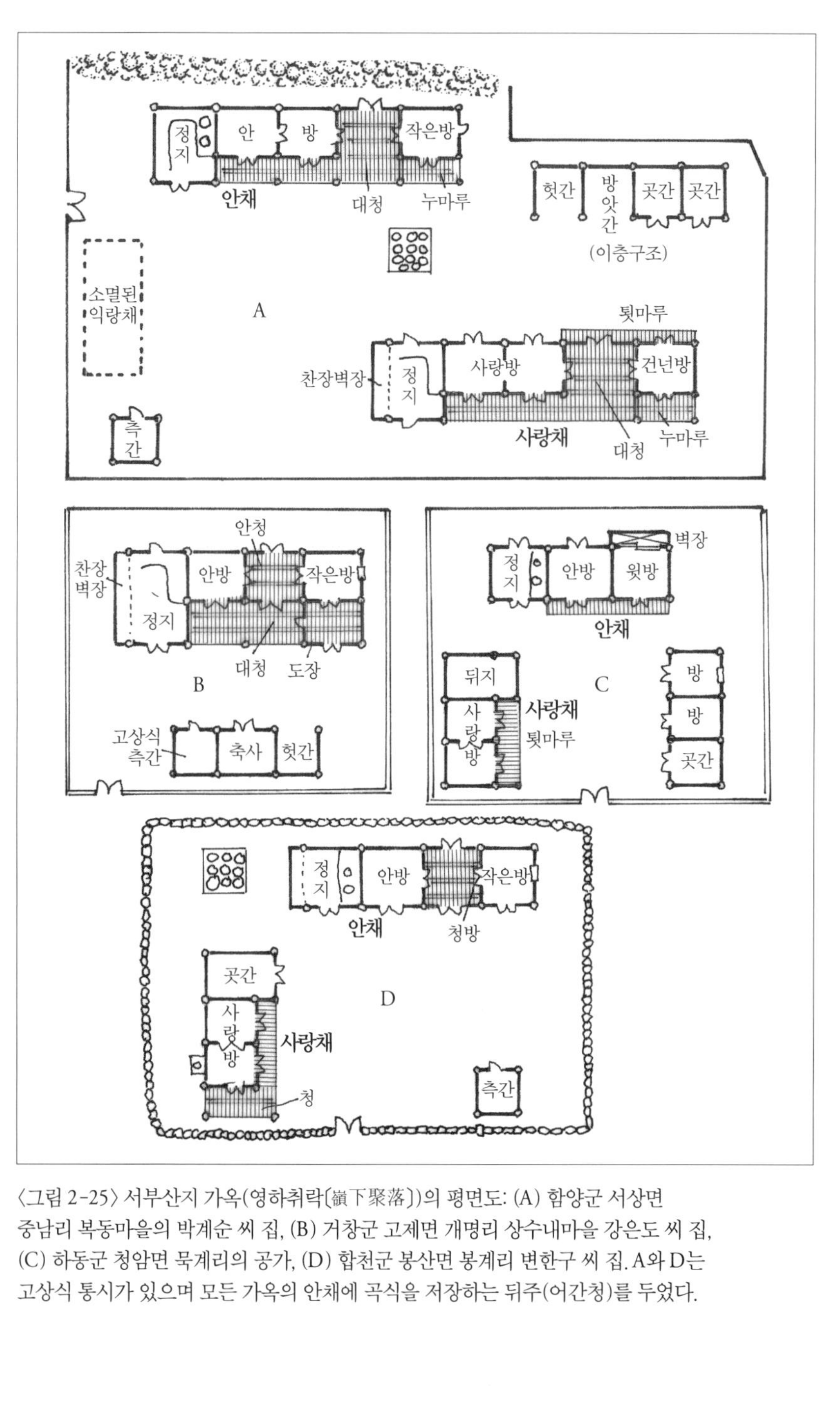

〈그림 2-25〉 서부산지 가옥(영하취락〔嶺下聚落〕)의 평면도: (A) 함양군 서상면 중남리 복동마을의 박계순 씨 집, (B) 거창군 고제면 개명리 상수내마을 강은도 씨 집, (C) 하동군 청암면 묵계리의 공가, (D) 합천군 봉산면 봉계리 변한구 씨 집. A와 D는 고상식 통시가 있으며 모든 가옥의 안채에 곡식을 저장하는 뒤주(어간청)를 두었다.

하동군 하동읍 하저구마을 · 문도 · 비파리 등은 편의상 서부산지에 포함시켰으나 지형적으로는 섬진강 하류 충적평야에 위치하는 마을이다. 이 지역은 섬진강을 경계로 전남 광양에 접하고 있어 광양과 동일 생활권에 속하기 때문에 가옥구조상 서부경남과 광양지방의 요소가 혼합되어 나타난다.

하저구마을은 섬진강 포구의 하나로서, 과거에는 남해안 도서지방의 상선들이 출입했으나 오늘날에는 주민의 대부분이 어업에 종사하고 있다. 마을은 강변에 접근한 구릉지의 경사면에 자리 잡고 있어 대지의 면적이 협소한 편이다. 대부분의 가옥은 3간 전퇴형 안채와 어구 창고가 딸린 부속채로 구성되어 있으며, 서향 또는 서남향집이다. 모든 가옥은 섬진강에 면해 있는데, 안채의 툇마루에서 강이 바라보이도록 부속채는 익랑채로 배치하고 있다. 섬진강 홍수에 대비하여 안채는 강돌과 시멘트로 쌓은 1m 이상의 터돋움 위에 앉혔다. 문도(文島)는 지명이 의미하는 바와 같이 섬진강의 인공제방이 축조되기 이전까지 섬진강과 그 배후습지로 둘러싸인 하나의 섬이었다. 그런데 이 섬은 홍수 때는 고립되지만 평상시에는 주위에 넓은 평야가 노출되므로 일찍이 이 도상산지(島狀山地)에 의지하여 취락이 발달하였다. 문도의 고가들은 산지의 가장자리를 따라 입지하기 때문에 가옥 전면에 전개되는 평야 쪽으로 향을 잡아 동 · 서 · 남 등 여러 방향으로 놓여 있다. 가옥은 본래 3간 전퇴형 一자집이 탁월했으나 나중에 창고 · 방 등을 달아 지어 5간형으로 바뀌었으며 최근에는 창고를 신축한 집도 많다. 최근에 지은 가옥을 제외하면 대부분의 가옥이 터돋움 집이다.

하동읍 비파리 역시 도상산지에 의지하여 발달한 자연제방상의 마을이다. 마을 형태는 문도와 유사하나 고가가 많고 문도보다 큰 집이 많다. 이 마을 김정곤 씨 집은 一자형 안채와 ㄴ자형 부속채가 튼 ㄷ자형을 이루고 있는데 안채의 부엌 전면에 갓방을 둔 반겹집형이다. 집터 전체

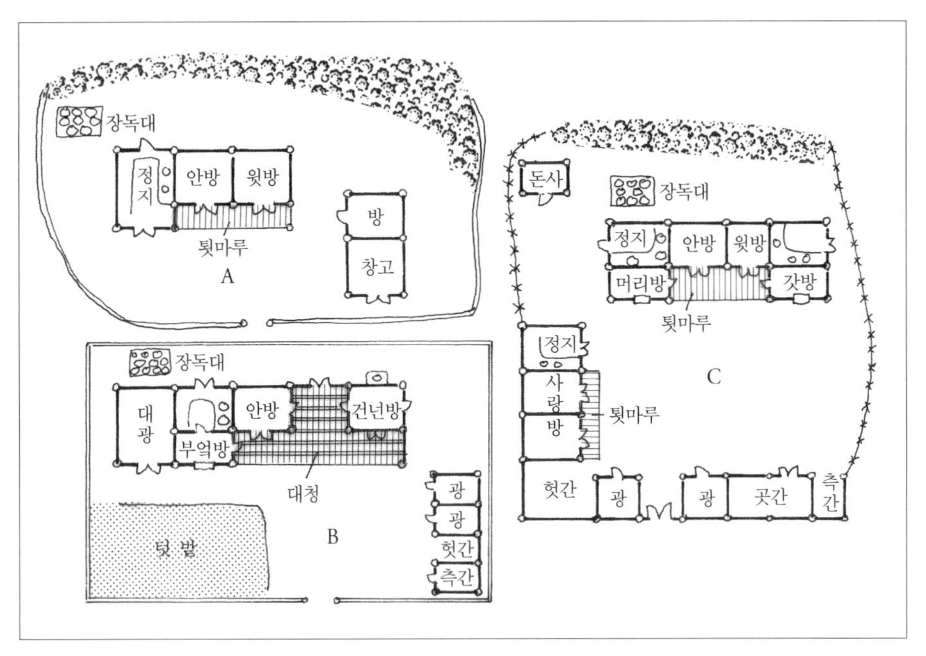

〈그림 2-26〉 섬진강 하류의 가옥 평면도: (A) 하동군 하동읍 하저구 마을의 이정욱 씨 집, (B) 문도의 변재룡 씨 집, (C) 비파리의 김정곤 씨 집. 섬진강 자연제방 상에 입지한 이 가옥들은 모두 지면보다 50cm~1.5m 이상 터돋움한 대지 위에 앉아 있다. 어가(漁家)인 이씨 집은 홑집이지만 농가들(B와 C)은 반겹집 구조이다.

를 터돋움했으나 부속채는 안채보다 약간 낮은 대지에 자리 잡고 있는데 대문을 중심으로 오른쪽에 농구창고 · 대형곳간 · 고상식 측간, 왼쪽에 광 · 헛간 · 사랑방 두 간 등이 있다. 가옥의 향은 섬진강을 바라보는 서향이다(그림 2-26).

3) 동부산지의 가옥

동부산지는 양산협곡을 중심으로 서쪽의 태백산맥 줄기와 동해안까지 접근하는 해안산지로 구분된다. 양산협곡과 태화강 유역의 충적평야는 도시화가 이루어져 전통가옥이 드물기 때문에 동부산지의 특성을 반영할 수 있는 촌락으로 태백산맥 서록의 울산 상북면 지내리 · 상북면 덕현리 살티마을, 양산 · 삼동면 조일리 보삼마을 등과 해안산지의 울산 웅촌면 석천리를 선정하고 가옥의 특성을 고찰하였다. 웅촌면 석천리 가옥은 앞에서 언급하였으므로 생략한다.

동부산지에는 일제시대에도 상당수의 화전민 취락이 분포했으나 6·25 전쟁 당시 공산 게릴라가 자주 출몰하여 주민들이 철수하였기 때문에 많은 취락이 소멸되었다. 일제시대 동부산지의 화전은 대부분 오늘날의 울산시역 내에 분포하였고, 그 면적은 약 25ha에 달하였다(산림청, 1980, 92쪽). 따라서 동부산지의 화전민촌은 화전을 중심으로 성립되었다. 이러한 화전은 1975년부터 1978년까지 4년간 모두 정리하여 삼림으로 환원시켰다. 이때 대부분의 화전민촌이 사라졌으나 살티마을과 보삼마을 등 극소수의 마을은 이미 숙전화(熟田化)된 농토가 있었기 때문에 폐촌의 위기를 면할 수 있었다.

상북면 지내리는 고헌산(1,033m) 남록에 발달한 작은 산간분지 안에 입지한 동래 정씨 동족촌으로 설촌 시기는 16세기 말이다(최영준, 1997, 369쪽). 해발 100~140m의 분지는 풍수상 명당으로 일컬을 정도로 아늑한 지세를 이루고 있는데 마을 입구를 화장산과 소부당산이 막고 있어 외부에 전혀 노출되지 않는다. 이 분지의 중앙부를 따라 내려오는 약 140m의 구릉이 마을을 대리와 신리로 양분시키지만 한 조상으로부터 분화되었기 때문에 분지 내의 주민 대부분은 동성동본이며 이 점은 마을의 주거문화에도 큰 영향을 주고 있다.

종가가 있는 대리본동의 가옥은 종가 · 재실 등은 정남향을 취하고 있으나 그 밖의 가옥들은 분지의 전면에 조성된 못안못 주변의 당산수(堂山樹)를 바라보는 동남향이다. 반면에 종가 북쪽에 자리 잡은 신리의 가옥들은 종가가 있는 정남으로 향하고 있다. 이와 같은 특성은 지형조건과 무관하지는 않겠지만 오히려 문화적 전통의 영향이 더 강한 것으로 보인다(최영준, 1997, 369쪽). 이 마을은 경제적으로 윤택한 집이 드물어 규모가 큰 상류층 저택은 존재하지 않으며 서민 주거나 중농형 주거가 대부분이지만 약간의 막살이집도 있다. 정태일 씨 집은 약 90년 전에 지어진 집으로 중간 규모에 속하는, 이 마을에서 흔히 볼 수 있는 가옥이다.

안채는 본래 초가였던 지붕을 함석으로 바꾸었으며 사랑채는 와가이다. 안채는 3간 전퇴형 一자집이던 것을 작은방 옆에 도장과 부엌을 달아 4간형으로 개조하였다. 동향으로 앉은 사랑채는 중앙부엌형 건물로 위쪽으로 방과 광을, 아래쪽으로 두 개의 사랑방을 둔 건물이며, 사랑방 앞에는 제법 넓은 우물마루를 깔았다. 다시 말하면 사랑채는 겹집 구조를 가지고 있는 셈이다. 대문 안쪽에는 측간 · 헛간 · 외양간 등의 부속채가 있으므로 이 집은 어설프나마 튼 ㄷ자형으로 볼 수 있다. 집 주위는 흙담 · 시멘트 블록 · 죽림으로 둘러싸여 아늑한 느낌을 준다.

덕현리 살티마을은 가지산 동쪽 산록에 있으며 해발 260~360m의 경사면에 10여 호가 모여 산다. 이 마을은 병인년(1866)의 천주교박해 당시 김장백 · 남이성 · 최봉조 등 가톨릭 신자들이 가족을 이끌고 들어와 설촌한 취락이다. 입촌 초에는 밀 · 보리 · 감자 · 콩 등을 화전에 경작하는 한편 숯을 굽고 밤을 주워 생계를 유지하였다.[10] 당시의 주민들은 관헌의 단속을 피해야 하는 어려운 생활을 했기 때문에 가옥의 방향은 지형 조건보다 외부침입자를 쉽게 조망할 수 있으면서도 자신들의 주거가 드러나지 않는 위치에 자리 잡았으며, 난민촌의 임시주거보다 별로 나을 것이 없는 허술한 집을 짓고 살았다. 그러므로 이 마을 가옥의 안채 중에는 막살이집이 많고, 2간 막살이를 겹집으로 개조한 가옥이 많으며, 3간 전퇴형 一자집은 양호한 주거에 속한다. 생활형편이 개선되면서 한

---

10) 제보: 1998년 3월, 정원식(71), 울산광역시 상북면 덕현리 살티마을.

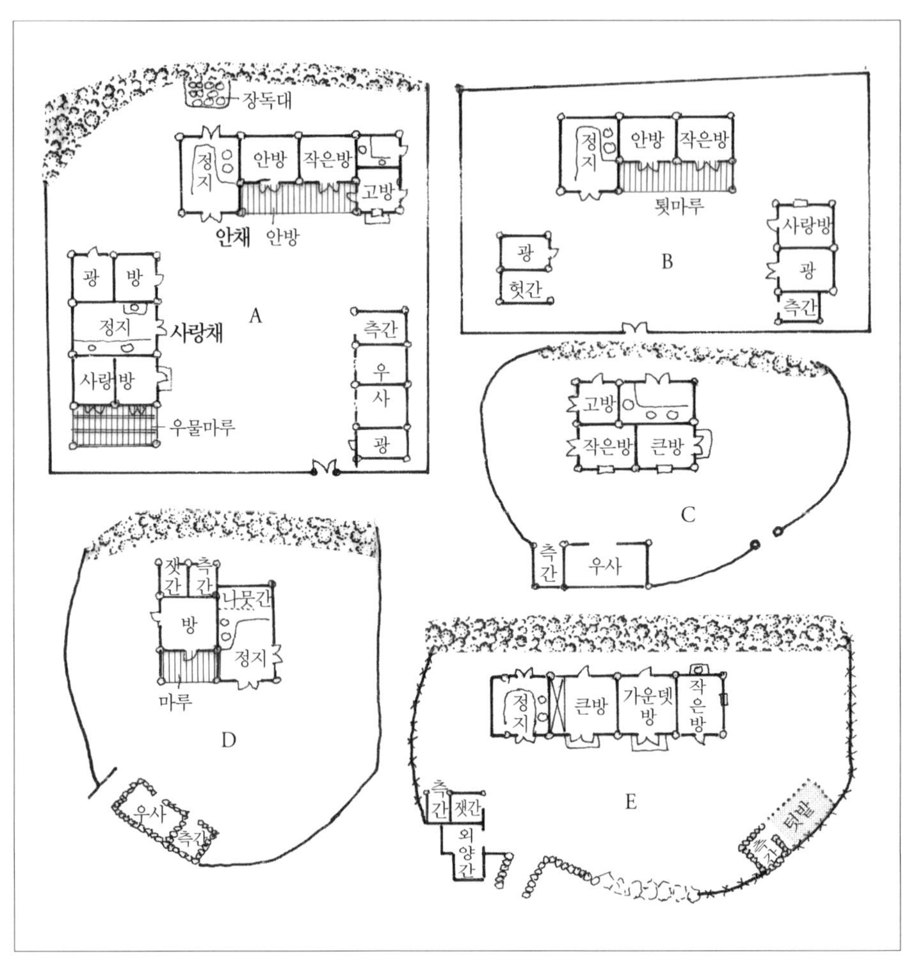

〈그림 2-27〉 동부산지의 가옥 평면도: (A) 울주군 상북면 지내리의 정태일 씨 집, (B) 울산시 상북면 덕현리 살티마을 정원식 씨 집, (C) 살티마을 황태식 씨 집, (D) 울산시 삼동면 조일리 보삼마을 조무형 씨 집, (E) 보삼마을 박길래 씨 집

우·염소 등을 사육하는 가구가 늘어나 튼 ㄷ자형 가옥이 증가하였는데 대부분의 가옥은 억새를 지붕재료로 쓰고 있다(그림 2-27).

조일리 보삼마을은 정족산 산록의 해발 300~320m의 산지촌인데 마을의 입구는 서쪽으로 열려 있다(그림 2-28). 임진왜란 당시 김해 김씨

〈그림 2-28〉 울산시 삼동면 조일리 보삼마을 전경(위)과
가옥(아래)(1970년대 황헌만 촬영)

에 의해 설촌되었으나 현재 주민의 대부분은 7대째 거주해온 달성 서씨들이다(문화재관리국 예능민속실, 1985, 400쪽). 이 마을은 살티마을과 마찬가지로 한말의 명화적 떼와 6·25전쟁 당시 공산 게릴라의 준동으로 많은 피해를 입었다. 이 마을 가옥은 일찍이 건축학자들의 관심 대상이 되어왔는데, 그 중 김홍식의 연구(김홍식, 1992, 176~178쪽)와 문화재관리국 예능민속실의 조사자료가 가장 충실하므로 이 자료들을 활용하기로 한다. 보삼마을 가옥은 2간 막살이집, 맞걸이집, 3간 전퇴형, 4간 중앙마루 전퇴집 등으로 분류된다(문화재관리국 예능민속실, 1985, 406쪽).

조무형 씨(2간 막살이) 집은 방 앞에 툇마루를 단 동향집으로 방 뒤에 측간과 작은 잿간이 설치되었다. 안채와 거의 나란히 외양간과 염소우리로 쓰이는 부속채가 있어 二자형 평면형태를 나타낸다. 안채는 억새 이엉으로 덮여 있다. 맞걸이 3간 머리퇴집(박길래 씨 집)은 정지·큰방·가운뎃방·작은방으로 이루어진 서남향집으로, 마루 대신 큰방과 가운뎃방 앞에 토단이 있다. 마당 서쪽에 우사와 잿간, 동쪽에 넓은 돈사, 남쪽으로 헛간이 있다. 3간 전퇴집은 이재만 씨 집 외에 몇 채가 있다. 4간 중앙마루 전퇴집은 오종국 씨 집과 서재우 씨 집을 들 수 있다. 이 유형의 가옥은 청방을 사이로 왼쪽에 큰방, 오른쪽에 머릿방을 만들고 큰방 쪽에 정지를 배치한 구조이다. 마을에서는 가장 규모가 큰 집으로 부속채가 넓으며 특히 서재우 씨 집에는 사랑채까지 만들었다.

4) 해안·도서형 가옥

해안·도서형 가옥은 사천만에서 가덕도에 이르는 해안지방과 그 앞의 도서들을 중심으로 발달하였으나 울산 방어진에서 부산에 이르는 해안에도 농·어 겸업 민가들이 다수 분포하므로 양 지역을 하나로 묶기로 하였다. 그러나 이 지역 주민 가운데에는 어업과 전혀 관계없이 농업에만 종사하는 인구가 더 많기 때문에 전통가옥 연구에서는 농가와 어가(또는 농어 겸업가)를 구분할 필요가 있다.

다도해를 생활터전으로 삼고 살아온 육지부 주민과 도서지방 주민들은 일찍이 독특한 생활공동체를 형성하였는데, 이들은 해로를 통하여 이웃 전남 해안 주민과 접촉을 할 수 있었기 때문에 중앙저지나 서부산지 외에도 전남 해안과의 문화교류가 상당히 활발했을 가능성이 높다. 그러므로 한려수도 일대에는 해양문화권의 특성을 지닌 전통가옥이 발달할 수 있었을 것이다. 동시에 이 지방은 남해안 지방과 인접한 중앙저지 건축문화의 영향도 받았을 것이다. 그러나 남해안 지방의 전통가옥은 경남 내의 타 지방과 다소 다른 특성을 지니고 있는데, 이는 앞에 제시한 문화적 요인 외에도 이 지방의 자연환경과 무관하지 않을 것이다.

경남 남해안의 전통가옥에 관한 조사 · 연구는 민속학자와 건축학자들에 의해 수행되어 많은 연구성과가 축적되었는데, 필자는 김광언과 조정식의 논문과 필자의 조사자료를 토대로 서술하고자 한다. 전자의 연구는 남해도와 창선도의 민가를 대상으로 하였고, 후자는 경남 해안 지방을 연구대상으로 삼았으나 연구초점을 남해도에 집중시켰으므로 육지부는 사실상 연구대상에 포함되지 않았다.

남해안 지방 전통가옥의 특성은 첫째 안채를 기준으로 할 때 분산형 홑집과 집중형 겹집을 절충한 가옥이 많고, 둘째, 마루를 폐쇄하여 안청으로 사용하는 집이 보이며, 셋째, 타 지방에서 흔히 보이는 뒤주 · 곳간 · 헛간보다는 어구창고가 널리 분포하고, 넷째, 채의 분화가 덜 이루어져 상류층 또는 대농형 가옥이 많지 않은 점이다. 이는 남해안 및 도서지방에 넓은 평야가 적어 타 지방에 비해 명문사족의 동족촌 발달을 촉진시키지 못했기 때문이다. 그러나 다소 넓은 해안평야가 발달한 곳에는 규모가 큰 주택도 분포한다. 그 밖에도 이 지방의 가옥들은 내륙지방과 달리 가옥의 향이 바다와 밀접한 관계를 가지고 있는 점이 특이하다. 이는 바다가 중요한 경제활동의 무대이기도 하지만 전업어가 또는 주농종어가(主農從漁家) 역시 바다는 가옥 향의 결정에 영향을 준다. 왜냐하면 이 지방은 기후가 온난하여 무리하게 집을 남향으로 앉혀야 할 필요가 적으며, 오히려 어장과 주요 재산목록인 어구 · 어선 등을 지켜볼 수 있는 바다 쪽을 향하는 것이 중요하기 때문이다.

경남 해안지방의 가옥은 어업과 관련이 있는 것과 전업농가로 구분하여 고찰하고자 한다. 그 이유는 전통가옥은 주변환경에 적응하기 용이하며 생산활동에 실용적인 점을 고려하여 성립되기 때문이다. 특히 어민주택의 경우에 가옥은 작업공간이라기보다 휴식공간의 의미가 더 강하기 때문에 농가와 확연히 구별되는 형태와 구조를 가진다.

겸업어가를 포함한 대부분의 어가는 가옥의 향이 바다 쪽에 면한다. 예를 들면 사천시 실안동 영부원마을은 반달 모양의 포구가 북쪽으로 열려 있는데, 해변에는 선착장을 중심으로 선착장 · 창고 · 유류저장소 등이 입지하고 어가는 배후산지 사면에 북향, 또는 서북향으로 앉아 있다. 취락 터의 경사가 비교적 크기 때문에 각 어가의 대지면적이 좁아 대부분의 가옥은 규모가 작은 3간 一자형이다. 거제면 법동리는 포구가 남쪽으로 열려 있고 앞 바다에 해풍을 막아주는 섬들이 놓여 있어 남향집이 탁월하나 모든 어가가 구릉지 사면의 등고선을 따라 분포하는 점은 영부원과 비슷하다. 이들 마을 어가 중에 가장 탁월한 유형은 一자형 홑집과 절충형 반겹집이다.

거제도 법동리의 정달준 씨 집과 윤양석 씨 집은 안채와 부속채가 ㄱ자형을 이룬 가옥들이다. 전자는 절충형 반겹집으로 정지 앞에 갓방을 만들고 작은방을 두 개로 나누었으며 안방 앞의 마루에 분합문을 달아 폐쇄시켰다. 출입문 안쪽의 축담은 마루를 깔지 않은, 신을 벗어두는 공간이다. 후자는 一자형 홑집으로 큰방과 작은방 앞에 퇴를 달았으나 전자와 마찬가지로 퇴의 앞과 옆을 폐쇄하고 출입구에 분합문을 설치하였다. 이와 같이 툇마루를 막은 이유는 강한 비바람을 막기 위함이다. 이와 같은 유형의 가옥은 남해안에 널리 분포한다. 전자는 양식업과 멸치잡이를 전업으로 하는 어가이므로 어구창고만을 부속채로 두고 있으나 후자는 약간의 농토를 보유하고 한우도 사육하는 주어종농(主漁從農)의 어가이므로 부속채에 뒤주와 우사를 설치하였다.

남해도 삼동면 물건리는 유서가 깊은 큰 어촌이다. 동쪽으로 넓게 트인 포구에는 방파제가 설치되어 있고 여러 척의 어선이 정박한다. 해변을 따라 300여 년 전에 조성된 방풍림(防風林)·방조림(防潮林)이 조성되어 있는데, 이 숲에는 팽나무·푸조나무·상수리나무·참느릅나무·동백나무·윤노리나무 등 수천 그루가 섞여 자라며 마을 중앙에는 풍어제를 지내는 당산수림(堂山樹林)이 있다. 이 마을에는 약간의 밭과 간척답이 분포하나 농가보다는 어가의 비율이 높다. 이 마을의 규모가 큰 어가는 이기화 씨 집인데, 마을 중앙을 통과하는 도로변에 있는 이 집은 안채와 부속채가 ㄱ자로 배치되어 있으며 집터가 도로보다 2m 정도 낮기 때문에 가옥의 지붕 추녀가 거의 노면에 붙어 있다. 안채는 바다 쪽인 동향으로 5간 전퇴집인데 작은방 두 간 앞의 툇마루에 분합문을 달아 바다 쪽에서 불어오는 모래바람과 비를 막는다. 5간형 부속채에는 젓갈발효실과 어구창고가 있다.

마산시 진동면의 김기태 씨 집과 고성군 하일면 학림리의 최영석 씨 집은 비농가들이다. 전자는 옛 진해현의 아전이 거주했던 고가로, 남부지방에서는 매우 드문 ㄱ자형 와가이며, 후자는 최씨 동족촌의 대표적인 반가로, 안채와 사랑채의 마루가 매우 넓다. 이 집의 안채와 사랑채는 와옥이다(그림 2-29).

기장으로부터 울산에 이르는 동해안에도 많은 어촌이 분포하지만 남해안에 비해 어촌의 수는 적은 편이다. 1960년대 이래 울산·온산 등 공업도시들이 발전하고 부산 시가지가 팽창함에 따라 이 지역의 어촌들이

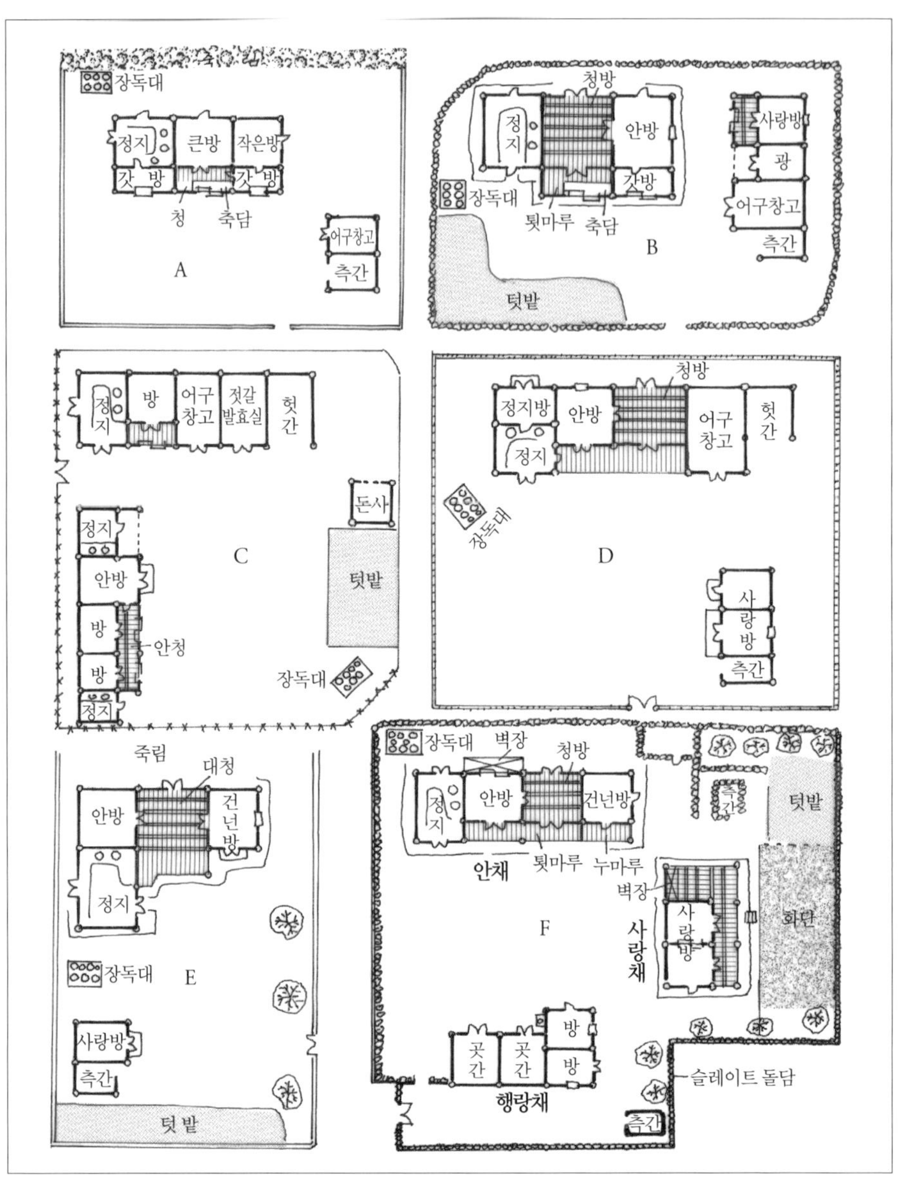

〈그림 2-29〉 해안지방의 가옥 평면도: (A) 거제군 거제면 법동리의 정달준 씨 집(어가), (B) 법동리 윤양석 씨 집(농 · 어 겸업), (C) 남해도 삼동면 물건리 이기화 씨 집(어가), (D) 물건리 장씨 집(어가), (E) 마산시 진동면 진동리 김기태 씨 집 (옛 진해현 아전의 집), (F) 고성군 하일면 학림리 학동의 최영석 씨 집(비농가).

많이 변모하였다. 울산시 온산읍 우봉리는 변모하는 어촌 중의 하나로서 70여 가구 가운데 60가구가 농 · 어 겸업에 종사하고 있다. 약 30척의 소형어선으로 장어 · 가자미 · 멸치 등을 어획하는 동시에 벼농사를 많이 짓는다.[11] 대표적인 어가로 마을 이장인 김용철 씨 집과 그의 친척집을 선정하였다. 전자는 3간 전퇴집인 안채와 3간 一자형 홑집인 부속채로 구성되어 있는데, 안채는 와가이고 부속채는 초가를 슬레이트로 바꾼 것이다. 농토가 적어 뒤주나 도장간은 두지 않았고 대신 어구창고만 설치하였다. 후자는 3간 전퇴집이지만 안방의 뒤쪽이 정지나 작은방보다 바깥쪽으로 돌출하였고 안방 앞에만 툇마루를 깔았다. 집의 규모나 재료로 보아 동부산지의 막살이집과 다를 바 없는 가난한 어민의 집이다. 이 마을의 어가들 역시 대부분은 바다 쪽에 면한 동향 · 동남향이다.

남해안 및 도서지방의 농가들은 일반적으로 어가에 비해 간과 채의 분화가 발달하여 가옥의 규모가 크다. 농가는 가족의 생활공간인 방 · 부엌 · 마루 외에도 우사 · 축사, 곡물저장고, 헛간 등 다양한 부속시설을 필요로 하므로 분화가 촉진된다. 또한 사대부층에서는 어업은 기피하고 농업만을 선호했기 때문에 중농 이상 농가는 대체로 성별 · 신분별 분화가 뚜렷하였다. 이와 같은 특성을 지니고 있는 마을로 고성군 하일면 학림리, 남해군 삼동면 설리 및 고현면 대곡리를 선정하고, 이들 마을의 가옥을 조사하였다.

고성군 학림리 학동은 55가구로 이루어진 전주 최씨 동족촌으로, 해안선으로부터 약 1km 내륙으로 들어온 아늑한 계곡에 위치한다. 계곡의 입구는 서남쪽으로 열려 있으며, 계곡 북쪽에서 발원하여 서남쪽으로 흐르는 학림천변에 앞들이 발달하였다. 마을은 앞들 계곡의 북사면에 자리 잡아 배산임류의 입지상을 보이는데, 마을의 중앙을 통하는 도

11) 제보: 1998년 7월, 김용철(65), 울산광역시 울주군 온산읍 우봉리.

로를 따라 길 위쪽에 종택 · 재실 등이 입지하며, 마을회관 · 창고 · 광장 등은 마을의 입구에 자리 잡고 있다. 마을길을 경계로 종택을 비롯한 상부의 가옥들은 대부분 동남향으로 앉은 반면 하부의 가옥들은 서남향으로 배치되었다. 따라서 마을길 쪽으로 나 있는 가옥의 출입구들은 격자형 가로망을 이룬다.

이 마을에는 와가가 많으며 과거에 초가였던 집을 슬레이트로 개조한 건물들은 대체로 부속채들이다. 튼 ㄷ자 또는 ㅁ자형 가옥배치가 탁월하나 완전한 ㄱ자집과 ㄷ자집도 5~6채가 있다. 이 마을의 최영석 씨 집은 서남향의 튼 ㄷ자집인데 대문에서 행랑채를 따라 들어가면 정면에 안채, 오른쪽에 사랑채가 있다. 안채는 넓은 대청을 중심으로 좌우에 안방과 작은방을 배치한 4간 一자형 건물이며, 사랑채는 사랑방 두 간과 넓은 대청이 있는 3간 건물로서 대청 뒤쪽에 위해를 모신 청골방이 있다. 행랑채에는 넓은 곳간이 있으며, 곳간의 벽은 판자를 대어 습기를 막도록 하였다. 학동과 유사한 양식의 가옥들은 대가면 척정리와 송계리에서도 발견된다.

남해군 삼동면 설리의 하씨 집과 이동면 성현리의 하두경 씨 집은 각각 중농형과 대농형에 속하는 가옥들이다. 설리의 하씨 집은 주농종어의 중류가옥으로, 안채는 5간 반겹집이고 부속채는 겹집형이다. 안청을 중심으로 좌우에 각각 작은방과 큰방을 배치하고 오른쪽에 큰방 정지와 고방, 왼쪽에 정지와 정지방을 만들었다(김광언, 1980, 97~98쪽). 중앙마루에는 여닫이문을 달아 공간을 폐쇄한 안청을 만들었는데, 이 공간은 곡물이나 기물을 저장하는 용도로 사용되며 가족의 생활공간으로는 이용되지 않는다(강영환, 1994, 139쪽). 부속채에는 방 두 간과 도장 · 외양간 · 여물간 · 대문간 등이 설치되었다.

성현리의 하두경 씨 집은 안채 · 아래채 · 사랑채가 나란히 배열된 三자형으로 배열되었으며, 후에 문간채 3간을 다시 지었으므로 一자형 건물 4개가 나란히 놓인 형태를 이룬 대농형 가옥이다. 안채는 안청을 중심으로 좌우에 각각 방과 정지를 둔 5간형 一자집이다. 아래채는 중앙에 도장 · 두간을 배치하고 좌우에 각각 갓방과 장고방을 만들었다. 사랑채는 겹집형으로 사랑 마당 쪽으로 곳간 · 툇마루가 달린 아랫방 · 헛간, 대문 쪽으로 대청 · 머슴방 · 우사 · 헛간 · 측간을 두었다. 머슴방에서 대청 쪽으로 출입문을 만든 것은 주인과 머슴이 대청을 함께 사용할 수 있음을 의미한다. 안채의 위쪽에는 사당채가 있으며, 사랑채 앞에는 3간의 대문채가 있다. 이 집은 사당채만 양기와를 덮었고 나머지는 모두 초가였는데, 1970년대 함석지붕으로 개량하였다(김광언, 1980, 99~102쪽).

남해군 고현면 대곡리는 망운산(786m) 북록의 해발 150~200m의 경사지에 자리 잡은 산지촌이다. 계곡이 북쪽으로 열려 있으므로 대부분의 가옥이 북향이며, 취락이 경사가 급한 곳에 입지하였으므로 진입로의 굴곡이 심하고 집터는 협소한 편이다. 가구당 평균 5두의 한우를 사육하므로 넓은 우사와 사료창고를 가지고 있는데 살림집의 규모는 대체로 작은 편이다. 음지마을임에도 불구하고 넓은 대청을 가진 4간형 一자집이 많다.

4. 요약 및 소결

인간의 휴식공간인 동시에 작업공간인 가옥은 물질문명의 속성 가운데 가장 구체적이며 영구적인 특성을 가지고 있다. 뿐만 아니라 가옥은 신분과 부를 상징하는 자산이기도 하다. 그러므로 모든 가옥의 외형과 내부적인 배열은 소유자의 문화와 관습, 기술과 재력, 신앙과 가치관 등을 반영한다. 이와 같은 문화 · 경제적 요인에 의해 성립된 가옥들은 영속성을 지니고 있어 외부의 영향에 따라 민감한 반응을 보이지 않으며 고유한 전통을 유지한다.

한반도의 동남단에 위치하는 경상남도는 지리적으로 중앙과의 접근도가 가장 낮은 지역의 하나로서 고대부터 현대에 이르기까지 정치적으로나 문화적으로 한반도의 중심부인 수도권은 물론 타 지역과의 교류가 적었다. 지형적으로도 서쪽은 1,000m 이상의 소백산맥 연봉이 남북으로 뻗어 호남지방의 경계를 이루고 동쪽으로는 태백산맥의 말단부가 해안까지 접근하여 신라문화의 발상지인 경주지역과의 교통에 불편을 주며, 북쪽으로는 소백산맥에서 동쪽으로 갈라진 가야산지와 태백산맥에서 서쪽으로 뻗은 가지산 줄기가 낙동강 부근까지 다가와 경북과의 경계를 이룬다. 그러나 소백산맥을 제외한 산지들은 경남과 타 지방의 교류에 큰 지장을 초래할 정도는 아니며 오히려 낙동강이 문화교류의 장벽 역할을 해왔다. 역사적으로 낙동강 이서(以西)는 가야문화권에 속했으며 조선시대에도 이 지방은 진주를 중심으로 한 경상우도 문화권에 속하여 낙동강 이동(以東)의 좌도 문화권과 비교되었다. 이와 같은 문화사적 배경을 바탕으로 경남지방에서는 이 지방 특유의 가옥문화가 발달하였다.

경상좌도의 사대부들이 가옥의 정형성을 강조하여 ㄷ자형 및 ㅁ자형(폐쇄형) 가옥을 선호했던 것과 달리 경상우도의 사대부들은 一자형 채를 기본형으로 하는 가옥을 선호했으므로 경남지방에는 二자형 또는 一자형 안채에 익랑채 · 사랑채 등을 배치한 개방형 가옥의 분포가 탁월한데, 이는 이 지방의 기후환경과도 밀접한 관계가 있다. 즉 경남지방은 일부 산간지대를 제외하면 겨울이 짧고 온난한 대신 고온다습한 여름이 비교적 길다. 특히 여름철 강수량이 전국적으로 가장 많기 때문에 난방보다는 여름의 무더위와 습기를 피할 수 있는 가옥이 바람직하다. 따라서 이 지방은 북부지방으로부터 전래된 온돌식 난방법을 가장 늦게 수용하였으며, 넓은 대청, 마루방, 툇마루 등 피서 · 피습구조의 가옥이 발달하였다. 경상남도 가옥에 두드러진 또 하나의 특징은 서부경남을 중심으로 탁월한 분포상을 보인 고상식 통시이다.

경남지방의 가옥이 경북과 다른 점은 주민의 생업과도 밀접한 관계가 있다. 일부 도시지역을 제외한 경북의 가옥 대부분이 농가인 데 반하여, 경남은 농가 외에도 상당수의 어가가 분포한다. 같은 농가라 할지라도 북도의 경우에는 분지와 곡저평야에 촌락이 형성되었으나, 남도는 충적평야, 하천변, 해안 및 도서 등지에 취락들이 발달되어 있어 가옥의 지역적 특성이 다양하게 나타난다. 이러한 특성은 가옥의 건축재, 향, 공간배치와 구조 등에 반영되어 서부산지형, 중앙저지형, 동부산지형, 해안 및 도서형 등 지역적 유형을 성립시켰다.

제 3 부

경상남도의 취락

제4장 취락의 편제와 규모별 취락분포

1. 서론

모일 취(聚) 자와 거처를 정한다는 의미를 가진 락(落) 자의 복합어인 취락(聚落)이라는 용어(諸橋轍次, 1985, 23쪽)를 지리학자들은 사람들이 상부상조하며 집단적으로 거주하는 장소라는 용례로 사용하고 있다. 다시 말하면 하나의 취락은 기본 단위인 가옥들이 모여 형성되며, 가옥들은 외형상 하나의 축소형 요새를 이루기 때문에 그 안에 거주하는 인간들은 서로 의지하고 보호하면서 살아간다는 것이다. 그러므로 취락은 정착생활의 상징이라 할 수 있다(Roberts, B.K., 1996, p.1). 그러나 취락은 가옥이라는 유형적 속성만으로 형성되는 것이 아니라 다수의 가족으로 구성된 사회적 집합체이기도 하므로 가시적 측면과 비가시적 측면을 함께 고려하여 고찰해야 한다. 유형적 속성은 호수(戶數)에 의해 결정되는 취락의 규모와 관련이 깊고 무형적 속성은 취락의 조직, 즉 편제(編制)와 밀접한 관계가 있다.

취락은 인간의 토지점유 유형 가운데 비생산적 점유의 대표적 사례에 해당된다. 그런데 이러한 방식의 공간 점유는 농 · 림 · 축산업처럼 토지를 생산적 목적으로 이용하는 것은 아니지만 취락은 인간에게 휴식공간을 제공할 뿐 아니라 인간의 생산활동과 재화의 유통을 촉진시키는 기능을 보유하기 때문에 여타의 토지점유 유형에 비하여 지리학적으로 의미가 크다(Brunhes, J., 1952, p.48). 또한 취락은 인류문명이 집약적으로 축적된 장소이므로 문명사적 측면으로 볼 때 가장 핵심적인 공간으로 주목을 받는다. 그러므로 역사적 대사건에 동반하는 뚜렷한 가시적(可視的) 현상은 대체로 주요 취락을 중심으로 전개된다.

모든 취락은 주민의 생활과 생산활동의 기반이 되는 공간, 즉 배후지를 가지고 있다. 전 산업시대 취락의 주민 대부분이 농업에 종사하였으므로 마을들은 비교적 여유 있는 활동공간을 확보하고 있었다. 그러나 농업취락은 도시에 비해 취락의 밀도가 느슨하고 기능이 단순하였기 때문에 중심지로서의 기능을 갖추기는 어려웠다. 따라서 행정중심지 · 교통요지 · 상업중심지 등 특수기능을 가진 취락들이 기능의 수준에 따라 국지적 중심지, 기초지역중심지, 광역중심지로 발전하였다. 취락의 규모는 중심성의 강도 및 기능의 영향을 받았다. 다시 말하면 광역중심지일수록 상위의 다양한 기능을 보유하였고 하위의 중심지는 일반적으로 단순한 기능을 가지고 있었다.

한국 현대사에서 개화기라 일컫는 시대는 제1부에서 언급한 바와 같이 강화도조약이 체결된 시점으로부터 일제에 강제 병합된 1910년에 이르는 34년의 시기에 해당된다. 지역의 범위를 경상남도로 한정시켜 보면 이 시기에 부산포 개항(1876), 마산포 개항(1899), 경부선 개통(1904) 등 역사적 사건이 있었다. 개항장에는 외국인 거류지가 설정되어 이국적 건물로 채워진 취락이 형성되었는데, 외국인들 가운데 가장 다수를 차지한 것이 일본인들이었기 때문에 부산 · 마산 등을 비롯한 경상남도의 주요 항포구에서는 왜식 취락경관이 두드러지게 형성되기 시작하였다. 개항 초에는 일본인들의 활동범위가 개항장 주위에 한정되었으나 점차 확산되었다(그림 3-1).

〈그림 3-1〉 일본인 취락의 잔재: 밀양시 삼랑진읍 송지동(위)과 하동군 하동읍(아래).

대한제국 정부와 일부 지배층 인사들은 외국 세력의 침투에 대한 대응책을 마련하였으나 우리의 국력으로 열강의 세력을 능히 제어하지 못하였을 뿐 아니라 경상남도는 중앙에서 먼 변방에 위치하였기 때문에 외국인들의 불법적 토지 및 건축물 매입을 철저하게 규제하지 못하였다. 이는 전통취락의 기능과 경관변화에도 많은 영향을 주었다.

오늘날 한국 지리학계의 전통취락 연구는 대부분 현대적 시점에서 고가(古家)가 많이 보존된 특수한 반촌(班村)에 치우친 경향이 있다. 이러한 반촌 중심적 사례연구는 광역을 대상으로 한 전통취락 원형의 특성을 일반화하는 데에는 한계가 있다. 왜냐하면 6·25전쟁 중의 대규모 파괴와 1970년대 이후의 동남해안 공업지대 개발에 따라 대규모 인구이동을 경험한 경상남도의 경우에는 근대화 이전의 취락 편제와 규모별 취락의 분포 패턴을 파악하기 어렵기 때문이다.

그러나 19세기 후반의 10개 군 호적(울산·김해·창원·칠원·창녕·사천·하동·안의·산청·단성), 대한제국기의 5개 군 신호적(밀양·초계·거창·의령·거제), 11개 군의 가호안(진주·함양·함안·단성·삼가·진해·진남·창원·김해·동래·기장), 3개 군의 양안(합천·산청·진남), 1개 군의 주판(언양) 등의 자료 내용을 분석·정리함으로써 경상남도 31개 군(435개 면)의 약 68%에 해당하는 25개 군, 290개 면 취락의 편제와 분포 패턴을 파악할 수 있었다. 약 30%에 해당되는 지역이 누락되었으나 연구지역은 낙동강 하류의 평야지대·내륙분지·서부산지와 동부산지·해안지방 등을 고르게 아우르기 때문에 100여 년 전 경상남도 취락의 특성을 일반화하는 데 큰 무리는 없을 것으로 보인다.

이러한 실증적 사료 외에도 『구한국지방행정구역명칭일람』『신구대조조선전도부군면리동명칭일람』『조선 후기 지방지도』(경상도), 『해동지도』, 1:50,000 지형도(1897, 1917) 등 조선 후기 및 일제시대의 자료를 활용하여 3,400여 개의 자연촌 지명을 찾아내고 이 가운데 약 90%인

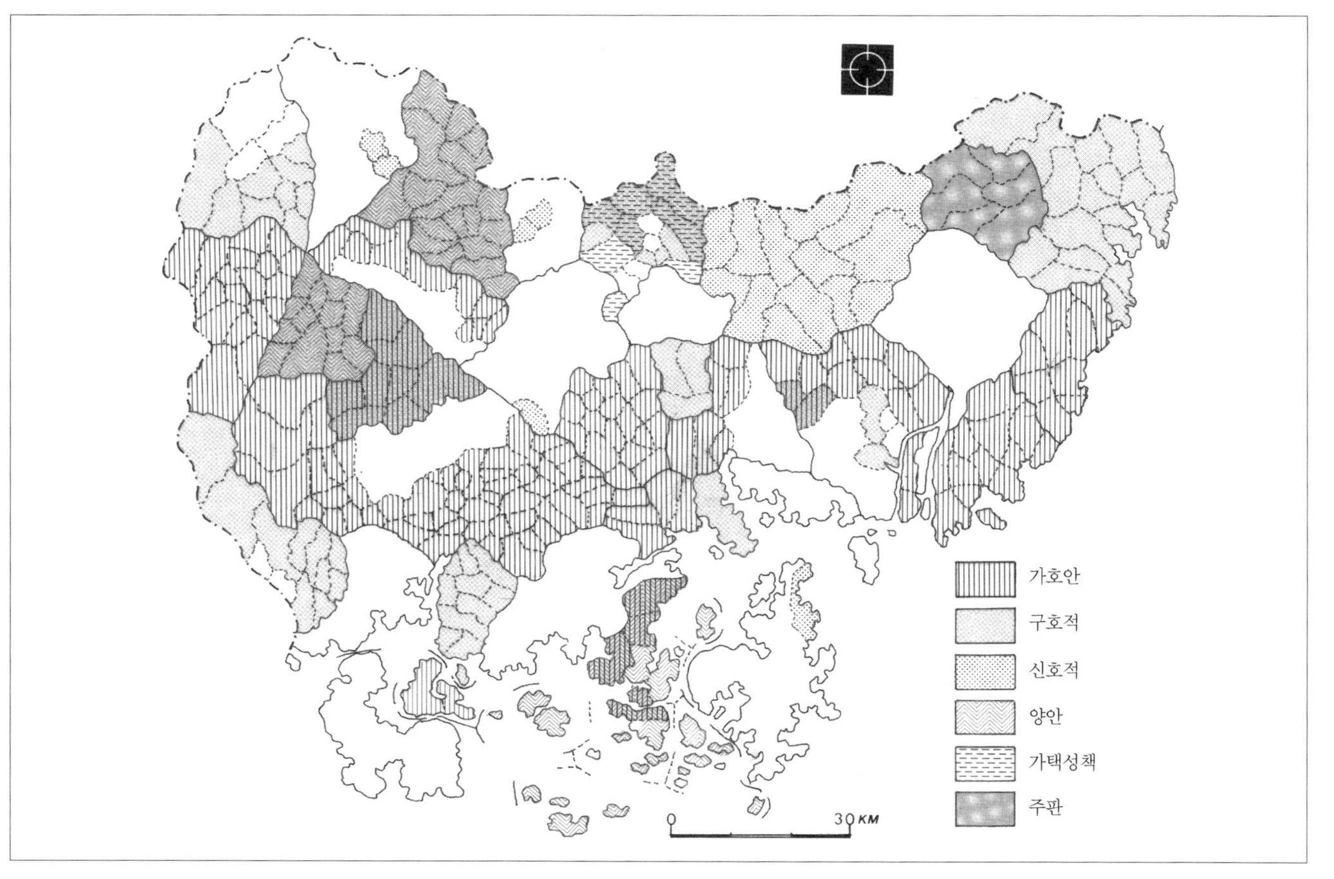

〈그림 3-2〉 연구지역과 연구자료

동의 위치를 확인 · 복원하였다(그림 3-2).

2. 취락 편제의 변화

1) 조선 후기

전 산업시대에는 동서양 어느 사회에서나 통치상 편의를 도모할 목적으로 관(官)은 민(民)을 조직화하였는데, 이러한 작업에서 토지에 매여 생활한 농민층은 어떤 집단보다 통제가 용이하였기 때문에 조직화 작업은 도회보다 농촌에서 효과가 컸다(Weber, M., 1964, p.68). 토지경제를 바탕으로 유지된 조선사회에서 백성의 대부분이 농민이었고, 해안지방에는 약간의 어업호, 그리고 도회에 관공리호와 상업호가 존재하였으나 그 비율은 극히 낮았다. 비록 어업호라 할지라도 순어가(純漁家)보다 주농종어(主農從漁) 또는 주어종농(主漁從農)의 겸업농이 대부분이었기 때문에 관에 의한 취락편제사업은 어느 곳에서나 순조롭게 시행되었다.

『경국대전』에 '경외(京外)는 5호를 1통(統)으로 하고 통에는 통주(統主)를 둔다. 지방은 매 통마다 리정(里正)을 두고 매 면마다 권농관(勸農官)을 둔다'[1] 고 명시한 바와 같이 조선시대 농촌의 조직편제는 이미 선초에 제도적 틀이 마련된 것으로 볼 수 있으며 후기의 법전인『대전회통』(大典會通)에도 동일한 내용이 언급된 점으로 보아[2] 이 제도는 갑오개혁 이전까지 거의 500년간 지방행정조직의 기본 틀로 기능하였음을 짐작할 수 있다. 다만 촌락의 편제는 사회적 변혁이 발생할 때마다 동요되어 보완이 요구되었다. 예를 들면『숙종실록』에서 조선 후기 촌

---

1)『경국대전』권2, 호전 호적조.

2)『대전회통』권2, 호전 호적조에 '京外以五戶爲一統 有統主外則每五統有里正每一面有勸農官'이라 하였다.

락의 편제에 관한 상세한 내용이 논의된 사실을 확인할 수 있는데, 이는 임진왜란으로 인하여 피폐된 농촌을 재건함에서 촌락조직의 재편성이 가장 시급하고 필수적인 과제였음을 인식하여 취해진 조치였던 것으로 보인다. 숙종 원년(1675) 9월에 반포된 5가통사목(五家統事目) 가운데 이 주제와 관련이 깊은 4개 항목만 발췌하면 다음과 같다.[3)]

비변사(備邊司)에서 5가통의 사목을 말했으나 논의가 달라 오랫동안 완전히 정하지 못하다가 이제 비로소 정당(停當)하여 별단(別單)에 써서 들였는데 무릇 21조였다.

1. 무릇 민호는 그 이웃에 따라 모으는데 가구의 다과와 재력의 빈부를 논하지 않고 다섯 집을 한 '통'으로 만들고 한 통 안에서 한 사람을 골라 통수(統首)로 삼아 통내의 일을 맡게 한다.

1. 5가가 모여 살면서 이웃을 이루어 농사를 짓고 서로 돕게 하되 출입할 때 서로 지키고 병이 들면 서로 구호하며, 혹시 형세가 불편한 자가 있어 부득이 거리를 두고 살더라도 반드시 개와 닭소리가 서로 들리게 하고 부르면 서로 응답케 하여, 혹시 전과 같이 외딴집에서 떨어져 살지 않게 한다.

1. 매 '리'는 5통에서 10통까지를 소리(小里)로 삼고, 11통 이상 20통까지는 중리(中里)로 삼고, 21통 이상에서 30통까지는 대리(大里)로 삼는다. 리 안에서 리정(里正)을 뽑고 리에 유사(有司) 두 명을 두어 리의 일을 맡게 한다.

1. '통'이 있고 '리'가 있으면 본면(本面)에 소속시키는데, '면'에는 도윤(都尹) · 부윤(副尹)을 각각 한 명씩 둔다. 큰 면은 거느리는 '리'가 많고 작은 면은 적은데 각각 호수가 많고 적음과 쇠잔하고 번

---

3) 『숙종실록』 권4, 원년 을묘 9월 26일 신해조.

성함에 따라 모면(某面) 제1리, 제2리라 일컬어 1, 2, 3, 4, 5, 6에 이르며……. (중략)

이 제도는 백성을 통제하는 목적도 가지고 있었지만 오히려 백성들이 상부상조하면서 생활할 수 있는 자치적인 조직화에 더 큰 뜻을 두었다고 볼 수 있다. 취락의 최소 기본단위를 5호로 삼고, 말단행정촌인 리의 규모를 호수에 따라 소·중·대로 구분한 점과 각 면과 리의 주민 중에서 마을의 책임자를 뽑은 점은 주민의 자발적인 결속을 중요시하였음을 의미한다.

왜군이 부산포에 상륙한 이후 동래·밀양·경주·함안·진주 등의 요읍과 남해안의 도처에서 격전이 있었으며, 왜란 7년간 경상남도는 장기적으로 적군에게 점거되었으므로 전국에서 전란의 피해가 가장 컸다. 주요 도회는 물론 해안지방과 평야지대 취락들 대부분이 거의 초토화되었기 때문에 주민들 중 상당수가 서부경남의 산지로 도피하였다. 그러므로 지리산·백운산 등지에는 이들에 의해 많은 취락들이 들어섰다. 왜란 전 112개에 달했던 진주목 리(里)의 수가 전란 직후 59개로 감소하였는데(정진영, 1999, 278~279쪽), 이는 아마도 다수의 주민들이 지리산 등 고산지대의 피난처에서 귀향하지 않았기 때문일 것이다.

『택리지』에서도 지리산을 '사람을 살리는 산'으로 묘사하는 동시에 심산유곡의 취락들 대부분이 피병피세지에 입지하였음을 강조하고 있다.[4] 물론 서부경남 고산지대의 신설 취락들 중 충청도·경기도·전라도 출신들에 의해 설립된 것도 있으나 대부분은 진주·함안·창원·고성·남해 등 경남 출신들에 의해 설촌된 마을들이었다(정치영, 1999, 53~54쪽). 정치영은 이 지역의 산촌들 대부분이 왜란 당시에 형성되었

4) 『택리지』 복거총론 산수조.

으며, 이들에 의해 해발 700여 미터의 산복(山腹)에까지 구들논이 조성되어 벼농사가 확산되었음을 밝힌 바 있다(정치영, 1999, 130쪽).

왜란 후 신대륙에서 도입된 농작물 역시 서부경남 산촌의 주민들 생활에 보탬이 되었을 것이다. 약 100년 전까지 감자는 산촌 주민들에게 주요 식량원의 하나였음을 현지답사에서 확인할 수 있었으며,[5] 일제시대 초기의 문헌에서도 거창·함양·진주·안의 등 서부경남에 약 300ha 정도의 감자산지가 분포했다는 기록이 보인다(朝鮮總督府, 1923, 17쪽). 담배(南草)는 사회적 물의를 일으키면서도 소득이 높은 작물로 인식되어 산협(山峽) 주민들에게 인기 있는 작물로 꼽혔다. 이중환은 '속리산에서 지리산에 이르는 산지 주민들이 화전에 담배를 재배하여 많은 소득을 올린다'[6] 고 하였는데, 서부경남의 거창·안의·함양·하동·진주 서부 등지가 연초재배의 적지에 해당되었다(朝鮮總督府專賣局, 1926, 199쪽).

담배농사의 이익에 대하여 정상기(鄭尙驥)는 "산야의 비옥한 토지에 온통 남초를 심어 배와 수레로 운반하여 통도대읍(通都大邑)에 쌓아놓으니 가로를 따라 줄지어선 점포 중 담배를 팔지 않는 곳이 없다. 아침에 산같이 쌓아도 저녁에는 모두 팔려 세상의 기화(奇貨)됨이 술과 비교해도 백배나 된다"[7] 고 하였다. 그러므로 산간지대에서는 일반 곡물을 재배하면 생계를 유지하기 어려우나 담배농사는 이익이 커서 주요 생재(生財)의 수단이 되었다(山口豊正, 1914, 291쪽).

산지개간과 신작물 보급에 따른 산촌의 증가현상은 왜란 후 복구사

---

5) 경상남도 하동군 화개면 상정리, 함양군 마천면 덕전동, 전남 구례군 토지면 농평 등 고지대에 거주하는 고로들의 제보에 의하면 감자는 일제시대까지 지리산 지역의 대표적인 밭작물이었다.

6) 『택리지』 팔도총론 충청도조.

7) 『농포문답』 세방금조.

업에도 어느 정도 영향을 주었을 것이다. 즉 조선 후기에 시행된 조정의 전후 복구사업에서는 전쟁 전의 상태로 복원하기보다 새롭게 형성된 인구 및 취락의 분포상을 토대로 말단 지방행정조직을 재조직하는 이른바 '5가통사목'에 따른 취락편제를 시행한 것으로 보인다.[8)]

조선시대의 지방행정조직은 최상부의 도와 하부의 군현으로 이루어졌다. 군현의 하부 조직은 몇 개의 자연촌을 묶어 하나의 자치단위를 이루는 면리로 조직되어 있었다(김운태, 1968, 39쪽). 그러나 군현은 물론 면이나 리 · 동 등은 면적과 호구수가 천차만별이었다. 즉 리나 동의 경우 단 1~2호로 구성된 마을이 있는가 하면 수백 호로 형성된 마을이 있고, 면의 규모도 수십 개 동으로 구성된 큰 면과 단 한 개의 동을 가진 면도 있었다. 그러므로 조정은 가능한 한 5가작통제에 준하여 5호로 하나의 통을 조직하고 5개통을 최소 단위로 하는 리 · 동을 편성하고자 하였다.

2) 개화기

개화기의 취락편제 개편은 자연촌의 명칭 변경 및 통일과 말단행정조직인 동(洞)과 통(統)의 정비였다. 과거에는 자연촌 지명들이 리 · 촌 · 동 · 평 · 전 등 다양한 의존명사를 가지고 있었는데 개화기에 이르러 모든 자연촌의 지명을 동으로 통합하는 추세를 보였다. 동시에 이른바 5가작통제로 편제되었던 마을조직을 10가작패(十家作牌)로 바꾸는 동시에 지명까지 바꾸기 시작한 것이다.

조선 후기의 말단 자치단위는 시대 및 지역에 따라 다르게 불렸다. 『여지도서』를 비롯한 지리서는 '면'의 하부구조를 '리'로 기술하고 있

---

8) 왜란의 전후 복구가 어느 정도 마무리된 조선 후기부터 자연촌의 성장이 촉진됨으로써 과거의 리 · 촌 가운데 면으로 승격된 곳이 많았다(이수건, 『조선시대지방행정사』, 민음사, 1989, 71쪽). 예를 들면 왜란 전 5개 면이었던 진주목은 18세기에 이르러 60여 개의 면으로 개편되었다.

으나 "『반계수록』에서는 보통 '면'이라 칭하는 것을 '리'라고 하는데 황해도와 평안도에서는 이를 방(坊), 함경도에서는 사(社)라고 부른다"고 하였다.[9] 비슷한 시기의 경상도에서는 면리제가 보편적으로 사용되었으나 군현에 따라 면리에 대한 개념을 달리하고 있었던 것 같다. 18세기 중엽에 편찬된 『해동지도』의 함양군에는 24개 면, 함안군에는 18개 면이 설치되었는데 면적과 인구수가 함양군보다 3배 이상에 달했던 진주목은 읍과 동 · 서 · 남 · 북 등 5개의 면으로 구성되었다.[10] 이러한 모순을 시정하기 위해 갑오개혁 시에는 북면을 제외한 4개 면 소속 54개 리를 모두 면으로 승격시켰다. 아울러 창선도와 진주군 주변의 일부 면을 편입하여 진주군의 면수는 70여 개로 증가하였다. 실제로 18세기 중엽의 진주목 1개 면은 면적 및 호구수로 보아 경상남도의 중간 규모 군현과 거의 대등하였던 것이다.

19세기 후반의 구호적은 대체로 1850년~1900년 사이에 작성된 것으로, 하동 · 안의 · 사천 · 창녕 · 칠원 · 울산 등 6개 군과 김해군 3개 면의 것으로 구성되며 해당되는 자연촌의 수는 약 600여 개이다. 산청군은 구호적상의 마을과 개화기에 작성된 양안을 비교하여 지명을 분석하였으며 그 밖의 군 지명은 모두 개화기의 가호안 · 양안 · 신호적 · 주판 등에 나타난 마을의 이름들이다. 이들 25개 군의 지명들을 동 · 촌 · 리 등 의존명사별로 보면 대략 8개 군으로 분류할 수 있다(표 3-1).

경상남도의 3,421개 자연촌 지명 가운데 다수를 차지하는 지명은 동(洞) 자 지명으로 전체 자연촌의 약 55.5%에 달한다. 이 지명은 삼가군(96.5%)을 수위로 동래 · 초계 · 창원 · 진주 · 의령 · 진해 · 진남 · 합천 · 삼가 · 거제(80~90%), 단성 · 산청 · 함양 · 기장 · 함안(70~80%), 거창 ·

---

9) 『반계수록』 보유 권1 군현제도.
10) 57개 면 중 상남양면 · 하남양면은 사천군 소속이므로 진주군 강역에서 제외한다.

〈표 3-1〉 경상남도 각 군의 마을이름 구분

지명 / 군명	동(洞)	촌(村)·촌(邨)	리(里)	곡(谷)	평(坪)·전(田)	기타	계	자료출처
진주	357 (82.6%)	56 (13.0%)	7 (1.6%)	7 (1.6%)	1 (0.2%)	4 (0.9%)	432	가호안
함양	156 (75.4%)	33 (15.9%)	4 (1.9%)	3 (1.4%)	3 (1.4%)	8 (4.0%)	207	〃
산청	105 (75.5%)	11 (7.9%)	17 (12.2%)	5 (3.6%)	1 (0.7%)		139	19세기 후반 호적
단성	98 (79.7%)	13 (10.6%)	1 (0.8%)	1 (0.8%)	1 (0.8%)	9 (7.3%)	123	가호안·19세기 후반 호적
삼가	111 (96.5%)				1 (0.9%)	3 (2.6%)	115	가호안
하동	10 (6.3%)	137 (85.6%)	8 (5.0%)	1 (0.6%)		4 (2.5%)	160	19세기 후반 호적
안의	7 (6.6%)	95 (90.4%)	1 (1%)		1 (1%)	1 (1%)	105	〃
거창	14 (60.9%)	1 (4.3%)	8 (34.8%)				23	갑오개혁기 호적
합천	175 (81.8%)	15 (7.0%)	18 (8.4%)	3 (1.4%)		3 (1.4%)	214	갑오개혁기 양안·19세기 후반 호적
의령	7 (100%)						7	갑오개혁기 호적
함안	86 (72.9%)	19 (16.1%)	1 (0.8%)	4 (3.4%)	2 (1.7%)	6 (5.1%)	118	가호안
진남	148 (87.0%)	4 (2.4%)	6 (3.5%)		8 (4.7%)	4 (2.4%)	170	가호안·양안·19세기 호적
진해	63 (82.9%)	7 (9.2%)	1 (1.3%)	1 (1.3%)		4 (5.2%)	76	가호안
사천	1 (0.8%)		129 (98.4%)			1 (0.8%)	131	19세기 후반 호적
창원	58 (85.3%)	8 (11.7%)	1 (1.5%)			1 (1.5%)	68	가호안
거제	8 (100%)						8	갑오개혁기 호적
초계	12 (85.7%)	2 (14.3%)					14	〃

창녕	70 (60.3%)	46 (39.7%)					116	19세기 후반 호적
칠원	7 (10.0%)		63 (90.0%)				70	〃
밀양	13 (4.6%)	3 (1.0%)	268 (94.4%)				284	갑오개혁기 호적
김해	120 (62.5%)		72 (37.5%)				192	가호안 · 19세기 후반 호적
언양	24 (52.2%)	1 (2.1%)	21 (45.7%)				46	언양현 주판
울산	57 (15.6%)		299 (81.7%)	2 (0.5%)		8 (2.2%)	366	19세기 후반 호적
기장	63 (71.6%)	2 (2.3%)	22 (25.0%)	1(1.1%)			88	가호안
동래	129 (86.6%)		19 (12.8%)		1 (0.6%)		149	〃
계	1,899 (55.51%)	453 (13.2%)	966 (28.2%)	28 (0.8%)	19 (0.6%)	56 (1.6%)	3,421	

창녕 · 김해(60~70%) 등지에서 지역 평균치보다 높은 비율을 나타낸다. 동 자 지명은 특히 서부경남의 산군과 창원 · 진해 등 남해안 지방에 많이 분포하며, 대부분 신호적 · 양안 · 가호안 등 개화기의 자료들을 보유한 군에 속한 마을들이다. 다만 가호안 보유지역인 김해의 동 자 지명 비율이 62.5%이고, 주판의 보유지역인 언양은 52.2%에 불과한 점이 특이하다. 반면에 구호적상의 창녕군은 여타 군과 다르게 동 자 지명이 수위를 나타낸 점(60.3%)이 주목된다. 언양 · 울산 등 동해안 지방의 동 자 지명 분포율이 비교적 낮은데, 동의 어원이 곡(谷)에서 유래하였다는 일본인 학자의 주장(善生永助, 1935, 84~85쪽)은 참고할 필요가 있다. 곡은 일반적으로 산지의 계류와 관계가 깊은 지형이며 해안지방이나 평야가 발달한 지방에서는 널리 쓰이지 않기 때문이다.

동을 제외한 지명으로는 촌(村 및 邨)과 리(里)가 비교적 높은 비율을 차지하였다. '촌' 지명은 1882년까지 단성군, 진주목의 서부, 함양군, 함안군 등지에 널리 분포하였으나 1904년(가호안)에는 함양 · 함안 · 진주 · 창원 · 단성 · 진해 등지에서 그 비율이 20% 미만으로 떨어졌으며 동래 · 김해 · 의령 · 삼가 등지에서는 완전히 소멸하였다. 특기할 점은 촌락명이 모두 촌으로 기입되었던 단성군[11]에서 20여 년이 경과한 후 대부분의 마을이름이 동 자로 바뀐 사실이다. 촌 자 지명은 19세기 호적상의 안의(90.5%) · 하동(85.6%)[12]에서 높은 분포율을 보이며 창녕(39.7%)도 비교적 높은 비율을 나타내는데, 이들 3개 군은 마을지명의 개정 이전인 19세기 후반의 호적을 보유한 곳들이다. '리' 자 지명은 1872년까지 함양 · 진해 등지에서 탁월한 분포상을 나타냈으나[13] 1904년에는 1~4개로 감소하였다. 비슷한 현상은 단성(1%)과 함양(2%)에서도 일어났다. 그러나 사천(98.5%) · 밀양(94.4%) · 울산(81.7%) 등지는 '리' 자 지명이 압도적인 비율을 차지하고 있는데, 특히 밀양은 신호적상에 표기된 지명이라는 사실에 주목할 필요가 있다.

'촌'과 '리' 지명의 분포를 면단위로 축소하여 고찰하면 흥미로운 사실이 관찰된다. 예를 들면 김해군 활천면(15개 마을), 동래군 서상면(7개 마을), 밀양군 13개 면(329개 마을), 사천군 10개 면(124개 마을) 등지는 100%가 '리' 지명을 가지고 있으며 김해군 명지면(11개 마을)과 동래군 서하면(9개 마을)은 약 90%, 기장군 남면, 진남군 산내면, 함안군 죽산면 등은 약 70%가 '리' 지명을 가지고 있다.

'리' 지명은 사천 · 밀양 등지에서 일반적으로 쓰였고 '촌' 지명은 하

---

11) 『단성현병오식호적대장』 광서 8년(1882); 『조선후기지방지도』, 「단성현지도」(규10512, v.7~4).

12) 하동군의 촌 자 지명은 촌(村) 자 119개, 촌(邨) 자 18개로 구성되었다.

13) 「진해현지도」(규10512 v.6~7)와 「함양군지도」(규10512 v.1~4)의 마을이름 중 대부분이 리이고 소수의 촌(村)과 동이 포함되어 있다.

동·안의에서 많이 쓰였다. 사천군의 지명 중에는 ○○곡리(谷里)가 가장 많고(10개), ○○도리(島里), ○○계리(溪里), ○○동리(洞里), ○○평리(坪里), ○○포리(浦里), ○○촌리(村里) 등의 지명도 적지 않다. 그 밖에 ○○방리(坊里), ○○전리(田里), ○○진리(津里), ○○원리(院里), ○○점리(店里) 등의 지명들도 있다. '리'라는 의존명사가 없다면 사천군의 지명들은 오히려 동·평·방·전·진·점 등과 같은 자연촌의 특색을 더 잘 살릴 수 있을 것이다.

밀양호적은 1898년에 작성된 신호적이며, 비슷한 시기에 작성된 타군의 호적들이 모두 '동' 지명을 사용하였음에도 불구하고 자연촌에 '리'라는 의존명사를 쓴 것은 이해하기 어려운 문제이다. 물론 밀양의 자연촌 중에는 ○○곡리가 가장 많고(22개소), ○○동리와 ○○촌리라는 지명도 10~15개에 이른다. 그 밖에 포구취락을 가리키는 포리, 주막촌인 원리, 영하취락인 치리(峙里), 농경지 형태와 관련이 있는 전리(田里)와 답리(畓里), 정자에서 유래된 정리(亭里) 등도 상당수에 달한다. '곡'과 '동' 지명이 탁월한 이유는 밀양군 주위를 둘러싸고 있는 산지의 비옥한 계곡에 다수의 반촌들이 발달했던 사실과 무관하지 않다.

안의는 경상남도의 대표적인 산군으로 18~19세기에도 꾸준히 신전개간이 이루어진 지역이다. 신입호의 증가에 따른 화전개간과 신설취락의 증가는 지명에도 잘 반영되어 신개간지와 관련이 있는 '전'(田)자 지명과 취락의 입지와 관련이 있는 '동' 자 지명, 그리고 영로(嶺路)와 관련이 있는 지명들이 많다. 지대면의 신전촌(新田村)과 서하동면의 노전촌(蘆田村), 현내면의 니전촌(泥田村) 등 '전' 자 지명은 10개, '동' 자 지명 8개, 고개 관련 지명 6개가 분포한다. 화전개간과 관련 있는 지명 중에는 화전촌(火田村), 억새밭을 의미하는 대로촌(大蘆村)과 소로촌(小蘆村) 등이 있으며, 고갯길과 관련된 지명에는 '영'(嶺), '항'(項), '치'(峙), '고개'(古介) 등의 지명에 '촌' 자 의존명사를 붙인 경우가 많다.

19세기 말까지 경상남도의 마을들은 지형조건, 수목, 각종 시설 등 지역적 특성을 지닌 자연촌명이 말미에 '리', '촌', '동', '방'(坊) 등의 의존명사를 붙인 지명들을 가지고 있었다. 그러나 이러한 지명들은 갑오개혁을 계기로 점차 완전히 '동' 자 지명으로 교체되기 시작하였다. 특히 『경상남도가호안』에 나타난 11개 군의 지명이 완전히 '동' 지명으로 바뀐 점으로 보아 1904년을 전후하여 지방행정단위는 군 · 면 · 리 · 동 체제로 확립된 것으로 보인다.

'동', '촌', '리', '곡' 등의 지명을 가진 취락들이 모두 자연마을인가 아니면 행정촌인가를 밝히는 일은 용이하지 않다. 『숙종실록』에 수록된 5가통사목의 편제에 따르면 취락의 호수는 규모에 따라 5, 10, 15, 20……50, 100호 등으로 편성함을 원칙으로 하였으나 시대상황과 마을의 사정에 따라 예외 또는 변화가 있었다. 5가통식 편제는 19세기 후반까지 지속되었으나 저습지나 산지의 신개간지에 설립된 마을들은 이 방식의 편제가 많은 모순을 드러내었음이 확인된다. 예를 들면 하동군 화개면의 21개 촌들은 마을마다 각기 1호부터 10여 호에 달하는 신입호(新入戶)를 가지고 있었는데, 이 신입호들은 대부분 지리적으로 본촌보다 다른 마을과 더 가까운 곳에 입지하여 행정적으로 많은 모순을 드러내었다.[14] 그러므로 제1장에서 언급한 바와 같이 갑오개혁기의 10가작패식 편제 시에 우선적인 시정 대상이 될 수밖에 없었다.

호구조사세칙 제1관 작통의 제13조는 '작통하다가 영호(零戶)가 유(有)하여 5호에 미만하거든 본리모통(本里某統) 중에 부속하고 5호 이상은 미성통(未成統)이라 칭하여 본리에 가장 가까운 통의 통수의 지휘를 받게 한다. 단 영호는 해당 리에 가호증축함을 대(待)하여 십수(十

14) 『하동부신묘식호적대장』 제4 화개면, 광서 17년(1891) 8월.

數)가 차거든 1통을 만든다'[15] 고 하였다.

신호적에서 주목할 점은 갑오개혁을 통하여 비로소 우리나라도 과학적인 인구통계가 작성되기 시작하였다는 사실이다. 구호적은 높은 비율을 차지했던 연소자가 다수 누락되어 정확한 인구통계가 집계되지 않았다. 인구조사를 단순히 세수(稅收) 및 병역 자원의 파악에 중점을 두었던 과거와 달리 개화기에는 식량수급 · 교육 · 보건 · 행정 등 국가운영의 기본정책을 수립하는 자료수집이라는 차원에서 중요시한 것으로 보인다.

호적조 제3조는 가능한 한 대가족을 분호하여 4인 내외의 소가족호로 만들고자 하는 국가의 정책을 반영하고 있다. 개화기의 주거사정을 볼 때 서민층은 대부분 대가족호를 구성하기 어려울 정도로 협소한 주거공간을 가지고 있었으므로 이는 적절한 조치로 보인다. 다만 집이 없는 자나 돌보아줄 가족이 없어 친척집에 얹혀사는 자도 호적에 누락되지 않도록 강조하고 있어(제4조) 신호적제도의 운영에 신축성을 두고 있다. 광무호적에는 이러한 동거친족을 기구(寄口)라 하여 성별로 그 숫자를 기입하고 친족이 아닌 경우에는 고용(雇傭)이라 하여 성별로 나누어 등재하였다. 가옥의 소유관계는 자가(自家)와 차가(借家)로 구분하고, 드문 예이기는 하나 무주택자와 걸인호까지 호적에 올렸다.[16]

작통 13조는 개국 초부터 갑오개혁 전까지 시행되어온 5가작통제를 10가작패식 편제로 전환하는 근거조항이다. 밀양군 호적을 보면 10호를 통의 기본으로 삼고 10호 미만 호 가운데 6~9호는 미성통(未成統), 1~5호는 영호통(零戶統)으로 구분하고 있다. 이러한 예는 초계군 · 거창군 · 의령군 · 거제군의 호적에서도 확인된다. 다만 의령군 상정면의

---

15) 건양 원년(1896) 9월 3일, 내부령 제8호 호구조사세칙.

16) 『경상남도초계군호적통표』에 의하면 초책면 외동(2인 호)과 백암면 진정동(5인 호)에 각각 1호씩의 걸인호가 있다.

통조직은 7개 동이 모두 10단위의 성통(成統)인 반면에 다른 군에는 상당수의 마을들이 영호통과 미성통을 포함하고 있다(표 3-2).

10호식 편제로 이루어진 호적 가운데 시기가 가장 빠른 것은 의령군 상정면의 호구표이다.[17] 갑오개혁 2년 후에 작성된 이 호적표에 의하면 7개 동 32개 통으로 구성된 상정면은 매 통 당 10호씩으로 편제되었으며 동별 호수는 서동과 하동이 각각 70호, 석촌동과 중촌동은 각각 60호, 그 밖의 3개 동도 각각 20호로 구성되었다(표 3-2). 다시 말하면 상정면 호적은 경상남도 최초의 10가작패식 편제로 보인다. 이후에 작성된 밀양군 · 초계군 · 거창군 · 거제군 · 단성군 역시 의령군 상정면과 같이 10가작패식으로 편제되었다. 이 가운데 밀양군 호적은 10가작패식 편제를 더욱 상세하게 보여주고 있다. 구체적으로 말하면 하나의 통에 10호가 차면 성통이라 하고, 5호 이상 10호 미만이면 미성통, 5호 미만이면 영호통으로 구분한 것이다.

『경상남도가호안』 역시 5가작통편제를 무시하고 동별로 호수를 집계한 것이다. 기존의 '촌', '리' 명이 대부분 '동'으로 바뀐 점을 볼 때[18] 갑오개혁 이후 지방행정기구를 자연촌을 기본으로 하는 면동제(面洞制)의 틀로 개편하는 과정 중에 조사 · 편집된 것으로 보인다. 다시 말하면 경상남도의 마을 명칭은 갑오개혁 후에 시행된 신호적 작성을 계기로 촌리에서 자연촌인 '동'으로 변화하기 시작하였으며 그것이 가호안 등의 문서작성에도 반영된 것이다.

---

17) 『경상남도의령군호구조사표』 상정면, 건양 2년(1897). 이 자료는 신영훈 씨가 발굴하여 정리한 것이다.
18) 『경상남도단성군호적표』 참조.

〈표 3-2〉 개화기 경상남도의 취락편제(10가작패식 편제)

군	면	마을	인구수	호수	통수	비고
밀양군	하동2동면	용은리	59	13	2	성통1 영호통1
		금호리	44	7	1	미성통1
		중촌리	33	7	1	〃
		숭진리	84	21	3	성통2 영호통1
		학동리	241	39	4	성통3 미성통1
		청룡리	433	65	7	성통6 영호통1
		삼랑리	380	100	10	성통10
		임천리	180	38	4	성통3 미성통1
		금점리	108	21	3	성통2 영호통1
계		9개리	1,562	311	35	성통27 미성통4 영호통4
의령군	상정면	서동	205	70	7	성통7
		하동	197	70	7	〃
		석천동	146	60	6	성통6
		금촌동	65	20	2	성통2
		중촌동	191	60	6	성통6
		원촌동	80	20	2	성통2
		서곡동	48	20	2	〃
계		7개리	932	320	32	성통32

3. 취락의 규모별 구분

1) 촌락

호적은 호수와 인구수가 명기되어 있으나 가호안은 호수만 기재되었기 때문에 개화기 경상남도의 취락규모는 자연촌의 호수를 토대로 조사하는 것이 합리적이다. 대부분의 구호적은 갑오개혁 이전에 작성되었으나 김해부 2개 면(진례면과 하계면), 합천군의 8개 면(심묘면 · 결산면 · 현내면 · 숭산면 · 용주면 · 가의면 · 두상면 · 봉산면), 창녕군 2개 면(합산면과 성산면), 사천현의 3개 면(읍내면 · 동면 · 상주내면)은 1894년에 작성되었으며 사천현 삼천리면은 1900년에 작성되었다. 그럼에도 불구하고 이들 16개 면은 모두 구호적의 5가작통제에 따라 편제된 점이 특이하다.

19세기 말~20세기 초는 근대화의 여명기에 해당되므로 경상남도의 도시화는 매우 미미한 수준에 놓여 있었다. 도시적 면모를 갖춘 취락으로는 서부경남의 행정중심지였던 진주와 개항장인 부산과 마산 정도에 불과하였다. 물론 울산 · 밀양 · 함양 등의 군읍과 위수취락인 통영과 소촌 · 사근 · 황산 · 자여 등의 찰방역 등이 가호의 수로는 소도회의 규모를 갖고 있었다. 그런데 가호안과 호적들은 취락을 동 단위로 호수를 집계하였기 때문에 읍을 비롯한 큰 취락들의 규모를 파악하려면 수개 또는 수십 개의 가호 수를 합산해야 한다.

개화기의 취락규모 분포는 5가통사목을 참조하되 이를 부분적으로 보완 · 조정해야 한다. 5가통사목에서는 촌락을 단순하게 소리(5~10통), 중리(11~20통), 대리(21~30통)로 구분하고 있으며, 각 마을의 실제 호수는 소리 25~50호, 중리 55~100호, 대리 105~150호의 규모였다. 그런데 이러한 분류방식으로는 소리와 중리, 중리와 대리 사이에 놓이는 여분의 4호를 좌우 어느 쪽에 편입시키는 것이 합리적인가 하는 문제가 발생한다. 또한 소리의 최소 요구치인 25호 미만의 작은 마을의 수가 전체 취락의 약 59%에 달하며, 대리의 상한선인 150호 이상의 거대취락도 0.5%에 달하기 때문에 경상남도의 지역 실정에 적합한 분류기준을 설정할 필요가 있다.

19세기 후반~20세기 초 경상남도 25개 군의 총 가호 수는 93,297호였으며 이들은 16개 거대동(巨大洞)에 3,119호, 49개 대동에 5,486호, 300개 중동에 20,318호, 1,049개 소동에 37,672호, 1,954개 잔동에 26,588호, 53개 독호동에 96호가 분포하였다(표 3-3).

거대동은 총 16개 마을로 그 비율은 0.5%에 불과하나 마을의 규모가 크기 때문에 호수 점유율은 3.34%에 달한다. 다시 말하면 호수 점유율이 마을 수의 약 6.7배에 해당되는 셈이다. 대표적인 거대동은 울산병영에 속하는 내상면 남동(383호)과 동동(308호) 등 4개 동, 부산포에 속하는 동래군 사중면 초량동(216호)과 절영동(161호), 마산포 소속인 창원군 서삼면 서성동(180호)과 성산동, 언양읍 소속의 삼동면 조일리(172호)와 길천동, 소촌역 마을에 속하는 진주군 문산면 1동(161호)과 2동, 김해군 명지면 조역리 등이다.

대동(大洞)의 수는 진주읍 8개, 함안 · 진남 등 2개 읍 각 6개, 창원 · 동래 등 2개 읍 각 5개, 사천 · 김해 · 언양 · 창녕 등 4개 읍 3개, 안의 등 2개 읍 2개, 칠원 · 함양 · 울산 · 합천 · 산청 등 5개 읍 각 1개 등 49개 동이다. 마을 수의 비율은 1.43%에 불과하나 대동의 호수 점유율은 약 5.9%에 달한다. 진주 · 함안 · 창녕 · 김해 등지의 19개 동은 평야지대의 농업중심지이고, 진남 · 사천 · 칠원의 11개 동은 어염집산지에 입지한 어염집산지이며, 동래와 창원의 9개 동은 부산포와 마산포에 속한 동들이다. 그 밖의 마을들은 산간분지의 중심취락들인데, 이 가운데 합천군 봉산면 권빈(147호)은 역촌인 동시에 상업요지였다.

중동(中洞)과 소동(小洞)은 각각 300개 동과 1,049개 동으로 각각 전

〈표 3-3〉 경상남도 군별 자연촌의 규모별 분류

취락등급 / 군명	거대동 (150호 이상)	대동 (103~149호)	중동 (53~102호)	소동 (25~52호)	잔동 (3~24호)	독호동 (2호 미만)	계	면수
진주	2(0.46%)	8(1.85%)	26(6.02%)	120(27.78%)	266(61.57%)	10(2.31%)	432	54/71
함양	1(0.48%)	1(0.48%)	19(9.18%)	69(33.33%)	115(55.56%)	2(0.97%)	207	18/18
산청		1(0.72%)	3(2.16%)	34(24.46%)	99(71.22%)	2(1.44%)	139	14/14
단성			3(2.44%)	32(26.02%)	87(70.73%)	1(0.81%)	123	8/8
삼가			1(0.87%)	28(24.35%)	86(74.78%)		115	10/12
하동			5(3.13%)	43(26.88%)	98(61.25%)	14(8.75%)	160	10/12
안의		2(1.90%)	19(18.10%)	33(31.43%)	51(48.57%)		105	10/12
거창			3(13.04%)	8(34.78%)	12(52.17%)		23	2/22
합천		1(0.47%)	12(5.61%)	85(39.72%)	113(52.80%)	3(1.40%)	214	20/20
의령			4(57.14%)		3(42.86%)		7	1/19
함안		6(5.08%)	27(22.88%)	54(45.76%)	31(26.27%)		118	18/18
진남	1(0.59%)	6(3.53%)	19(11.18%)	63(37.06%)	79(46.47%)	2(1.18%)	170	10/10
진해			2(2.63%)	13(17.11%)	59(77.63%)	2(2.63%)	76	4/4
사천		3(2.29%)	11(8.40%)	43(32.82%)	74(56.49%)		131	10/10
창원	2(2.94%)	5(7.35%)	15(22.06%)	21(30.88%)	23(33.82%)	2(2.94%)	68	6/16
거제				3(37.5%)	5(62.5%)		8	1/6
초계			6(42.86%)	7(50.0%)	1(7.14%)		14	2/11
창녕		3(2.59%)	19(16.38%)	42(36.21%)	52(44.83%)		116	10/13
칠원		1(1.43%)	6(8.57%)	38(54.29%)	25(35.71%)		70	4/4
밀양			28(9.86%)	77(27.11%)	175(61.62%)	4(1.41%)	284	13/13
김해	1(0.52%)	3(1.56%)	15(7.81%)	61(31.77%)	111(57.81%)	1(0.52%)	192	15/18
언양	3(6.52%)	3(6.52%)	23(50.0%)	10(21.74%)	7(15.22%)		46	5/6
울산	4(1.09%)	1(0.27%)	12(3.28%)	82(22.40%)	259(70.77%)	8(2.19%)	366	11/11
기장			4(4.55%)	32(36.36%)	50(56.82%)	2(2.27%)	88	7/7
동래	2(1.34%)	5(3.36%)	18(12.08%)	51(34.23%)	73(48.99%)		149	8/8
계	16 (0.47%)	49 (1.43%)	300 (8.77%)	1,049 (30.66%)	1,954 (57.12%)	53 (1.54%)	3,421	

* 참고: 도표 맨 오른쪽의 '면수'는 면의 총수와 연구자료가 확보된 면의 수를 의미.

체 마을의 약 8.8%와 30.7%를 차지한다. 호수는 중동이 21.8%, 소동은 40.4%를 차지한다. 마을 수에 비해 호수는 중동이 약 2.5배, 소동은 1.3배 더 높다. 중동과 소동은 마을의 비율로는 39.1%, 호수 비율로는 약 62.2%를 차지하므로 경상남도 주민의 6할 이상이 중소동에 거주했다고 볼 수 있다.

군별로 보면 중동은 밀양군이 28개 동으로 수위를 차지하고 함안(27개동), 진주(26개 동), 언양(23개 동), 함양 · 창녕 · 안의(각 19개 동), 동래군 · 창원군 · 울산군 · 사천군 · 진남군 등은 10~20개 동의 중동을 가지고 있다. 중동의 분포율은 의령(57.1%), 언양(50.5%), 초계(42.9%) 등지가 높고 삼가(0.9%), 단성(2.4%), 산청(2.2%), 진해(2.6%), 사천(8.4%) 등 산군과 해안지방은 낮다. 진주군은 가호의 40% 이상이 중동이지만 지리산 산록의 면들은 중동의 비율이 극히 낮다.

소동의 비율은 칠원이 가장 높고(54.3), 초계군(50.0%)과 함안군(45.8%)이 그 다음이며 합천 · 진남 · 기장 · 창녕 · 거창 · 동래 · 함양 등지는 그 비율이 30~40% 정도이다. 진주군에는 120여 개의 소동이 분포하는데, 특히 진주분지와 덕천강 곡저평야와 진주의 월경지인 창선도 · 진남군 · 기장군 등 해안 도서지방에서도 탁월한 분포상을 나타낸다.

잔동(殘洞)은 세계적으로 농경지가 협소한 산지에서 많이 발견되나 어촌 중에도 다수의 잔동이 있다. 그러나 지속적인 경지확장과 농업기술의 발달, 어로기술의 발달과 어구개량, 사회교류와 통혼권의 확대, 경제적 잠재력의 증대를 통하여 잔동도 소동이나 중동으로 성장하는 예가 적지 않다. 이러한 취락에서 출생 · 성장한 남아들이 타지로 나가지 않고 그 마을에 정착하면 잔동도 규모가 큰 동족촌을 형성하게 된다(Roberts, B.K., 1996, p.32). 토지개간에 성공한 마을들은 마을 자체의 자연적 증가 호구를 수용하여 규모가 커지거나 또는 타지로부터 전입한 호구의 증가에 따른 사회적 증가로 마을이 성장한다. 이러한 예는 해안 간척지, 하천변 저습지의 개간지, 새로운 산지 개간지 등에서 발견된다.

해안 간척지의 취락으로는 고성군 학림리 학동과 진주군 축동면 길평리, 진주군 월경지였던 창선면 석대리, 사천군 하서면 작사동 등지를 들 수 있으며 대표적인 예는 학림리 학동이다. 이 마을은 전주 최씨의 동족촌인데, 마을 앞의 작은 만을 간척한 후 소규모 간척촌을 건설하였다.

하천 저습지 개간은 낙동강 본류와 주요 지류의 범람원, 섬진강 하류 범람원상의 취락 발달을 촉진시켰다. 신입호의 증가는 독호동과 잔동의 증가를 가져왔다. 주요 개간지는 낙동강 유역의 창녕 · 함안 · 합천 · 김해 등지와 섬진강변의 하동인데, 신입호의 증가는 특히 창녕 · 하동 · 합천에서 두드러졌다. 19세기 후반 창녕군의 신입호는 365호(총 호수의 약 9.2%)였고, 하동군은 72호(총 호수의 약 2.4%)였다. 창녕군은 낙동강변 옥야면의 신입호 수가 군 전체의 약 30%를 차지하며 우포늪 주변의 대곡면(17.5%)과 유장면(10.7%)에도 60호 내외가 분포하였다.[19] 하동군의 신입호는 대부분 화개면의 악양벌 주변에 분포하였다(75%).[20] 악양벌은 섬진강의 운반물질이 벌판의 입구를 제방처럼 막기 때문에 이 자연제방 내부는 배수가 불량한 노전습지가 형성되었다. 19세기에 이 저습지 일부가 배수 · 개간되어 많은 신입호를 수용하였다.

합천군의 신입호는 그 대부분이 황강 남안 용주면의 저습지 주변에 분포하였다. 산간지방의 신입호 증가추세는 하천변의 범람원보다 더 활발하였다. 산지의 신입호는 안의와 산청에서 두드러졌는데, 전자는 440호(총 호수의 약 14%), 후자는 약 100호(총 호수의 약 7%)의 신입호를 수용하였다. 안의현 신입호의 약 40%는 서상면에 집중되었으며 그 밖에 초점면 · 대대면 · 지대면 · 동리면 등지에 각각 50호 내외의 신입호가

---

19) 창녕군 옥야면 거남촌(71호 중 27호), 내부산촌(35호 중 19호), 대곡면 신당촌(69호 중 14호) 등에 다수의 신입호가 분포하였다.

20) 『하동부호적대장』 제4(화개면), 광서 17년(1891).

분포하였다. 특히 서상면 영동촌 · 영서촌 · 부전촌 · 오산촌 · 추상촌 등 10여 마을은 30~50%가 신입호로 구성되었다. 대부분의 신입호들은 해발 300~700m의 소백산맥 동사면에 입지하였다(그림 3-3).

해안 간척지, 하천변 범람원, 개간된 산지 등은 19세기 후반~20세기 초 경상남도의 잔동 발달에 많은 영향을 주었다. 경상남도의 잔동 수는 약 26,600개로 전체 취락의 약 29.5%를 점유하는데, 신개간지의 잔동이 5~10%를 차지한다.

우리나라에서는 아직도 잔동에 대한 분류기준이 정립되지 않았으며[21] 서양 지리학계의 실정도 우리와 비슷하다. 이른바 햄릿(*hamlet*)이라 일컫는 작은 마을을 스코틀랜드에서는 2~8호의 농가로 이루어진 촌이라 하고, 1~2호의 농가로 형성된 마을은 고립된 단독농가〔獨戶村〕라고 정의하고 있다. 이러한 취락을 독일에서는 아인첼호프(*Einzelhof*)라 부르고(Dickinson, R.E., 1949, p.244), 영국에서는 아이소레잇티드 싱글 팜스테드(*isolated single farmstead*)라고 한다(Roberts, B.K., 1996, p.16). 한편 웨일스 지방에서는 3~9호의 취락은 햄릿, 2호 미만은 독호촌으로 분류한다(Thrope, P., 1978, p.359). 섬나라 영국과 달리 유럽 대륙에서는 햄릿의 규모를 다소 크게 보고 있다. 영어의 햄릿과 유사한 의미로 쓰이는 독일어 용례인 데어 바일러(*der Weiler*)를 중부 유럽에서는 3~15호의 취락으로 분류하는 반면(Born, M., 1977, p.31), 독일 본토에서는 약 20호의 마을로 정의하고 있다(Tietze, W., 1983, p.918). 서양의 햄릿은 우체통이 있는 작은 점포, 방앗간 등이 있는 가장 낮은 수준의 기능을 가지고 있는데 우리나라의 경우에는 서양보다 호수가 다소 많은

---

21) 잔동이란 용어는 작고 쇠잔한 마을이라는 의미로 필자가 임의로 정한 것이다. 『경세유표』 권4, 천관수제 군현분등조를 보면 농경지가 부족하고 호수가 적어 이웃 군현에 통폐합이 불가피한 군현을 잔읍이라 칭한 바 있다. 그러므로 24호 미만의 작은 마을을 '잔동'이라 호칭하는 데 큰 무리는 없을 것이다.

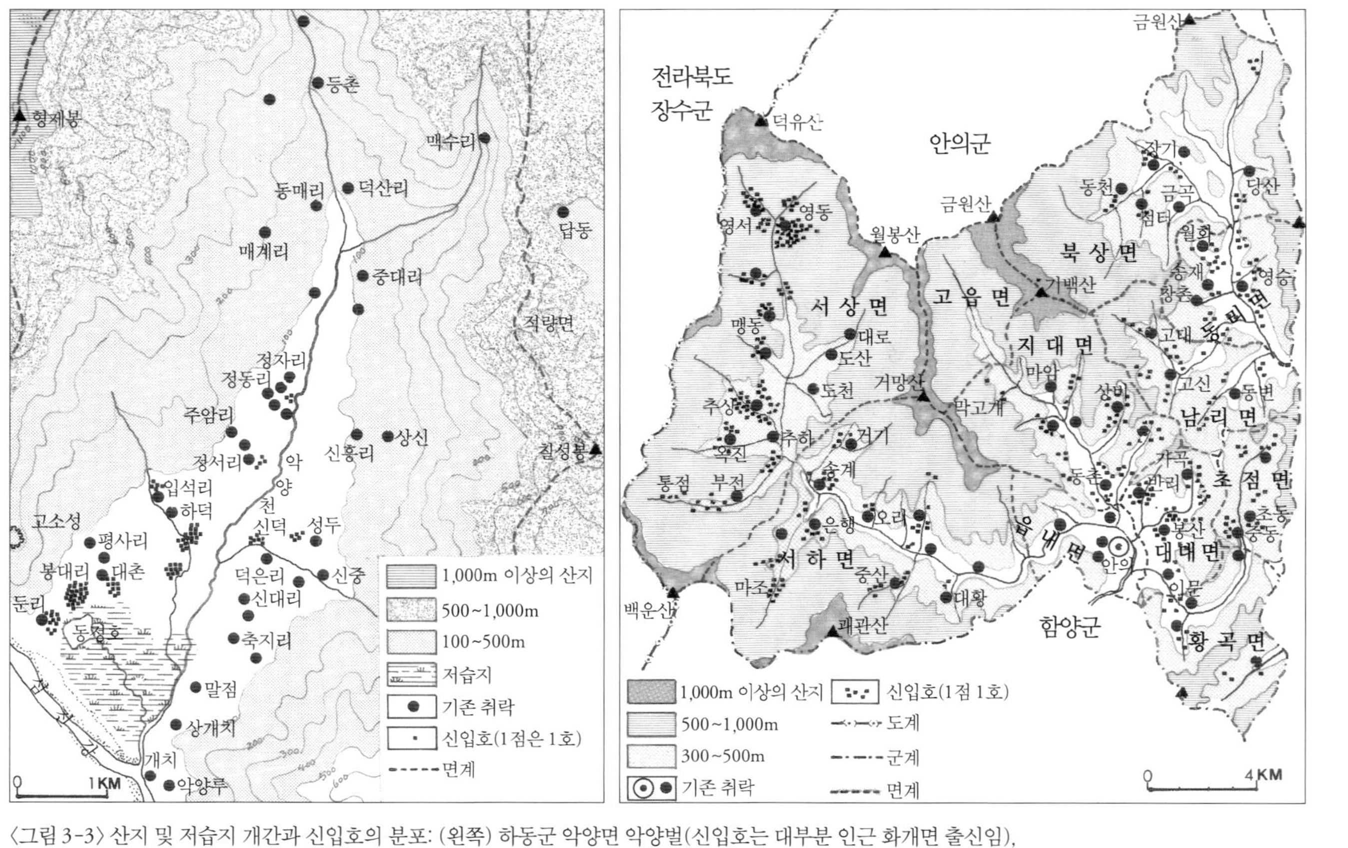

〈그림 3-3〉 산지 및 저습지 개간과 신입호의 분포: (왼쪽) 하동군 악양면 악양벌(신입호는 대부분 인근 화개면 출신임), (오른쪽) 안의현 8개 면의 신입호는 주로 서상면에 집중되었다(약 40%).

경우에 그러한 기능을 보유하게 된다. 그러므로 필자는 3~24호 규모의 취락을 잔동(殘洞), 2호 미만을 독호동(獨戶洞)으로 분류하였다.

경상남도의 잔동 수는 1,954개이며, 이는 취락 총수의 약 57.5%에 해당된다. 다시 말하면 이 지역 취락의 반수 이상을 24호 미만의 소규모 취락들이 점유하는 셈이다. 그러나 잔동과 독호동은 규모가 작기 때문에 이들 마을에 수용된 가호의 총수는 26,588호(약 29.8%)에 불과하다. 즉 잔동 1개당 평균 호수는 약 13.6호이다.

잔동의 분포상은 지형, 농경지 분포, 어염의 생산, 교통 등 자연 및 인문조건과 밀접한 관계가 있다. 소규모의 산간분지와 곡저평야가 발달한 산청 · 삼가 · 단성 · 진주의 서부 및 밀양군의 동부산지, 진해 · 울산 · 김해 · 진남 · 사천 · 거제 등 해안지방은 잔동의 비율이 경상남도의 평균치보다 높다. 군별 잔동 및 독호동의 분포는 진주(276동), 울산(267동), 밀양(179동), 함양(117동), 합천(116동), 하동(112동), 김해(112동), 산청(101동)의 순인데, 군별 잔동 및 독호동 비율은 진해가 가장 높고(약 80%), 산군인 삼가 · 산청 · 단성(71~75%)이 2위 그룹을 이루며, 밀양 · 거제 · 기장 · 김해 등지는 경상남도 평균치(58.7%)보다 다소 높은 수치를 나타낸다. 넓은 평야 및 분지가 발달한 함안 · 초계 · 언양 · 창원 · 창녕 · 칠원 등지의 소규모 취락 비율은 지역 평균치보다 월등히 낮은데, 특히 초계군은 7% 정도에 불과하다.

잔동 및 독호동의 분포상을 면 단위로 보면 이러한 취락들이 특정지역에 집중되어 있음이 일목요연하게 드러난다. 잔동 및 독호동의 비율이 80% 이상인 면의 수는 진주 14개 면, 삼가 5개 면, 하동 · 김해 · 단성 각각 3개 면, 창녕 · 사천 · 진남 · 동래 각각 1개 면씩이다. 이 가운데 삼가군 대평면(16개 동)과 진주군 가차례면(7개 동)은 잔동 및 독호동의 비율이 100%이고 하동군 화개면(55개 동)과 창녕군 성산면(18개 동)은 95%에 달한다. 하동군 동면(18개 동) · 내횡보면(14개 동), 창녕군

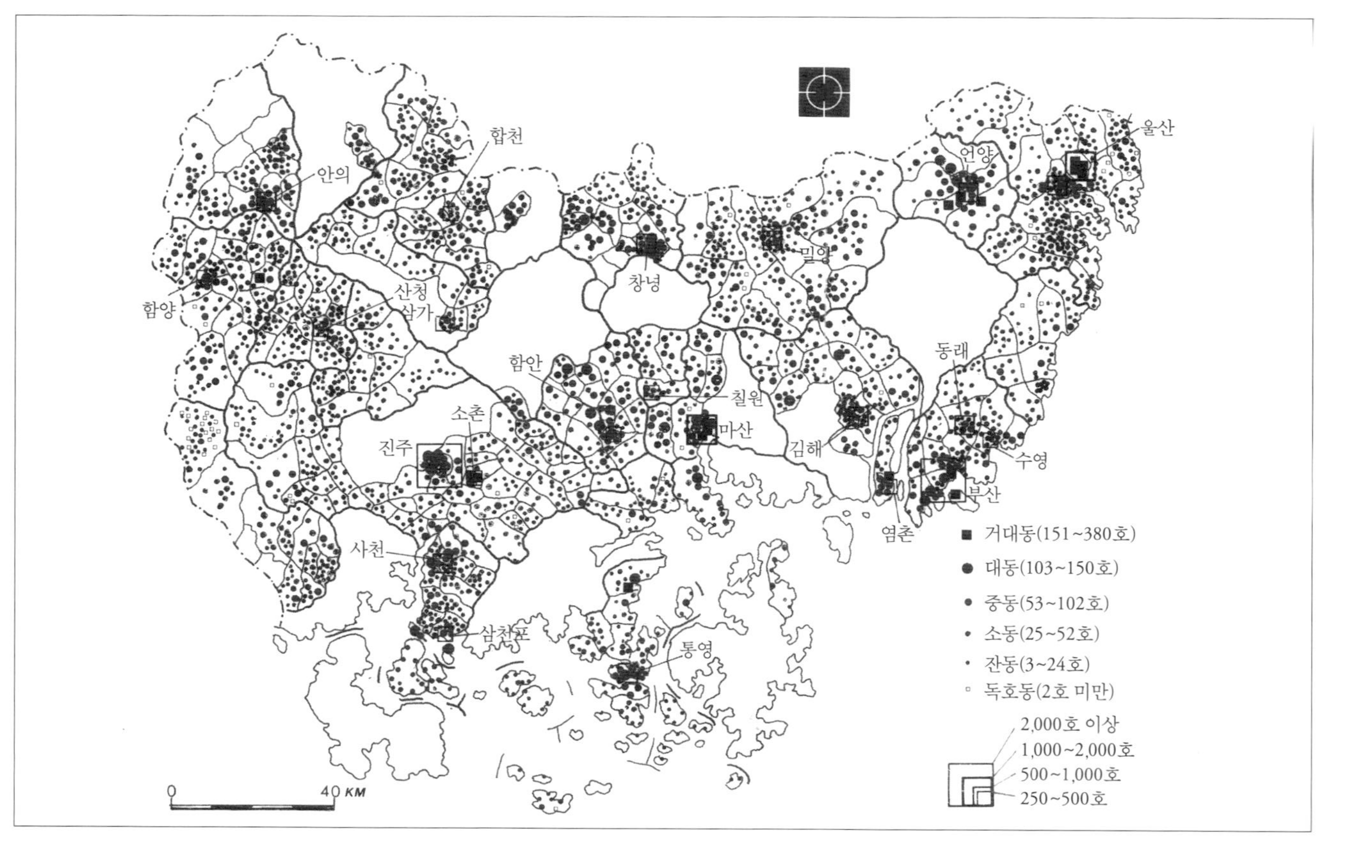

〈그림 3-4〉 경상남도의 규모별 자연촌(洞)의 분포(1900년경): 진주 · 부산 · 마산 · 통영 등 대도회들은 다수의 거대동 · 대동 · 중소동 들이 결합된 취락이다.

개복면(7개 동), 산청군 상주내면(14개 동), 진주군 하용봉면 · 영현면 · 수곡면 · 종화면, 함양군 북천면, 단성군 북동명 · 신등면, 김해군 덕도면, 진남군 원삼면 등은 80~90%에 이른다(그림 3-4).

독호동은 경상남도에 53개가 분포하는데 하동군에 14개 동, 진주군에 10개 동, 울산군에 8개 동, 기타 12개 군에 21개 동이 분산되어 있다. 하동군의 독호동은 대부분이 화개면의 악양벌에 12개 동이 분포하며 모두 신입호로 구성되어 있다. 잔동 및 독호동의 분포는 경작지 및 대지의 분포, 통작거리(通作距離) 등과 밀접한 관계가 있었다. 경지와 대지의 면적이 협소하면 큰 취락이 입지할 수 없으며 소유 농경지가 취락으로부터 먼 거리에 위치할 경우에는 농경활동에 지장이 크므로 취락은 자연히 농경지와 가까운 곳에 발달할 수밖에 없다. 어촌의 경우에는 대지의 확보가 취락발달을 좌우하였다.

2) 도회

전 산업시대 도회의 규모는 지형, 위치, 기후, 토양의 비척, 교통, 배후지의 산업구조 등 여러 가지 조건의 영향을 받아 이루어졌다. 그 밖에 행정기관 · 역원 · 진영(鎭營) · 포구시설 등의 입지도 취락의 성쇠와 밀접한 관계가 있었다. 규모에 따른 취락의 분류기준은 나라마다, 시대에 따라 차이가 있었는데, 근대 산업의 선진지역인 구미(歐美)의 선진국에서는 19세기 말~20세기 초에 도시의 최소 인구수를 2,000명 정도로 규정하였다고 한다(홍경희, 1987, 16~17쪽). 당시 도시가구의 평균 가족 수를 5명으로 가정할 경우 약 400호 정도로 구성된 취락이면 도회(town)의 자격을 부여받은 것으로 간주할 수 있다. 물론 인구가 적은 스칸디나비아 반도의 3국에서는 인구 200명 이상의 취락을 타운(town)으로 보는 반면에 그리스는 10,000명 이상이어야 도시의 반열에 오를 수 있다(Pacione, M., 1989, p.3). 그러나 구미지역에서도 도시의 최저 인구수에 대한 정의는 모호한 실정이다.

개화기의 한국과 경제 · 사회적 실상이 유사했던 유럽의 전 산업도시 인구수를 5,000~10,000명 수준까지 높여 보는 학자들이 적지 않아 인구수로 도시를 정의하는 데 적지 않은 문제가 있을 것이다. 그런데 당시 5,000명 이상의 도시라 할지라도 엘리트 계층의 비율은 5% 미만이고 주민의 대부분은 성 밖의 농토를 경작하는 농민이었으므로 단순히 인구수만으로 취락의 특성과 규모를 정의하기 어렵다(Sjoberg, G., 1965, p.83). 그러므로 현대 사회학에서는 인구수와 인구밀도를 참조하여 1,000~5,000명 정도의 인구가 하나의 사회공동체를 형성하면 이를 비촌락(非村落, nonrural settlement), 즉 도시로 규정하고 그 이하는 촌락으로 간주하고 있다(Sanders, I.T., 1977, p.31). 한편 지리학자들 중에는 인구 2,000~5,000명의 취락을 도시에 포함시키기도 한다(Pacione, M., 1989, p.10).

전통적으로 우리 선조들의 복거관(卜居觀)은 농경조건에 기반을 두고 있었으므로 농지의 규모와 토지의 비척(肥瘠)은 취락 입지선정의 기준이 되었다. 『산림경제』에 "치생(治生)을 함에서 우선 지리를 가려야 하는데, 지리는 땅과 물이 모두 탁 트인 곳을 최고로 삼는다. 즉 뒤에 산이 있고 앞에 물이 있으면 곧 훌륭한 곳이라 할 것이지만 터가 넓으면서도 긴속(緊束)해야 한다. 대체로 넓으면 재리(財利)가 생산되고 긴속하면 재리가 모일 수 있다"고 하였다. 이어서 "양거(陽居)는 다만 좌하(坐下)가 평탄하고 좌우가 긴박하지 않으며, 명당이 넓고 앞이 틔었고, 흙은 비옥하고 물맛은 달아야 한다. 『택경』(宅經)에 이르기를 하나의 산과 물줄기가 다정하게 생긴 곳은 소인(小人)이 머물 만하고 큰 산과 큰물이 국소(局所)로 들어오는 곳은 군자(君子)가 살 곳이다"[22]라고 하였

---

22) 『산림경제』 제1 복거조.

다. 그러나 "넓은 평야일지라도 지대가 낮고 습한 곳은 거처할 수 없고, 풍기(風氣) 때문에 막힌 곳도 거처하기 나쁘다"[23] 고 하였다. 즉 양거는 도회의 입지로 적합하다는 주장이다.

조선시대 사대부들의 이상적 복거관에 따르면 경상남도에서 군자가 살 만한 곳 중에 으뜸인 곳은 진주였고, 밀양이 이에 버금갔으며, 함안·함양·창녕·울산 등지가 또한 좋은 복거지로 인식되었다. 진주분지는 서쪽에 지리산, 북쪽으로 황매산 줄기가 병풍처럼 둘러싸고 동남쪽은 넓게 트인 평야를 넘어 낮은 구릉성 산지가 놓여 있는 지형적 조건을 가지고 있다. 지역의 범위는 인접한 함안·단성·산청·사천 등 4개 군의 면적과 비슷한 정도로 광대하다. 일찍이 진주분지는 다수의 명문거족들이 세거지로 삼아왔으며 중심취락인 진주읍 일대의 호수는 약 2,300에 달하였다.[24] 그러나 진주읍에는 거대동이 전무하고 7개의 대동과 인접한 면을 포함하여 7개의 중동, 20여 개의 소동이 분포하였다.

밀양읍은 동부산지의 지맥이 동·북·서쪽을 둘러싼 분지 안에 입지하여 남천강(밀양강) 유역에 넓은 평야가 전개되는 명도(名都)이다. 읍의 중심부는 6개 리(260여 호)로 구성되었으며 읍성 밖에 12개 리(270여 호), 인접한 부북면 소속의 5개 리(110여 호), 천화면의 2개 리(60여 호), 상동면의 1개 리(30여 호) 등 읍내 주변의 호수를 합해 730여 호로 구성되었다. 특이하게도 밀양읍과 그 주변에는 거대동과 대동은 존재하

---

23) 『산림경제』 제1 신기거조.

24) 진주읍은 내성·외성으로 구분되며 행정구역상 중안면과 대안면으로 나뉘었다. 『진주지도』(고축4709-51)에는 내성에 약 110호, 외성에 약 320호, 성저에 약 1,000호 등 1,400~1,500호의 초와가가 표시되어 있다. 이는 지도제작자가 임의로 가옥을 적당히 그린 것이 아니고 실제 가옥의 분포상을 참조하여 그린 것으로 보인다. 진주읍과 인접한 도동면 평거면 섭천면 일대의 호수를 합하면 약 2,300에 달하는데 손정목은 1907년의 『한국호구표』를 참조하여 당시 진주읍의 인구를 10,000명 정도로 추산한 바 있다.

지 않고 중동과 소동이 대부분이다.

울산읍은 북쪽이 산지이고 서쪽과 남쪽은 구릉으로 둘러싸였으며 동남쪽은 태화강 하류의 평야가 발달한 지형에 입지한다. 토지가 비옥하고 어염업과 상업이 발달하였으며 군사적인 요충이었기 때문에 울산읍은 개항 이전까지 진주 다음으로 규모가 큰 도회였다. 읍의 중심을 이루는 상부면의 4개 동은 모두 대동에 속하였고, 성 밖의 6개 동은 중리 규모였으며 10여 개의 소·잔동들이 분포하였다. 울산읍 일대의 총 호수는 약 890호에 달하였다.

안의읍은 대동 2, 함양·함안·창녕·사천·산청·진남 등의 군읍은 각각 1개의 대동과 다수의 중동·소동·잔동으로 형성되었다. 이 읍들 가운데 가장 호수가 많은 곳은 진남군 통영으로 약 880호이고 동래 약 780호, 창녕 약 670호, 안의 약 760호, 함양 약 470호, 칠원·함안 300~350호, 사천 약 500호, 산청·단성·삼가·합천 약 250~300호였다.

군읍 외에도 거대촌·대촌 등의 규모가 큰 취락들이 도처에 발달하였다. 대표적인 취락은 울산군 병영인데, 19세기 후반의 호수는 경상남도에서 제4위인 약 1,100호에 달하였다. 거대동은 넓은 평야지대보다는 해안지방과 내륙의 교통요지에 주로 입지하였으며 대부분 상업기능 또는 위수기능을 가지고 있었다. 전자에 해당되는 예는 부산포에 속한 동래군 사중면 초량동과 절영동, 서상면의 서성동, 마산포에 속한 창원군 서삼면의 서성동과 성산동, 진남군 광삼면 안정리, 김해군 명지면 조역리이고 후자에 속하는 곳은 역촌들이다.

47개의 대동 가운데 진주읍 8개 동, 함양읍 소속 1개 동, 함안읍 소속 1개 동, 창녕읍 소속 1개 동, 사천읍 소속 1개 동, 언양읍 소속 1개 동, 안의현 소속 2개 동, 산청읍 소속 1개 동을 제외한 31개 마을은 해안지방의 포구, 내륙수로변의 포구, 육로교통요지, 군사기지 등이며 대부분 상업 기능을 가지고 있다.

〈그림 3-5〉 하부항(夏釜港): 소정 변관식 그림(고창군립미술관 소장).
개항기 부산항의 모습을 그린 작품으로 왼쪽은 우암(현 남구 용당동), 오른쪽은
부산진 쪽 시가지이다. 성곽 내에는 관아로 보이는 와옥과 교회당 등
규모가 큰 건물들이 있으나 성 밖의 가옥들은 대부분 규모가 작은 초옥들이다.

부산포는 개항을 계기로 급성장하여 경상남도 제1의 도회가 된 취락이다. 부산포는 초량동 등 3개 거대동과 구관동 · 부평동 등 7개 대동, 부민동 등 10여 개의 중소동으로 구성되었고 호수는 약 2,500에 달하였으며 일본인 호수를 포함하면 아마 3,000호를 상회하였을 것이다. 개항 전에도 초량동에 왜관(倭館)이 존재했으며 이를 감시하는 부산진이 설치되었고 진의 주위에 구관동 · 범삼동 · 범이동 등 큰 취락들이 발달했다(그림 3-5).

1887년 조계(租界)가 설치되자 일 · 청 · 영국의 영사관이 설립되고 각국 사람들의 토지매입이 활발해졌다. 1901년 정부는 부산항 10리 이내의 대지와 건물에 대한 조사를 실시함과 동시에 토지와 가옥의 거래 및 건물신축을 국가가 관리 · 감독할 것임을 공표하였다.[25] 그러나 1904년 지계아문(地契衙門)의 조사 결과 사중면과 사하면의 토지 중 상당한 면적을 일인 · 청국인 · 영국인 · 미국인 · 프랑스인 · 러시아인 등이 매수하여 주택 · 상관 · 영사관 · 학교 · 교회 등의 부지가 되었음이 밝혀졌다.[26] 외국인의 불법적 토지매입을 규제하라는 공문을 발송하

25) 『각사등록』 49(경상도보유편 1), 훈령존안, 광무 5년 8월 15일 고시.
26) 『경상남도동래군사중면양안』(규18111~1과 18111~2)을 보면 사중면 초량동

였으나[27] 어느 정도의 효력이 있었는지는 확인하기 어렵다.

마산포는 창원군 서삼면, 이른바 구마산(舊馬山)의 소송동 등 2개 거대동과 3개 대동 및 10여 개의 중소동이 결합되어 형성되었다. 사화포(沙火浦, 현 마산만) 안쪽에 입지한 마산은 선초부터 경상도 좌조창(左漕倉)의 설치 이후 포구상업기지로 발전하기 시작하였으며 조선 후기에는 전국 15대 장시의 하나로 주목을 받았다.[28] 광무 3년(1899) 개항과 동시에 신마산에 각국 거류지가 설치되었으나[29] 외국인 거류자는 대부분이 일본인이었고 청국인 · 러시아인 · 프랑스인은 극소수에 지나지 않았다(農商工部水産局, 1910, 582~608쪽). 마산은 개항과 동시에 급속도로 성장했으나 『가호안』 작성시기인 1904년에는 구마산이 외국인 거류지인 신마산에 주도권을 빼앗기지는 않았다. 이곳은 서부경남과 중앙저지의 농축산물, 남해안의 어염, 수입화물 등이 집산됨에 따라 상인과 지역 노동자들이 모여들어 인구증가가 촉진되어 1,300여 호를 상회하는 경상남도 제3위의 도회로 부상하였다.

과 영주동 두 곳에만 일본인 4결 52부, 프랑스인(성당 부지) 1결 81부, 영국인 1결 32부, 미국인 89부, 러시아인 40부, 청국인 2결 등 외국인 소유 토지가 분포했음이 확인된다.

27) 『각사등록』 49(경상도보유편 1), 각관찰부조회존안 제1·2합책, 광무 8년(1904) 6월 19일의 조회 제○호의 내용은 다음과 같다.
"大韓帝國人民外에는 山林田川澤田畓家舍所有主되는 權이 無한 章程이 照然在玆뿐더러 卽到付度部訓令內開에 各港口等地에 外國人民이 雖惑可騰貨價하여 典執大韓民國人民田畓之弊樊나 現令改量에 時主는 以該作人으로 懸錄以來事等因이라 本港口踏量之時에 屢飭事務員이 不啻申複이되 不講程條하야 以外國人姓名으로……."

28) 『만기요람』 재용편 부향시조.

29) 마산시 개항은 1899년 6월 2일에 체결된 군산 · 마산포 · 성진 각국 조계장정과 1900년 3월 18일에 조인된 마산포지소조차에 관한 한러조약, 1902년 5월 17일의 마산포일본전관조계협정서 등을 토대로 확정되었다(국회도서관, 『구한말조약휘찬』, 1965).

통영은 진남군(후에 용남군으로 개명)이 설치되기 전까지 고성부(固城府) 소속의 수군진에 불과하였다. 그러나 수군통제영이 설치되어 다수의 군 병력과 관원들이 상주하였고 남해안 선상들의 출입이 잦아 1,000여 호의 대읍을 이루었다. 통영 성내는 대부분 관아 건물로 점유되어 민가는 100여 호에 불과하였고 민가의 대부분은 남문 밖의 미전·물화전 등 상업지구와 창고 및 군항이 입지한 해변에 입지하였다. 동·서·북문 밖에도 중·소촌들 상당수가 분포하였는데, 특히 동문 밖에는 가로를 따라 문전취락(portal settlement)이 발달하였다(그림 3-6).

역촌들은 작은 현 규모의 관아를 갖추었을 뿐 아니라 조정으로부터 비옥하고 넓은 역토를 지급받고 있었으므로 역민 외에도 다수의 주민이 거주하였다. 또한 규모가 큰 역에는 장시가 열려 경제적 기능도 겸비하였다. 갑오개혁으로 신분제가 철폐되고 통신체제 역시 바뀌었으나 지역에 따라 우역제도는 1900년대 초까지 존속되었으므로 과거의 역촌들은 어느 정도 명맥을 유지하고 있었다.

경상남도의 대표적인 역촌은 양산의 황산역, 창원의 자여역, 진주의 소촌역, 함양의 사근역인데 황산역과 자여역은 자료가 없어 논외로 하고 소촌역과 사근역, 그리고 일반역 가운데 규모가 컸던 합천의 권빈역의 규모만 살펴보기로 한다. 진주군 문산면 소재 소촌역(召村驛)은 1동·2동·3동 등으로 구성된 취락으로 총 호수는 약 406호이며, 함양군 사근면 사근역(沙斤驛)은 거대촌인 사근역촌과 2개의 중소촌으로 구성된 약 250호의 취락이고, 합천군 봉산면 권빈역은 대촌인 권빈리와 1개의 중촌으로 이루어진 약 200여 호의 취락이다. 이들 3개 역촌은 면소재지인 동시에 규모가 큰 장시가 있어 농산물과 어염이 거래되었다.

어염의 거래를 배경으로 성장한 취락으로는 사천군의 삼천포리, 진남군 안정동, 김해군 명지도, 밀양군 삼랑리 등이 있다. 삼천포리는 19세기 말까지 수남면에 속하는 서금리·신수리·동금리·하향리 등 중소

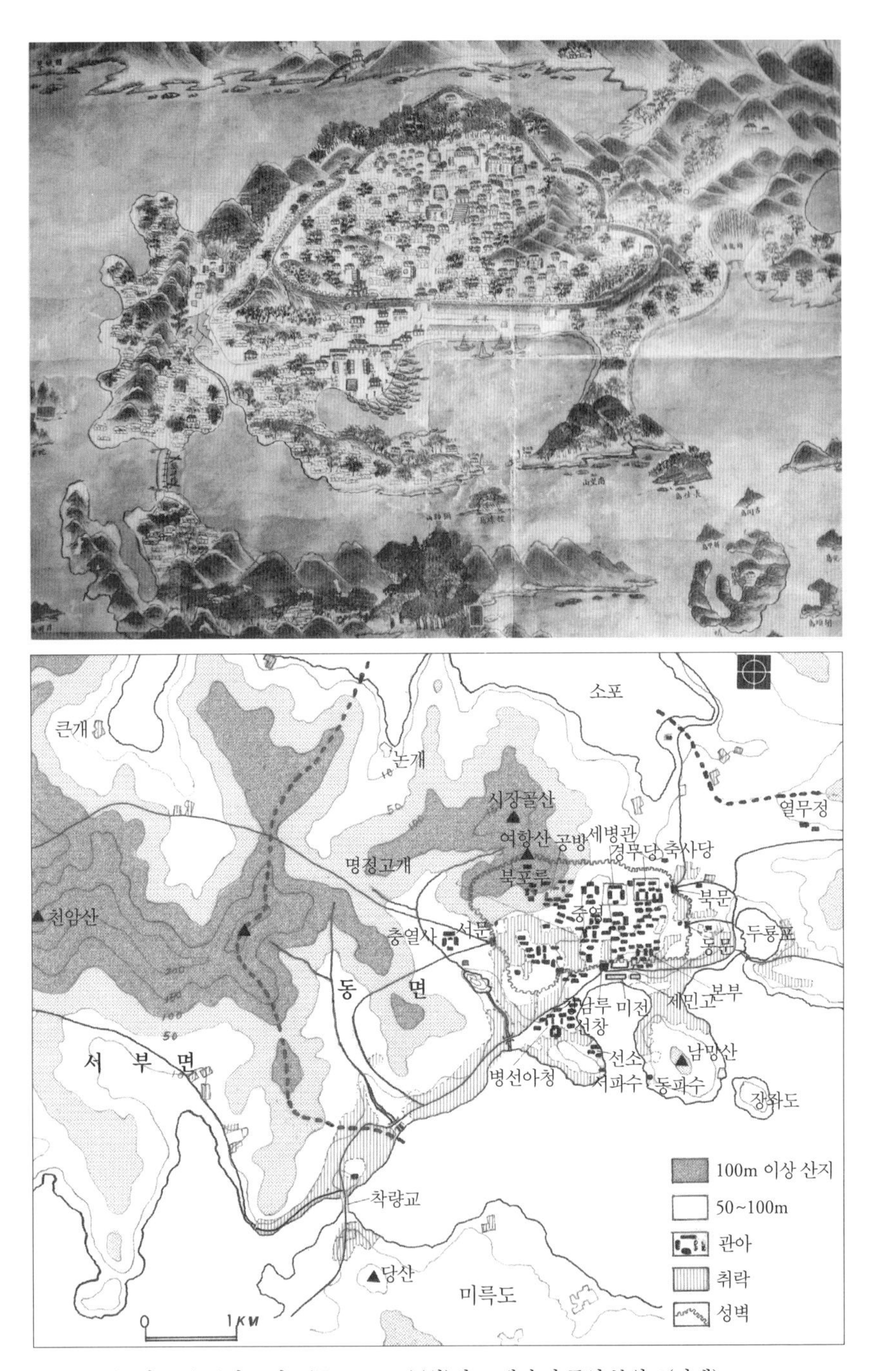

〈그림 3-6〉 통영 고지도(규10513~2)(위)와 19세기 말 통영 복원도(아래)

취락들이 결합되어 하나의 밀집된 취락을 이루었으며 1900년 호적에는 삼천포면으로 개칭되었다. 호수는 약 320호이며 사천군 · 곤양군 · 고성군 일대에서 생산된 소금과 남해안의 수산물이 집산된 어업전진기지였다(農商工部水産局, 1914, 691쪽). 안정동은 주어종농의 촌락이지만 13개의 어전어장(漁箭漁場)을 보유한 취락으로(農商工部水産局, 1910, 631쪽) 거대동 1개소, 잔동 수개가 결합되어 있었다. 명지도는 영남지방 최대의 소금산지인 동시에 소금거래처였으므로 조역리(거대촌)를 중심으로 1개의 대동과 3개의 중동이 밀집하였으며, 이 취락의 일부인 진동리에는 70여 호의 어가가 분포하였다(農商工部水産局, 1910, 580~582쪽).

삼랑리는 낙동강 본류와 밀양강(남천강)의 합류지점에 위치하는 하항인데, 조선시대에 후조창(後漕倉)이 설치되었던 미곡집산지이다. 이곳은 감조구간이어서 남해안의 만조 시에는 수위가 상승하여 상선(商船)의 출입이 자유로웠기 때문에 내륙으로 수송되는 어염선들이 연중 출입하였다. 그러므로 삼랑진은 단일 취락으로는 밀양군에서 가장 큰 150호에 달하는 마을을 이루었으며 인근의 송지리 · 하양리 · 상양리 등 소촌을 합하면 약 200호에 달하였다.

1900년대 초 경상남도의 도회 분포상의 특징은 농경지지향적인 면과 해양지향적인 면으로 크게 구분할 수 있다. 전자에 속하는 도회들은 진주를 비롯한 군청소재지와 역촌들이고 후자에 속하는 도회들은 부산 · 마산 등 개항장과 통영 · 부산수영 · 삼천포 · 칠성포 · 진해 · 다대포 · 서생포 · 안정동 · 명지도 등지이다. 즉 경상남도의 인구분포상은 크게 농업지대인 내륙평야지대와 어염산지인 해안지대로 나뉘는 특성을 보인 것이다.

그러나 영남지방에서 가장 넓은 낙동강 하류부의 김해평야 · 대산평야 · 함안평야 · 창녕평야 등지는 잦은 홍수를 극복할 만한 치수능력을

〈표 3-4〉 낙동상 하류 평야시내 취락의 규모별 분포

군면 \ 호수	151호 이상	101~150호	61~100호	31~60호	11~30호	10호 미만	계
함안군(代山面)	0	2	3	14	18	2	39
창원군(大山面)	1	0	5	11	5	1	23

* 자료: 善生永助, 『朝鮮の聚落』(前篇), 279쪽.

갖추지 못하여 상당한 면적이 노전습지로 남아 있었다. 다시 말하면 이 평야지역에는 중촌규모 이상의 야촌(野村)이 매우 드물었고, 대부분의 대촌 및 거대촌은 홍수 안전지대인 산록과 평야의 접촉부나 분지 · 곡저 평야에 입지하였다. 낙동강에 면한 함안군과 창원군 북부의 면 하나씩을 대상으로 한 일제시대의 마을조사에서도 낙동강변 평야지역에는 소규모 취락들이 대부분이라는 결론이 나온 바 있다(善生永助, 1935, 279쪽). 즉 거대동은 창원군 대산면에 1개, 대동은 함안군 대산면에 2개가 분포할 뿐이고 11~60호 규모의 중소 취락들이 대부분이라는 것이다(표 3-4). 이러한 유사성은 김해 · 밀양 · 창녕 · 칠원 등지에서도 확인된다.

4. 요약 및 소결

유학 이데올로기를 통치이념으로 삼았던 조선시대의 지배층은 백성을 효율적으로 통제하기 위한 수단으로 명목상으로는 군(郡) 단위까지만 중앙정부가 직접 관할하였다. 그러나 실제로는 면리라는 말단 취락까지 조직화하였는데, 이른바 5가작통으로 알려진 취락의 편제는 도회보다 농어촌, 어촌보다는 농촌에서 가장 효율적으로 운용되었다. 촌락 주민의 상부상조정신을 고취시키면서 지방행정의 편의까지 도모했던 이 제도는 임진왜란을 겪으면서 붕괴되었다. 특히 전란의 피해가 자장

극심했던 경상남도는 전후복구 과정에서 왜란 전의 체제를 복원하기 어려울 정도였다. 그러므로 17 · 18세기의 전후복구사업에서 취락편제의 정립은 가장 시급한 과제였으며, 그것은 전란 전 체제로서의 복원이 아니라 새롭게 형성된 취락의 틀을 기초로 작성한 새로운 편제의 출현이었다. 그러나 이 편제도 19세기 말에 단행된 개혁사업에 따라 다시 바뀌었다.

갑오개혁과 광무개혁은 단기간 효력을 발휘하는 데 그쳤으나 신분제 철폐, 세제의 개편, 국정운영에 필요한 각종 기초자료 조사사업 등 촌락의 구조변화에 영향을 줄 만한 많은 변화요인을 창출하였다. 특히 신분제 철폐에 따라 상당수의 천민출신이 주호(主戶)의 예속에서 풀려나 독립세대를 구성함으로써 각 취락의 호수가 증가하였다. 또한 빈농들 중 상당수가 기회의 땅으로 인식되기 시작한 부산 · 마산 등 개항장과 신흥상업요지로 이동함에 따라 전통취락의 기본이 흔들리게 되었다. 이러한 현상은 개화기에 작성된 가호안 · 신호적 · 양안 등의 문헌분석을 통하여 확인하였으며, 그 결과는 다음과 같이 요약할 수 있다.

첫째, 개화기에 이르러 5가작통 편제를 기반으로 조직되었던 기존의 면리제(面里制)가 자연촌을 기본으로 한 면동제(面洞制)로 바뀌기 시작하였다. 그 증거는 리 또는 촌(村 · 邨)이라는 의존명사형 지명들이 동으로 바뀌어 1904년에는 경상남도 자연촌의 80% 이상이 동(洞) 지명을 갖게 되었다. 특히 개항장의 영향을 많이 받은 동래와 창원, 기타 삼가 · 의령 · 초계 · 거창 등지는 동 지명으로 완전히 바뀌었다.

둘째, 숙종 대에 제정된 5가통사목에 의하면 촌락은 규모에 따라 대리(105~150호), 중리(55호~100호), 소리(25호~50호)로 구분되었으나 개화기에 이르러 사회 · 경제적 여건에 따라 단일 자연촌의 규모가 1호로부터 380여 호에 이르기까지 극심한 차이를 보였다. 개화기에는 5가통사제가 10가작패제로 바뀌었다. 10호가 차면 성통(成統)이라 하고 6호 이상 10호 미만은 미성통(未成統), 5호 미만은 영호통(零戶統)으로 구분하였다. 대리는 30여 개 이상의 성통으로 구성되었으나 5호 미만의 영호통 하나로 이루어진 극소형 마을도 적지 않았다. 그러므로 필자는 개화기 경상남도의 자연촌을 합리적으로 구분하기 위하여 거대동(150호 이상), 대동(103~149호), 중동(53~102호), 소동(25~52호), 잔동(3~24호), 독호동(2호 미만) 등으로 나누었다.

셋째, 거대동은 울산병영, 개항장인 부산과 마산, 김해 명지도 등 해안지방에 분포하였다. 대동은 각 군의 행정중심지인 읍 · 역촌 · 시장촌에 입지하였다. 반면에 경상남도 인구의 60% 이상을 수용했던 중 · 소동은 대부분 일반 농촌과 어촌에 많이 분포하였다. 잔동과 독호동은 서부경남의 산간지방에 주로 분포하였으나 신개간지에도 많았다.

넷째, 단일 자연촌이 하나의 취락으로 성립한 경우도 있었으나 대부분의 중대형 취락들은 다양한 규모의 동 수개 또는 수십 개가 연합하여 형성되었다. 전통취락 중 중대형 군읍들은 비옥하고 넓은 농경지를 배경으로 발달한 지방행정 중심지였으나 개화기의 근대화를 계기로 새로운 교통 · 상업요지가 된 취락은 점차 성장의 잠재력을 키워 도회의 면모를 갖추기 시작하였다.

제5장 지방행정조직의 개편과 중심취락의 기능

1. 서론

전 산업사회의 중심취락들은 단순하지만 몇 가지 기능을 바탕으로 어느 정도의 배후지를 확보하고 있었다. 기능의 내용과 수준 및 배후지의 규모는 중심취락 순위결정의 주요 요인이었으므로, 당시의 취락들이 비록 농촌사회적 특성을 완전히 탈피하지 못하였을지라도 그곳에 거주하는 소수의 지배층들은 주변의 배후지들을 통제하기 위한 수단으로 취락의 기능유지에 깊은 관심을 가지고 있었다.

즉 당시의 지배층은 우리가 도회 또는 도시라 일컫는 취락에 터를 잡고 권력을 장악하였는데(Sjoberg, G., 1965, p.31), 이러한 취락은 기본적으로 약탈자나 외적의 침입으로부터 주민을 보호할 수 있는 방어시설, 배후지에서 생산되는 재화와 외지산물을 교역하는 시장, 각종 물화를 비축하는 창고, 지배층의 권위를 상징하는 동시에 주민의 정신적 결속을 강화시키는 종교시설 등을 갖추고 있었다(de Courlanges, 1955, pp.61~62, 134). 특히 종교기관, 즉 성전(聖殿)은 중심성의 상징으로서 그 존재의미는 곧 정착생활이었으며 성전의 격(格)은 도시계층의 순위를 결정짓는 요소로 작용하였다.

입지적 측면에서 볼 때 전 산업도시는 현대도시에 비해 환경적 제약을 더 많이 받았으나 그것이 취락의 입지를 결정짓는 절대적 조건은 아니었다. 오히려 주변지역을 장악하기 용이한 곳에 입지한 정치적 중심지는 자연적 제약을 극복하고 교역 · 공업 · 문화 등의 다양한 기능을 보유하게 되었으며, 정치 중심지는 곧 종교의 중심지이기도 하였다(Boulding, K.E., 1970, pp.134~135). 그러나 기능의 수준에 따라 중심지는 국지적(局地的) 중심지, 기초중심지, 지방중심지, 광역중심지, 국도(國都) 등의 계층화가 이루어졌다. 이와 같은 계층구조는 산업사회에 돌입하면서 큰 변화를 겪게 되었으며, 우리나라에서는 그러한 변혁이 개화기부터 나타나기 시작하였다.

대한제국 정부의 개혁사업은 갑오개혁으로 구체화되기 시작하고 광무개혁으로 이어졌다. 개혁사업은 다양한 분야에 걸쳐 시행되었으나 중심지의 구조변화에 가장 큰 영향을 준 사업은 행정조직의 개편이었다. 이 사업을 계기로 행정중심지에 집중되었던 일부 기능들이 해항(海港), 강포(江浦), 내륙교통요지로 분산되기 시작하였다. 이 장에서는 이러한 기능의 분산이 중심지의 기능변화에 어떤 영향을 주었는지 고찰해보고자 한다.

개화기의 우리 정부는 근대적 방법으로 조사한 가호안 · 양안 · 호적 등 다양한 자료들을 발간하였다. 불행히도 이의 상당 부분이 멸실되어 현전하는 것이 많지는 않으나 남아 있는 자료만으로도 개화기의 취락 규모 · 위치 · 주민구성 등을 어느 정도 파악할 수 있으며, 기타 보충자료의 분석을 통하여 주요 취락의 기능, 중심성, 순위 규모 등을 밝힐 수 있다. 필자가 사용한 주요 문헌으로는 경상남도 11개 군의 가호안(총 18책), 3개 군의 양안(총 46책),[1) 『경상남도진주군관내각군병신조호

---

1) 3개 군 양안은 『합천군양안』(규17688) 20책, 『산청군양안』(규17690) 15책, 『진남

총성책』,[2] 『경상도내연강해읍갑오조선염곽어세총수도안』[3] 등이며, 보조자료로 『영남읍지』 『각사등록』 『고종시대사』 등의 한국문헌과 『통상휘찬』(通商彙纂)을 비롯한 일본문헌 등이 있다.

2. 지방행정조직의 개편

1) 갑오개혁 이전

개화기의 특성을 파악하려면 우선 조선 후기 경상남도의 행정조직을 고찰할 필요가 있다. 전통적으로 전제 왕권국가의 지방행정구역은 중앙의 정치·경제적 통제가 강화되고 중앙의 명령이 신속히 전달되며, 지방으로부터 올라오는 각종 정보가 원활하게 접수될 수 있는 방향, 그리고 유사시에 중앙으로부터 병력과 병참이 신속하게 수송될 수 있는 교통·통신망을 고려하여 설정되었다(Wittfogel, K.A., 1963, p.63). 조선왕조 역시 왕화(王化)가 신속하게 미칠 수 있도록 초기에는 영남대로가 분기하는 유곡(幽谷)으로부터 동래에 이르는 선을 주축으로 삼고 경상도를 좌도와 우도로 구분하였는데 실제적인 경계는 낙동강이었다(이수건, 1984, 392~393쪽). 임진왜란 후 경상도의 중앙부에 위치하는 대구에 감영이 설치되어 경주(좌도)와 상주(우도)로 분산되었던 행정 기능이 대구로 통합되었다.

영남지방은 지역이 넓고 호구수가 전국에서 으뜸인 큰 지역이어서 타

군양안』(규17189) 11책으로 구성되었다. 양안은 모두 1904년에 간행되었으며 모든 토지는 답·전·대지·저전 등으로 구분하여 토지등급과 소유자를 구분하였다.

2) 『경상남도진주군관내각군병신조호총성책』은 1896년에 작성된 문서(규17925)이며, 경상남도 30개 군의 호구수가 기록되어 있다.

3) 『경상도내연강해읍갑오조선염곽어세총수도안』(규18099)은 1894년에 작성되었다. 도내 각 군의 선척을 종류와 크기에 따라 구분하여 세액을 정하였으며, 염부(鹽釜), 미역채취, 어장과 어전 등의 종류별 세액과 분포상을 밝힌 자료이다.

도에 비해 대읍이 많았다. 예를 들면 경주(종2품 부윤), 안동 · 창원(정3품 대도호부사), 진주 · 상주 · 성주(정3품 목사) 등은 수령의 품계가 높고 관할구역의 호구수도 많은 지역 중심지들이었다. 그러나 당시의 지방 행정조직상의 계층구조는 다분히 상징적 의미를 지니고 있어 행정 · 경제적으로 많은 비합리성을 노출하였다. 다산은 이러한 모순을 지적하고 체계적인 군현분등 방안을 제시하였다(표 1-1 참조).

군현분등 상에 나타난 결과에는 조선 후기의 지방행정관 직제상의 모순성이 드러난다. 즉 진주목보다 하위의 밀양도호부(종3품)의 분등수치가 월등히 높으며 창녕 · 함안 · 영산 · 의령 등 하위의 군현이 합천(종4품) · 동래(종3품)보다 역시 분등수치가 우위에 있다. 칠원 · 언양 등지는 군세가 대주인 밀양의 1/10에 불과하였다. 경상남도는 평야가 넓고 어염의 이익도 많은 지역임에도 불구하고 대주 · 대군의 수가 북도에 비해 매우 적어 행정적으로 열세에 놓여 있었다.

조선 후기 목민관(牧民官)의 업무에서 가장 중요시된 사항은 조세의 징수와 행정업무였으나 그들은 군통수권과 사법권을 행사하였고 권농행사와 각종 제례를 주관하였으며 지방교육의 책임자로서 향교의 운영에도 참여하였다. 그러므로 수령이 존재하는 읍은 지역의 복합중심지로 성장하였다. 그러나 읍은 수령의 품계에 따라 순위가 정해졌으므로 읍간에도 서열이 존재하였는데, 진주목과 창원도호부가 상위에 올랐고, 동래 · 함양 · 밀양 · 거제 · 하동(종3품)은 차상위에, 그리고 울산 · 합천 · 함안(종4품)이 그 뒤를 이었다. 고성 · 남해 · 단성 등 현령현(종5품)과 산청 · 진해 · 의령 등 16개 현감현(종6품)은 하위에 속하였다. 이러한 행정중심지 외에도 통영 · 동래수영 · 울산 좌병영 등 주진(主鎭)과 진주의 소촌(召村), 함양의 사근(沙斤), 창원의 자여(自如), 양산의 황산(黃山) 등 찰방역도 현감현 수준에 준하는 규모와 기능을 보유하였다. 그 밖에 부산진 · 다대포진 · 미조 · 구산진 등의 위수취락도 상당수의 군병과 그

가족들이 거주하였으므로 비교적 큰 취락을 형성하였으며, 좌조창이 입지했던 마산, 우조창의 가산, 후조창의 삼랑진 등지는 상업 취락으로 발전했다.

그런데 군현분등과 지방관의 품계가 반드시 일치하지 않음을 앞에서 지적한 바와 같이 경제 · 사회 · 문화적 기능 또한 중심취락의 발전에 중대한 영향을 주는 만큼, 세계 각지의 사례를 보더라도 행정상의 우위에 있는 취락이 반드시 대인구집결지를 형성하는 것은 아니었다(Renfrew, G., 1975, p.12). 그러나 이러한 사실은 상업과 제조업을 바탕으로 성장한 서양의 근대도시와 동양의 전통도시를 비교할 때 대조적으로 나타나는 현상인데(Murphey, R., 1962, p.335) 행정 기능 외에 종교 · 교육 기능, 경제 · 서비스 기능 등을 부수적인 기능으로 확보함으로써 일찍이 지배 엘리트의 본거지가 된 조선 후기의 중심지들은 대부분 군현의 읍이었다.

2) 갑오개혁 이후

부산포 개항(1876)부터 경술국치(1910)에 이르는 개화기는 우리 역사상 중대한 사건이 빈발했던 격동기였다. 학계에서는 이 시기를 전기(1876~94), 중기(1895~1904), 후기(1905~10)의 세 시기로 구분한다.[4] 전기는 부산 · 원산 · 인천의 개항장에 외국인 조계 또는 전관거류지(專管居留地)가 설치되고 동학농민운동이 일어난 시기이고, 중기는 우리 정부가 외세의 간섭을 배제하고 자주적 근대화를 촉진시키고자 개

---

4) 개화기의 시대구분은 사학자들에 의해 시도되었는데 다음 논문 및 논저들이 참고가 된다. 이세영 · 최윤오, 「대한제국기 토지소유와 농민층 분화」, 『대한제국의 토지조사 사업』, 민음사, 1990; 강만길, 「근대 민족국가의 형성 Ⅰ」, 『한국사 Ⅲ』, 한길사, 1994; 유승열, 『한말 · 일제초기 상업변동: 객주』, 서울대학교 박사학위논문, 1996.

혁사업을 시행했던 때이며, 후기는 일제에 의해 대한제국이 국권을 상실한 시기이다. 이 글은 갑오개혁(1894)을 전후한 개화기 취락의 변화상에 연구초점을 맞추고 있으므로 조선 후기의 전통을 간직하고 있던 전기 취락의 특성을 파악한 후 우리 정부의 개혁사업과 일제의 영향 하에 변화를 겪기 시작한 개화기 중기의 취락특성을 집중적으로 살펴보고자 한다.

개화기 지방행정조직의 개편은 갑오개혁의 일환으로 착수되었다. 1895년 정부는 8도제를 부제(府制)로 바꾸면서 전국을 23개 부로 나누었는데, 이때 현 경상남도는 진주부(晋州府)·대구부(大邱府)·동래부(東萊府) 등 3개의 권역으로 구분되었다.[5] 그러나 이 제도는 시행 1년만에 폐지되고, 새로운 지방제도 개정에 따라 전국이 13개도로 나뉘었는데 이때 비로소 현재의 경상남도가 탄생하였다.[6] 신설된 경상남도는 진주에 감영을 두고 진주관찰부에 30개 군을 소관시키면서 행정적 중요도에 따라 각 군을 5등급으로 구분하여 군수의 직급과 직원 수에 차등을 두었다. 제1등 군은 진주와 동래, 제2등 군은 김해와 밀양, 제3등 군은 울산·창원 등 10개 군, 제4등 군은 단성 등 16개 군으로 편성되었으며 경상남도에는 제5등 군을 두지 않았다.[7]

---

5) 1895년 전국에 23개 부를 설치하였는데, 현 경상남도는 진주부(21개 군), 동래부(10개 군), 대구부(23개 군)로 구분되었다. 밀양·창녕·영산의 3개 군은 대구부에 포함되었고, 동래부에는 현 경북의 경주·영일·장기·흥해 등이 포함되었다(내무부 지방행정국, 1976, 81쪽).

6) 건양 원년(1896) 8월 4일, 칙령 제36호 제1조 지방제도, 관제 및 봉급과 경비의 개정에 의거하여 경상남도를 설치하고 수부(首府)의 위치를 진주로 정하였다.

7) 건양 원년 8월 4일, 칙령 제36호 제5조에 따라 경상남도 30개 군을 다음과 같이 구분하였다. 제1등 군 진주·동래 2개 군, 제2등 군 김해·밀양 2개 군, 제3등 군 창원·합천·함안·함양·울산·의령·창녕·거창·하동·고성 10개 군, 제4등 군 단성·삼가·산청·진해·기장·양산·언양·사천·영산·거제·초계·곤양·칠원·안의·남해·웅천 16개 군.

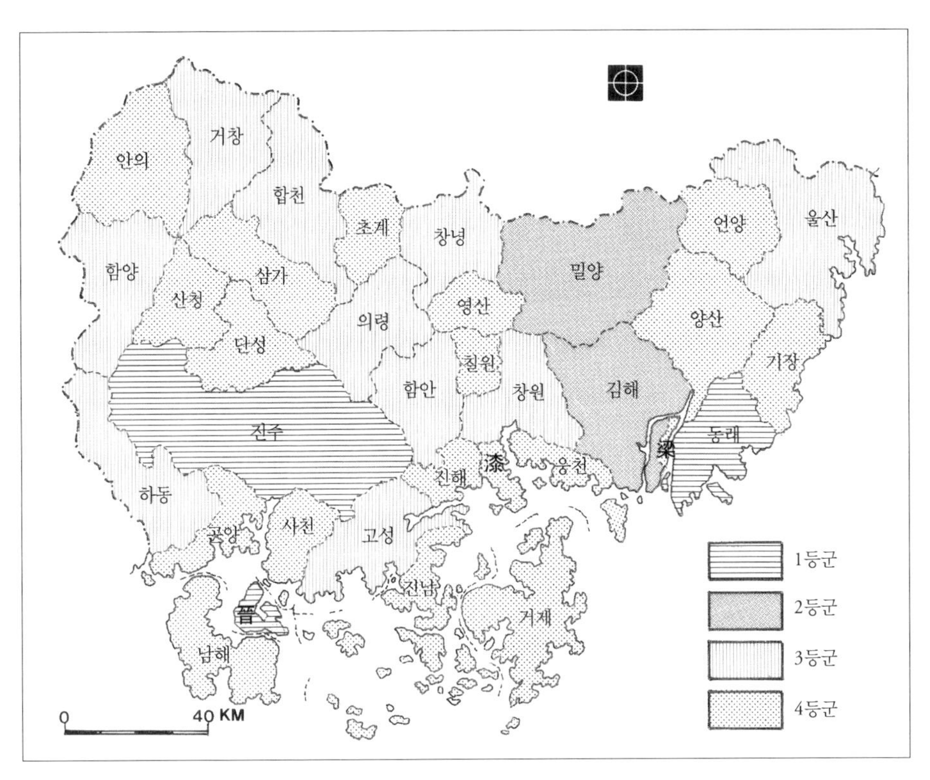

〈그림 3-7〉 개화기 경상남도 각 군의 등급(1900).
한자 晉은 진주군, 漆은 칠원군, 梁은 양산군의 월경지를 의미한다.

그런데 1900년 고성군의 옛 수군통제영과 도선면 등 8개 면, 거제군 소속의 일부 도서들을 분리하여 진남군을 신설함으로써 경상남도의 군은 31개로 증가하였다(그림 3-7).[8)]

지리적으로 볼 때 신설된 경상남도는 동서의 폭은 넓고 남북의 길이

8) 광무 3년(1899) 1월 15일 칙령 제2호에 의거하여 고성군 통영에 진위대대 병력 600여 명이 주둔하면서 통영의 행정적 비중이 높아지게 되었다. 1900년 7월 25일 진위대 본부가 진주로 이동하고 1개 중대만 통영에 주둔하는 대신 고성반도 동남부 8개 면과 남해의 사량도 · 미륵도 · 욕지도 · 한산도 · 가조도 등을 합쳐 진남군을 신설하였다.

는 짧은 대상지역이다. 낙동강이 이 지역의 중앙부를 북에서 남으로 흐르고 있어 지리 · 역사적으로 강의 동부와 서부는 서로 다른 지역성을 가지고 발전해왔다. 낙동강 수로와 남해안의 해로가 일찍부터 개발되었으나 도내의 동서 간 육로교통은 그리 편하지 않았으며 행정중심지 진주가 서부에 치우쳐 초기부터 지역통합에 적지 않은 문제를 안게 되었다. 이 사실은 서울의 중앙정부와 시간거리가 가장 멀 뿐만 아니라 도내의 행정적 통제력도 강하게 미치지 못한 관계로 동부경남에 일제의 식민지 교두보 구축을 용이하게 만든 요인이 되었음을 암시한다.

갑오개혁 직후(1897) 부산포에 거주한 외국인은 8개 국 출신의 1,181호였고 인구수는 5,983명이었는데, 호수의 96.8%, 인구수의 98.8%를 일본인이 점유하였다(김현종, 1968, 537쪽). 따라서 일본인의 부산포 장악은 수적으로 용이할 수밖에 없었다. 물론 대한제국 정부는 동래군을 진주와 동급인 1등 군으로 높이고 부윤(府尹)을 배치하여 부산포 감리(監理)를 겸직하게 하는 등 행정적 배려를 하였으나 1904년 감리서가 부산포로 이전함으로써 개항장의 일본인 통제가 어려워지고 행정적으로도 3등 군으로 격하되었다. 반면에 부산은 무역항으로서의 기능과 행정 기능, 공업 기능, 그리고 낙동강 수운과 경부선 철도(1904년 개통)의 이점을 가진 교통 기능까지 보유하여 진주를 능가하는 중심지로 부상하였다. 즉 동부경남이 일제에 의해 잠식당하면서 근대화의 선진지역으로 부상한 데 반하여 진주를 중심으로 한 서부경남은 침체상태에 놓였다. 이는 배타적이고 고립성이 강하며 지역 간 교통 · 통신이 발달하지 못했던 전 산업시대의 농촌 중심지가 개방화 추세에 앞선 사회에 뒤처지는 일반적 현상이다(Carter, H., 1990, pp.54~55).

개항 당시의 외국인 거류지는 본래 초량항 일구(一區)에 한정되어 있었다. 이 협소한 거류지를 놓고 8개국 출신 외국인들이 각축을 벌였으나 일본인들이 청국인 및 서양인들을 압도하게 되었으며(표 3-5), 일본인

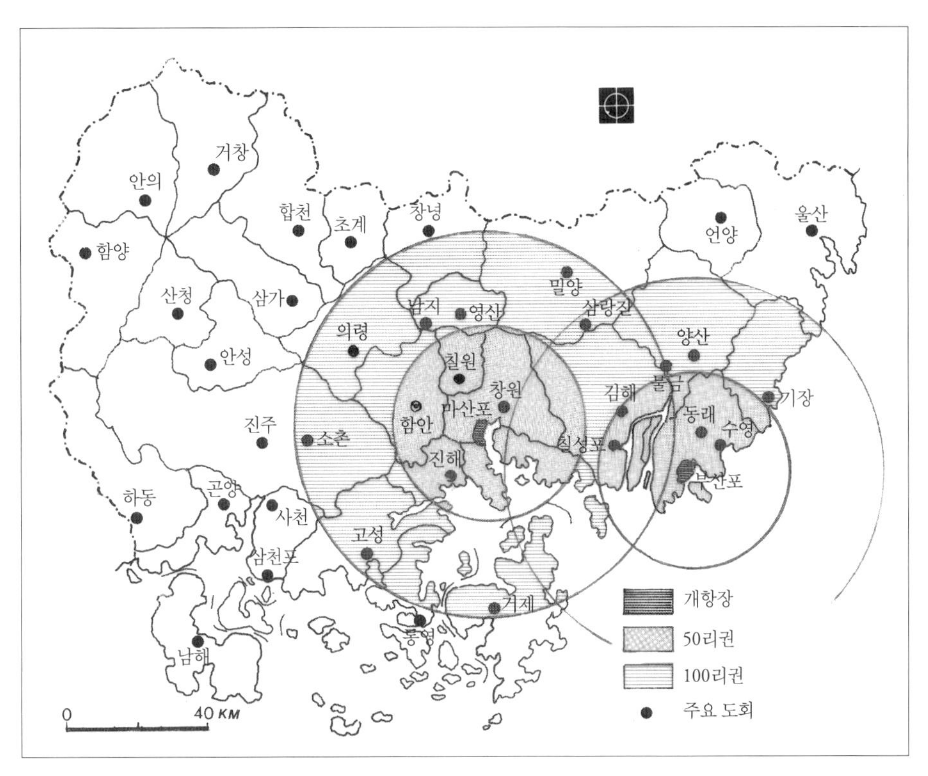

〈그림 3-8〉 부산포 · 마산포의 간행리정

들은 이에 만족하지 않고 한정된 범위의 전관거류지를 발판으로 배후지를 확장하고 점진적으로 한반도 전체를 식민화하려는 의도를 보였으므로 대한제국 정부는 그들의 활동범위를 거류지 내로 제한하고자 하였다.

그러나 우리 정부는 일본의 압력에 굴복하여 1882년 8월 한일수호조약을 체결하게 되었는데, 동 조약 제1조에 "부산 · 원산 · 인천 각 항구의 간행리정(間行里程)을 금후 확장하여 사방 50리로 하고 2년 후를 기하여 다시 100리(朝鮮里法)로 할 것"이라고(그림 3-8) 명시하였다. 이로써 1884년부터는 일본인 등 외국인들이 개항장으로부터 반경 40km 범위 내에서 교역 · 선교활동은 물론 토지와 건물의 매입을 자유롭게 할

〈표 3-5〉 부산 개항장의 외국인 분포(1897)

국적 내역		일본	영국	청국	미국	프랑스	독일	오스트리아	이탈리아
호수		1,143	1	29	2	1	2	2	1
인구	남	3,301	2	48	3		2		1
	여	2,613	5	1	2	1	3	1	
인구 계		5,914	7	49	5	1	5	1	1

수 있다는 보장을 받게 되었다.[9)]

부산의 간행리정 범위는 기장군과 양산군의 대부분, 밀양군의 삼랑진, 창원읍, 웅천군과 김해군의 전 지역, 거제군의 북부까지 이르렀다. 한편 1899년에 개항한 마산포의 간행리정은 동으로 김해읍, 북으로 밀양군 남부와 영산군, 서로 진주군 동부, 남으로 고성군 동부와 거제도에 미쳤다.[10)] 이들 두 개항장의 간행리정은 경상남도의 약 절반에 달할 정도로 광대하였으며, 이 지역 내에 낙동강 중·하류의 함안평야·남지평야·대산평야·김해평야 등 곡창지대와 주요 어염산지를 아우르고 있었다. 다시 말하면 진주 일원을 제외한 경상남도의 핵심부가 일본인들의 활동무대로 개방된 것이다. 이는 마치 일제가 조작한 역사상 임나부(任那府)의 출현을 보는 듯한 느낌을 갖게 한다.

간행리정 조약이 효력을 발휘하게 된 후 일본인들은 동래는 물론 김해와 삼랑진 일대의 토지를 구입하여 상전(桑田)과 과수원을 조성하고 연초재배도 시작하였다. 간행리정 확대 후 부산 주변지역의 일본인 수

9) 「팔도사도삼항구일기」(규18083), 갑신(1884) 7월 18일.

10) 국사편찬위원회, 『고종시대사』 권6, 1968, 59~63쪽, 의정서 제6항 제4관과 8관 참조(대한제국 외부대신 이하영과 특명전권대사 임권조가 조인한 협정의 내용을 요약한 것임).

가 급증하자 한국정부는 일인들이 내륙으로 잠행하는 것을 금지하였으나(德永勳美, 1907, 253~254쪽), 광무 8년(1904) 5월 20일에 조인된 한일협정에 따라 일본인들은 토지매입, 미간지(未墾地) 개간, 내륙수로 및 미개항장 항해 · 어업 등의 권한을 확보하였다.

간행리정에 의거한 일본인의 활동범위 확대는 또다시 진주관찰사의 업무를 위축시킨 반면 부산포와 마산포 감리의 행정업무는 증대되었다. 이로써 진주는 경상남도 전 지역의 수부(首府)라기보다 현실적으로 서부경남의 중심지로 기능이 축소되었다. 1906년 9월 24일에 송포된 경상남도의 행정구역 개편작업도 진주감영의 행정력 위축과 결코 무관하지는 않을 것이다. 칙령 제49호에 의거하여 시행된 면단위 행정구역의 개편은 월경지(越境地)를 인근의 군으로 이관하고, 지나치게 넓은 군의 규모를 축소하는 대신 영세한 군의 강역을 넓혀 군 간의 균형을 맞추는 효과를 가져왔다.

75개 면으로 구성되었던 진주는 상 · 중 · 하 남양면을 사천군으로, 창선 · 적량면을 남해군으로, 청암 등 7개 면을 하동군으로, 삼장 등 6개 면을 산청군으로, 상 · 하 용봉면 등 3개 면을 함안군으로, 양전면을 진해군으로, 영현 등 5개 면을 고성군으로 이관함에 따라 50개 면으로 축소되었다. 반면에 산청군은 15개 면에서 21개 면으로, 함안군은 18개 면에서 21개 면으로 증대되었다. 그 밖에 김해군 대산면이 창원으로 이속되고 양산군 월경지인 대상 · 대하면(낙동강 델타)이 김해군으로 편입되었다(내무부 지방행정국, 1976, 254쪽)(그림 3-9).

3. 중심취락의 기능분류

중심취락은 일정한 면적의 공간 내에 많은 인구가 군집하는 인간사회 고유의 생활방식이다. 특히 도시는 일정 규모 이상의 인구가 밀집상태

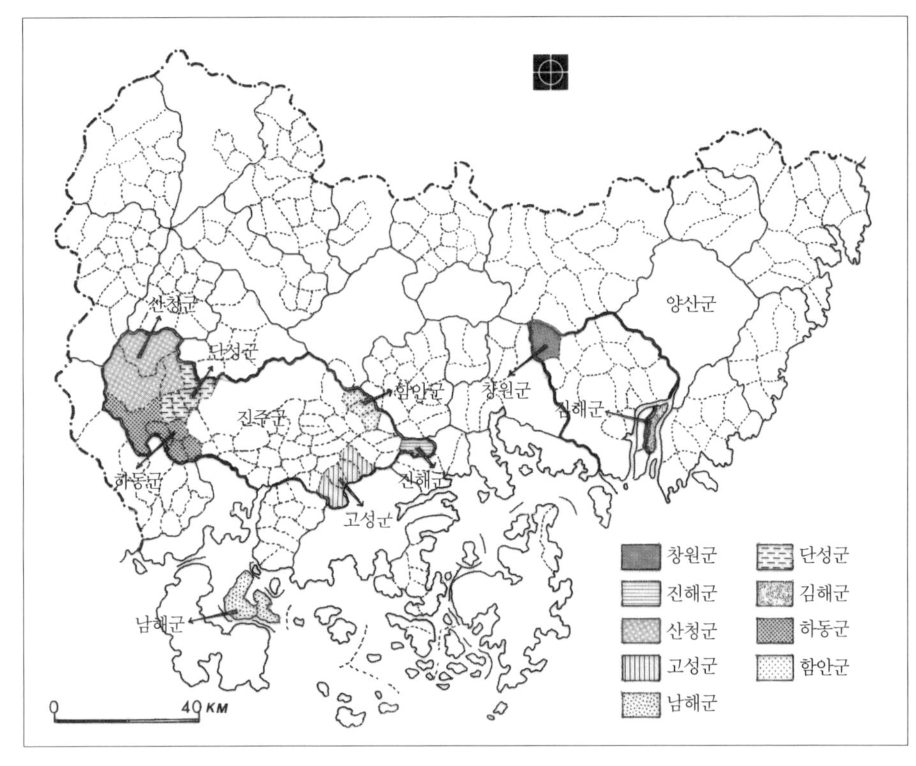

〈그림 3-9〉 경상남도 행정구역(면)의 조정(1906)

로 거주하고 주민들은 다양한 직업활동을 하기 때문에 지역의 정치 · 경제 · 문화 등 복합적인 중심지로 기능한다. 또한 도시는 주변지역에 대한 서비스 제공은 적정의 범위와 기능 유지에 필요한 배후지 인구수와 비례한다(Carter, H., 1990, p.45). 14세기 이슬람 사학자 이븐할둔(Ibn Khaldun)은 "인간은 도시라는 사회조직 없이는 활동할 수 없다. 왜냐하면 도시란 바로 문명을 의미하기 때문이다"라고 하였는데(Ibn Khaldun, 1987, p.54), 이는 전 산업사회에서도 도시가 발달하려면 도시의 서비스 기능이 도달하는 배후지, 그리고 배후지로부터 모든 것이 집중되는 도시라는 지역구조가 성립되어야 한다는 점을 강조한 것이다.

전 산업시대에는 도시 인구의 비율이 10% 정도에 불과하였고 도시 자체도 농촌적 특성을 지니고 있었다(Sanders, I.T., 1977, pp.2~3). 따라서 그 시대를 대상으로 하는 연구에서는 도시-촌락(urban-rural)의 이분법적 접근은 양자를 문명 대 야만이라는 대립적 관계로 해석할 가능성을 배제하기 어렵기 때문에(Fleisher, A., 1970, p.70) 신중을 기해야 한다. 양자 간의 차이를 기능 면으로 볼 때 후자는 단순하고 전자는 그것이 다양하므로 많은 인구를 수용할 수 있다.

그러므로 도시는 넓은 배후지를 보유하는 지리적 장으로 확대되며, 이러한 현상에 따라 경제 · 교육 · 문화의 중심지로 성장한다. 그러나 이러한 기능에 우선하는 것은 행정 기능과 종교 기능이다. 크리스탈러(Christaller, W.)는 중심지 기능을 행정 기능, 문화 · 종교 기능, 의료 · 보건 기능, 사회 서비스 기능, 경제 · 사회생활 관련 기능, 교역 · 금융 기능, 일반 서비스 기능, 노동시장 기능, 통신 · 교통 기능 등 아홉 가지로 분류하였다(Christaller, W., 1980, pp.138~140).

개화기 전기까지는 경상남도의 중심취락들도 기능 면에서 서양의 전 산업도시와 기능상 큰 차이가 없었다. 그런데 갑오 · 광무의 개혁을 통하여 지방행정제도를 비롯해 세제 · 군제 · 교통 · 통신 · 교육제도 등이 바뀌고 근대적인 상공업 장려책이 수립됨으로써 우리나라의 중심지들도 구조적 체질 개선을 경험하게 되었다.

이와 같은 근대화의 결과 전통적인 행정중심지, 교통요지 및 위수취락 중 일부가 기능의 위축 또는 소멸로 쇠퇴 또는 몰락의 길로 들어선 반면 일부 신흥취락들은 새로운 지역중심지로 부상하기 시작하였다. 따라서 개화기는 경상남도의 중심지 재편성의 계기가 된 시기로 볼 수 있다. 필자는 이러한 변화상을 정치 · 경제, 기타의 세 분야로 구분하여 고찰하고자 한다.

1) 정치적 기능

정치적 기능은 일반 행정 기능, 사법 · 경찰 기능, 위수 기능, 교통통신 기능 등을 포함한다. 개화기에는 이러한 기능들이 모두 중앙정부에서 임용한 관리들에 의하여 운영되었으므로 정치적 차원에서 통제되었다고 볼 수 있다.

① 일반 행정 기능

13도제(道制) 시행에 따른 경상남도의 신설은 행정적 의미는 있으나 이 도의 면적(약 12,230km²)이 경상북도(약 18,990km²)에 비해 65% 정도에 불과한데다가 상당한 면적이 도서지역으로 구성되어 있어 후자에 비해 행정업무에 많은 어려움을 지니고 있었다. 또한 진주는 지역의 서부에 치우쳐 있고 교통사정도 여의치 못했기 때문에 경상북도의 대구에 비할 때 지역 통합의 기능이 낮았다. 뿐만 아니라 분할 이전 경상도의 대도호부 및 목(정3품) 6개 중 진주만이 남도에 속하였으며 관할 군의 수도 북도보다 10여 개나 적었고, 부산과 마산은 치외법권지역이었으므로 진주관찰사의 행정력은 대구관찰사에 비해 열세에 놓였다.

정부는 1896년 행정적 비중에 따라 전국의 군을 5등급으로 구분하고 등급에 따라 관원 수와 연봉에 차등을 두었다(표 3-6). 진주는 1등 군인 동시에 경상남도 관찰부 소재지로서 가장 많은 관원이 배치된 행정 중심지였다. 관찰사는 칙임관(勅任官)[11]으로 진주재판소 판사를 겸임하였으며,[12] 관찰부에는 주사(主事)를 비롯한 83명의 관원을 두었다.[13]

---

11) 대한제국 황제가 직접 임명하는 2~3등 고관.

12) 건양 원년(1896) 1월 2일 법부 고시 제2호, 칙령 제114호에 의거하여 진주관찰사가 판사직을 겸직하도록 송포하였다.

13) 칙령 제36조 및 제2조, 지방제도, 관제 및 봉급과 경비의 개정에 관한 건을 송포하

〈표 3-6〉 개화기 경상남도 군수의 관등과 관원의 수

내역 \ 등급	1등군	2등군	3등군	4등군
군명	진주 · 동래	김해 · 밀양	함양 · 합천 · 함안 · 창원 · 고성 · 울산 · 창녕 · 의령 · 거창 · 하동	기장 · 삼가 · 진해 · 산청 · 단성 · 양산 · 언양 · 영산 · 거제 · 초계 · 곤양 · 칠원 · 안의 · 남해 · 사천 · 웅천
군수 연봉	1,000원	900원	800원	700원
관원수	37명	36명	29명	26명

* 자료: 『고종시대사』 제4권, 1896, 193~195쪽, 199쪽.
** 경상남도에는 5등 군을 두지 않았다.

한편 진주군에는 주임관(奏任官)[14]인 군수 외에 향장(1명) · 수서기(1명) 등 37명을 배치하였다.

부산포는 본래 동래부 감리(주임관 · 부윤) 관할구역에 속했으나 광무 7년(1903) 동래부윤을 군수로 교체하였고,[15] 1904년에는 감리서를 부산으로 이전함으로써 행정적으로 동래보다 우위에 놓였다. 1903년까지 동래군에는 군수 이하 관원 37명, 부산포에는 17명의 관원이 배치되었다.

마산포는 창원군 관내의 포구상업 취락에 불과했으나 1899년 개항과 동시에 감리서가 설치되면서 도시화가 시작되었다. 개항 초에는 창원

였는데 관찰사의 월봉은 166원으로 정하였다. 관찰부 관원은 판임관인 주사(6명)와 총순(2명) 외에 순검(30명), 서기(10명), 통인(4명), 사령(15명), 사용(8명), 사동(8명) 등 83명이었다.

14) 각부 대신의 추천을 받아 총리대신이 임명하는 관원으로, 초임자는 4~5등 군에 임명되나 3년 재직 후 공적에 따라 1등씩 승임시켰다(광무 2년 8월 2일, 칙령 제30호 지방관 서임규정 제1조 및 제2조 참조).

15) 광무 7년(1903) 7월 3일, 칙령 제10호에 의거하여 동래 · 인천 · 창원 · 평양 등 10개 부윤을 군수로 개정, 송포하였다.

군수가 감리를 겸했으나 1904년 감리서가 마산포로 이전함에 따라 행정적으로 창원읍을 압도하게 되었다. 기타 군읍은 갑오개혁 이전과 마찬가지로 군청이 종합적인 업무를 담당하고 있었다. 따라서 각 군의 관원 수는 등급에 따라 차이가 있었는데, 김해·밀양은 36명, 함양 등 10개 군은 29명, 단성 등 16개 군은 26명의 관원이 근무하였다. 1900년에 신설된 진남군의 관원 수는 파악이 어려우나 통영의 호구수나 경제사정으로 보아 2~3등 군 수준이었을 것으로 보인다.

하나의 군은 최소 4개, 최대 50개 면으로 구성되어 있었으므로, 갑오개혁 이전까지 면은 행정단위라기보다 하나의 주민자치 단위의 성격을 띠고 있었다(김운태, 1987, 39쪽). 각 면에는 동, 촌 또는 리라고 불린 다수의 자연촌락이 존재하였다.

고종 21년(1884) 내부(內部)에서는 잦은 민란에 대비하여 5가작통절목을 재정비하였는데, 그 내용을 요약하면 5가 1통 내에 통수(統首), 5통에 두령(頭領), 10통에 통장(統長), 1동에 영수(領首)를 두어 유사시에 통수-두령-통장-영수를 거쳐 각 군에 보고하는 체계를 확립하였음을 알 수 있다(오영교, 1991, 82쪽). 즉 보고체계상 면의 위상이 약화되고 동과 군이 직접 연결되었다. 그런데 갑오개혁 후 10호를 1통으로 묶고, 각 면에는 면장과 기타 집강(執綱)·서기(書記)·하유사(下有司) 등 말단 행정기관의 요원들이 임명되었다.[16] 그러나 면에는 별도의 청사를 두지 않아 면장의 자택에서 업무를 수행하였다(경상남도지 편찬위원회, 1963, 78쪽).

면의 호구수와 면적은 천차만별이어서 1,200호 이상인 곳이 있는가 하면 30호 남짓 영세한 곳도 있었다. 290여 개 면을 호수에 따라 배열

16) 건양 원년(1896) 9월 3일, 내부령 제8호 호구조사세칙의 제1관 호적 제1조에 각 면 관원의 역(役)에 관한 언급이 명시되었다.

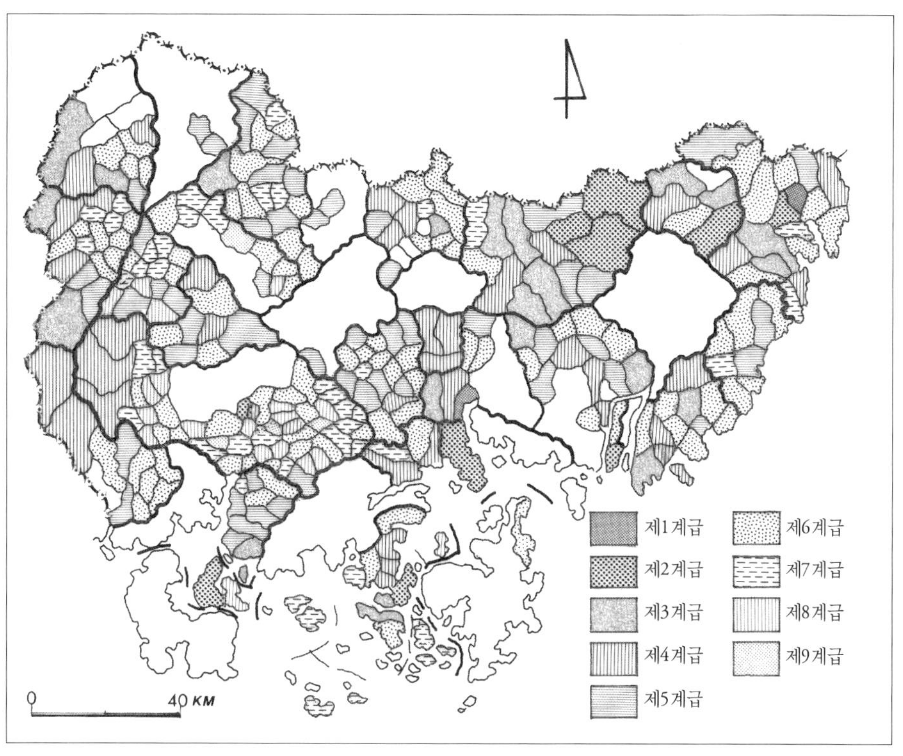

〈그림 3-10〉 개화기 경상남도의 계급별 면(호수 기준)의 분포:
호수가 많은 울산군 내상면(병영), 창원군 서삼면(마산포)이 제1계급을 이루고,
울산군 상부면, 밀양군의 부내면 · 천화면 · 단장면, 김해군 명지면,
칠원군 구산면, 진남군 동면(통영) · 창선면 등이 제2계급에 포함된다.

하면 1,140호와 988호, 836호와 779호, 561호와 524호, 390호와 377호, 291호와 285호, 183호와 176호, 112호와 105호, 70호와 52호 사이 사이에 비교적 넓은 간극이 형성된다. 이 간극들을 경계로 경상남도의 면들을 제1계급(1,140~1,243호), 제2계급(836~988호), 제3계급(561~779호), 제4계급(390호~524호), 제5계급(291~377호), 제6계급(183~285호), 제7계급(112~176호), 제8계급(70~105호), 제9계급(38~52호) 등 9개로 구분하였다(그림 3-10).

제1계급에는 창원군 서삼면과 울산군 내상면 등 2개 면, 제2계급에는 밀양군 천화면(988호), 울산군 상부면(978호) 등 8개 면, 제3계급에는 진남군 서부면 등 24개 면, 제4계급에는 35개 면, 제5계급에는 56개 면, 제6계급에는 97개 면, 제7계급에는 43개 면, 제8계급에는 19개 면, 제9계급에는 4개 면이 소속되어 있다. 다산의 군현분등에는 현의 적정 민호수를 3,000~3,500호로 보고 있으므로 제1계급 또는 제2계급의 면 2~3개의 호수는 현과 비슷한 수준에 달하였다. 그러나 19세기경 영세한 군의 호수는 1,500호 정도에 불과하였으므로 제1계급의 면과 큰 차이가 없었다.

800호 이상의 큰 면은 10개이며 가장 호수가 많은 창원군 서삼면은 가장 적은 진주군 이곡면의 32배에 달하는데 창원군 서삼면 외에 서이면(제3계급), 서일면(제4계급) 등을 포함하여 마산포를 형성하였고, 울산군 상부면(978호), 진주군 중안면(923호), 진남군 동면(836호) 등은 인근의 2~4개 면을 합하여 각각 울산읍·진주읍·통영읍을 이루고 있었다.

제1~3계급에 속하는 34개 면 중에 47.1%는 중앙저지, 41.1%는 해안지방, 11.8%는 서부산지에 분포하였으며 제7계급~제9계급에 속하는 66개 면의 93.6%는 서부산지에 속하는 면들이었다. 다시 말하면 서부산지의 면들은 대체로 규모가 작고 큰 면들은 대부분 해안지방과 중앙저지에 위치하였다. 이와 같은 중·대형 면은 대부분이 상업요지나 어염의 이익이 큰 도회에 소속된 면들이며, 호수가 많고 기능이 뚜렷하기 때문에 행정업무상 2~3명의 면직원이 배치되었다.[17)]

---

17) 각 면의 호수는 『경상남도가호안』과 합천군·산청군·진남군의 『양안』을, 면의 관리 수는 이헌창(『민적통계표의 해설과 이용방법』, 고려대학교 민족문화연구원, 1997)의 저서를 참조하였다.

② 사법 · 경찰 기능

갑오개혁 이전까지 지방수령은 행정권 · 사법권 · 군사지휘권을 모두 행사하였으나 1896년부터 주요 도회의 지방관은 일반 행정업무만 관장하게 되었다. 그 결과 진주 · 부산 등 주요도시에 사법 · 경찰업무를 관장하는 재판소, 경찰서 형옥(刑獄)이 설립되었다.[18] 진주재판소는 판사(관찰사 겸직) 외에 검사〔參書官〕 · 경무(警務) · 형옥(刑獄)을 통할하는 협판(協辦, 칙임 3등), 주임관인 국장 · 경무관 · 감옥서장, 판임관인 주사 · 총순 · 간수장, 기타 하급 간수 등 80여 명이 주재하였다(국사편찬위원회, 1986(5), 95~96쪽).

한편 신흥도시 부산에는 경상도 각지에서 이입한 상인 · 빈민 · 해방노비 등이 집결하고 일본인과 기타 외국인이 거주하였기 때문에 국제분쟁과 범죄가 빈발할 가능성이 높았다. 그러므로 부산은 관할구역이 진주에 비해 협소함에도 불구하고 진주와 동격의 재판소와 경찰조직을 갖추었다. 즉 판사직은 감리가 겸하되 참서관인 협판은 검사직을 수행하였으며 경무관(1명), 총순(2명), 순검(60명), 청사(廳使, 3명), 압뇌(押牢, 3명) 등 약 70명의 사법 · 경찰관리가 근무하였다. 마산의 재판소 및 경찰관서는 개항 당년인 1899년에 설립되었으며, 사법 및 경찰관원의 수는 진주 · 부산에 비해 적은 편이었다.

경상남도 주요 도회의 일반행정 및 사법 · 경찰 기능은 진주(20점)가 수위를 차지하고 부산포(18점)가 2위를 차지한다. 마산포(15점), 동래(14점), 통영(13점), 울산 · 밀양 · 김해(12점) 등이 3위권에 해당되며

---

18) 국사편찬위원회, 『고종시대사』 제4권, 1977, 17쪽에 1896년 1월 20일 법부 고시 제2호 및 칙령 제114호에 의거하여 개항장(부산) 및 진주재판소 개설에 관한 기록이 보인다. 241~242쪽에는 부산재판소 및 경상남도 재판소를 개정하고 부산재판소의 관할구역은 동래, 경상남도 재판소의 관할구역은 진주를 포함한 30개 군으로 한다고 명시하였다. 한편 226~227쪽을 보면 8월 10일 칙령 제52호 개항장의 경무서 설치의 건 송포 기사가 보인다.

합천 · 기장 · 산청 · 삼가 · 안의 · 진해 · 언양 · 단성 · 칠원 등 소읍은 4위권을 이룬다.

③ 위수 기능

위수 기능은 주요 행정요지가 부수적으로 지니는 기능의 하나였다. 조선 후기까지 경상도 남부에는 육군진으로 진주의 우병영과 울산의 좌병영 등의 주진(主鎭), 부산진 · 금정산성진 등의 거진(巨鎭)이 있었고, 수군진으로 고성의 수군통제영 · 동래의 좌수영 등 주진, 부산포 · 제포 등 4개 처의 거진, 두모포 · 다대포 · 옥포 · 서생포 등 10여 처의 제진(諸鎭)이 분포하였다. 개화기 초에는 남해안 지방의 방위력을 강화하고 민란을 수습하는 대책을 마련하였는데, 고종 31년(1894) 4월 영국 해군대위 콜드웰(Caldwell)을 수군통제영의 교관으로 초빙하고 6월에 해군국(海軍局)을 설치하는 등 해군의 근대화를 시도하였다. 또한 9월에는 새로이 수군통제사와 진주병영의 순무중군(巡撫中軍)을 임명하였다(국사편찬위원회, 1986(3), 502쪽, 628쪽).

그러나 갑오개혁에 따라 각 도의 감영 및 안무영(按撫營) 등을 철폐하였고,[19] 이어서 삼도수군통제사 및 소속관제를 폐지하였으며 구 제도에 의거한 병수영 및 진보 등 모든 군사기지를 폐쇄하였다. 1896년의 김해군 보고서[20]는 이러한 구식군대 시설의 철폐와 군대해산에 관한 내역을 다음과 같이 밝히고 있다.

첫째, 전 통제영 소속 장교와 병졸은 해산한다. 둘째, 전 통제영 소속 군물 · 선척 · 소관기록 장부는 군부(軍部)로 이속한다. 셋째, 전 통제영 소속 건물 · 토지 · 금전 · 미곡 등 소관기록 장부 등은 진주와 고성군에

19) 고종 32년(1895) 5월 16일, 칙령 제98호, 지방제도 개정에 관한 건 제1조에 의거한 조치였다.

20) 『각사등록』 권49, 경상도문부존안, 건양 원년(1896) 2월 5일.

이속하여 탁지부(度支部)에서 관리한다.

구식군대 해산 후 정부는 지방군 조직을 진위대(鎭衛隊) 편제로 개편하였는데, 전국을 5개 연대(15개 대대)로 편성하고 제3연대를 영남지방에 주둔시켰다. 영남연대의 제1대대는 대구, 제2대대는 고성(현 통영), 제3대대는 울산(병영)에 배치되었다. 고성대대는 대대장(참령〔參領〕) 1명, 위관 장교 5명, 하사관 10명, 병졸 400여 명으로 편성되었는데, 병력수는 대구나 울산에 비해 100여 명이 많았다.

당시 군 장교의 대우는 매우 높은 편이어서 대대장의 연봉(928원〔元〕)은 2등 군 군수보다 높고 중대장(정위〔正尉〕)의 연봉은 거의 5등 군 군수의 수준에 달하였다.[21] 이러한 사실은 통영과 울산의 발전에 적지 않은 영향을 주었을 것이다. 광무 4년(1900) 진위대의 개편과 병력 재배치가 단행됨에 따라 제2대대 본부가 진주로 이전되고 3개 중대는 통영 · 동래 · 김해 등지로 분산, 주둔하게 되었다. 제2대대는 대대장 1명, 중대장(정위〔正尉〕) 5명, 부관(부위〔副尉〕) 1명, 향관(餉官, 1~3등 군사〔軍司〕) 2명, 소대장(부참위〔副參尉〕) 20명 등 장교 29명, 하사관 79명, 병졸 900여 명, 하사관 1명과 사병 20명으로 구성된 곡호대(曲號隊)로 구성되어 총 병력은 1,029명에 달하였다. 울산대대의 병력은 이보다 다소 적었을 것이다. 이 가운데 대대장을 비롯하여 장교 10여 명과 하사관 및 사병 400여 명은 진주 중군영(中軍營)의 본부에 주둔하였고, 중대장 1명과 소대장 4명, 150~200여 명의 하사관 및 사병으로 구성된 각 중대는 통영 등 지정된 지역을 위수하였다. 그 밖에도 민중의 소요나 비적의 출몰이 잦았던 산청 · 거창 · 함안 · 웅천 등지에 소대 병력을 배치하였다.[22]

---

21) 광무 3년(1899) 1월 15일, 칙령 제2호 진위대편제 개편 부칙 제12호에 의거한 것이다.

22) 광무 4년(1900) 9월 25일, 진주관찰부에서 내부로 전보한 보고 내용에 울산 · 웅

서양식 병기로 무장한 진위대는 국록(國祿)을 받는 직업군인 집단이었으므로, 수백 명 병력의 주둔은 도시의 기능에 상당한 영향을 주었을 것이다. 왜냐하면 행정직 관리에 비하여 군인의 수가 3~5배나 많아 중대병력 이상이 주둔한 취락들은 위수도시로서의 위상이 높아졌기 때문이다.

④ 교통 · 통신 기능

개화기 이전 경상남도의 교통수단은 주요 역도(驛道)와 지방도를 이용하는 육로, 낙동강 본류와 지류를 이용하는 하천수로, 그리고 남해안과 동해안에 이르는 해로였다. 이 가운데 역도는 통신 기능과 수송 기능을 겸하여 중앙정부와 지방관아를 잇는 행정통신은 물론 국용물품(國用物品)의 수송과 일반 상업로의 기능을 담당하였다. 수로와 해로를 이용한 교통은 민간상업과 조세를 수송하는 조운로의 기능을 동시에 수행함으로써 일부 수상교통 요지들은 개화기에 이르러 활기를 띠게 되었다.

조선왕조의 건국과 동시에 한양을 기점으로 하는 새로운 행정통신 및 교통체계가 구축되었는데, 이 교통축 가운데 동남 방향으로 뻗은 도로를 제4로(동남지동래로〔東南至東萊路〕 또는 영남대로)라 일컬었다. 이 길은 문경의 유곡도에서 세 갈래로 나뉘어 직로는 동래의 부산포에 이르고, 지선도로의 하나는 성주-칠원-창원-진해를 거쳐 통영에, 또 하나의 지선은 덕통-군위-경주-울산-양산을 경유하여 동래에 이르렀다. 그 밖의 주요 도로는 전라도 남원에서 팔랑치를 넘어 함양-진주-고성-통영으로 이어지는 남지통영별로(南至統營別路)와 청주에서 추풍령-

---

천 · 함안 · 산청 등지에 화적이 출몰하므로 군부에 조회하여 각 지역에 진위대 1개 소대를 파견토록 하였다.

김천-거창-함양에 이르는 길을 들 수 있다.[23] 이밖에도 김천-성주-창녕-창원로, 죽령-안동-의성-경주-울산-동래로 등 간선도로와 영남지방 주요 도읍을 횡으로 연결하는 길들이 그물과 같은 도로망을 형성하였다. 18세기 후반경 경상남도의 66개 역 대부분은 황산도(黃山道)·자여도(自如道)·소촌도(召村道)·사근도(沙斤道)에 속하였으나 안의·거창·합천·초계 등 4개 군 소속 역들은 김천도(金泉道)에, 창녕·영산군의 역들은 성현도(省峴道)에, 울산·언양의 역들은 장수도(長守道)에 속하였다.[24]

역로는 본래 행정통신을 주목적으로 설치·운영되었으며, 역리·역졸 등 유역인(有役人)은 원칙적으로 역무에만 종사하도록 제약을 받아왔다. 그러나 조선 후기에 이르러 상업이 발달함에 따라 역은 점차 상품유통의 기지로 변모하기 시작하였다. 따라서 역로는 관도(官道)의 기능보다 상업로의 기능이 더 강화되었다. 소촌·사근·자여·황산 등 찰방역은 물론 권빈(합천군), 덕산(진주), 성법·금곡(김해), 배둔(고성) 등 다수의 일반 역들까지 중요한 상업취락으로 발전하였다(이대희, 1991, 260~263쪽). 그러나 19세기 후반의 빈번한 민란과 화적의 준동으로 인하여 역로의 기능이 마비되는 일이 잦았다. 특히 진주군 덕산을 중심으로 한 지리산지 주변의 피해가 컸으며 동학농민운동 당시에는 진주군 서부, 함양군, 단성군, 거창군 일대와 진주읍 동부의 소촌역까지 기습을 받았다(김준형, 1992, 76~82쪽). 그러나 조선 후기에는 새로운 도로개발이 꾸준히 시행되어 도로의 밀도가 높아지고 정기시장 망이 형성되었다(李大熙, 1991, 285~287쪽).

갑오개혁 이후 역도의 기능은 점차 약화·소멸되기 시작하였다. 고종

23) 『대동지지』 권27, 정리첩람(程里捷覽).
24) 『영남역지』 「황산도역지」 「사근도역지」 「소촌도역지」 「자여도역지」 「금천도역지」 「성현도역지」 「장수도역지」.

32년(1895) 윤5월 26일에 송포된 국내우체규칙에 따라 진주와 동래에 우체사가 설립되었으며 1896년에는 드디어 우역제가 철폐되었다.[25] 이어서 1897년에는 진주와 부산 우체사의 선로를 확정함으로써[26] 근대적 행정통신망이 성립되었다. 1900년에는 창원(마산포)과 고성(통영)에도 우체사를 설치하고 부산과 마산(창원) 우체사를 1등사, 진주와 통영(고성) 우체사를 2등사로 구분하였다. 진주사 관할지역 일부를 마산과 통영으로 이관시켰다.[27]

광무 3년(1899) 농상공부령(農商工部令) 제35호에 의하여 창원부에 최초의 전보사가 설치된(국사편찬위원회, 1986, 871쪽) 이듬해에 부산과 진주 · 고성(통영)에도 전보사가 설립되었는데, 창원과 부산의 전보사는 1등사, 진주와 통영의 전보사는 2등사로 구분되었다.[28] 전보사는 우체사보다 신속하게 긴급통신업무를 수행할 수 있기 때문에 개항장과 중앙 간의 전보망에 우선을 두었다.

우체사와 전보사는 특정지역에 한정적으로 입지하였으며, 직원의 수도 행정기관에 비해 소수에 불과하였다. 그러나 군청에는 군수 1인만이 중앙직 관리인 주임관인 데 비해 우체사와 전보사에는 각각 사장(司長,

---

25) 건양 원년(1896) 1월 16일, 칙령 제9호에 '각역 찰방 및 속역을 폐지하고 각 역청에 속했던 토지 · 건물 · 금전 · 미곡과 이에 관한 기록장부 기타 물품을 각기 소대부청 또는 군청에 이속케 하는 건을 재가하여 송포한다'고 하였다.

26) 광무 원년(1896) 12월 16일, 칙령 제43호 임시우체사규칙을 송포하였으며, 광무 2년 4월 3일, 우체사의 선로를 다음과 같이 확정하였다. 진주우체사(총 20개 군)(직로: 진주-단성-산청-함양〔매일 송달〕, 제1로: 진주-사천-고성-진해〔2일 간격〕, 제2로: 진주-곤양-하동-남해〔2일 간격〕, 제3로: 진주-삼가-초계-합천-거창-안의〔2일 간격〕, 제4로: 진주-의령-영산-칠원-함안〔2일 간격〕). 부산우체사(총 8개 군)(직로: 부산-밀양-대구〔매일 송달〕, 제1로: 부산-기장-울산-언양-양산〔2일 간격〕, 제2로: 부산-김해-웅천-창원〔2일 간격〕).

27) 광무 4년(1900) 7월 25일, 칙령 제28호 우체사관제 송포.

28) 광무 4년 7월 25일, 칙령 제27호 전보사관제(電報司官制) 송포.

주임관) 1명과 주사(主事, 판임관) 등 중앙직 관리 2~3명과 기사(판임관)와 기사보 십 수 명이 배치되었다.[29] 다시 말하면 이들 기관은 국가의 신경중추 기능을 가지고 있어 정부가 특히 관심을 가졌던 것으로 보인다.

이와 같이 행정통신의 근대화가 시도되었음에도 불구하고 육상교통은 거의 개선되지 않았음을 일본영사관은 다음과 같이 보고하였다.[30]

> 가령 수선하면 우마차가 통행할 수 있는 도로를 상(上)으로 하고 인거(人車)가 다닐 수 있는 도로를 중(中)으로 하며, 인거가 다닐 수 없는 도로를 하(下)로 한다면 소관(小官)이 지나온 경상도 750리 중에서 중에 해당되는 것은 단지 100여 리에 불과하고 나머지는 모두 하에 속합니다.

도로의 사정이 열악했던 원인은 정부의 정책적 실패에서 연유하였음이 쉽게 파악된다. 1895년 3월 10일 내무아문(內務衙門)에서 각 도에 내린 훈시(제58조)에 '대로는 각리로 하여금 나누어 관장하여 각근(恪勤)히 수축케 하라'는 내용이 보인다. 이로써 도로의 폭, 경사로, 포장상태 등을 정부가 원칙을 정하여 관리하지 않고 백성들에게 책임을 지웠음을 알 수 있다. 결국 도로의 관리가 체계적으로 이루어진 것은 일제에 의한 신작로 개수공사가 시작된 이후이다. 따라서 대부분의 화물은 낙동강 수로와 해로로 수송되었고, 지형조건이 양호한 지역에서는 국지적으로 우차를 사용하였으나 대부분의 지역에서는 원시적인 길마 또는 등

29) 건양 원년(1896) 7월 23일에 송포된 칙령 제32호 전보사관제와 8월 5일에 송포된 칙령 제42호 우체사관제 개정안에 의거하여 전보사의 직원 임용안이 확정되었다.

30) 『通商彙纂』 第22號 1895年 3月 28日 朝鮮國全羅道巡回復命書, 28.

짐으로 화물을 수송하였다.

개항장에는 전통적 소달구지 외에 앞바퀴가 회전되는 4륜마차가 도입·이용되었을 가능성이 높다. 1894년 이전 인천 청국조계에는 원세개가 경인마차회사를 설립하였다. 이 회사 소속 마차들은 서울-인천을 왕복하면서 수출입 화물을 수송하였는데(仁川府, 1938, 812쪽), 부산과 마산 등지에도 이러한 마차들이 도입되었을 것으로 보인다.

경상남도를 하나의 4변형 공간으로 본다면 남쪽과 동쪽 변은 바다이고 북쪽과 서쪽 변은 육지이다. 낙동강은 이 공간의 중앙부를 북에서 남으로 관류하다가 남지 부근에서 동류하여 삼랑진에 이르고, 여기서 다시 유로를 남으로 꺾어 김해 앞바다에 도달한다. 그러므로 서부경남의 산군을 제외한 대부분의 도회들은 이 수로를 통하여 남해안의 요읍(要邑)들과 용이하게 접촉할 수 있었다.

고대의 교역도시들을 보면 일반적으로 해안의 소왕국이나 내륙 배후지의 곡창지대를 배경으로 발달한 예가 많았는데(Chapman, A.C., 1971, p.116), 하천 역시 해로에 못지않게 저렴한 비용으로 대량수송을 할 수 있기 때문에 많은 인구가 집중되는 교통·교역의 중심지 성립에 유리한 조건을 제공하였다. 그러므로 지배층은 이러한 교통로의 통제와 관리에 관심이 많았는데(Boulton, W.H., 1969, p.55), 관리 대상은 농경지에 밀집 거주하는 촌락주민이 아니라 수송과 정보교환을 촉진하는 교통중심지의 주민이었다(Deutsch, K.W., 1953, p.174). 근대화 이전 영남의 대동맥 역할을 한 낙동강 유역의 주요도시들이 위의 사례에 해당되었다.

낙동강 본류와 지류의 가항수로 총 연장은 약 870리에 달하였으며, 유역 내에 주요 기항지가 29개 처였다.[31] 특히 낙동강 중·하류에 속하

---

31) 『通商彙纂』 제181號, 1900年 11月 報告, 6. 韓國慶尙道水運, 56.

는 경상남도에 이르면 하천의 경사도가 완만하고 감조구간(感潮區間, 하구~수산진)이 길고 수심이 깊으며, 결빙하지 않는 구간이 많기 때문에 수운의 조건이 양호하였다. 본류의 가항수로는 하구로부터 초계군의 율지(栗旨)까지 약 260km인데, 수심이 5m나 되어 중선(中船)의 소강이 가능하였고, 하구에서 약 100km 상류부의 삼랑진 구간에는 대선이 통하였다(大田才次郎, 1894, 156쪽). 지류의 주운(舟運)은 남강의 경우 본류합류점으로부터 약 75km 상류의 진주 남강진까지, 밀양강〔南川江〕은 삼랑진 상류(약 20km) 남포까지, 황강은 약 26km 상류의 합천군 율곡면 영전까지 소선이 소강하였다(朝鮮總督府 官房土木部, 1926, 149쪽; 柳川勉, 1925, 162쪽).

낙동강 수로상의 주요 기항지에 대한 기록은 문헌과 시대에 따라 차이가 있는데 1800년대보다 1900년대에 이르러 기항지의 수가 증가한 것으로 보아 수로의 개발, 선박의 개조, 운항 기술의 진보가 이루어진 것으로 보인다. 이중환과 서유구는 낙동강 중·하류부의 주요 포구로 정암진·산산창진·불암진·황산포·도흥진·앙진·밀진·칠성포·남강진 등을 열거하였으며,[32] 성호는 김해 동북의 도요저(都要渚)를 언급하였다.[33] 그런데 개화기에는 하단과 구포(동래), 황산포·원동(양산), 동원진(김해), 삼랑진·수산진(밀양), 주물연진·매포진(창원), 상포·남지(영산), 진창(창녕), 박진·차음강(의령), 율지(초계) 등 본류의 포구와 밀양강의 이창진과 남포, 남강의 정암진·남강진 등 6개 포구, 황강의 영전 등 2개 포구를 소개하고 있다.[34] 이 포구들 가운데 삭포(김해)·하

32) 『택리지』 팔도총론 경상도조 및 복거총론 생리조; 『임원경제지』, 예규지, 식화, 무천조.

33) 『성호사설』 권3, 천지문 김해속.

34) 農商務省, 『韓國土地農産調査報告』(慶尙道 全羅道), 1904, 162, 225, 242쪽; 柳川勉, 1925, 162쪽; 李大熙, 1991, 236쪽.

단 · 원동 · 삼랑진 · 상포(영산) · 박진 · 차음강 등지에서는 소금을 비롯한 각종 화물의 통과에 세금을 징수하였다. 즉 낙동강안에 25km 간격으로 역소(役所, 수세처〔收稅處〕를 가리킴)가 설치되었던 것이다(谷崎新五郎 · 森一兵, 1904, 13쪽). 내륙수로 요지에서 염세를 징수한 예는 유럽의 라인 강, 다뉴브 강 등지에서 그 예를 찾을 수 있고 조선시대 남한강의 목계에서도 확인된다.[35)]

낙동강의 염세소 설치는 1840년 원동을 효시로 하며,[36)] 1893년부터는 각종 화물에도 수세하였다(유승렬, 1994, 51쪽). 1902년 일본은 이러한 세금 징수가 통상장정(通商章程)에 위배되니 철폐하라고 요구하였다.[37)] 결국 광무 7년(1903) 4월 정부는 일본의 요구를 받아들여 원동을 제외한 수십 처의 징세소를 철폐하였다(그림 3-11). 염선은 대부분의 포구에 정박하였는데, 그 중 중요한 곳은 삼랑진, 의령의 박진, 초계의 가무창 · 율지 등이었다.[38)]

1900년경 낙동강에서 운행된 선척의 수를 일본인은 김해의 약 100척, 밀양 · 영산 · 창녕의 각 50척, 기타 군의 150척 등 약 400척으로 추산한 바 있는데(新納豊, 1989, 186~187쪽), 1894년의 탁지부 문서[39)]를 참조하면 보다 구체적인 선척 수를 파악할 수 있다. 낙동강 연안에서 가장 많은 선박을 보유한 김해군(558척)은 해선(海船)보다 강선(江船)이 더 많았으며, 동래 · 창원 · 칠원 · 진주는 해선의 수가 강선보다 더 많았을 것으로 보인다. 이 점을 감안하더라도 낙동강 중 · 하류 강선의 수는 김해 300여 척, 밀양 103척, 양산 84척, 동래(구포) 30여 척, 영산 39척, 창

35) 『택리지』 복거총론 생리조.

36) 『경상도관초』 제2책, 관령영 을축 4월 13일조.

37) 광무 6년 12월 30일, 일본 공사 하야시 곤스케(林權助)가 원동 임해 및 삼랑진의 내장원 직할 징세소 철폐를 요청하였다. 『고종시대사』 제5권, 697쪽.

38) 『通商彙纂』 第19號 1895年 5月 15日 雜之部 26, 朝鮮國慶尙道巡廻報告.

39) 『경상도내연강해읍갑오조선곽어세총수도안』(규18099).

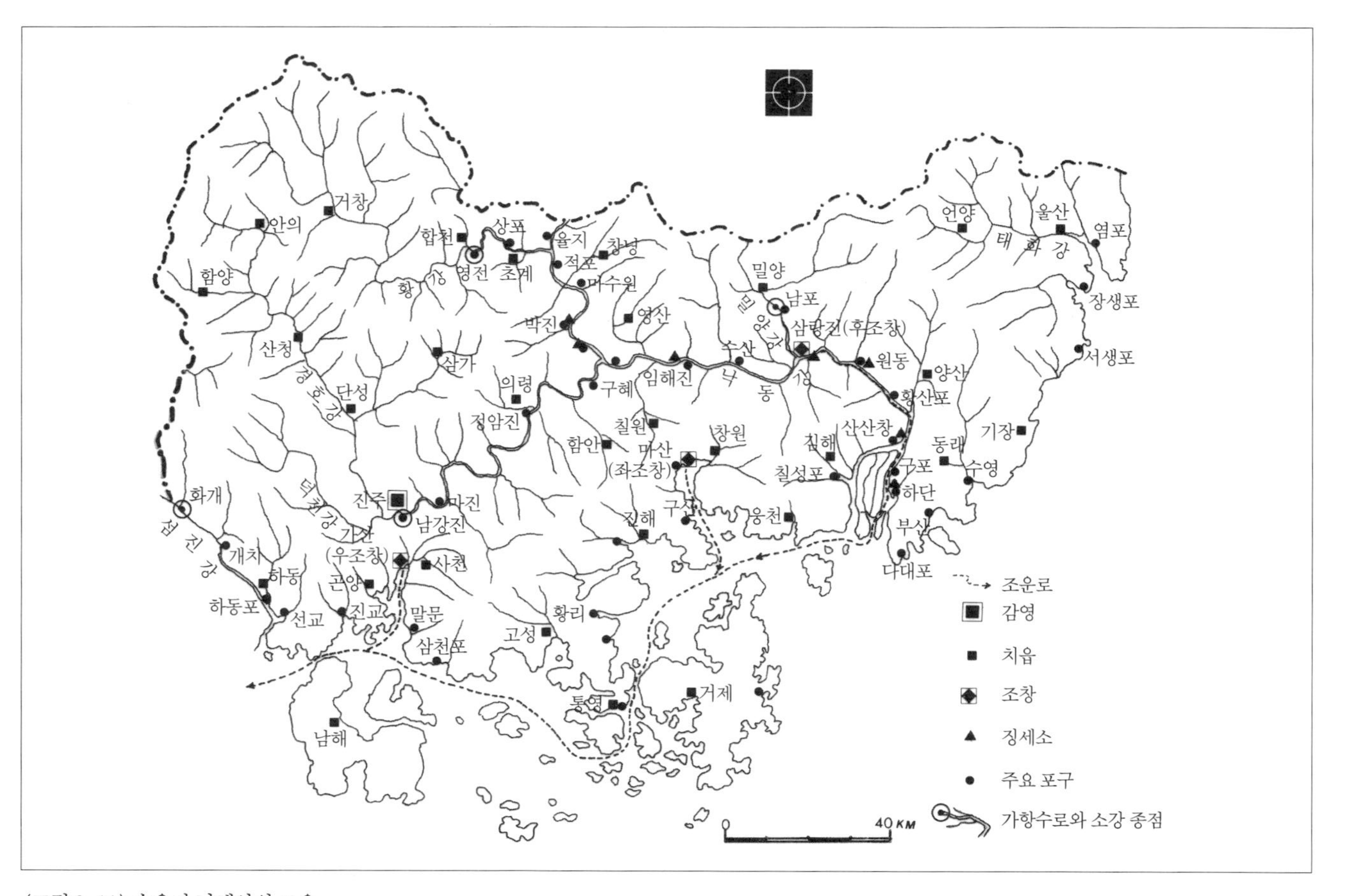

〈그림 3-11〉 수운과 남해안의 조운

원 20여 척, 장녕 14척, 진주 20여 척, 의령 19척 등 약 630척에 달한다.

낙동강 외의 주요 내륙수로는 섬진강을 들 수 있다. 섬진강은 가항수로가 짧고 배후지도 하동군과 전라도의 구례 · 광양 등을 포함하는 협소한 지역에 불과하였으나 남해안의 어염과 내륙의 곡물 · 임산물 등을 해안 도시로 수송하는 기능을 가지고 있었다. 주요 포구로는 선교리 · 하동하저구 · 개치 · 화개 등이 있었다. 섬진강은 하구로부터 화개면 개치까지 조수의 영향을 받는 감조구간이었기 때문에 밀물 때에는 남해안의 해선들이 출입하였으므로 50척의 행상선과 39척의 어(염)상선 대부분이 해선들이었으며, 강선은 하동포구로부터 구례의 구만포 사이에 운행된 소수의 소선에 불과하였다(표 3-7).

선박은 크기에 따라 대광선(大廣船, 16파〔把〕 이상), 차대광선(次大廣船, 13파 이상), 중광선(10파 이상), 차중광선(7파 이상), 소광선(4파 이상), 소소광선(3파 이상), 협선(挾船, 2파 미만)으로 구분하였다(今村鞆, 1929, 71~72쪽). 경남지방의 선척 중 대선(차대광선~대광선)은 40여 척에 불과하고 대부분이 중선과 소선이었다. 화물 수송에 쓰인 선박은 광선과 농선이었는데, 후자가 국지적으로 사용된 반면 전자는 광범위하게 이용되었다. 다만 적재량 500석 이상의 대선은 주로 삼랑진~하구 구간 수로에서 운행되었고, 중선(300~500석)은 남지(南旨) 부근, 소선(300석)은 상류부까지 소강하였다(谷崎新五郎 · 森一兵, 1904, 10쪽). 그러나 후조창이 설치되었던 삼랑진은 감조구간에 해당되어 밀물 시에 1,000석 이상의 선적량을 가진 대선들이 출입하였다.[40]

행상선은 선상(船商)들이 보유한 중소선들로, 강선(江船)과 해선(海船)으로 구분된다. 전자는 주로 김해군 소속이지만 양산군 · 밀양군 · 진주군 등지에도 상당수가 분포하였다. 이 배들은 수심이 깊고 여울이 적

---

40) 『通商彙纂』 第22號, 1855年 5月 28日, 朝鮮國全羅道巡回復命書, 28.

〈표 3-7〉 경상남도의 군별 선척수와 선세(1894)(단위: 척(隻), 괄호 속 선세는 냥(兩))

종류 / 군명	행상선	어(염)상선	농선	어선	어업보조선	삼선	광선	노선	통선	합계	비고
울산	5 (21)			63 (216)	2 (30)	198 (371)				268 (638)	해읍
기장				30 (189)		67 (134)				97 (323)	해읍
동래	16 (60)	6 (12)				177 (335)	49 (70)			248 (477)	해읍
양산	41 (38)		2 (1)				85 (77)			128 (116)	낙동강
밀양	42 (119)			7 (7)			54 (61)			103 (187)	낙동강
영산	1(3)		14 (6)	10 (11)			20 (24)			45 (44)	낙동강
창녕			8 (5)	8 (6)			6 (22)			22 (33)	낙동강
김해	178 (424)	1 (2)	195 (89)		5 (5)		178 (424)	1 (1)		558 (945)	낙동강 · 해읍
창원	10 (50)	56 (112)		2 (4)	16 (80)	39 (71)			70 (105)	193 (422)	해읍 · 낙동강
웅천	59 (106)				107 (583)	78 (180)	12 (21)		95 (113)	351 (1,003)	해읍
칠원				4 (2)	7 (29)	10 (20)	27 (41)		5 (8)	53 (100)	해읍 · 낙동강
진해	48 (48)	22 (48)			5 (60)		42 (42)		2 (2)	119 (200)	해읍
거제	157 (242)	100 (200)		3 (2)	119 (1,008)	792 (762)	15 (18)	71 (71)	69 (76)	1326 (2,379)	도서
고성	130 (253)	67 (126)		5 (3)	74 (535)	648 (734)	1 (3)	10 (15)	462 (237)	1397 (1,906)	해읍
사천	7 (24)	20 (70)		34 (23)	90 (231)	94 (115)		12 (17)		257 (480)	해읍
진주	27 (134)	9 (17)		75 (40)	16 (216)	30 (76)	7 (7)	58 (67)		222 (557)	낙동강 · 해읍
곤양	8 (36)	19 (38)		15 (48)	12 (60)	37 (68)	4 (8)	19 (30)		114 (288)	해읍
하동	50 (124)	39 (39)		254 (210)	12 (36)		21 (36)	20 (44)		396 (489)	섬진강 · 해읍
남해	22 (202)			111 (82)	47 (214)	165 (403)			25 (13)	370 (914)	도서
함안			3(2)							3(2)	낙동강
의령			15 (10)				4(8)			19 (18)	낙동강
합계	801 (1,884)	339 (664)	237 (113)	621 (843)	512 (3,087)	2,335 (3,269)	525 (862)	191 (245)	728 (554)	6,289 (11,521)	

* 자료: 『경상도내연강해읍갑오조선염곽어세총수도안』(규19456)

은 하류부에서는 돛을 달고 항행했으나 수심이 얕고 여울이 많은 중상류에서는 수부와 고용된 끈잡이들의 인력으로 수로를 통과하였으므로 낙동강 수로는 해로에 비해 효율성이 낮았다. 18세기 일본의 연구사례를 보면 육로 · 내륙수로 · 해로의 수송 능률은 1:25:750으로 나타난다(奧田久, 1977, 11쪽). 우리나라에는 교통양식에 따른 수송 능률의 비교연구 사례가 없지만 개화기 경상남도의 사정은 일본보다 양호했을 것이다. 왜냐하면 일본에는 낙동강과 같은 대하천이 없고 감조구간도 낙동강보다 짧기 때문이다.

조운제는 갑오개혁 이전까지 시행되어 후조창 · 좌조창 · 우조창 등이 설치되었던 밀양의 삼랑진, 창원의 마산, 진주의 가산은 교통의 요지로 기능하였다. 삼랑창은 밀양 · 현풍 · 창녕 · 영산 · 양산 등 5개 군, 마산창은 창원 · 함안 · 칠원 · 진해 · 거제 · 웅천 · 의령(동북부) · 고성(동부) · 김해 등 9개 군, 가산창은 진주 · 곤양 · 하동 · 단성 · 사천 · 고성 서부 · 남해 · 의령(서남부) 등 8개 군의 전세와 대동(大同)을 수납 받았다. 마산창과 가산창에는 조운선이 각각 20척, 삼랑창에는 15척이 배치되었고 조운선 1척 당 16명의 조졸(漕卒)을 승선시켰다.[41] 조창은 기능과 인구규모상 대취락으로 발전할 가능성을 지니고 있었다. 왜냐하면 인근 군현과 연결되는 곡물 수송로(육로)가 수렴되었고, 많은 상인들이 출입하였으며, 조졸 · 선박수리공 · 창고관리자 등 수백 명의 인원이 배치되었기 때문이다. 조창 외에도 경상남도 해안에는 많은 창고가 설치되었다. 대표적인 예는 진주군 월경지인 말문(末文)의 선진창(船鎭倉), 진주 강창(江倉),[42] 김해 산산창(蒜山倉) · 해창(海倉) 등이었다.[43] 조운제가

---

41) 『탁지지』 권8, 판적사 조창조.

42) 『진주목읍지』 창고조에 미(米) 4,462석, 태(太) 589석, 조(租) 12,148석을 저장한다고 기록되어 있다.

43) 『대동지지』 김해도호부 창고조; 이욱, 2003, 177~181쪽. 산산창은 영조 21년

폐지된 후에도 주요 창터들은 미곡과 어염의 집산지 기능을 유지하였기 때문에 포구 상업기지로 발달하였다.

경상남도의 30개 군 가운데 16개 군이 임해지역에 속하는데, 이 가운데 거제군과 남해군은 도서이고 나머지 14개 군은 해읍이다. 1894년 경상남도 일대에는 연강(沿江) 및 연해지역에 분포한 선박 수가 약 6,300척이었는데 이 가운데 강선을 제외한 해선의 수는 적어도 5,500척 이상에 달했을 것으로 보인다. 탁지부에 등록된 선박은 기능에 따라 행상선·어(염)상선·어선·어업보조선·삼선(杉船)·광선(廣船)·노선(櫓船)·통선(桶船) 등으로 구분된다. 군별로는 고성군(1,397척)과 거제군(1,326척)의 선척 수가 두드러지고 김해·하동·웅천·울산·동래·남해 등이 뒤를 따른다.

행상선 801척 가운데 김해군 소속선은 대부분 낙동강 상하류 간의 교역선이므로 남해안의 행상선 수는 650척 내외로 볼 수 있으며, 어(염)상선(339척)은 대부분 남해안에 취역한 선박들이다. 행상선은 2~4파의 중소선이 대부분이지만 김해와 동래의 행상선 중에는 중·대선 10여 척이 포함되어 있다. 소선은 주로 도서 및 육지부를 왕래하였으나 중·대선은 원산, 전라도 해안까지 활동범위로 삼았다.

2) 경제적 기능

경제적 기능은 대부분의 중심취락들이 보유하는 기본적 기능이기 때문에 이 기능이 강한 도시일수록 상위의 지역 중심지로 성장하는 잠재력을 지니게 된다. 이러한 도시들은 유통뿐 아니라 상품제조의 기능까지 보유하므로 행정도시와 다른 산업의 특성을 가지게 된다. 우선 주민

(1745)에 설치하였다가 순조 19년(1819)에 폐쇄하였는데 명지도의 소금을 비축하였다가 낙동강 연안 여러 읍에 공급하였다. 명지도민에게 쌀과 소금을 1석당 1:2의 비율로 교환하였다.

구성상 경세중심지에는 보수적 상류 엘리트층이 다수인 정치중심지와 달리 상인, 장인, 노동자, 기타 서비스업 종사자 등 자의식이 강한 주민들이 다수를 이루었다(Evlin, M., 1978, p.85).

① 상업과 농업

전 산업도시 중 광역중심지를 제외한 대부분의 취락들은 경제적 측면에서 볼 때 농촌 중심지적인 면이 강했으나 해안 및 도서지방의 어염집산지와 내륙의 상업취락 중에는 지방행정 중심지에 손색이 없는 호수를 가진 예도 적지 않았다. 그러므로 중심지 형성의 경제적 요인은 농산물·수산물·수공업제품에서 찾아야 할 것이다. 다만 개화기에는 전 산업사회에서 초기 산업사회로 이행하는 단계였기 때문에 개항장에 근대적 상회와 제조업체가 설립되었을 뿐 대부분의 지역은 상·공업 모두 전통산업의 틀을 벗어나지 못한 상태였다.

도시의 기능을 논할 때 농업은 제외되는 것이 상식적이지만 전 산업도시 대부분은 농촌 중심지 기능을 지녔으므로 농업부문을 간과할 수 없다. 개화기에는 미곡·콩·목화·담배·닥나무·과일 등 농산물과 생우(生牛)가 중심취락에서 거래되었고 외국으로도 수출되었기 때문에 도시의 상업발달에서 농업의 기여도는 무시할 수 없다. 김해평야를 배경으로 한 구포와 명지도, 밀양분지·수산평야·대산평야의 관문인 삼랑진, 정암평야와 함안평야를 배경으로 한 정암진, 창녕·남지평야와 초계분지의 남지와 율지, 진주평야의 남강진·하동읍·울산읍 등지에는 다수의 곡물전문 객주들이 분포하였다(信夫淳平, 1901, 9쪽). 객주들이 수집한 미곡은 부산·마산 등지로 운송된 후 일본으로 수출되었는데, 개항 초기 부산항 수출액에서 쌀과 콩의 점유비율은 80%를 상회하였다.[44] 곡물

44) 일본 학자 미야지마 히로시(宮嶋博史)의 연구(「朝鮮 甲午改革 이후의 商業的 農

수출액은 연도에 따라 변동이 심했으나 수출량은 꾸준히 증가하였다.

미곡과 콩 재배가 경상남도의 교역발달에 영향을 주기 시작한 것은 조선 후기부터였던 것으로 보인다. 농업사학계의 연구성과를 검토해보면 18세기 중엽 이후 농업기술의 발전 결과 토지생산력이 높아졌으며 조세의 금납제 확대에 따라 곡물의 시장 출하량이 증가하기 시작하였다. 시장성이 있는 곡물이나 환금작물을 재배하는 농민들은 수확물을 시장에 출하하는 경영형 부농으로 성장하였다. 그러나 이들 대부분은 대지주가 아닌, 자기 소유 농지와 임차농지를 고용노동력을 이용하여 집약적으로 경작한 상업농업의 선구자였다(김용섭, 1970, 272~273쪽). 특히 개항과 갑오개혁에 따른 세제 개혁, 통행세 폐지 등의 정책변화로 농촌에 상품경제가 침투하는 것이 가능해졌다. 즉 현물 조세품목이었던 쌀과 콩이 상품화함에 따라 지주와 관료층이 이윤추구를 목적으로 소작료로 거둔 쌀을 시장에 출하하였다(宮嶋博史, 1983, 213~218쪽).

한편 하천의 자연제방을 개간하여 논밭을 만들어 함안평야와 대산평야에 새로운 평야촌이 발생하였으며(善生永助, 1935, 279쪽), 산야를 개간하여 콩을 심거나 하등전에 보리 · 목화 대신 콩을 재배하였다(宮嶋博史, 1983, 219쪽). 그 결과 쌀과 콩의 수출량이 급증하였는데, 이는 순수한 잉여곡물의 수준을 넘는 과다수출이었기 때문에 곡물가격의 앙등 현상을 초래하였다. 물론 18 · 19세기에도 농민 가운데 주식인 쌀을 자급하지 못하여 사 먹는 빈농이 증가하였다지만(강만길, 1991, 27쪽), 1894~1904년간 쌀값은 5.2배나 앙등하여(宮嶋博史, 1983, 217쪽) 빈농층의 몰락을 가속화하였다.

박기주에 의하면(박기주, 2004, 190쪽) 19세기 말에서 20세기 초 경

業」, 『韓國近代經濟史硏究』, 사계절, 1983, 215~216쪽)에 의하면 대일 쌀 수출량은 1878년 13,445석, 콩은 7,934석이었는데 1902년에는 쌀이 395,000석, 콩은 1,801,394석으로 급증하였다.

〈표 3-8〉 19세기 말~20세기 초 울산의 곡물가 변화(단위: 전(錢)/두(斗))

연도 곡물	1899	1900	1901	1902	1903	1904	1905
벼	10	10	11	16	14	16	14
보리	3	3.5	4	9.5	5.5	4	4.5
콩	5.5	5	5	6	8	8	-

* 자료: 박기주,「재화 가격의 추이 1701~1909」, 2004, 190쪽.

남 울산의 곡물가격은 7년간 심한 기복현상을 보였는데(표 3-8), 이러한 현상은 민란의 요인이 되었으며(김준형, 1992, 86쪽), 일부 생계가 곤란해진 빈농은 부보상이 되거나(이헌창, 1992, 147쪽), 농한기에는 어염객주 · 미곡객주에 고용된 임금노동자가 되었다.

곡물 외의 작물로는 담배 · 저(楮) · 마(麻) · 목화 · 뽕나무 등이 중요시되었으며, 이 환금작물들은 경상남도 주요 중심취락의 기능 강화에 크게 기여하였다. 담배는 사회적인 물의를 일으키면서도 가장 소득이 높은 작물로 인식되어 산협(山峽) 주민들에게 인기가 높았다. 이중환은 속리산에서 지리산에 이르는 산록의 주민들이 화전에 담배를 재배하여 많은 소득을 올린다 하였는데,[45] 서부경남의 거창 · 안의 · 함양 · 하동 · 진주 일대 역시 이른바 소백산맥 동사면의 연초재배지에 해당되었다(朝鮮總督府專賣局, 1926, 199쪽).

담배농사의 이익에 대하여 정상기는 "산야의 비옥한 토지에 온통 남초를 심어 배와 수레로 운반하여 통도대읍(通都大邑)에 쌓아놓으니 가로를 따라 줄지어선 점포 중 담배를 팔지 않는 곳이 없다. 아침에 산같이 쌓아도 저녁에는 모두 팔려 세상의 기화(奇貨)됨이 차나 술과 비교해도 백배나 된다[46]"고 하였다. 그러므로 산간지대에서는 일반 곡물을

45) 『택리지』 팔도총론 충청도조.

재배하면 생계를 유지하기 어려우나 담배농사는 이익이 커서 주요 생재(生財)의 수단이 되었다(山口豊正, 1914, 291쪽).

경상남도는 기후조건상 목화재배의 적지였으며, 진주·함안·단성·고성·창녕·밀양 일대는 한반도 제일의 목화산지였다. 목화재배 농가수는 진주군 약 10,000호(농가 총수의 약 73%), 함안군 3,200호(67%), 산청군 2,000호(97%), 창원군 2,000호(77%), 단성군 2,000호(100%)였고, 기타 고성군·사천군·곤양군 등지의 대다수 농가도 목화를 재배하였다(梶村秀樹, 1983, 153쪽). 특히 단성군 배양동은 목화재배의 시원지로 유명하였다.

그 밖의 환금작물로 삼가군의 대마, 서부경남 산군의 뽕나무, 산청·하동·함양·합천·단성·진주·삼가·의령 등지의 닥나무 등이 유명하였다(山口精, 1910, 488쪽). 저전의 분포상을 상세하게 파악할 수 있는 자료로 합천군 양안이 있는데, 이 군 봉산면의 경우 3~4등전 177필지가 뽕나무밭이며 이를 실결(實結)로 환산하면 봉산면 밭 면적의 약 15%인 약 100~130결에 달한다.[47]

② 도축업

일종의 경제·사회 서비스 기능에 해당되는 도축업은 최소한 군청 소재지 이상의 중심지에 입지하지만 예외적으로 밀양군 하서면 무안장, 사천군 삼천포장, 안의현 고현장, 울산 병영장 등 규모가 큰 가축시장 소재지에도 입지하였다.[48] 반면에 칠원읍과 사천읍은 군청소재지임에도 불구하고 도축장이 설립되지 않았다.

46) 『농포문답』 세방금조.
47) 『합천군양안』 제8책(봉산면).
48) 『경상도내각목포우절목』 규18288의 14, 1889, 명례궁; 1910년대 1:50,000 지형도의 경상남도 도엽 34매.

도축상은 일반적으로 우시장과 함께 입지하였으므로 우시장의 규모와 배후지 인구 및 주민의 소비성향과 밀접한 관계가 있었다. 다시 말하면 전국 굴지의 우시장이 섰던 마산 · 창녕 · 진주 · 울산 · 밀양 · 동래 등지의 도축장이 규모가 컸던 것이다. 즉 도축장은 중 · 상위의 중심지에 주로 입지하였으며, 그 밖에 위수취락과 어염집산지에도 존재하였다. 울산호적에서 볼 수 있는 바와 같이 규모가 큰 도축장을 가진 곳에는 도한(屠汗) 집단의 특수한 하층민 취락이 형성되었다.[49]

도축업은 피혁공업의 발달을 촉진하는 효과를 가져왔다. 우피(牛皮)는 개항기 마산의 주요 수출품목의 하나였으며, 창녕읍에는 상당수의 피혁장인이 거주하였다.[50] 아마도 통영 · 울산 등지의 위수취락에도 다수의 피혁장이 존재하였을 것이다.

③ 어염업

어염업은 제1차 산업에 속하나 농업보다 인구지지력이 높고 생산물 대부분이 상품으로 출하되기 때문에, 어촌은 중심성이 강하며 인구밀집도가 높은 취락을 형성한다(Boulding, K.E., 1970, pp.136~137). 또한 어염촌은 식품과 어구의 원료를 타 지역으로부터 공급받기 때문에 다양한 기능을 지닌 중심지로 발전한다.

창녕 · 밀양 등 낙동강 유역의 일부 지역에도 어업호가 분포하였으나 경남의 어염업은 거의 해안지방에 한정적으로 발달하였으므로 이를 근거로 발달한 취락들은 남해안과 동해안에 집중되었다. 본래 남해안 지방은 고려 말~조선 초의 약 150년간 왜구의 침입을 받아 폐허화했고 임

---

49) 『울산부호적』 도한무술호적통표(규15025~2), 광무 2년(1898). 이 호적표에는 울산부 소속 도한 10호(46명)와 병영소속 도한 4호(21명)로 구성된 특수취락의 호구가 등재되어 있다.

50) 창녕읍 고하동에 11호의 피혁장호 분포(『경상도창녕현호적대장』 읍내면).

진 · 정유왜란 7년간에도 초토화되었던 곳이다. 이처럼 해안 · 도서지방은 해로를 통한 외적의 침입에 노출되기 쉬울 뿐 아니라 용수부족, 토지부족의 어려움 때문에 취락 발달이 용이하지 않다(Messenger, J.C., 1969, pp.18~19). 그럼에도 불구하고 해안지방은 어염의 이익이 크기 때문에 농업지역보다 인구밀도가 높고 큰 취락들이 발달한다. 어염업을 배경으로 성장한 취락으로는 동래의 부산포 · 다대포, 진남의 통영과 가조, 사천의 삼천포, 김해의 명지도와 칠산면, 울산의 염포 · 장생포 · 방어진 등지이다.

어촌은 일반적으로 순어촌(純漁村)과 어농 겸업촌으로 구분된다(Jones, M., 1990, p.197). 그러나 경상남도의 해안 취락은 우선 어촌과 염촌(鹽村)으로 나누고 어촌도 순어촌 · 주어종농촌(主漁從農村) · 주농종어촌(主農從漁村)으로 세분하는 것이 지역의 실정에 적합할 것 같다.

해세(海稅)는 전세(田稅) 다음으로 중요한 조세수입원이었으므로 조정은 어염업의 가치를 인식하고 있었다. 1894년 경상남도의 어염세는 염세(약 4,140냥), 어세(약 10,250냥), 곽세(藿稅, 약 2,160냥), 어상선세(약 600냥), 어물행상선세(약 1,900냥)를 합하여 약 24,000냥 정도였는데[51] 이는 광무 7년(1903) 경상남도의 전세 총액(약 730만 냥)의 약 0.32%에 불과하였다.[52] 그러나 어염업의 비중이 큰 거제는 해세가 전세의 약 3%, 고성은 1.6%, 웅천은 1.5%, 진해는 1%에 달하였다(표 3-9).

염부의 수는 개항 이후 급격한 감소추세를 보여 1894년 732좌에서 1905년에는 409좌로, 그리고 1910년에는 365좌로 감소하였는데 그 원

51) 『慶尙道內沿江沿海邑甲午條船鹽藿漁稅捻數都案』(奎18099), 度支部 司稅局.

52) 『慶尙南道各郡壬寅條年分租案』(奎20696), 1903, 度支部 司稅局. 경상남도 31개 군 전세 총액은 약 7,309,500냥, 해세 총액은 약 24,150냥으로 해세는 총 세액의 0.33%에 불과하였다.

〈표 3-9〉 경상남도의 군별 해세액(1894)(단위: 냥)

세목 / 군명	어세	곽세	염세 (염부수)	선세	어상 선세	행상 선세	계	비고
울산	321	985	566(93좌)	371		21	2,264	해읍
기장	225	529	106(26좌)	134			994	〃
동래	397		329(69좌)	335	12	131	1,204	〃
양산				88		38	126	낙동강 연안
밀양	7			61		119	187	〃
영산	7			7		14	28	〃
창녕	6			28			34	〃
김해	43		631(75좌)	514	2	424	1,614	낙동강 하류
창원	105		286(53좌)	231	112	51	785	해읍
웅천	1,078	102	184(34좌)	215		106	1,685	〃
칠원	209		31(6좌)	71			311	〃(월경지)
진해	379		160(28좌)	43	48	48	678	해읍
거제	3,582	328	46(13좌)	1,027	200	243	5,426	도서
고성	2,400	66	146(55좌)	899	127	253	3,891	해읍
사천	278	101	552(90좌)	132	40	24	1,127	〃
진주	266	31	118(21좌)	150	17	134	716	부분 해읍
곤양	224		740(140좌)	106	48	26	1,144	해읍
하동	159		18(3좌)	254		55	486	부분 해읍
남해	564	15	222(39좌)	403		202	1,406	도서
함안				2			2	남강 연안
의령				27			27	〃
계	10,250	2,157	4,135(745좌)	5,098	606	1,889	24,135	

* 자료: 『경상도내연강해읍갑오조선염곽어세총수도안』.

인은 값싼 일본산 천일염(天日鹽)의 수입 때문이었다(新納豊, 1989, 188쪽). 그러나 1910년까지 경상남도의 소금 생산량은 전국 3위(약 87,000석)에 달하였다(山口精, 1910, 272쪽).

산지별 소금 생산량은 사천만 일대가 가장 많고, 남해안 중부(진해 ·

창원 · 웅천), 김해, 울산만, 동래의 순이었다. 그러나 단일지역으로는 곤양군 해안, 명지도, 울산만, 사천군, 동래 용호동 등이 주요 염산지였으며 기타 지역은 염부의 규모가 작은 동토부(童土釜) · 소토부(小土釜) 등이 많이 분포하여 염부 수에 비해 생산량이 적었다. 김해 명지도는 전통적으로 유명한 소금산지였다. 낙동강 델타 상의 사질 토양은 염전 조성에 유리하고 무성한 갈대를 연료로 사용하여 천혜의 염전입지로 평가되었다. 울산만 역시 태화강 하구에 입지하여 조건이 명지도와 유사하였다. 이들 지역의 염부는 대형 토부가 대부분이었다.

1898년 명지도의 소금 생산량은 64,000석에 달하였다 하는데(新納豊, 1989, 128쪽) 당시의 미곡과 소금 거래 비율로 환산하면 미곡 32,000석에 해당한다. 울산만 삼산도(三山島) · 대도(大島) · 합도(蛤島) 등지에 약 132ha의 염전이 분포하였는데(德永勳美, 1907, 592쪽), 1894년의 염세를 참조하면 생산량은 약 56,600석 정도로 추산된다(그림 3-12). 사천만은 경남 해안에서 가장 조차(潮差)가 크고 넓은 간석지가 발달된 곳이었다. 비록 규모가 작았으나 곤양 · 사천 · 진주 · 창선도 · 남해 등 사천만 일대는 염부의 수가 290여 개에 달하고 염세액도 1,600냥을 상회하였으며 생산량은 약 160,000석에 달했을 것이다.

각지의 소금은 염집산지로부터 염도(鹽道)를 따라 내륙으로 운송되었다. 울산만의 소금은 염포(鹽浦)로부터 해로로 장기 · 영일 방향으로 이동하고 육로로는 언양 · 경주 · 밀양 등지로 수송되었다. 명지도의 소금은 낙동강 수로를 이용하여 중 · 상류까지 운송되었다. 『택리지』는 낙동강의 소금 교역에 대하여 "김해는 낙동강 길목에 위치하여 이곳을 무대로 아문(衙門)이나 개인이 소금을 판매하여 큰 이익을 거둔다. 낙동강을 이용한 소금거래 이윤은 5~6배에 달한다"고 언급하고 있다.[53] 이

---

53) 『택리지』 복거총론 생리조.

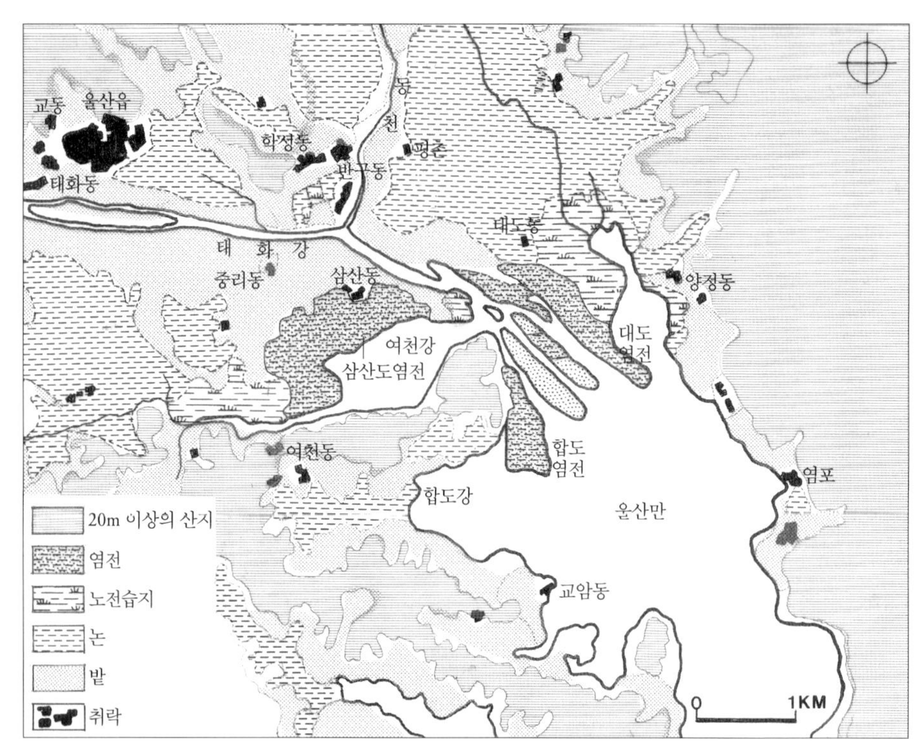

〈그림 3-12〉 울산만의 염전 분포: 염전은 태화강 하구의 삼산도 · 합도 · 대도 일대의 약 132ha에 조성되었으며 염전 부근의 갈대밭(蘆田)은 주요 연료 공급처였다. 염전 주변의 논밭 중 상당한 면적도 본래는 염전터였을 것으로 보인다.

른바 '물아래 상인'으로 불렸던 김해 칠성포의 선상(船商)들은 소금 외에도 건어물과 염장어물을 적재하고 소강했다가 물물교환한 각종 농산물을 싣고 회항하였다. 명지도의 소금은 명지리 · 영강리 · 진목리 등 섬 내에서 선적되기도 하였으나 상당량은 산산창(蒜山倉)에 공염(公鹽)으로 저장되어 밀양 · 영산 · 창녕 · 의령 · 초계 · 합천 등지로 수송되었다.[54]

---

54) 『각사등록』 철종 6년(1855) 을묘정월경상도보유편 1. 수계(繡啓) 제2조에 명지도와 녹산의 86좌 염분에서 공염 3,000석을 확보해왔으나 근래 염전의 포락으로 30여 좌만 남아 공염 조달에 곤란을 겪고 있다는 기사가 보인다. 영조 20년

사천만과 남해도의 소금은 진주 가산창 · 곤양 · 진교 · 말문 등지에서 육로로 진주읍 · 단성 · 산청 · 삼가 · 함양 · 안의 · 거창 등지로 이동하고 일부는 섬진강의 어염선에 선적되어 하동 · 개치 · 화개까지 소강한 후, 다시 행상들에 의해 지리산지 및 함양군 마천 등지로 운송되었다(정치영, 2006, 321~322쪽)(그림 3-13).

남해안은 서해안에 비해 해안선의 길이는 짧으나 기후가 온난하고 만입이 잘 발달되었기 때문에 연안어업에 의존했던 조선시대에는 어장조건이 가장 유리했다. 경상남도의 어업은 어장어업, 어전(漁箭)어업, 방렴(防簾)어업(그림 3-14), 해조류 채취 등으로 구분되는데, 특히 어장어업은 어종에 따라 휘리선(揮羅船) · 세망선(細網船) · 양중거처선(洋中居處船) · 어장거처선(漁場居處船) 등 다양한 선척과 어구가 사용되었다.[55] 어선 · 어전 · 방렴 등이 많이 분포한 어촌들은 선주, 선주에 고용된 어부, 염한(鹽漢), 어염객주 등이 거주하여 대취락을 형성하였다. 대표적인 어업중심취락으로는 울산의 장생포 · 미포, 동래의 부산포 · 다대포 · 일광, 기장의 화포 · 이천포, 김해의 진동, 웅천의 제포, 칠원의 구산, 창원의 마산포 · 사화포, 진해의 창포, 진남의 안정리 · 통영 · 도남, 진주의 가산 · 강주포, 사천의 삼천포, 늑도 등이었다.

부산포 · 초량 · 다대포 일대에는 10여 처의 어장, 200여 처의 어전이 분포하였으며, 수백 호의 어가가 160여 척의 어선을 보유하여 경상남도 최대의 어업 중심지를 형성하였다.[56] 방렴어장은 진해군 창포와 시락포 일대에 20여 처, 진남군 광삼면과 도선면 일대에 10여 처, 어전은 진남군 황리 · 평리, 사천군 하남양면 일대에 30여 개가 분포하였다(農商

(1744)에 설치된 산산창 공염 3,000석은 명지도 염민에게 매년 미곡 1,500석을 지급하고 구입하여 저장해온 것이었다.

55) 『경상도내연강해읍정축조어염장립선성책』(규19456), 1878, 균역청.

56) 『경상도읍지』「동래부읍지」(1894), 어염조.

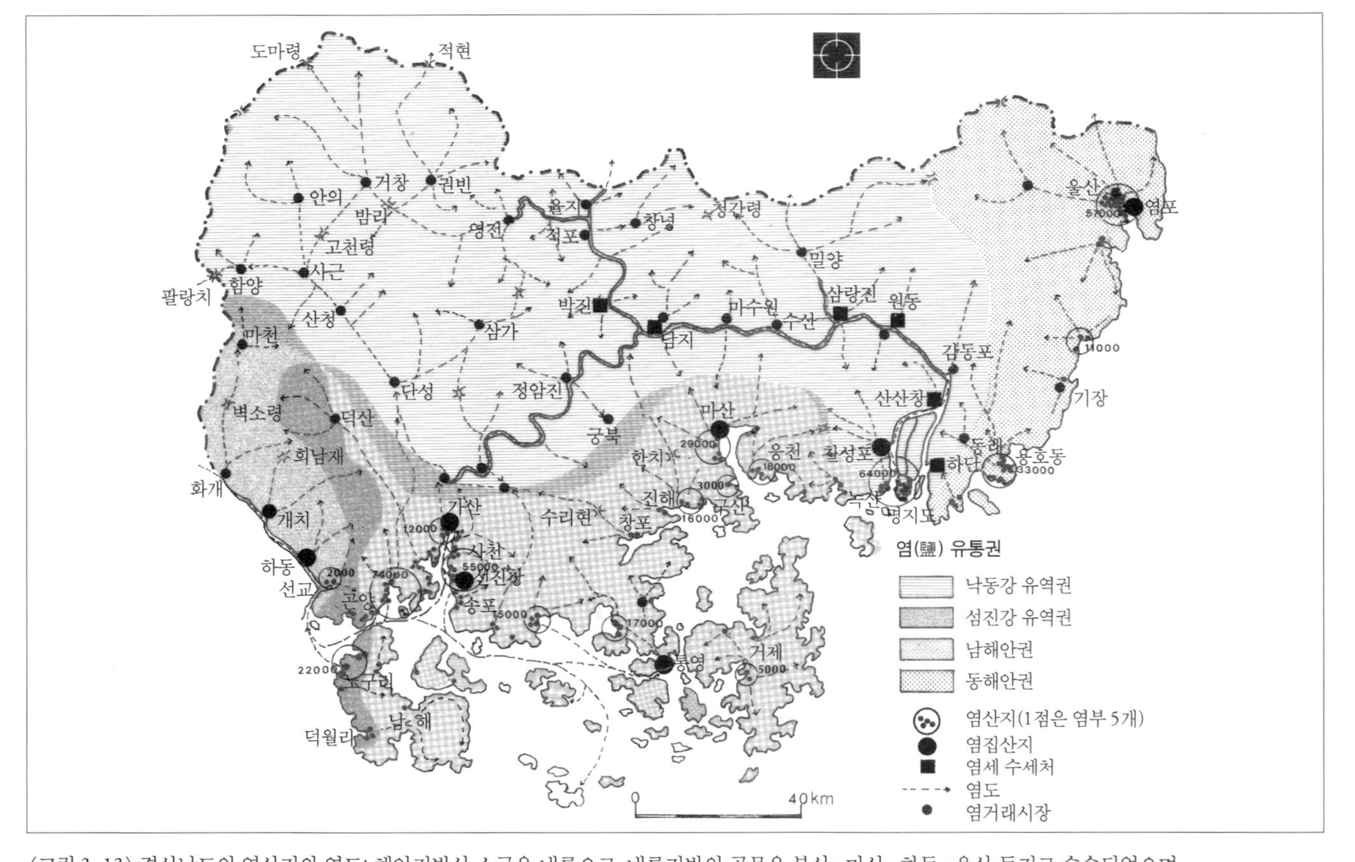

〈그림 3-13〉 경상남도의 염산지와 염도: 해안지방산 소금은 내륙으로, 내륙지방의 곡물은 부산 · 마산 · 하동 · 울산 등지로 수송되었으며, 염도는 곧 곡물의 이동로이기도 하였다. 지도상 원(○)에 병기된 숫자는 각 군의 소금생산량(단위: 석(石))이다.

〈그림 3-14〉 창선도 부근의 죽방렴

工部水産局, 1914, 614쪽, 692쪽). 이러한 어업전진기지와 염집산지들은 넓은 배후지역에 영향을 미치는 중심지 기능을 가지고 있었다.

④ 전통공업과 근대공업

조선시대의 광업은 그 기능이 미약하여 지역 중심지를 성립시킬 만한 영향은 갖지 못하였으나 여러 종류의 생산재 및 소비재 생산을 위한 기초산업으로 발전하였다. 즉 철 · 구리 · 납 · 유황 등은 생산 부문이나 무기제조 부문의 산업발전을 자극하였다. 정부는 광업을 관청경비의 재원으로 독점하고자 하였으나 민(民) 역시 생계수단으로 이를 차지하고자 하였다. 그런데 조선 후기에 이르러 광산 운영이 관민 공영의 형태로 바뀌었다가 개화기에는 경영권이 민간인에게 넘어가게 되었다(유승주, 1991, 123쪽).

경상남도에 분포한 개화기의 광산은 울산 · 언양 · 양산 · 동래 · 김해 · 창원 · 고성 · 단성 · 산청 · 합천의 철광산(岡庸一, 1903, 30쪽), 창원 · 진남 · 동래 · 함안 · 양산의 구리광산, 진남 · 산청 · 단성 · 곤양 · 창원 · 함양 · 합천의 금광산, 진남 · 산청 · 창원의 아연광산 등이었다(山口豊正, 1914, 358~360쪽). 그 밖에 진주군의 삼장 · 시천 · 운곡 · 가서면, 안의 · 산청 일대의 유황광산, 진주 · 곤양 · 하동 · 단성 일대의 백토와 도토 역시 중요한 자원이었다(山口精, 1910, 412쪽).

선초부터 경상도는 전국 제일의 철 산지이자 제철 공업지였다. 이른바 국립제철소였던 전국의 철장(鐵場) 17개소 가운데 7개는 경상도, 7개는 전라도, 나머지 3개는 기타 지역에 분포하였는데 대형 철장 5개 중 충주를 제외한 4개소가 경상도에, 중형철장 7개소 중 5개소 역시 경상도에 분포하였다. 주요 철장의 공납세를 보면 합천이 1위(9,500근)이고 산음(현 산청)은 3위(7,794근)였으며 중형 철장이었던 울산 · 양산과 김해도 3,000~5,000근을 중앙에 공납하였다.[57]

개화기의 공업은 전통공업과 개항장 일대의 근대공업으로 구분하여 고찰하는 것이 타당할 것 같다. 전자는 가내부업 또는 가내수공업에 불과하였으나 종사자의 수와 생산량은 주목할 만한 수준이었으며, 특히 섬유공업은 고용노동력을 이용하여 경남 현지의 원료와 수입 원료를 가공하는 공장제 공업이었으므로 규모 · 생산량 · 운영체계상 전자보다 앞선 수준에 놓여 있었다.

전통공업의 주역은 본래 장인(匠人)들이었으나 민가의 부녀자 노동력도 무시할 수 없었다. 장인은 관청에 입역(入役)한 공장(公匠)과 사

57) 『세종실록지리지』 권150, 경상도 각 군의 토산조.

장으로 구분되었는데, 조선 후기 경상도에는 야장(冶匠) 121명(전국의 24.5%), 목장(木匠) 69명(19.4%), 피장(皮匠) 66명(22.2%), 칠장(漆匠) 73명(23.5%), 지장(紙匠) 265명(37.6%), 사기장 26명(27.1%), 석장(席匠) 292명(71.6%) 등이 분포하여 전국적으로 최대의 외공장(外公匠) 보유지역으로 꼽혔다(강만길, 1984, 42~43쪽). 이들 가운데 야장은 철공업을 전업으로 한 반면에 기타 장인들은 농업을 겸하였다. 장인 외에도 부녀자, 병수영의 군병들 가운데에도 단순 수공업에 참여한 자가 적지 않았으므로 비록 전통공업에 의한 공업도시의 출현은 없었으나 분야에 따라 취락의 특수기능으로 부각된 예는 적지 않기 때문에 부문별로 고찰할 필요가 있다.

개화기의 대표적인 공업은 식품가공업이었으며, 정미업은 가장 보편적으로 분포하였다. 비록 규모는 영세하였을지라도 수력 이용이 가능한 지역에서는 물레방아를 설치하여 인근의 미곡을 도정하는 업자가 존재하였다. 물레방아는 동서양 어느 곳에서나 광범위하게 사용되었으나 서양에서는 주로 제분에,[58] 우리나라에서는 정미소와 한지공장에서 주로 쓰였다. 서양의 경우 11세기경 잉글랜드에는 인구 1,000명당 25개의 물레방앗간이 분포하여 1개 취락 당 1개 이상의 물레방아가 입지하였으며, 물레방아를 중심으로 취락이 형성되었다(Darby, 1979, pp.273~274).

18세기 말까지 물레방아는 교회,[59] 영주와 지주소유 및 마을 공동소

---

58) Singer, C., *A History of Technology*, vol.Ⅱ. Oxford: The Clarendon Press, 1956, p.200; Braudel, F., *The Structures of Everyday Life*, London; Collins/Fontana Press, 1988, p.354; 前田淸志, 『日本の水車文化』, 東京: 玉川大學出版部, 1992, 10~15쪽. 위 문헌들은 기원전 1세기경 아나톨리아 지방에서 물레방아가 발명된 이래 그 기술이 동서양 각지로 확산되었으며 방앗간, 대장간, 도자기 공방, 광산, 직조공장 등에서 널리 사용되었음을 밝히고 있다.

59) Bennett, H., Jones, J.H.T. and Vyner, B.E., "A Medieval and Later Water Mill at

유로 운영되었으며, 방앗간이 입지하는 곳을 중심으로 인근 마을로 통하는 도로가 발달하였다. 방앗간 주변에는 곡물운반 수레 주차장, 곡물창고가 설치되고 각종 농기구를 제조 및 수리하는 대장간 · 수레제작소 · 양조장 · 주막 등이 입지하였으며, 시장이 서는 경우도 있었다(Rowley, 1978, p.177; Pounds, 1979, p.193). 그러므로 물레방앗간의 입지는 취락의 인구부양 능력을 배가시켜 영국의 펜나인 산지, 미국 애팔래치아 동부 산록 등지의 도시화를 촉진시켰다(Braudel, F., 1988, p.355).

우리나라의 물레방아 발달의 기원과 분포상을 파악할 수 있는 구체적인 자료는 매우 드물지만 우리 선조들도 그 중요성은 인식하고 있었다. 다산은 물레방아를 사용하면 밀을 빻고 벼를 찧는 데 드는 노고가 사라질 것이라 하면서도, 나라에 훌륭한 공장(工匠)이 드물어 수차의 이용이 활발하지 못함을 애석하게 여겼다.[60] 그러나 우리나라는 자연조건이 물레방아의 설치와 사용에 유리하기 때문에, 특히 서부경남과 동부산지의 계곡에는 많은 물레방아가 분포했을 것으로 보인다.

조선시대의 용정(舂精) 용구로는 절구 · 디딜방아 · 연자매 · 물레방아 등이 있었다. 절구나 디딜방아는 각 가정에 널리 보급되었던 기구로, 성능은 물레방아에 비해 낮다. 1926년 수원군을 사례로 한 조사에 의하면 벼 1석의 도정비용은 물레방아 0.43원, 연자매 0.81원, 디딜방아 2.01원으로 물레방아가 디딜방아의 1/4에 불과하였다. 그럼에도 불구하고 이용률은 연자매(66%), 디딜방아(24%), 물레방아(6%), 기타(4%)의 순이었다(정진영, 2003, 1986쪽).

수용(水舂) · 수대(水碓) · 수침(水砧) · 수마(水磨) 등으로 불린 물레

Morton-on-Tees, Cleveland," *Industrial Archaeology Review 4(2)*, 1980, p.171. 이 논문은 1183년 더럼(Durham) 교구에 최초의 물레방앗간이 설립되었음을 언급하고 있다.

60) 『목민심서』 공전 제6조 장작조 및 제2조 천택 참조.

방아는 경제성과 생산성이 높아 개화기 전후에도 재력이 있는 지주와 토호 등이 건립, 소유한 예가 많았다(이헌창, 1984, 127쪽). 물레방아는 사찰에도 많이 설치되었는데, 해인사의 경우를 보면 8기의 물레방아가 있었다. 이들은 대부분 제지업에 이용되었으나 일부는 도정용으로 이용되었다.[61] 합천군 양안에는 13기, 산청군 양안에는 6기의 물레방아 터가 표시되어 있고 『초계군호적표』에는 2개 면에 6개소의 한지공방(지방〔紙房〕)이 등재되어 있는데 모든 한지공방에는 물레방아가 설치되어 있으며, 이 설비는 정미용으로도 쓰였다.

1986년의 조사에 의하면 단성 · 산청 · 함양 · 진주 · 밀양 등지에 60여 개(전국 약 40%)의 물레방아가 남아 있었는데, 그 용도는 정미, 밀과 고추제분, 한지제조 등이었다(이춘녕 · 채영암, 1986, 41~43쪽). 필자는 1960년 7월 함양군 마천, 산청군 단성, 합천군 봉산 등지에서 사용 중인 물레방아를 목격하였는데, 특히 마천의 경우는 방앗간을 중심으로 대장간 · 주점 · 여인숙 · 푸줏간 · 잡화점 · 파출소 · 초등학교 · 면사무소 · 시장 · 버스 정류장 등이 입지하여 산협의 소중심지를 형성하고 있었다(그림 3-15).

섬유공업은 전통공업의 중추로서, 면직 · 견직 · 마직 등으로 구분된다. 목화는 경상남도 거의 전 지역에서 생산되었기 때문에 서부경남은 전국 제일의 면직물 공업지의 명성을 얻었다. 1895년 경남의 면직호(綿織戶)는 진주군 약 10,000호, 고성군 5,000호, 산청군 2,000호, 창원군 2,000호, 함안군과 단성군 각각 1,000호, 곤양군 600호였다. 진주군의 연 생산량은 약 60만 필에 달했는데(梶村秀樹, 1983, 143쪽), 진주 인근

---

61) 『경상남도합천군양안』에 의하면 해인사는 숭산면 · 각사면 · 상북면 · 하북면 일대에 약 45결의 답(畓), 4결의 전(田), 13부(負)의 저전(楮田)을 소유하고 있었으며, 사찰소유 전답에서 생산된 곡물 도정과 한지 제조용으로 8좌의 물레방아가 설치되었다.

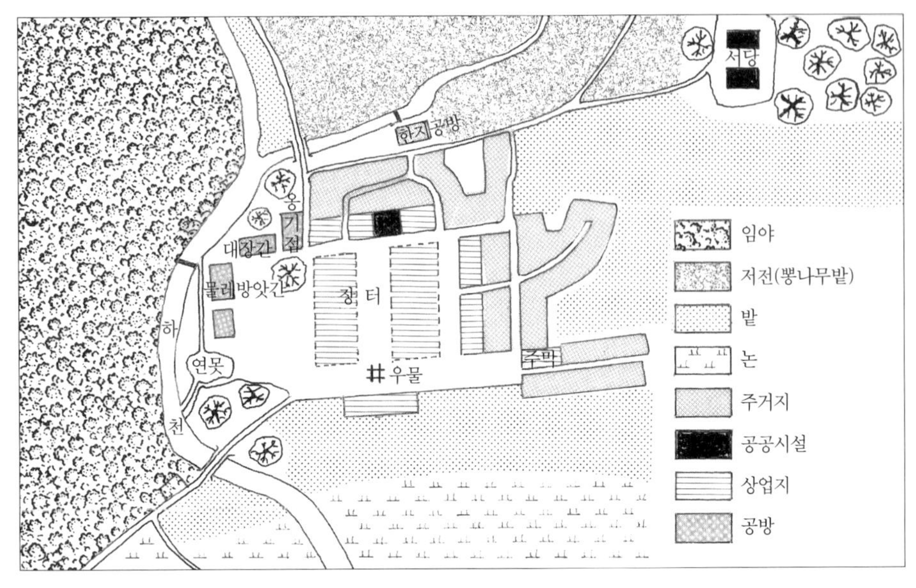

〈그림 3-15〉 모식적인 물레방앗간 중심의 취락

8개 군(생산량은 약 116,000필)의 면직물은 진주산과 함께 이른바 '진목'(晋木)이라 하여 전국 최상품으로 평가되었다.

1900년경 이 지역의 면직업은 농가부업의 수준을 넘어 거의 전업화하여 서부경남지방의 연 생산량이 100만 필을 초과하였고 40~100필을 생산하는 업자도 등장하였다(경상남도지편찬위원회, 1963, 988쪽; 安秉珆, 1975, 123쪽; 德永勳美, 1907, 886쪽). 초계군 호적표에는 2개 면에 적(績)·직(織)을 전업으로 하는 집이 21호였다.[62] 그러나 국산 면직물은 공장제 직물인 서양의 옥양목보다 품질이 낮아 1894년경 국내 수요량의 1/4 정도가 수입품에 잠식되었다(권태억, 1992, 41쪽).

일찍이 가내수공업 수준의 면직업의 문제점을 『우서』(迂書)는 다음

62) 『경상남도초계군호적통표』 초책면 · 백암면, 1907.

과 같이 지적하고 있다.

> 우리나라의 면화는 그 해 안에 모두 짜서 면포를 만들기 어렵다. 그러므로 시장과 점포에 무명이 많이 나돌지 못한다. 촌부의 손으로 짠 무명이 반드시 다 좋을 수가 없어 거친 옷감이 많다. 아까운 목화로 질기지도 않고 곱지 못한 직물을 많이 짜니 어찌 생리(生利)의 한 폐단이라 아니할 수 있겠는가.[63]

면업 외에도 진주·함양·산청 일대는 견직물 명산지로 이름이 높았는데(송수환, 1992, 116쪽), 진주의 연간 명주 생산량은 3만 필 이상이었다(梶村秀樹, 1983, 144쪽). 그 밖에 삼가는 삼베의 명산지였다.

갑오개혁 이후 공장제도(公匠制度)가 철폐됨에 따라 지방 관아와 병수영 소속의 장인들과 사장(私匠)들은 입역(立役)에서 벗어나 사장으로서의 공방을 운영할 수 있게 되었다(유승주, 1991, 132쪽). 시장의 발달에 따른 상품수요 증가라는 기회를 얻었음에도 불구하고 장인들은 자본부족으로 독립적 공방을 운영하지 못하고 대부분 자본을 가진 상인들에게 예속된 기술노동력으로 정착하였으며 그들의 임금은 1897년경 쌀 3석, 1902년 2석 정도에 불과하였다(박이택, 2004, 91쪽).

동서양 어느 곳에서나 철의 생산과 공급은 상업 중심지의 발달을 촉진하였다(Wells, P.S., 1984, p.94). 경상남도는 고대로부터 철산지로 유명하였으며, 조선시대에는 합천·울산·산청 등지에 대형 철장(鐵場), 양산과 김해에 중형 철장이 설치되었다. 야철(冶鐵)은 감영·병수영, 군 소속 장인들에 의해 운영되었다. 이들은 갑오개혁 후 시장과 물레방아 주변에 대장간을 세워 솥·농기구 등을 생산하였으며(山口

---

63) 『우서』 논한민조.

精〔中〕, 1910, 514쪽), 각 읍과 주요 장시에는 수호의 철점이 입지하였다. 울산 병영, 합천 야로, 산청읍, 진남 통영 등지는 철공업지로 유명하였다.

전국 제일의 제지장(製紙場) 수를 보유했던 경상도에서 제지업이 성한 곳은 닥나무 생산량이 많고 수질 좋은 계류가 발달한 서부경남의 산협으로, 이 지역에는 약 200개의 제지장이 분포하였다(德永勳美, 1907, 891쪽). 경상남도의 한지 생산량은 연 2400여 괴(1괴〔塊〕는 2,000목〔枚〕)였는데, 의령이 최대 산지(740괴)이고, 하동·삼가·산청·함양·초계·창녕·합천 등도 주요 산지였으며 특히 의령산 종이는 중국으로 수출되었다(山口精〔中〕, 1910, 398~400쪽).

1900년대 초 서부경남에는 29개소에 58개 요(窯)가 분포하였으며 도공의 수는 143명이었다. 주요 도자기 산지는 양질의 원료산지와 가깝고 연료가 풍부한 곳에 입지하였는데 밀양·산청·삼가·초계·창원·거창·함안 등지에 1~3개의 요가 분포하였다(山口精〔中〕, 1910, 447~448쪽). 그 밖에도 울산·진남·사천 등 해읍에는 남해안의 어염산지로 수출하는 옹기공업이 성하였다. 예를 들면 사천군 삼천포면 모례리와 울산부 청량면 남창은 옹장(瓮匠)취락이었고, 안의읍 유기촌은 유기장촌이었다.

그 밖의 전통공업은 수병영의 군인 수공업자와 그 가족들이 생산한 물품으로 누룩 제조, 담배 가공, 피혁제품, 농기구, 칠기 등이 있다. 군병들은 급료로 지급된 포목만으로 생계유지가 어려워 다른 생업을 겸하도록 허용이 되었다(송찬식, 1983, 15쪽; 조병찬, 1992, 57쪽). 통영은 전통적으로 담배·갓·자개상 등의 명산지로 이름이 높았는데, 이는 갑주·활·창 등 병기 제조를 통해 숙달된 기술을 바탕으로 발달하였으며, 특히 장롱·문갑·경대·탁자 등은 고급품으로 평가되었다(山口精(中), 1910, 510~512쪽). 또한 창녕읍 등 대규모 가축시장 인근 지역에 다수

의 피혁장인이 거주하였다.[64]

수군진 소속의 선장(船匠)들은 구식군대 해산 후 통영·마산·부산 등지에서 각종 선박 건조에 투입되었다. 그러나 개화기 이전에도 주요 포구를 중심으로 상선과 어선을 건조하는 조선업이 성하였던 것 같다. 1907년 자료를 보면 진남군의 공업호 비율은 9.1%로 경상남도에서 가장 높았으며 그 중심지는 가조면(직업군 전체의 21.4%)이었다. 그러나 경상남도 제1의 조선업 중심지는 낙동강 하구의 칠산면이었는데(직업군 전체의 43.9%), 이곳의 칠성포는 낙동강 수로의 강선과 남해안 해선의 건조장인 동시에 주요 무역항이었다.[65]

근대공업은 부산·마산 등 개항장에서 일본인들에 의해 시작되어 점차 인근 지역으로 확산되었다. 경남 최초의 근대식 공장은 1876년 부산에 설립된 재제염(再製鹽) 공장으로, 부산과 명지도의 소금을 정제하는 수준이었다. 이어서 1883년에 주조(酒造), 1886년 장유, 1888년 정미공장이 설립되었다(김의환, 1973, 6~8쪽). 뒤를 이어 연초 제조, 제면, 방직, 염색 가공, 성냥, 연와, 비료, 철금속, 기계 등 다양한 공업들이 입지하였다.

부산은 4개의 연초제조회사가 설립되어(1901) 전국 제일의 가공담배 생산지였으며(이영학, 1985, 290쪽), 철공(鐵工)·단철공업(鍛鐵工業) 역시 40개 업소가 입지한 선진지역이었다. 그 밖에 염색가공(13개

---

64) 사천현 삼천리면 모례리에 옹기장 12호(16호 중), 울산부 청량면 남창리에 옹기장 15호, 안의현 동리면 유기촌에 유기장 16호(마을 전체), 창녕읍 교하동에 11호의 피혁장이 분포되었다.

65) 『민적통계표의 해설과 이용방법』(이헌창, 1997)에 나타나는 김해군 칠산면의 200호(전체 가호의 43.9%), 진남군 가조면의 55호(21.4%), 통영읍의 819호(18.4%)의 공업호 가운데 상당수는 조선업 종사자였다는 사실을 현지 조사에서 확인하였다. 『사천현병오식호적대장』(삼천포면)의 신수리 및 늑도리에 분포한 86호(총 호수의 35.4%)의 모군(募軍) 역시 조선업과 밀접한 관련이 있었다.

업체), 정미(29개 업체), 장유(4개 업체), 양조(3개 업체) 등이 분포하였다. 마산에는 철공소 3개, 제면 13개, 양조 1개, 정미 2개 등의 업소가 입지하였다. 이와 같은 경상남도의 공업의 집중도는 철공(58.9%), 제면(76.5%), 양조(36.3%), 장유(26.6%), 연초(80.0%), 정미(70.4%), 염색가공(100%) 분야에서 두드러졌다(德永勳美, 1907, 903쪽). 개항기 말에는 제면 · 면직 · 재제염 · 정미 · 양조공업이 진주 · 밀양 · 삼랑진 · 통영 · 울산 · 하동 등 주요 도시로도 확산되었다(藤戶計太, 1919, 66쪽).

개항기 경상남도의 근대공업 발달은 첫째, 부산을 중심으로 한 경남지방은 일본과 가장 가깝기 때문에 정정(政情)이 불안했던 당시에는 진퇴가 용이한 곳이었다는 점, 둘째, 항만조건이 좋다는 점, 셋째, 수출입화물의 운송비가 저렴하다는 점을 배경으로 하고 있었다.

개화기 경상남도의 광공업은 산업사회로 진입하는 초보단계에 놓여 있었으므로 중심지 형성에 영향을 주기에는 미흡하였다. 그러나 통영읍은 수공업 종사자의 비율이 전체 가호의 10~20%에 달하였으며, 마산, 진남군 사량도, 울산의 장생포, 김해의 칠성포, 창원의 마산포, 동래의 부산포, 진주읍, 삼가읍, 사천의 삼천포 등지는 공업호의 비율이 10% 내외로 높았다(이헌창, 1997, 142~153쪽).

⑤ 상업

농업을 국가경제의 기본으로 인식했던 선초에는 치읍 · 수병영 등 한정된 곳에만 향시를 열어 지방관의 통제 하에 기본적인 생필품을 거래하도록 하였다. 그런데 토지제도가 문란해지기 시작한 중기부터 삼남지방의 교통요지에 자연발생적으로 장문(場門)이 열려 기존의 향시를 압도하게 되었으며, 18세기 후반에는 경상도에만 277개의 장시가 분포할 정도로 상업이 발달하여[66] 점차 서비스 중심지의 기능을 갖게 되었다. 지역에 따라 다소 차이는 있었으나 장시들은 서로 경쟁을 피하면서 공존하기 위하여 개시일을 조정하였는데, 대체로 1일 행정거리(行程距離, 16km 내외) 간격으로 배후지를 정하였다.

상업을 말업으로 인식했던 위정자들의 인식은 개항 후에 비로소 바뀌기 시작하였다. 상업을 관장하는 통리기무아문(統理機務衙門) 설치에 즈음하여 정부는 나라를 부강하게 하는 데는 상업을 장려하는 것이 으뜸이며, 상업을 장려하는 방도는 그것을 보호하는 것이 으뜸[67]이라 하여 각종 무명잡세를 혁파한다고 발표하였다. 그러나 우리나라 상업은 구미 선진국은 물론 중국이나 일본에 비해 규모와 조직 면에서 허약하기 그지없었다. 이러한 실정을 류수원(柳壽垣)은 다음과 같이 기술하고 있다.[68]

> 중국은 물산이 풍부하고 지세가 평탄하여 배와 수레와 말이 주야로 수송할 수 있어 교역이 쉽게 이루어지고 공상(工商)이 크게 번성하는데, 우리나라는 국토의 2/3가 산이고 평야가 적으며 험한 산골이 많다. (중략) 배와 수레가 다닐 만한 곳은 열에 두세 곳 밖에 안 되는데다가 물산마저 빈약하여 교역이 번성하지 못한다. (중략) 무릇 장사하는 도리는 반드시 좌상(坐商)의 점포가 있어야 행상(行商)이 이익을 얻을 수 있는데 우리나라 지방에는 점포가 전혀 없으니 어찌 교역이 번창하겠는가. (중략) 상인들이 이 장시 저 장시로 뛰어다니고 깊은 산골까지 돌아다니니 겨우 물품을 팔아도 그 이익이 얼마나 될 것이며 또 인마의 노비(路費)는 얼마나 쓰이겠는가.

이 글에서 지적한 바와 같이 읍시와 갯벌장을 제외한 장문〔定期市場〕

66) 『도로고』 권2, 개시조.
67) 『고종실록』 권20, 고종 20년(1883) 6월 23일.
68) 『우서』 권1, 총론사민조.

에는 상설점포가 기의 없이 개시일에만 상인과 주변 촌민들이 모여들어 평일에는 한적한 공간에 지나지 않았다. 그러나 개화기에 이르러 중·대시에는 객주와 여각이 입지하여 점차 상업활동에 체계가 잡히기 시작하였다.

일반적으로 객주와 여각을 동일시하지만 후자는 주로 연강(沿江)·연해(沿海)의 포구에 입지하여 곡물·시탄(柴炭)·어염 등 부피가 크고 하중이 무거운 화물을 주로 취급하고 후자는 주로 곡물·직물·지물·과일·수입화물 등을 취급하였다. 양자 모두 주변의 소시장 상인과 부보상들을 상대로 하는 도매상이었으므로 그들을 위한 객방(客房)·창고·마방(馬房) 등의 시설을 갖추었는데, 특히 여각의 규모가 더 컸다.

객주(여각 포함)들은 부산포·동래·진주·마산·통영·밀양·하동 등 주요 상업지에 분포하였다. 지역별은 진주 북문 밖 100여 호, 통영 78호, 하동 20여 호의 미곡객주가 있었고, 부산포와 마산포에는 각각 100여 호와 25호의 도객주(都客主)가 분포하였다.[69] 물론 내륙 상업지역 요지에도 소시장 상인들이 수집한 곡물을 사들여 부산·마산·통영 등지의 도객주들에게 넘겨 이익을 취하는 소수의 미곡객주들이 분포하였다. 이러한 객주의 분포지역은 밀양분지와 수산평야의 미곡집산지인 삼랑진, 함안평야와 정암평야의 미곡집산지인 박진, 남지평야의 관문인 남지, 창녕평야·초계분지, 합천분지의 관문인 율지 등지였다(信夫淳平, 1901, 9쪽; 황선민, 1991, 112~113쪽).

미곡 외에도 면포·저포·견직물 등 섬유제품을 취급하는 객주, 지물(紙物)을 전문적으로 취급하는 객주가 있었는데, 전자는 진주·함양·삼가·고성, 후자는 진주·삼가·하동에 집결되었다(山口精〔中〕, 1910,

69) 『通商彙纂』 第181號, 1890年 12月 25日 韓國慶尙道西南部內地情況, 68-73; 『한국토지농산조사보고』(경상도·전라도), 1904, 512~515쪽.

402쪽). 부산항에는 강원도 도객주, 전라도 도객주, 통영 · 고성 도객주 등이 해당지역의 어물을 취급하였고, 거제 · 남해 · 사천 · 진주 말문 · 가산 · 진동 · 명지도 등지에는 어염 도객주들이 입지하였다(유승렬, 1994, 46쪽). 1890년대에는 석유 · 설탕 · 직물 · 소금 등을 취급하는 상관 14개가 설립 · 운영되고 있었는데(農商務省山林局, 1905, 136~137쪽), 우리 객주들은 이들과의 경쟁에서 위축되어 1890년 225개에 달했던 것이 1897년에는 100여 개로 급감하였다(유승렬, 1994, 100쪽).

개화기 경상남도에는 약 120개의 정기시장과 20여 개의 부정기 갯벌장이 열렸다. 전자는 대부분 5일장이었으나 진해군(4개 시), 고성군(2개 시), 하동군(1개 시), 곤양군(1개 시) 등지의 8개 시는 10일장이었으며, 통영에는 매일 오전에 열리는 조시장(朝市場)이 있었다. 갯벌장은 임해 또는 내륙 수로변의 선착장에 입지하였다. 선박이 들어올 때마다 열렸으며, 장 담그는 봄, 김장철, 그리고 성어기에 성황을 이루었다(그림 3-16).

정기시장의 규모는 배후지의 호구수 및 생산력에 따라 결정되었다. 청대 말(1903~1906) 중국 하북성의 6개 현 118개 정기시장의 배후지에 관한 연구에 의하면 보정부(保定府) 망도현(望都縣)은 배후지 인구가 약 20,000명, 정주부(定州府) 양곡현은 11,157명, 대명부(大名府) 남약현과 기주(冀州) 남궁현은 각각 5,100명과 5,600명이었다(石原潤, 1973, 249쪽). 호당 가구원 수를 4명으로 볼 경우 망도현은 약 5,000호, 양곡현은 약 2,790호, 남약현은 1,275호, 남궁현은 1,400호 정도였다. 개화기 경상남도의 장시 배후지 면적은 하북성의 장시보다 월등히 작으나 호구수는 그리 큰 차이를 보이지 않는다. 1895년경 경남 장시들을 배후지 호수를 기준으로 광역시장(5,000호 이상), 대시장(2,000~5,000호), 중대시장(1,500~2,000호), 중시장(1000~1,500호), 중소시장(500~1000호), 영세시장(500호 미만)의 6계급으로 분류하였다.

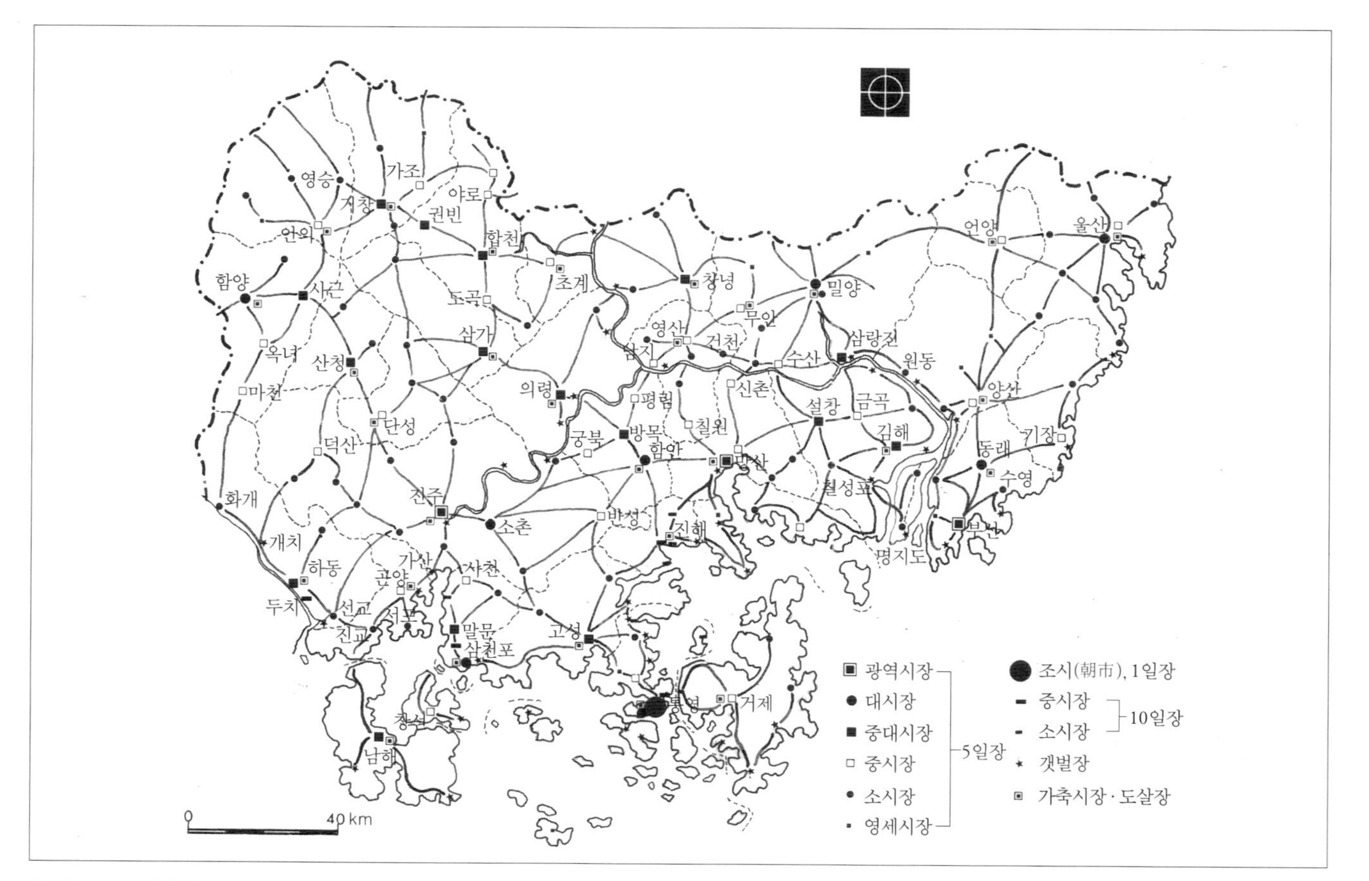

〈그림 3-16〉 개화기 경상남도의 장시분포

광역시장은 진주읍시 · 부산포시 · 마산포시의 3개 시, 대시장은 동래읍시 · 진주소촌시 · 밀양읍시 · 통영읍시 · 울산읍시 등 5개 시, 중대시장은 동래읍시 · 합천읍시 · 함양 사근시 등 6개 시, 중시장은 기장읍시 · 사천 말문시 등 13개 시, 중소시장은 진해읍시 등 28개 시, 영세시장은 동래구포시 등 76개 시였다.

진주읍시는 진주 군민 대부분이 출시하는 제1차 권역의 주민이 약 3,100호에 달하고, 하동읍 · 화개 · 선교, 함안 평림, 고성읍, 단성읍에 이르는 제2차 권역의 주민까지 합한 배후지의 호수는 거의 20,000호에 달하였다. 마산포의 제1차 배후지 호수는 2,200호, 제2차 권역까지 합치면 10,000호를 상회하였다. 부산포는 제1차 권역은 4,500여 호, 제2차 권역을 포함한 배후지 호수는 20,000호 정도였다. 통영 역시 한산면 · 욕지면 등 진남군 부속도서와 거제도 서부 주민들이 출시하여 최대 5,000여 호가 거주하는 지역의 상업 중심지였다. 울산은 어염, 농산물, 각종 수공업 제품의 집산지였다. 특히 삼산도 · 합도 · 대도 등지의 염전에서 생산된 소금의 양은 김해에 필적할 정도였으며 언양 · 경주 등지로 수출되었다.

⑥ 노동시장

크리스탈러는 노동시장의 분화를 아홉 가지 중심지 기능 중에 포함시키고 있다(Christaller, W., 1980, p.140). 근대화 초기 도시주민의 대다수는 주변 농촌에서 이입된 단순노동자들로 구성된다. 도시화와 산업화가 순조롭게 진행되면 제조업 · 상업 · 서비스업 · 하역업 등으로 노동시장이 적절하게 분화되지만 개화기 초기 경상남도는 제2차 및 제3차 산업의 초보단계에 놓여 있었으므로 뚜렷한 노동시장이 형성되지 못하였다. 이 사실은 한국인의 직업을 11개 군으로 분류 · 정리한 민적통계표에 잘 나타나는데(이헌창, 1997, 142~153쪽), 이른바 일가(日稼)로 분류된 집단이 바로 임금노동자를 의미한다.

농업·상업에 이어 제3의 직업군으로 등장한 일가군의 분포상은 특정지역에 편중되는 현상을 나타낸다. 전체 호수에서 일가의 분포가 높은 지역은 부산포(22.3%), 밀양읍(20.8%), 동래 사하(17.1%), 삼천포(11.9%) 등지이며, 통영읍·진주읍·진해읍·마산포·기장읍·삼랑진·안의읍 등지는 전체 가호의 5~10%가 일가로 구성되어 있다. 일가군은 부산·마산 등 개항장, 통영·진해·기장·삼랑진·삼천포 등 선상(船商)의 집결지 및 어업전진기지, 밀양·진주 등 내륙의 농·상업 중심지에 집중적으로 분포하였다.

항만 하역과 선적, 화물 수송 등에 일용직으로 고용된 일가는 주로 경상남도 농촌의 빈농 출신과 해방노비들로 구성되었다. 부산의 경우를 보면 사중면·사하면·서하면 등지의 산복에 약 1,400호(22.3%)가 집중되었는데, 특히 초량·부민동·부평동·절영도 등지의 산복에는 이들의 집단 거주지인 빈민촌이 형성되었다.[70] 그 밖에도 낙동강 하류의 구포·하단 등지에도 100~200호의 하역노동자 취락이 들어섰다(新納豊, 1989, 202쪽; 김택규 외, 1996, 367쪽). 이러한 노동자 취락은 마산(약 210호), 통영(약 380호), 진해·기장·삼랑진 등지에도 존재하였다. 관에서는 이들을 체계적으로 관리하기 위해 모군청(募軍廳)을 설립하였으며, 상인 및 노동자들은 해상운수계, 우마차계 등 운수동업조합을 결성하였다(李大熙, 1991, 307쪽). 특기할 점은 경상남도 내에서 밀양군이 가장 많은 일가(1,526호)를 보유한 점이다. 밀양읍은 부산포에 버금가는 일가호의 분포상(20.8%)을 나타냈으며, 밀양군 하서면과 상동면도 일가호의 비율이 높았다. 내륙지방인 진주군에서는 읍내(약 170호)와 남강 소강 종점인 남강진을 합하여 약 220호가 분포하였다. 밀

70) 『通商彙纂』 第21號, 雜之部, 1895年 6月 1日, 釜山港居留地の接近シタル 朝鮮人の家屋取弗: 35.

양 · 진주의 일가 노동력은 아마도 물상객주와 농번기에 대농에 고용된 노동력이었을 것으로 보인다.

노동인구의 가중치(5점)는 부산포와 밀양이 최상급이며, 진주 · 마산 · 통영이 그 뒤를 잇는다. 중위그룹에는 울산읍 · 삼천포 · 동래 다대포와 구포, 그 밑으로 동래읍 · 창녕읍 · 김해읍 등 27개 중심지들이 배열된다.

3) 기타 기능

① 교육 · 문화 기능

종교 · 교육 · 문화 · 의료 분야는 전 산업도시가 배후지에 서비스를 제공할 수 있는 주요 기능이었다. 이 가운데 종교 기능은 동 · 서양 어디에서나 상징적 기능으로 중요시되었으며, 서양에서는 18세기 말까지, 우리나라에서는 갑오개혁 전까지 유지되었다. 서양의 도시에서 지배층은 정치기구뿐 아니라 종교기관까지 장악하고 상징적인 성전(聖殿)을 중심으로 모든 주민을 결속시켰다. 도시를 의미하는 *civitas*라는 용어는 부족 또는 가문들 간의 종교 및 정치적 결합을 의미하고, *urbs*는 종교집회의 장소와 거주지가 결합된 성소(聖所)를 가리킨다(de Courlanges, N.D.F., 1955, p.134).

종교기관은 교육 · 문화 · 의료기관의 발달에도 지대한 영향을 주었다. 전 산업사회에서 인재양성은 종교기관이 수행한 으뜸 기능이었는데, 교육목표는 종교지도자 양성과 정치 및 학문 엘리트 양성이었다. 유학 역시 조선왕조의 기본적인 통치이념으로서 치국화민(治國化民)의 관점에서 숭유사상(崇儒思想)을 고취시키는 교육을 시행하였다. 과거제도가 시행된 이래 갑오개혁까지 유학은 왕권의 수호자인 학인관료(學人官僚)를 양성하는 임무를 수행하면서 이념적 관점에서 유교 외의 종교를 용납할 수 없었다. 선초부터 조정은 학교를 인재양성과 백성의 교화에 중요한 역할을 하는 기관으로 인식하고 각 읍에 향교를 설립하였으며,[71] 지방 수령의 책임 하에 운영토록 하였다.

교육과 종교 기능을 겸한 향교는 경상남도 모든 읍에 1개교씩 설치하였으나 규모는 지역에 따라 차이가 컸다. 예를 들면 도내에서 가장 규모가 컸던 진주향교는 교당(教堂) 4채, 문묘(文廟) · 전각(殿閣) 등 10여 채의 부속건물을 보유하였으며 유학교수(儒學教授, 19세기 말 제독관〔提督官〕으로 교체) 1명을 배치하였다.[72] 울산 · 합천 · 김해 · 밀양 등 주요 읍에도 교수를 임명하였는데, 19세기 말 제독관보다 격이 낮은 도유사(都有司)로 바꾸었다. 규모가 작은 나머지 군현의 향교에는 훈도(訓導)나 유품(儒品)을 두었다가 모두 유사(有司)로 교체하였다. 제독관 · 유사 외에 향교에는 장의(掌議) · 전직(殿直) · 재직(齋直) · 고직(庫直) 등의 관리자, 교생(敎生), 기타 보조요원이 있었다. 교생 수는 작은 향교의 경우에 20~50명, 중간 규모는 70~120명 정도였다. 도유사가 관리했던 김해향교는 교생 수 70~80명, 운영 · 관리직 24명이었고 의령향교는 교생 수가 116명이었던 점을 고려해보면[73] 진주 · 밀양 · 울산향교의 교생 수는 200여 명에 달했을 것으로 보인다.[74]

16세기 중엽 순흥에 백운동서원이 창건된 후 전국 각지에 많은 서원

71) 향교를 인재양성소라는 의미에서 김해와 웅천에서는 양사재(養士齋), 칠원에서는 흥학재(興學齋), 초계에서는 교흥재(教興齋)라 일컬었다(「김해도호부읍지」「웅천현읍지」「칠원현읍지」「초계현읍지」).

72) 「진양지」(1895), 학교조.

73) 「김해도호부읍지」(1895) 및 「의령현읍지」의 학교조.

74) 「울산부읍지」 학교조(1895)에 의하면 울산향교의 부속 건물은 대성전(5간), 무(廡, 기숙사, 4간 2동), 고직간(庫直間, 6간), 주방(2간), 제기고(3간), 신문루(神門樓, 3간), 명륜당(明倫堂, 5간), 동 · 서재실(4간 2동), 포사(庖舍, 9간), 문루(5간) 등 총 64간에 달하여 거의 작은 관아의 규모와 비슷하였다. 밀양과 진주의 향교에는 사직단과 향청까지 설치되었으므로 규모가 울산향교보다 더 컸을 것으로 보인다.

이 설립되면서 관학(官學)인 향교의 기능은 약화되고 서원이 사림의 장수처(藏修處) 겸 강학소(講學所) 역할을 담당하게 되었다. 서원 설립의 제1차 목적은 인재양성과 선성(先聖)·선현(先賢)·명유(名儒) 등을 제향하는 사묘의 부설로 제사 기능을 보유하는 것인데 이는 본래 향교의 대성전과 명륜당에서 행해지던 것이었다. 그런데 서원은 유교적 각종 제례를 거행함으로써 향촌민의 교화효과를 도모할 수 있게 되었다(정만조, 1997, 91쪽). 즉 서원은 교육 외에도 재지사족의 향촌 지배를 확립하는 기능을 가지게 된 것이다(이수환, 1981, 273쪽). 그러나 서원은 사림의 기득권을 유지하기 위한 제도적 장치로서 인적 및 토지 지배력을 강화하는 발판이 되어 조선 후기에 적지 않은 문제를 드러내었다.

19세기 말 경상남도 31개 군에는 약 80개의 서원이 분포하였는데, 이 중 사액서원(賜額書院)은 28개였으며, 진주군의 덕천서원(德川書院)과 함양군의 남계서원(灆溪書院)은 이 지역의 대표적인 서원이었다(강대민·박병련, 2004, 39쪽). 향교는 읍내 또는 읍성과 가까운 거리에 위치하여 중심지 기능을 발휘하였으나 서원은 극히 일부를 제외하면 대부분 읍에서 멀리 떨어진 경승지에 입지하였다. 전자가 교육을 우선시한 기관이었다면 후자는 교육 외에 사회·정치·경제적 이해집단의 성격도 가지고 있었다. 개화기 이전까지 기초교육을 담당한 것은 서당·서숙(書塾)·이숙(里塾)·동숙 등으로 불린 마을의 교육기관이었다. 그 밖에도 강당·재사(齋舍)·정사(精舍) 등이 서당과 같은 기능을 갖기도 하였다. 서당이나 정사 등은 면 소재와 기타 주요 반촌에 1개 정도씩 분포하였다.

갑오개혁은 교육 분야에도 큰 변화를 가져왔다. 1895년에 송포된 「홍범 14조」 제11조에 "나라 안의 총명한 제자를 널리 파견하여 외국의 학술과 기예를 전습(傳習)시킨다"고 하여 신교육 의지를 강하게 밝히고 있다(김정해, 1987, 125쪽). 즉 신교육은 이념교육을 겸한 유학교육을 포기하고 서구의 신학문에 목표를 두고 있음을 천명한 것이다. 갑오개혁에 앞서 서울에는 1885년 광혜원 설립에 이어 다음해에 육영공원이 개교하였고 외국 선교사에 의해 배재학당을 비롯한 다수의 사립학교들이 설립되었다.

경상남도의 신교육 기관은 1896년 관찰부 진주와 부산 개항장에 최초의 공립학교가 설립된 것을 효시로 한다(정재걸 외, 1994, 20쪽). 뒤를 이어 각 군에도 공립학교 설립이 진행되었는데, 학교 운영비 조달을 목적으로 정부가 향교 부속 토지를 이속시키려 하자 1899년 각 군의 유생들이 강하게 저항한 일이 있다(정재걸 외, 1994, 36쪽). 그러나 공립학교는 꾸준히 증가하여 거창군수 남만리(南萬里)가 치읍에 학교를 설립한 이래 1905년까지 경상남도에는 관공립학교 5개교, 준공립학교 4개교가 개교하였다(김정해, 1987, 136~138쪽).

사립학교는 1895년 부산에 최초의 학교가 개교하였고 1905년까지 밀양을 비롯한 경남 각지에 12개교가 설립되었다. 학교 설립에는 전·현직 관리, 지방유지, 유림, 외국 선교사 등이 참여하였는데, 이 가운데 일진회(一進會)가 세운 진주학교도 포함된다.[75] 지방 유지들이 설립한 학교 중에 여주 이씨 문중에서 밀양군 부북면 퇴로리의 화산의숙(華山義塾)이 주목된다(이우성, 2003, 310쪽).

1895년 정부는 외국어학교관제를 송포하였는데, 이는 중등교육기관의 설립을 의미한다. 경상남도 최초의 중등학교는 1898년에 개교한 동래(부산)의 개성학교(開成學校)이다(小松悅次, 1909, 440~441쪽). 이어서 진주에 외국어학교가 개교하고 마산에는 개성학교 분교가 설립되었다. 1905년 진주·마산·부산·밀양·통영 등 5개 지역은 중학교급의 일어학교로 정식 인가되었다(農商務省, 慶尙道·全羅道, 1905, 281~283쪽). 1900년 경남지방 유림들은 낙육재(樂育齋)라는 학교

75) 일진회가 광무 9년(1905) 5월 진주학교를 설립하였다(『고종시대사』 6권, 347쪽).

를 설립하여 문학재지(文學才智)한 선비를 뽑아 가르쳤는데 이듬해 4월 이 학교를 중학교로 인가 신청하는 상소를 올린 바 있다(정재걸 외, 1994, 36~37쪽). 한편 개항장의 일본인 증가에 따라 1888년 부산에 초등학교가 설립된 이후 마산과 밀양에서도 초등학교의 개교를 보게 되었다. 그러나 일인들의 중등교육기관(상업학교 · 고등여학교)의 설립은 1906년에 비로소 실현되었다(小松悅次, 1909, 576쪽).

1912년 경상남도의 소학교 수는 경남이 전국 1위로 40개교(전국의 21.6%), 학생 수는 5,788명(전국의 26.5%), 교원 수는 157명(전국의 24.6%)이었다(山口豊正, 1914, 486~487쪽). 부산과 진주는 각각 동부경남과 서부경남의 교육 중심지로 부상하였으며 마산 · 통영 · 밀양 · 울산 등지도 신교육 선진지역에 포함되었다. 그 밖에 거창 · 함양 · 김해 · 하동 등지에 신식학교가 설립되었으나 상당수의 군에는 아직도 전통교육기관인 서당 · 향교 등이 부분적으로 기능을 유지하고 있었다.

개화기의 문화 · 오락 기능을 파악할 수 있는 자료는 매우 빈약한 편이기 때문에 기방(妓房)과 정기시장의 대중오락을 중심으로 고찰해보기로 한다. 기생은 각 읍과 병수영의 관아에 배치되었다. 관아의 기적에 오른 기생은 매일 관아로 구실을 다녔기 때문에 일반적으로 관아 및 읍내 장에 가까운 읍성 부근에 거주하였다(안길정, 2000, 80쪽). 기생의 교육기관이자 근무처인 교방(敎坊)은 관아의 정청(正廳) 또는 관문(關門) 밖에 입지하는 경우가 많았다. 예를 들면 진주교방은 경상남도 관찰부 관아의 봉명루(鳳鳴樓) 앞에 3채의 와옥으로 구성되어 있었고, 통영교방 역시 와옥으로 성내 중영(中營)의 내아(內衙) 옆에 자리 잡고 있었다.[76] 반면에 김해교방은 관문 밖에 위치하였다.[77]

76) 「진주지도」(고축4079~51)와 「통영지도」(규10513~2) 참조.
77) 「김해도호부지」 공해조.

기생의 수는 대읍과 병수영에 많고 규모가 작은 고을과 찰방역은 적었다. 즉 현 급의 작은 고을에는 10명 내외, 군 급에는 20여 명, 목 급에는 40여 명, 병수영에는 80여 명이 분포하였다는 설(안길정, 2000, 101쪽)도 있으나 19세기 말의 읍지상에 보이는 기녀의 수는 창원 23명, 밀양 22명, 김해 23명 등으로 20명 내외였으며[78] 경상남도 관찰부와 중영이 입지하고 교방의 규모가 컸던 진주, 좌병영 소재지였던 울산의 병영, 수군통제영이 설치되었던 통영은 이보다 많은 기생이 있었을 것으로 보인다.

교방의 규모는 대읍일수록 크고 소읍은 규모가 작았다. 동래부 교방의 규모는 본채 8간, 행랑채 3간, 대문간 1간이었다고 하는데(안길정, 2000, 94쪽), 통신사와 왜사의 왕래가 잦았고 경상 좌수영이 지척이었던 관계로 동래부 교방은 여타 읍보다 규모가 컸을 것이다.

기생은 사신 접대와 기타 연회에 동원되었으나 연령이 높아지면 기적에서 풀려나 퇴기로서 요식업에 종사하였다. 그런데 1905년 기생제도가 폐지된 후 전직 기녀 가운데 상당수가 주점을 운영하여 치부한 자가 적지 않았던 것 같다. 김해 · 진남 · 창원의 가호안과 양안에는 퇴직기녀 소유의 대지 및 전지가 많이 보이는 것은 좋은 예이다.[79]

기녀들이 지배층을 위한 예능집단이었다면 정기시장을 무대로 활동한 재인(才人)들은 서민을 상대로 한 집단이었다고 볼 수 있다. 정기시장은 교역의 중심지인 동시에 다양한 비상업적 서비스의 중심지였는데, 문화적 혜택을 누리기 어려웠던 평민들에게 장터에서 행해진 광대놀음은 훌륭한 대중오락이었다. 무부(巫夫) 및 무녀(巫女) 역시 어떤 의미에서는 일종의 대중을 위한 예능인 역할을 하였다. 대부분의 고을에 무부

78) 「창원대도호부읍지」 공해조; 「밀양부읍지」 관직조; 「김해도호부읍지」 공해조.
79) 김해군 월당리에 거주하는 기녀 박월매는 15필지의 대지를 소유하였다(「김해군 가호안」).

또는 무녀가 5~10명이 분포했으나 하동포구와 지리산을 끼고 입지한 하동군에는 30여 명의 무속인이 존재하였다.[80]

② 의료 기능

전 산업시대에도 의료 기능은 취락의 중심성을 결정하는 주요 요인의 하나였다. 각 지방 관아는 역병(疫病)이 발생할 때는 이의 확산을 방지하고 평상시에는 빈궁한 자의 치료를 감당할 수 있도록 각 군에 의원을 배치하고[81] 의국(醫局) 및 약국(藥局)을 설치하였다. 지방의 의료요원은 심약(審藥, 종9품) · 의생(醫生) · 약직(藥直) · 의녀 등으로 구성되었으며, 이들 가운데 관직을 가진 심약은 조선 전기에 감영 · 좌병영 · 우병영에 각각 1명씩 배치하였다.[82] 조선 후기에는 통영(수군통제영)에 의생청, 진주(촉석산성 내 우병영)와 울산(좌병영)에 심약청을 설치하고 전의감(典醫監) 혜민서(惠民署) 소속 심약 등 의생이 이를 관장하였다.[83] 한편 진주목에는 우병영과 별도로 의원(醫院)과 약채(藥債)가 설립되었으며[84] 기타 군읍에는 감영, 군사기지보다 격이 낮은 의국을 두었다. 그러나 갑오개혁에 따른 관제개편으로 의과시험이 폐지되고, 혜민서도 폐쇄시켰으며, 내무아문 산하의 위생국에서 국민보건 · 의료 업무를 담당하였다(노정우, 1965, 833쪽, 836~837쪽).

개항기에는 의료체계의 혼란이 발생하여 의료기관에 관한 명칭도 심약청(곤양) · 혜민청(밀양) · 의국(김해) · 방(울산 · 통영) 등이 혼용되었

80) 『경상남도초계군호적통표』(1907), 『경상남도거창군호구적표』 『경상도하동현호적대장』(악양면 · 화개면)(1891) 참조.
81) 『대전회통』 권3, 예전 혜휼조.
82) 선초에 전국적으로 17명의 심약이 배치되었는데 그 중 3명이 경상도에 있었다(『경국대전』 이전 외관직조).
83) 『여지도서』 통제영 관직조, 경상좌병영 및 우병영의 관직조와 공해조 참조.
84) 『진양지』 상 관우조.

고 의료진의 수도 규정대로 확보되지 않았던 것 같다. 예를 들면 동래부에는 의생 4명과 약직 2명, 남해군에는 의생 8명, 곤양군에는 의생 약간 명, 의령군에는 의생 4명과 의녀보 20명, 합천군에는 의녀보 3명, 창원군에는 의생 약간 명과 의녀보 6명이 근무한 것으로 기록되어 있다.[85] 본래 모든 군읍에는 규모에 따라 의원과 의녀를 차등 있게 배치하도록 규정되어 있었다.

19세기 후반 호적표를 보면 창녕읍에는 50여 명의 의생과 17명의 약보(藥保)가 집중된 반면에 하동 · 안의 · 진남 등지에는 의생 1명, 약보는 안의 4명, 칠원 구산면 30명으로 나타난다. 좌병영과 서생포진이 설치되었던 울산읍에는 의생 19명, 유포면과 서생면에는 의학 훈도 1~2명씩, 그리고 농동면에는 약보가 4명 배치되었다.[86] 치읍 외에도 장시 또는 면에는 전의감 서리로 차출되어 중앙에서 임기를 마친 자들이 귀향하여 향리에서 백성들을 진료한 의원과 갑오개혁 후 사대부로서 의약업에 진출한 자들이 있었다(권병탁, 1986, 32쪽, 165~166쪽).

경상도는 전국 제일의 약재 산지로 명성이 높아 선초에는 전국의 진상약재 317종 가운데 178종, 재배약재 77종 가운데 32종을 생산하였다. 다시 말하면 왕실용 약재 가운데 태반이 경상도산이었던 바, 특히 지리산지를 낀 서부경남은 각종 약재의 보고였으며, 진주 · 함양 · 합천 · 창원 등지는 약재가 지역경제에 상당한 영향을 끼쳤다(권병탁, 1986,

---

85) 「곤양군읍지」 읍사례; 「밀양도호부지」 공해조; 「김해도호부지」 공해조; 「울산부읍지」 객사조; 「통영지도」(규10513~2); 「동래부읍지」 읍사례; 「남해군읍지」 인물조; 「곤양군읍지」 읍사례; 「의령현읍지」 이안조; 「합천군읍지」 읍사례; 「창원대도호부지」 읍사례 참조.

86) 주요 읍에는 약직 · 의녀 등 20~40명, 소읍에는 10~20명의 의료인이 배치되었던 것으로 보인다. 『경상남도의령군호구조사표』(상정면), 『경상도하동현호적대장』 『경상도안의현호적대장』 『경상도칠원현호적대장』 『경상도울산부호적대장』 참조.

48~50쪽, 97쪽, 150쪽). 지리산 서록에 산포하였던 진주군 청암면 · 시천면 · 삼장면 일대의 사포서둔전(司圃署屯田)의 존재는 지리산지의 약재생산과 관련이 있었을 것으로 보인다.[87)]

근대 의학은 개항장을 통하여 도입되었을 것으로 사료되나 근대 의학에 관한 개화기 경상남도의 자료는 정리 상태가 미비하다. 그러나 개항기 부산과 마산의 일본인의 인구급증현상, 콜레라 · 장티푸스 등 외래 전염병의 창궐, 외국 선교사의 교회설립 등 제 요인을 분석해보건대 부산과 마산에는 이미 근대 의료시설이 설립 · 운영되었을 가능성이 높다.

부산포의 일본인 인구는 1896년 5,058명에서 1905년 12,758명으로 급증하였는데,[88)] 1910년에는 14,295명으로 증가하여 부산포 인구 약 39,700명의 36%를 차지하게 되었다.[89)] 이와 같은 인구증가 추세로 보건대 부산포에는 개항 초기부터 서양 의술을 익힌 다수의 일본인 의사가 존재하였을 것이다. 대표적인 실례는 1877년 일본 해군이 설립 · 운영한 제생의원(濟生醫院)이며, 이 의원은 한반도 최초의 서양병원으로 지석영(池錫永)은 1879년 이곳에서 종두법을 습득한 바 있다(노정우, 1965, 848쪽). 또한 『경상남도동래군사중면양안』(규18111~1, 2)에 미국인 · 영국인 의료선교사의 토지소유 사실이 드러나는 점으로 보아 약간 명의 서양 의료진의 활동도 예측할 수 있다. 뿐만 아니라 1900년 3월 30일 한국정부는 마산항 조계 밖에 러시아 태평양 함대 부설 병원설립

87) 「진주군가호안」 청암면 · 시천면 · 삼장면 등 지리산지에 위치한 3개 면에는 242좌의 사포서둔전이 분포하였다. 사포서는 과수를 비롯한 각종 식물을 식재 · 관리하던 관부였으며, 이 지역은 약재의 명산지였으므로 사포서둔에 거주했던 가호들이 약재와 관련이 있었을 것으로 보인다.

88) 국사편찬위원회, 『고종시대사』 4권, 971쪽; 5권, 269쪽; 6권, 46쪽, 52쪽, 243쪽 참조.

89) 『각사등록』 50, 경상도보유편 2, 각면동훈회존안, 융희 4년 경술 3월 4일조.

을 허가한 바 있어[90] 1900년대에 이르러 부산 · 마산 · 진주 · 통영 등지에 외국인 병원설립이 이루어졌을 것으로 보인다.

특기할 사실은 콜레라 · 장티푸스 · 성홍열 · 천연두 등 전염병이 잦았던 개항장과 기타 주요도시 20여 개소에 규모가 큰 종합병원들이 설립되어 일반 진료와 전염병 방역에 기여하였는데(노정우, 1965, 851~852쪽), 부산 · 진주 · 마산은 주요도시의 범주에 속하였으므로 1900년대 초 병원이 입지하였을 것으로 보인다. 1902년 9~10월 경상남도 일대에 콜레라가 창궐하였을 때 제생의원을 비롯한 종합병원은 방역활동에 기여한 바가 크다.[91]

종교 · 교육 · 문화 · 의료 기능은 주민의 실생활과 직접적인 관계는 적으나 주민의 생활수준을 가늠하는 지표가 되는 고급 기능이라 할 수 있다. 그러므로 이러한 기능은 대체로 엘리트 계층이 많이 거주하는 상위의 중심지에 집중되는 경향이 있다. 즉 전통 중등교육기관인 동시에 조선왕조의 정치이념을 상징했던 유교의 수행기관이었던 향교는 치읍에 한정적으로 분포하였으며, 교방과 의료기관 역시 읍과 일부 수 · 병영에만 존재하였던 것이다.

4. 요약 및 소결

부산포 개항(1876)으로부터 경술국치에 이르는 이른바 개화기는 우리나라 근현대사의 격동기였다. 우리 민족사에서 외세의 침입으로 고난을 경험한 예가 적지 않았으나 경술국치 이전의 충격은 주로 대륙민족의 군사적 및 정치적 압박에 기인한 것이었던 반면에 이후의 충격은 정

90) 외부대신 박제순과 러시아공사 파블로프 간의 협약에 의거(『고종시대사』 5권, 50쪽 참조)한 것이다.
91) 『교남지』 권48, 부산부 관공서조.

치적인 면에 그치지 않고 경제 · 문화 · 사회 등 광범위한 범위에 걸쳐 영향을 주었다. 우리나라보다 앞서 구미의 선진문물을 받아들인 일본은 서양식 식민지 경영방식을 모방하여 한반도를 왜식 근대화의 실험으로 삼았다.

전통적 입지관(立地觀)에서 볼 때 경상남도는 동남쪽 변방에 속하지만 일본의 입장에서 보면 경상남도는 호전적인 정한론자(征韓論者) 등의 근거지인 서부일본과 불과 100km권의 근거리에 위치하므로 그들의 식민지 교두보 설치에 이상적인 지역이었다. 왜냐하면 이 지역은 19세기 당시 한국정부의 통제력이 미약한 취약지역인 반면에 침략자의 입장에서 보면 각종 자원이 풍부하고, 한반도 내에서 배후지 인구가 가장 많으며, 남해안과 낙동강 수로를 이용한 침투로 개척이 용이한 곳이었기 때문이다. 또한 경상남도는 임진왜란 당시 7년간 왜군의 점거 하에 놓였고 장기간 부산포의 왜관을 경영한 역사적 배경을 가지고 있었다. 청국과 구미 각국이 인천에 관심을 집중했던 바와 달리 일본이 부산을 중심으로 한 경상남도에 거점을 확보하고자 혈안이 되었던 이유는 아마도 이러한 역사적 배경과 지리적 이점을 최대한 활용하였다는 사실과 무관하지 않을 것이다.

일제의 경상남도 침투는 지방행정체제의 개편을 유발하였으며, 이는 지역체계 및 구조의 변화를 가져왔다. 영남지방은 대부분 낙동강 수계에 속하므로 전통적으로 단일 행정구역을 유지해왔으나 갑오개혁을 계기로 남도와 북도로 나뉘었으며, 진주에 경상남도 관찰부가 설치되었다. 이로써 한반도 내에서 가장 지리가 좋다고 평가되어온 영남지방은 인위적으로 양분되었는데, 이는 어떤 면에서 대한제국 정부가 일제의 침투를 견제하기 위한 완충지 역할을 기대한 조치였다고 볼 수 있다. 그러나 개항과 동시에 개방된 부산포와 뒤를 이어 개항한 마산포에 치외법권지구가 설치되고 간행리정의 범위가 100리까지 확대됨에 따라 진주 감영의 행정력은 서부경남으로 위축되었다. 1910년부터 우리나라가 일제의 식민지로 전락하였으나 경술국치 이전 한반도에서 일본인의 세력이 가장 강한 곳은 부산을 중심으로 한 경상남도였다.

조선시대 경상도 남부지역은 전국적으로 농산물이 풍부하고 어염의 이익이 많은 지방으로 인식되었으며, 특히 진주를 비롯하여 밀양 · 창원 · 김해 · 울산 · 창녕 · 함양 · 거창 등의 요읍들은 주변 농촌의 중심지 기능을 보유하였고, 규모가 큰 역촌, 낙동강 본류와 지류의 기항지 및 남해안의 주요 포구들 역시 소규모의 중심지로 역할을 하였다. 지리적 · 정치적 · 종교적 · 사회문화적, 상업 · 경제적 요인의 결합에 의해 형성된 중심지들은 나름대로 서서히 진화 · 발전해왔다. 즉 조선 후기의 실학사상의 확산에 따른 과학기술의 발달, 정부의 세제 개혁, 화폐유통 등의 자극으로 농업소득이 증대하고, 수공업이 발달하였으며, 임금노동력이 증대하고, 장시(場市)가 발달하였다. 이러한 요인들이 결합하여 결과적으로 도회의 성장이 촉진되었다.

개항을 계기로 부산 · 마산 등지에 다수의 외국인(주로 일본인)들이 정착하고 외국상품의 유입과 국내의 농축산물 및 원자재가 반출되기 시작하였다. 소수의 부농과 지주 · 곡물을 비롯한 각종 물품을 수집한 객주들이 부를 독점하는 대신 빈농과 해방노비들은 과도한 곡물 수출에 따른 곡가앙등으로 인한 생활고에 직면하였다. 선진 어구와 어선을 갖춘 일본 어부의 불법 어로와 청국 및 일본산 소금의 수입 또한 경상남도 주민의 생계에 타격을 주었다. 이러한 경제적 문제는 부산 · 마산 · 통영 · 삼천포 등 포구취락으로의 인구유입을 촉진시켰다.

동학농민운동을 비롯한 민란은 종교적 이념을 앞세운 단순한 계급투쟁이 아니라 농민 대지주, 평민 대 양반, 빈곤층 대 부유층, 소상인 대 대상인 간의 갈등에서 비롯된 생존과 관련된 투쟁이었다. 그리고 그 기저에는 개항장을 배경으로 암약한 외국인, 특히 일본의 악덕 상인에 대한 민족적 반감이 깔려 있었다.

동학농민운동을 수습한 정부는 갑오개혁을 통하여 행정 · 사법 · 군사 · 통신 · 교육제도 등을 개혁하고 상공업 진흥정책을 펴는 등 근대화에 힘을 기울였다. 그러나 이는 왕권강화와 상류층의 기득권 유지를 전제로 한 상부로부터의 개혁이었기 때문에 내적 갈등을 해소하는 데는 효력이 없었고 외세의 간섭을 극복하는 데에도 실패하였다. 그러나 봉건사회가 근대적 사회구조로 개편되고 생산과 교환, 분배와 소비 등 각 분야에서 균형을 이루고 노동분화가 일어나기 시작한 것이 갑오개혁과 무관하지 않다는 데 의의가 있다. 개혁의 효과가 개항장에 치중된 감이 있으나 경상남도의 신설과 행정구역 조정을 통한 군강역(郡疆域)의 균등화, 행정 · 사법 · 군사 · 교육제도의 근대화, 교통 · 통신의 근대화, 산업의 근대화 시도는 우리 정부가 의욕적으로 시행한 사업이었고, 비록 그 효력이 미약하였을지라도 상공업 도시들의 성장에 따른 경상남도의 지역구조 변화에 영향을 주었다.

제6장 중심지의 계층구조와 취락의 순위–규모분포

1. 서론

개화기의 경상남도는 전 산업사회에서 산업사회로 이행되는 과도기에 놓여 있었으므로 부산 · 마산 등 외국문물과의 접촉이 활발했던 개항장에서는 도시화가 비교적 빠르게 진행되고 있었으나 여타 중심지들은 형태상으로나 구조적으로 볼 때 도시화의 초보단계에서 정체되어 있었다. 다시 말하면 이 시기 경상남도의 중심지들 대부분은 우리나라 전통도시의 면모와 특성을 간직하였다고 볼 수 있다. 그러나 대한제국 정부의 개혁정책의 영향으로 진주 · 통영 · 밀양 · 울산 · 삼천포 등 주요 중심지에서는 수준의 차이는 있었을지라도 분명히 구조적인 변화가 일어나고 있었으며, 이러한 변화는 곧 중심지의 계층구조상의 질서를 뒤바꾸는 효과를 가져왔다.

중심지의 계층구조에 관한 연구는 크리스탈러(Christaller, W.)가 1930년 남부독일을 사례로 연구하여 중심지이론을 정립한 이래 고고학 · 고대사학 · 사회학 · 문화인류학 등 인접학문 분야의 학자들에 의해 시대적 및 사회경제적 한계점을 극복하여 적절하게 활용되어왔으며[1] 지리학계에서는 크리스탈러의 이론을 꾸준히 수정 · 보완해왔다. 그러므로 개화기의 경상남도 중심시의 규모와 구조가 1930년대 독일과 상당한 차이가 있었다 할지라도 크리스탈러의 중심지이론을 적용하여 중심지의 특성과 계층구조를 파악하는 것이 무의미한 일이라고 생각되지는 않는다. 다만 근대화 여명기의 경상남도를 1930년대의 독일과 동일한 조건에서 비교할 수 없으므로 개화기적 시대상황을 고려하지 않을 수 없다.

다시 말하면 개화기는 한 세대 남짓한 짧은 기간에 불과하나 이 시기는 우리 국토가 부산과 마산을 교두보로 삼은 일본인들에 의해 대규모로 개조되기 시작한 때이며, 이 당시에 형성된 왜식 근대화의 잔재가 아직도 잔존한다는 사실은 시사하는 바가 적지 않다는 것이다. 우리나라의 전통도시에 관한 발달사적 연구가 미흡하고, 기존 연구물 중 다수가 일제의 문헌을 바탕으로 수행된 실정임을 감안할 때 19세기 말~20세기 초 경상남도 취락의 계층구조와 순위규모를 파악할 수 있다면 이는 한국 근현대 도시의 태생적 특성과 성장배경을 밝히는 계기가 될 것이며 지리학적으로 의미가 클 것으로 보인다.

2. 중심지의 계층구조

1) 기능별 분류

갑오개혁 이전까지 모든 중심지의 정치적 기능이 여타 기능을 압도

---

1) 중심지이론을 적용한 지리학 이외의 취락연구물로는 다음 논저들을 참조할 것. Rich, J. and Wallace- Hardrrill, A.(eds.), *City and Country in the Ancient World*, London: Routledge, 1992; Wrigley, E.A., "Parasite or Stimulus: The Town in Pre-industrial Economy," *Towns in Societies*, Cambridge: The University Press, 1978, pp.295~308; Rozman, G., *Urban Networks in Ching China and Tokukawa Japan*, Princeton University Press, 1973; Hodges, R., *Primitive and Peasant Markets*, Oxford: Basil Blackkwell, 1988.

하고 있었기 때문에 경제 · 문화 · 서비스 기능 등은 상대적으로 비중이 낮았다. 즉 지방 수령은 일반행정은 물론 위수 · 사법 · 경찰 · 경제 · 교육 · 종교 등 다양한 업무를 독점적으로 장악하였으므로 한 지역에서 수령이 주재하는 고을과 기능적으로 경쟁할 수 있는 취락은 성립하기 어려웠다. 그런데 갑오개혁 이후 군사, 사법 · 경찰, 교통 · 통신 분야의 업무가 전문 관청으로 이관되고 경제문제에 대한 사회적 인식이 바뀜에 따라 군읍(郡邑)의 영향력은 다소 약화된 반면에 경제 부문 참여를 바탕으로 한 민간인의 활약상은 강화되었다. 이는 신흥 상공업 중심지들이 농토에 매여 있던 노동력을 흡인하는 계기가 되었으며, 새로운 이입자(移入者)의 증가에 따라 경제 중심지의 성장이 촉진되기 시작하였다. 이러한 도회들은 성장을 거듭함에 따라 초기의 단순기능 중심지에서 다양한 기능을 보유한 중심지로 변하였다.

제5장 서론에서 언급한 바와 같이 크리스탈러는 중심지의 기능을 9가지로 분류하고 각 기능은 저차(低次, Nieder Arten) 중심지, 중간(Mittel Arten) 중심지, 고차(Höher Arten) 중심지 등 3단계로 나누어 가중치를 차등화하였다(Christaller, W., 1980, p.140). 그런데 개화기 경상남도는 1930년대의 남부독일과 시대적 상황이 다르기 때문에 주요 중심지의 기능을 경상남도의 실정에 맞추어 정치적 기능, 경제 · 서비스 기능, 기타 기능으로 대별하고, 이를 다시 11개 항목으로 세분하여 중요도에 따라 10~20점의 가중치를 부여하였다(표 3-10). 정치적 기능은 일반행정(10), 사법 · 경찰(10), 통신 · 교통(10), 위수(10) 등으로 세분하여 기능의 정도에 따라 취락별 가중치를 부여하였다.

정치적 기능을 보유한 취락들은 관찰부, 개항장, 군청소재지, 군사기지, 면 등인데, 관찰부를 포함한 모든 군읍은 군수의 직급에 따라 1~4등으로 행정 기능상 차이가 있었다. 근대적 사법 · 경찰 기능은 진주 · 부산포 · 마산포 · 통영 등지에 한정되었고 기타 군은 구 제도에 의거하여 군수가 그 기능을 수행하고 있었으므로 4대 취락에 비해 격이 낮았다.

도회별 행정 기능은 관찰부, 1등 군청, 재판소 및 경찰서, 진위대대, 2등 우체사 및 전보사 등이 입지했던 진주(38점)와 감리서, 1등 재판소 및 경찰서, 1등 우체사 및 전보사가 입지했던 부산포(34점)가 최상급 지위를 보유하였으며, 마산(28점)과 통영(25점)이 제2급 중심지로 분류된다. 제3급(21~23점)에는 동래읍 · 울산읍 · 김해읍 · 밀양읍 등 4개 도회, 제4급(14~16점)에는 창녕읍 · 병영 · 삼천포 · 함양읍 · 함안읍 · 합천 등 6개 도회, 제5급(9~12점)에는 기장읍을 비롯한 10개 도회, 제6급(4~9점)에는 칠원 등 11개 도회가 속하였다. 이 중심지들 중에 병영과 삼천포(4급), 삼랑진과 수영(5급)은 행정 읍이 아님에도 불구하고 군청소재지인 칠원읍 · 사천읍 · 단성읍 등 영세한 군읍들보다 우위의 기능을 보유하였다. 제7급(1~3점)의 중심지들은 면소재지들이다.

경제적 기능은 취락의 인구밀집도와 관련이 깊은 비농업부문을 고려하여 어염업(10점), 전통공업(10점), 근대공업(10점), 상업(20점), 노동시장(10점) 등으로 세분하고 가중치를 60점으로 설정하였다. 경제의 본질적 의미는 인간이 자신의 생계를 지역의 자연환경과 이웃에 의존하는 데서 찾을 수 있으므로(Polanyi, K.. 1957, p.243), 도시는 생산의 중심지인 동시에 교역활동의 중심지이며 노동분화에 따라 주변 농촌인구를 흡입하여 생산직 노동자, 임금노동자 등으로 전환시킨다(Tsuru, 1970, p.48).

전 산업도시의 경제구조는 국지성 자원의 의존도가 높기 때문에 기능상 지역성을 강하게 나타내었다. 예를 들면 해안지방의 중심지들은 소금 · 어류 · 해조류 등 수산물, 농업이 발달한 평야지대의 중심지들은 지역 농축산물과 밀접한 관계가 있으므로 지역 산물의 양은 중심지 기능의 가중치를 결정하는 주요 요인으로 작용하였다. 제1급 중심지는 진주와 부산포(48~52점), 제2급 중심지(42~44점)는 마산포와 통영, 제3급

〈표 3-10〉 개화기 경상남도 주요 중심지의 기능 가중치

군	읍면	취락명	호수	비농업호 비율	정치적 기능				경제 · 서비스 기능					기타 기능		가중치 총점 120	순위
					일반행정 10	사법경찰 10	교통통신 10	위수 10	어염업 10	전통공업 10	근대공업 10	상업도축 20	노동시장 10	교육문화 10	의료 10		
동래		부산포	2,470	71%	9	10	10	5	10	2	10	20	10	10	10	106	1
진주		진주읍	2,250	45%	10	9	9	10	3	10	6	19	10	10	8	104	2
창원	서삼면	마산포	1,160	61%	8	8	8	4	8	4	7	15	8	5	6	81	3
진남	동·서면	통영	880	72%	6	5	7	7	9	8	3	16	8	4	6	79	4
밀양	부내면	밀양읍	710	37%	7	5	6	3	1	6	2	14	9	7	6	66	5
울산	상부면	울산읍	890	24%	7	4	7	3	6	5	2	12	7	6	6	65	6
동래	읍내면	동래읍	780	51%	7	5	6	5	0	3	4	14	5	5	5	59	7
창녕	읍내면	창녕읍	670	21%	5	4	4	3	3	6	1	12	4	5	7	54	8
김해	좌·우부	김해읍	650	17%	7	4	5	5	4	3	0	14	4	5	3	54	8
사천	삼천포면	삼천포	320	49%	3	2	7	2	9	6	0	13	7	1	2	52	10
함양	원수면	함양읍	470	24%	6	2	9	3	0	5	0	12	5	6	4	52	10
합천	상삼면 하삼면	합천읍	290	14%	6	2	3	3	0	6	0	10	3	6	4	43	12
함안	상리면	함안읍	340	12%	6	2	3	3	0	5	0	10	3	5	4	41	13
울산	내상면	병영	1,140	28%	3	2	4	8	0	4	0	10	4	2	4	41	13
기장	읍내면	기장읍	200	37%	3	2	5	2	6	2	0	9	4	3	3	39	15
산청	군내면	산청읍	250	26%	3	2	4	3	0	6	0	10	2	4	5	39	15
진해	동면	진해읍	240	28%	3	2	5	2	5	3	0	8	4	3	3	38	17
삼가	현내면	삼가읍	270	24%	4	2	3	2	0	4	0	9	2	4	4	34	18
밀양	하동2면	삼랑진	150	31%	2	1	6	1	2	5	0	8	6	1	2	34	18
안의	현내면	안의읍	760	14%	4	2	2	3	0	4	0	7	2	3	3	30	20
언양	상북면	언양읍	540	27%	3	2	3	2	0	2	0	8	2	3	3	28	21
김해	칠산면	칠성포	140	50%	1	0	6	1	4	5	0	6	5	0	0	28	21
김해	명지면	염촌	310	32%	0	0	3	0	10	0	0	11	4	0	0	28	21
사천	군내면	사천읍	500	15%	3	2	3	2	0	2	0	8	4	1	2	27	24
동래	사상면	구포	120	30%	0	2	4	0	4	2	0	7	6	0	2	27	24
단성	군내면	단성	230	12%	4	2	3	1	0	1	0	7	1	4	3	26	26
동래	남상면	수영	300	32%	2	1	5	3	5	1	0	4	2	1	2	26	26

칠원	삼리면	칠원읍	330	11%	3	2	3	1	0	2	0	7	2	2	3	25	28
동래	사하면	다대포	310	68%	1	1	4	2	5	0	0	6	5	0	1	25	28
진주	문산면	소촌	490	12%	2	0	3	0	0	2	0	6	6	1	2	22	30
함양	사근면	사근역	190	30%	2	0	4	0	0	1	0	6	6	2	1	22	30
합천	봉산면	권빈	170	18%	2	0	4	0	0	3	0	6	3	2	1	21	32
사천	중남면	말문	120	30%	1	0	4	0	1	2	0	6	4	1	1	20	33
하동	화개면	화개동	90	21%	0	0	4	1	2	1	0	6	3	1	2	20	33
울산	서생면	서생포	150	29%	1	0	3	2	3	1	0	4	3	1	2	20	33

중심지는 삼천포 등 7개 취락으로 구성되었다. 제4급 중심지로는 함양읍 등 11개 취락, 제5급 중심지로는 삼가읍 등 13개 취락이 있다. 제6급에 해당되는 중심지는 소규모의 시장촌, 물레방앗간 소재지 등 말단 중심지들이다.

전 산업사회에서 상징적 기능으로 우월한 지위를 누렸던 종교 기능은 개화기에 이르러 약화되어 교육 · 문화 기능에 흡수되었다. 다시 말하면 향교가 수행했던 인재양성 기능을 신식 교육기관이 맡게 되고 유교적 종교행사 역시 기능이 약화되었다. 의료 기능 역시 서양의학의 도입의 영향을 받았다. 그러나 개항장과 일부 대도회에서조차 전통교육과 전통의료는 여전히 기능을 유지하고 있었으므로 기타 기능의 가중치는 교육 · 문화(10점), 의료(10점)를 합하여 20점으로 정하였다.

기타 기능의 가중치(17~19점)는 부산과 진주가 월등히 높고, 제2급(11~13점)인 밀양 · 울산 · 동래 · 창녕 · 마산이 뒤를 이었다. 제3급(8~10점)에는 함양 · 산청 등 7개 중심지, 제4급(5~7점)에는 언양 등 7개 중심지, 제5급(2~4점)에는 수영 등 10개 취락이 소속되었다. 제6급 중심지는 의원 · 약보 등이 거주했던 비교적 규모가 큰 면과 서숙이 설립되었던 작은 면 소재지 및 시장 촌들이었다.

2) 중심취락의 계층구조

모든 문명사회는 영구적으로 기능하는 중심지를 가지고 있는데, 이 중심지들은 재화와 정보의 핵심지인 동시에 배후지에 대한 서비스 제공처이다. 이러한 중심지들은 계층구조를 가지고 있으며, 일반적으로 최고 수준의 중심지는 오늘날 지역 내의 최대 인구 집중지로 발달하지만 전 산업시대에는 두 요소가 반드시 일치했던 것은 아니다(Renfrew, G., 1975, p.12). 즉 지역의 상징적인 도시가 모두 수위도시(primate city)라고 정의하였으며, 19세기 말~20세기 초 세계 각국의 수위도시는 제2위 및 제3위 도시보다 적어도 2배, 3배 이상 규모가 큰 것으로 결론지었다(Jefferson, J. M., 1939, p.228; Carroll, G.R., 1982, p.4). 1890년 브라질의 리우데자네이루, 1914년 터키의 콘스탄티노플, 1912년 루마니아의 부쿠레슈티 등이 대표적인 예이다.

그러나 1912년 이탈리아의 수위도시였던 나폴리(지수 100)와 제2위의 밀라노(지수 96), 제3위의 로마(지수 85) 간에는 큰 차이가 없었다. 개화기 경상남도 역시 개항을 계기로 급성장한 부산과 마산의 기능이 강화됨에 따라 지역 중심지의 순위규모체계에 혼란이 발생함에 따라 수위도시의 개념설정이 용이하지 않게 되었다. 그러나 연구대상 범위를 서부경남으로 축소하면 수위도시 진주와 제2, 제3도시 간의 규모가 터키 · 브라질 · 루마니아의 경우와 유사하다.

중심취락 계층구조는 인구규모 · 조세액 · 기능 등 다양한 요인으로 고찰할 수 있으나(Davis, R.L., 1969, p.111), 개화기 경상남도의 경우에는 호구수, 정치적 기능, 경제적 기능, 교육문화 및 의료 기능을 지표로 삼기로 하였다.

크리스탈러는 중심지의 유형을 규모에 따라 M · A · K · B · G · P · L로 구분하였다. M 중심지의 범위는 지역범위의 반경 4km(면적 44km²), K는 12km(면적 400km²), G는 36km(면적 3,600km²), P는 62.1km(면

적 10,800km²)로 설정하였다. 중심지 인구는 M의 경우 1,000명(배후지 3,500명), A는 2,000명(배후지 11,000명), K는 4,000명(배후지 35,000명), B는 10,000명(배후지 100,000명), G는 30,000명(배후지 350,000명)으로 산출하였다(Christaller W., 1980, p.72). 크리스탈러의 중심지 이론은 환경조건이 균등한 지역을 경제적 기능과 관련시켜 도시분포상의 공간적 질서를 파악한 것인데, 이 모델은 경제적 조건이 안정적 · 불변적임을 전제로 하고 있다. 즉 도시 간 교통망 발달을 구체화하는 역사발전의 과정에는 거의 유의하지 않았다. 그러므로 이 접근법은 사회 · 경제상태가 정체상태로부터 격변기로 넘어가는 과정에 놓여 있는 지역의 시대상을 파악하기에는 다소 부적절하다(Lepitit, B., 1990, p.17). 그럼에도 불구하고 중심지 이론은 역사지리학 · 사회학 · 고고학 분야에서 다양하게 활용되고 있다.

고고학계에서는 고대도시 기준척도(earlly state module)를 지름 약 40km(약 1,500km²)로 설정하고 있다. 물론 자연환경 · 생산력 · 교통수단 등을 고려하여 산지가 많은 보행지역은 그 범위를 20~50km로, 그리고 수레사용이 보편화되었던 평야지역은 50~100km로 차별화하였다. 물론 고대 국가들 간에는 뚜렷한 중심지가 형성되지 못하여 무계층의 공간구조가 형성되었으며, 영역국가의 단계에 이르러 비로소 수위취락(primate settlement)인 종교 및 정치중심지가 나타나고, 하부구조를 이루는 몇 개의 제2차 중심지와 제3차 중심지, 그리고 다수의 말단 소취락 등의 계층화가 이루어지기 시작하였다(Renfrew, C., 1975, p.14, p.19).

사회학계에서는 교통체계가 도시 계층구조에 영향을 준다는 논리적 근거를 바탕으로 주도(州都) 또는 도청소재지(provincial capital), 군청소재지, 소도시, 대촌, 중촌, 소촌 등으로 중심지를 계층화하였다(Wrigley, E.A., 1978, pp.299~300). 상위 계층도시는 종교 · 행정 · 교통 · 경제 · 교육 · 문화 · 의료 · 서비스 등 다양한 기능을 보유하며 하위의 중심지로 내려갈수록 기능의 수준이 낮아지고 범위와 내용도 단순화된다. 그리고 기능에 따라 인구수, 취락의 규모, 교통의 결절도(結節度)도 낮아진다(Rozman, G., 1973, pp.10~17).

울만(Ullman)은 크리스탈러의 중심지 이론에 의거하여 독일 남서부 지방의 도시계층구조를 ① *regional capital*, ② *small state capital*, ③ *district city*, ④ *county seat*, ⑤ *township centre*, ⑥ *market hamlet* 등 6단계로 구분하였다. 취락 간의 거리는 ①의 경우 186km, ④는 21km, ⑤는 12km, ⑥은 7km로 산출하였다. 배후지의 범위는 ①은 32,400km, ④는 400km, ⑥은 45km이다.

울만의 이론은 개화기 경상남도에 적용하기에는 많은 문제점이 있다. 다만 경상남도의 양대 지역 중심지인 진주와 부산의 거리가 울만의 경우와 거의 비슷한 180km라는 점만 참고의 대상으로 삼을 수 있다. 또한 중심지의 인구 규모가 ①은 30만, ④는 3,500, ⑥은 800에 달하여(Ullman, E.L., 1941, p.857) 남부독일 도시들의 인구가 개화기 경상남도에 비해 중심지의 인구규모가 월등히 큰 점도 문제시된다.

그러므로 도시화 수준이 남부독일보다 다소 낮은 웨일스(Wales) 서부의 다이페드(Dyfed) 지방의 중심지 계층구조를 참조하였다. 1970년 당시 후자의 중심지 수는 420여 개이며 수위도시 인구는 2만, 1~2만 도시는 4개, 5,000~10,000도시는 36개, 100~1,000의 취락은 180개, 100 미만의 취락은 196개였다. 이들 가운데 9개 취락은 행정 · 상업 · 금융 · 교통 · 우편 · 의료 · 초중등교육 서비스 기능을 갖추었고, 28개 취락은 중등학교 기능을 제외한 나머지 기능을 보유하였으므로(Carter, H., 1990, pp.45~46) 개화기 경상남도의 도시계층구조 설정에 참조할 만한 수준으로 볼 수 있다.

개화기 경상남도 25개 군, 290개 면의 3,400여 개 취락 가운데 중심지 기능을 가진 곳은 약 400개소이다. 이들은 기능에 따라 1등 군청 소재지인 동시에 관찰부 소재지, 감리서 소재지, 중급 군청(2~3등 군) 소재지, 하급 군청(4등 군) 소재지와 일부 위수취락 및 주요 상업요지, 상급 면 소재지와 상업취락, 하급 면 소재지와 상업취락 및 포구취락 등으로 구분된다(그림 3-17).

경상남도의 광역중심지는 진주와 부산이다. 진주읍은 중안면 · 대안면[2] 등 2개 면으로 구성된 서부경남의 중심지로, 경상남도 관찰부(도청), 진위대대 본영, 법원, 경찰서, 우체사 및 전보사(2등), 1등 군청, 경남 제1의 향교와 신식 교육기관, 전통의료시설 등이 입지하였다. 진주는 행정적으로 경상남도 31개 군의 중심지이지만 경제 · 문화적인 배후지는 서부경남의 15개 군에 한정되었고, 칠원 · 진해 · 진남 등지는 마산과 배후지를 공유하였다. 그러나 진주읍의 핵심 배후지는 진주군을 중심으로 한 단성 · 의령 · 함안 · 사천 · 곤양군의 일부에 한정되었다. 진주읍은 본래 경상남도의 중심지였으나 개항장인 부산포가 급성장함에 따라 호구수가 2,250여 호로 부산보다 200호 이상 적었다. 기능의 가중치는 104점이다.

부산포는 본래 동래군에 예속된 포구에 지나지 않았으나 개항 이후 사중면 · 동평면 · 서하면 등의 결합으로 경상남도 제1의 도회가 되었다. 시가지는 부산진과 과거의 왜관을 중심으로 해변을 따라 형성되었다. 부산포의 호수는 약 2,500호인데 항만시설과 상업시설, 그리고 부유한 상인들의 주거지는 해안 평지에 입지하였으나, 대부분의 주민은 산복에 거주하였으므로 주거여건은 진주보다 열악하였다. 기능상으로는 감영과 동격인 감리서가 설립되었고 진주보다 상급 법원, 경찰서, 우체사, 전보사 등이 입지하여 행정 · 통신 분야에서 우위를 점유하였다. 경제적인

2) 『구한국지방행정구역명칭일람』에는 진주읍이 성내면 · 중안면 · 대안면 등 3개 면으로 구성되어 있다. 그런데 가호안에는 성내면의 가호수가 중안면과 합산되어 있다.

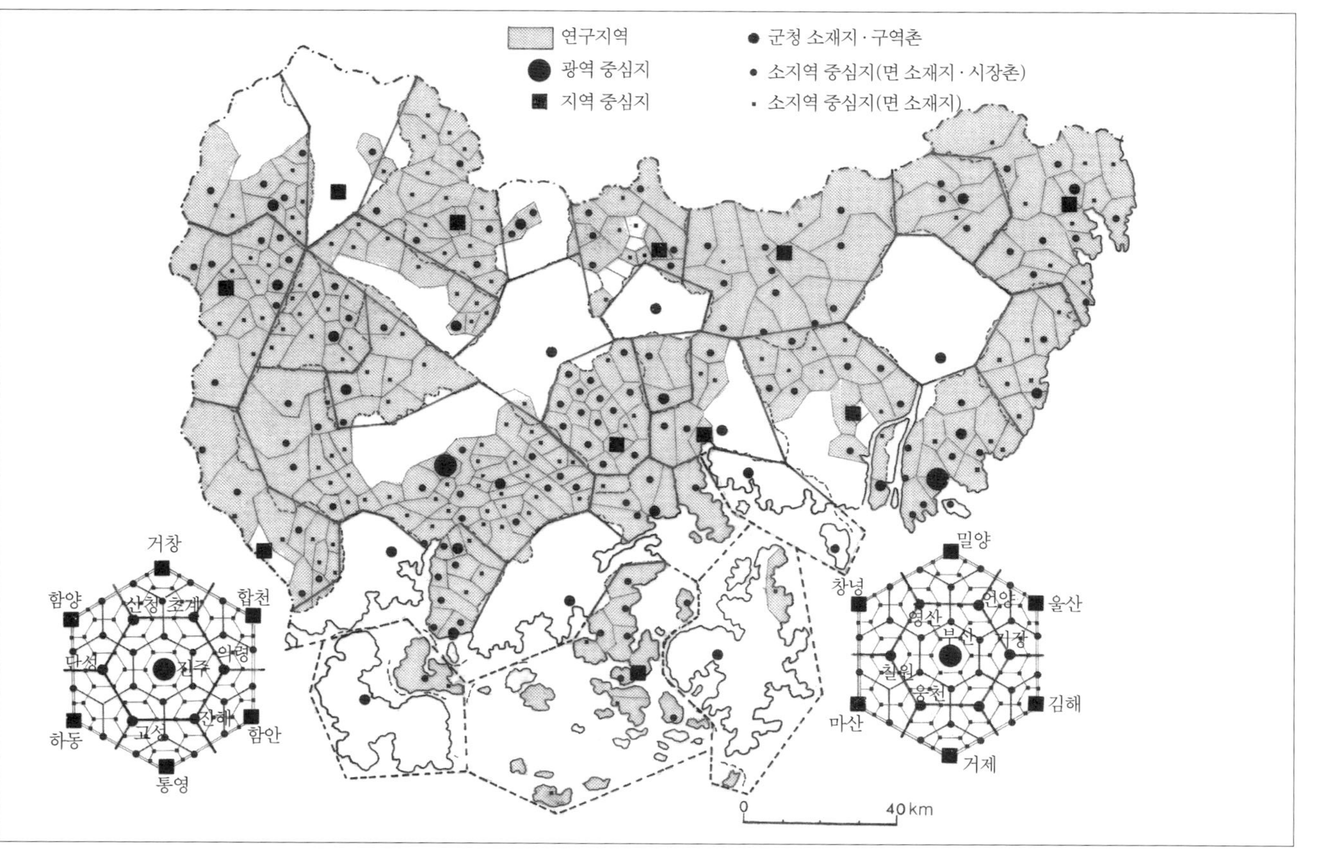

〈그림 3-17〉 개화기 경상남도의 중심지 분포: 진주를 중심으로 한 서부경남과 부산을 중심으로 한 동부경남의 권역 형성이 뚜렷하게 나타난다.

측면에서 보면 진주가 내국인 대상의 상업요지였던 반면에 부산포는 대외무역의 거점이었고, 전자가 전통공업 중심지인 데 반해 후자는 근대공업의 요지였다. 의료· 문화 기능 역시 전통적인 전자에 비해 후자는 근대적인 면모가 뚜렷하였다. 그러므로 부산포는 도시화 지표의 하나인 노동시장 분화에서도 전자에 비해 월등하였다. 다만 부산포는 위수기능과 배후지의 호수 면에서 진주보다 다소 급이 낮았다. 그러나 도회 기능의 종합적 가중치는 부산포가 1위를 차지하였고(기능 가중치 106점), 진주는 부산보다 약간 낮아 제2위를 기록하였다(표 3-10 참조).

지역중심지는 광역중심지에 비해 배후지의 면적과 호수가 다소 적고, 중심지 기능도 현저한 차이(가중치 66~81)를 보이는 도회들이다. 이러한 도회들은 중심지의 호수가 700~1200에 달하며 소속 군 외에 2~3개의 인접한 군을 배후지로 삼아 발전한 마산포 · 통영 · 밀양읍 · 울산읍 등이 이 범주에 속한다.

마산포는 개항 이전에도 전국 15대 시장의 하나로 유명하였다. 또한 남해로부터 내륙 약 10km까지 깊숙이 들어온 마산만의 수로는 외해의 풍파에 안전하고 외적의 침입 시에도 포구가 노출되지 않는 지리적 이점을 가지고 있어 일찍이 좌조창(左漕倉)과 합포(合浦) 수군진이 입지했다. 개항을 계기로 마산포는 경상남도 제3의 도회로 급성장하였으며 기능상으로도 부산 · 진주에 이어 제3의 지위를 확보하였다. 마산의 배후지는 창원군 · 칠원군 · 진해군에 이르렀으며 기능의 가중치는 81이다.

통영은 임진왜란 시 삼도수군통제영의 설립에 따라 경상남도의 대표적인 위수취락의 지위를 획득했으나 19세기에는 기능이 많이 약화되었으며, 행정적으로는 고성군에 예속되어 있었다. 개화기에 이르러 진남군이 신설되고 진위대대가 주둔함에 따라 통영은 행정 · 위수 · 통신 기능 외에도 남해안의 어업전진기지, 상업요지 겸 전통수공업의 기능을 갖춘 도회로 발전하였다. 통영의 배후지는 진남군은 물론 고성군 · 거제군 · 진해군 일부를 포함하였다.

밀양읍의 호수는 경상남도 중심지 중 제9위에 불과하였으나 기능의 가중치는 제5위를 차지하였다. 이는 밀양군의 면적이 진주 다음으로 넓을 뿐 아니라 조세액 역시 진주의 약 55%에 달하는 부유한 군이었으므로 행정 · 상업 · 교육 · 문화 기능이 높았다. 밀양읍의 배후지는 밀양읍 외에 영산 · 청도(경북) · 양산 · 김해의 일부 지역까지 포함하였다.

울산읍은 호수 5위, 기능의 가중치 제6위의 도회였다. 배후지는 울산군과 언양군에 한정되지만 울산군의 강역이 매우 넓고 호수가 많은 제2등급 대읍이어서 행정 기능이 비교적 높았으며, 울산군의 어염 생산량이 많고 상업이 발달하였다.

중간 중심지는 주로 2~3등 군의 읍으로 구성되며 배후지는 주로 해당 군에 한정된다. 기능 가중치의 총점이 47~59점인 동래읍 · 창녕읍 · 김해읍 · 삼천포 · 함양읍 등 5개 취락이 이 범주에 해당된다. 동래읍은 밀양보다 호수가 많으며 행정등급(1등 군이었으나 감리서가 부산포로 이전한 후 기능이 약화됨)이 높은 동래군의 중심이지만 기능상 관내의 부산포에 위축당하여 배후지의 범위도 동래군 일부와 인접한 양산군 일부에 한정되었다. 김해읍은 밀양과 대등한 면적을 가진 2등 군의 행정 중심지임에도 불구하고 부산포에 기능을 잠식당하고 있었다. 창녕군은 밀양군이나 김해군의 반에도 미치지 못하지만 넓고 비옥한 평야를 배경으로 한 창녕읍은 기능상 김해읍에 손색이 없었다. 그러나 함양읍은 동래읍이나 창녕읍보다 기능의 가중치가 다소 낮았다. 삼천포는 다도해에 면한 면소재지에 지나지 않았으나 어염업이 성하였고 남해안 선상들의 출입이 활발하여 함양읍보다 기능의 가중치가 높았다.

중하위 중심지는 3~4등 군청 소재지와 일부 위수취락 및 상업요지들이 포함된다. 합천읍, 울산 병영 등 (가중치 25~43점) 18개 취락이 범주에 속하였으며 배후지는 1개 군 또는 군의 일부에 한정되었다. 합천읍은 범위가 넓은 3등 군의 중심지였으나 시가지의 대부분이 1880년 홍수 시 침수피해를 입어 읍치를 야로로 이전하였다가 1893년에 비로소 상삼면으로 복귀하였으므로 읍세가 완전히 회복되지 못한 상태에 놓여 있었다. 울산 병영은 호수가 마산포에 필적하는 경상남도 4대 도회였으며, 개화기에도 진위대대의 주둔지로서 동부경남의 대표적인 위수취락의 기능을 가지고 있었다. 그러나 상업 기능 외에는 뚜렷한 기능을 보유하지 못하였다. 중하위 중심지 가운데 군청소재지는 기장읍 · 산청읍 · 진해읍 · 언양읍 · 안의읍 · 사천읍 · 단성읍 · 칠원읍 등 8개 취락이고, 상업 · 교통요지 입지형은 삼랑진 · 칠성포 등 2개 취락이며, 위수취락은 병영 외에 동래 수영과 다대포이다.

기초지역 중심지(가중치 20~23점)는 대부분 수륙교통요지에 입지한 상업취락들이다. 구역촌 중 진주군 소촌역, 함양군 사근역, 합천군 권빈역은 우역제 폐지 후에도 시장촌으로 발달하였으며, 사천 말문과 울산 서생포는 어염업을 배경으로 발달한 포구상업기지였고 구포와 화개장은 내륙수로변의 상업기지였다.

표 3-10에 수록된 35개 주요 도회 외에도 개화기 경상남도에는 약 360여 개소의 말단 중심지가 분포하였다. 이 취락들 가운데 100호 이상으로 형성된 취락의 수는 약 40개였다. 말단 중심지들은 소규모의 장시 · 대장간 · 서당 · 의원 등의 기능 중 하나 또는 두 개를 보유한 취락들이다. 그러나 35개의 대표적 중심지들조차 동시대 유럽의 소도시들에 비하면 취락의 구조 · 형태 · 시설 · 기능 면으로 볼 때 도시화의 수준은 후진성을 벗어나지 못하고 있었다. 개항장인 부산포와 마산포의 근대화 수준은 초기 단계에 놓여 있었고, 감영 소재지 진주조차 전통적인 농촌 중심지적 특성이 강하였다.

경상남도의 중심지들은 기능을 중심으로 고찰해보면, 개화기 이전과 이후의 변화상이 드러난다. 홍금수는 18세기~일제시대 말 사이의 약

250년에 걸친 기간에 경상도 행정중심지의 성쇠과정을 성장형 · 지속형 · 신생형 · 재기형 · 쇠퇴형 등 다섯 가지 유형으로 분류하였는데(홍금수, 2005, 101쪽), 이는 약 3세기에 걸친 조선 후기 영남지방 행정중심지의 변화상을 적절하게 고찰한 분류라 할 수 있다. 다만 군면(郡面) 통폐합이 대대적으로 시행된 일제시대의 변화상이 지나치게 부각될 가능성이 높다. 그러므로 필자는 1904년을 시점으로 경상남도 주요 중심지들의 변화상을 성장형 · 지속형 · 쇠퇴형 등으로 구분하였다.

성장형 중심지는 부산포를 비롯하여 마산포 · 통영 · 삼천포 · 삼랑진 · 구포 등 5개 취락, 지속형은 진주읍 · 동래읍 · 김해읍 · 함양읍 · 함안읍 · 산청읍 · 기장읍 · 창녕읍 · 병영 등 9개 취락, 쇠퇴형은 안의읍 · 진해읍 · 칠원읍 · 삼가읍 · 단성읍 · 소촌역촌 · 사근역촌 · 권빈역촌 · 서생포 등이었다.

3. 순위-규모분포

오이에르바흐(Auerbach, F.)가 1913년 독일을 비롯한 유럽 6개국의 도시를 순위규모법칙(rank-size rule)을 이용하여 연구를 수행한 이래 이 모델은 지프(Zipf)를 비롯한 다수의 학자들에 의하여 취락의 분석도구로 널리 활용되어왔다(Rosing, K.E., 1996, pp.76~77). 그러나 서양 지리학계의 순위-규모연구는 도시연구에 치중되었고 촌락은 거의 연구대상에서 제외되었는데(Unwin, P.T.H., 1981, p.350), 이는 우리의 학계도 예외가 아니었다. 그런데 1960년대부터 영국의 역사지리학자들은 농촌지역을 대상으로 순위-규모관계의 시계열적 분포 패턴을 고찰하기 시작하였으며, 그 중 베이커(Baker, A.R.H., 1964)와 언윈(Unwin, P.T.H., 1981)의 연구가 대표적인 사례로 인정되고 있다.

전자는 19세기 중엽의 프랑스 루아르(Loire) 강 중류 루아르에세르

(Loire-et-cher)현(면적 1,530㎢)에 분포하는 783개 취락의 순위규모 관계를 고찰하였는데, 이 지역의 면적은 서부경남 16개 군 199개 면[3]의 약 $\frac{1}{3}$에 해당되며 취락의 수는 서부경남(2,020동)의 75%에 달한다(Baker, A.R.H., 1964, p.387). 후자는 조세자료를 이용하여 영국 노팅엄(Nottinghamshire) 지방의 260여 개 취락을 여섯 시기로 나누어 시대별로 취락의 순위-규모분포를 연구하였다(Unwin, P.T.H., 1981, p.353). 양자 가운데 베이커의 연구가 시기적으로나 지역의 범위로 보아 개화기 서부경남과 비교대상으로 적합할 것으로 보인다. 다만 산지가 많은 서부경남과 달리 루아르 강 유역은 넓은 평야가 발달한 지역이란 점을 감안하지 않을 수 없다.

지리적 특성을 고려하여 서부경남 16개 군은 지역의 중심부에 해당하는 진주 일원, 남강 하류 평야지대, 서부산지, 남해안 등지로 구분하고 각 지역의 주요 취락의 호수를 지표로 순위-규모분포도를 작성하였으며[4] 이를 바탕으로 지역체계를 고찰하였다.

호수를 기준으로 경상남도 25개 군 주요 취락의 순위규모를 양대수 방안지에 그래프화하면 오른쪽 하단으로 기우는 일정한 경향성을 나타냄을 확인할 수 있다. 각 군별 순위규모 그래프의 회귀계수(回歸係數) q를 구해 비교함으써 각 그래프에서 순위에 따라 호수가 감소하는 경향을 파악할 수 있다. 회귀계수는 두 변수 사이의 선형관계(線形關係)를 나타내는 회귀선의 기울기로서, 두 변수는 순위와 호수를 가리킨다.

경상남도 전 지역과 경상남도의 순위-규모분포를 분석하고 각 군별

---

3) 199개 면은 가호안(진주 · 함안 · 함양 · 단성 · 삼가 · 진해 · 진남), 구호적(안의 · 산청 · 합천 · 단성 · 하동 · 사천 · 김해 · 칠원), 신호적(초계 · 거창 · 의령 · 거제), 양안(합천 · 산청 · 진남) 등의 자료를 활용한 지역들이다.

4) 순위규모법칙은 일반적으로 파레토 적정분포(Pareto distribution)에 따르므로 Pi=a(i)를 변형한 선형식 log pi=log a-q(log i)를 이용하였다. 그림 3-17은 이를 바탕으로 작성한 것이다.

로 비교하는 데도 회귀계수는 유용한 척도가 된다. 군별 순위-규모분포의 회귀계수는 순위에 따라 호수가 감소하는 경향을 나타낸다. 즉 경상남도 20개 군의 순위-규모 그래프에서 X축의 수위도회(首位都會)인 부산포로부터 제2위인 진주읍까지는 완만한 기울기를 유지하다가 제3위인 마산으로부터 제50위 도회까지는 경사도가 가팔라진다. 제50위부터 제1,000위 취락까지 완만한 경사를 유지하던 기울기는 다시 급격하게 변하여 거의 수직선 방향을 이룬다(그림 3-18). 이는 외국의 연구사례에서는 보기 어려운 현상이다. 그러나 전체적으로 볼 때 행정중심지, 소수의 상업취락 및 위수취락과 일반 농어촌 간의 규모격차가 뚜렷한데, 이는 대다수 곡선(convex type rank-size curve)으로 나타난 것이다. 이를 베이커는 농촌형 순위-규모분포 모델이라 하였다(Baker, A.R.H., 1964, p.386).

순위-규모분포의 특성상 전체적인 그래프는 오른쪽 하단을 향하게 되므로 회귀계수 q는 음의 값을 가지게 된다. q값이 커질수록, 즉 서부경남의 각 군별 순위-규모분포에 나타나는 바와 같이 회귀선의 기울기가 가파를수록, 순위에 따른 호수의 감소가 뚜렷해진다고 볼 수 있다. 그런데 순위가 하위로 내려갈수록 각 순위 간의 호수 차이는 1~2호로 작아지는 동시에 하위 순위에 해당되는 취락의 수도 증가하는 것이 상식화되어 있다.

순위-규모분포에서(독호촌 제외) 회귀선의 기울기는 하위의 취락들에 따라 큰 영향을 받는다. 이러한 점을 고려해볼 때, 경남의 각 군별 순위-규모분포의 q값이 크면 취락 간의 규모의 편차가 커져 취락의 계층화가 이루어지고 취락 간 종주성(宗主性)도 뚜렷해진다. 반면에 q값이 적으면 규모별 편차가 적으므로 소취락들이 대부분을 차지한다. 경상남도 20개 군의 순위-규모분포의 q값은 -6.7494인데, 이를 기준으로 각 군별 순위-규모분포의 q값을 비교해본 결과 4등급으로 분류가 가능하

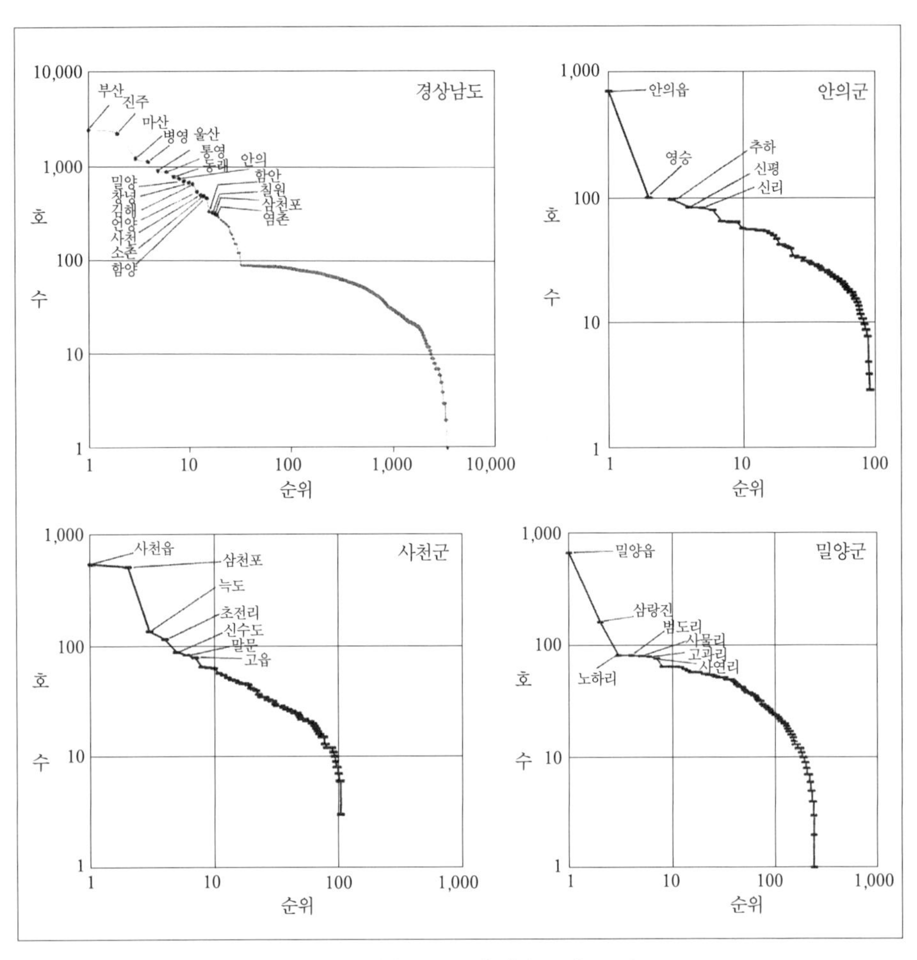

〈그림 3-18〉 개화기 경상남도 및 경남 주요 군의 취락-순위규모분포

였다(표 3-11).

경남 20개 군의 회귀계수보다 q값이 큰 군은 밀양 · 진주 · 함양 · 함안 등 11개 군이다. 즉 거대동 · 대동 등 규모가 큰 취락이 많은 동래군 · 창원군 · 진남군 · 삼가군 등지의 회귀계수가 높은 반면 소촌 · 잔동 등 작은 취락이 많은 밀양 · 진주 · 함안 · 함양 등지는 낮은 것이다. 다시 말하

〈표 3-11〉 경상남도 20개 군의 회귀계수(q값)

번호	군현	회귀계수(q값)	동리 수(33호 이상)	등급
1	동래군	-23.862	25	4등급
2	창원군	-18.065	21	〃
3	삼가군	-11.338	8	3등급
4	진남군	-9.2314	26	〃
5	사천군	-9.0643	28	〃
6	칠원군	-7.3626	23	〃
7	언양군	-7.2589	27	〃
8	울산부	-7.0691	44	〃
9	안의현	-6.8987	28	〃
10	김해군	-5.863	37	2등급
11	기장군	-4.5982	19	〃
12	단성군	-4.5439	19	〃
13	산청군	-3.6798	23	〃
14	창녕군	-3.5845	41	〃
15	하동군	-3.0435	22	〃
16	합천군	-2.321	49	1등급
17	함양군	-2.0839	53	〃
18	함안군	-1.8458	60	〃
19	진주군	-1.684	96	〃
20	밀양군	-1.5911	66	〃

면 부산포 · 마산포 · 통영 · 삼천포 등 개항장 또는 어염업을 기반으로 한 포구상업기지가 입지한 군들은 취락 간의 계층화가 이루어지면 취락 간 종주성도 뚜렷해지는 경향을 나타내고 있다. 물론 삼가 · 칠원 · 안의 · 언양 등 내륙지방의 읍들은 특이한 경우에 해당된다.

4. 요약 및 소결

개화기 경상남도는 전(前) 산업단계에서 산업사회로 이행되는 과정에 놓여 있었다. 부산-마산 등 개항장과 진주 · 통영 · 삼천포 등 외세의 영향을 받아들이기 유리한 위치에 입지한 소수의 선진지역조차 산업화 및 근대화의 수준은 초보적 단계에 머물러 있었으며 그 밖의 중심지들은 대부분 전 산업형 도회의 특성을 지니고 있었다. 그러나 대한제국 정부는 갑오개혁을 통하여 외국의 간섭을 배제하고 적극적으로 우리나라를 근대자주국가로 발전시키고자 노력하고 있었으므로 경상남도는 국가차원의 근대화사업이 가장 일찍, 그리고 조직적으로 시행된 지역이었다.

정부의 개혁을 통하여 경상남도 중심도회들의 중심지 기능과 도회의 순위 · 규모상에 변화가 일어나기 시작하였다. 개화기 이전까지 경상도의 일개 목(牧)이었던 진주가 감영의 설치에 따라 경상남도의 행정 · 사법 · 위수(衛戍) · 교육 및 문화의 중심지로 부상하고 고성군에 예속되었던 통영이 위수 · 행정요지로 승격하였으며, 우역제 폐지에 따라 전통적인 역촌들이 교통 기능을 상실하고 내륙 상업요지로 전락한 사실이 주목된다.

동래와 창원은 각각 부산포와 마산의 번영과 반비례하여 행정 기능이 약화된 반면 개항장 부산과 마산은 지역의 경제 · 교통 · 행정 중심지로 비약적인 성장을 거듭하였으며, 삼천포 · 삼랑진 · 구포 등 수로의 접근성이 좋은 포구들이 새로운 중심지로 부상하였다. 이러한 중심지의 기능변화를 행정 · 사법 · 교통 · 통신 · 위수 등 정치적 기능, 어염업 · 공업 · 상업 · 서비스업 · 노동시장 등 경제적 기능, 교육 · 문화 · 의료 등 기타 기능으로 구분하여 고찰하였다. 그 결과 개화기 경상남도의 주요 중심지들의 계층구조를 광역중심지, 지역중심지, 중간중심지, 기초중심지, 말단중심지 등 5개로 분류할 수 있었다.

광역중심지는 동부경남의 부산과 서부경남의 진주이며 인구가 많고 각 기능의 종합적인 가중치가 높다. 지역중심지는 마산 · 통영 · 밀양 · 울산 등 주변의 3개 내외 군을 배후지로 보유한 도회들로 호수가 700~1,100에 달하는 대읍들이다. 중간중심지는 수령의 직급이 2~3등에 해당되고, 군의 강역이 비교적 넓은 창녕 · 김해 · 함양 · 함안 · 동래 등 행정중심지와 포구상업 용지인 삼천포를 포함한다. 기초중심지는 3~4등 군의 읍, 위수취락 및 상업요지들이며, 이 범주에 속하는 도회는 7개소이다. 하위중심지는 대부분 수륙교통요지에 입지한 상업취락들이며, 그 밖에 상업 기능이 없는 면소재지들로서, 경상남도 전역에 약 380개가 분포하였다.

경상남도 31개 군 가운데 통계자료가 확보된(60% 이상) 20개 군의 순위-규모분포를 분석한 결과 군별 순위-규모분포의 회귀계수는 순위에 따라 호수가 감소하는 경향을 보였다. 수위(首位) 도회인 부산으로부터 제2위인 진주까지는 기울기가 완만하나 3위인 마산에서 50위까지는 경사도가 급하며, 여기서 제1,000위 취락까지는 경사도가 느리다가 그 밑으로는 거의 수직선 상태로 떨어진다. 이는 극소수의 중심지를 제외하면 대부분의 취락들이 규모가 작기 때문에 나타나는 농촌형 순위-규모분포의 모델임을 의미한다.

개화기 경상남도의 중심지의 변화상을 종합적으로 고찰해본 결과 개항장을 중심으로 한 남해안 지역에서는 개항의 긍정적 효과가 뚜렷하게 드러난 반면에 서부경남을 비롯한 내륙지방에서는 오히려 중심지들의 정체 또는 쇠퇴의 기미가 보이기 시작하였으며, 이는 곧 지역구조에도 영향을 미쳐 식민화를 통한 근대화에 앞선 동부경남의 개방성과 보수적 전통을 고수하는 가운데 근대화에 뒤진 서부경남의 폐쇄성으로 뚜렷한 대조를 나타내었다. 즉 국제법상 치외법권지역으로 경상남도 주민들의 재물을 흡인하는 악의 소굴로 인식되어 보수지배층은 물론 평민들에게까지 기피의 대상이었던 개항장은 근대화의 핵심지이자 쇄신의 중심지로 기능하게 된 것이다. 그 결과 몰락한 소작농 · 해방노비 등 천민 출신, 범법자, 몰락한 양반 등 개항장의 하층민과 소수의 부유한 상인 및 선각자들로 구성되었던 개항장의 초기 전입자들 가운데 상당수는 일제의 핍박을 극복하고 광복 이후 자신들의 고장을 영남의 선진지역으로 발전시키는 데 기여할 수 있었다.

제7장 요약 및 결론:
생활사의 대표적 사례로서의 가옥과 취락

가옥은 한 가족을 감싸 안는 최소 단위의 소우주이다. 이러한 가옥들이 모여 작은 마을을 형성하고, 작은 마을이 발달·성장하여 큰 취락 또는 도회가 되며, 이들 취락들의 집합체는 지역이라는 큰 규모의 우주를 형성한다.

한 가정 또는 취락에서 생성·발달된 문화속성은 이웃으로 확산되어 지역성을 형성한다. 물론 경상남도는 100여 년 전 인위적으로 탄생한 광역행정단위에 불과하기 때문에 지역성을 확보하기에는 연륜이 부족할지도 모른다. 더구나 경상남도는 일제 36년간의 식민통치기간 중 우리나라의 어떤 지방보다 일제에 의한 문화적 간섭이 극심했고, 1970년대의 산업화 와중에 지역구조가 크게 개변(改變)되었기 때문에 고유의 지역성을 조성할 시간적 여유가 부족했을 것이다. 그러나 근대화 여명기인 개화기를 중심으로 가옥과 취락이라는 가시적 문화속성에 초점을 맞추어 지역성을 고찰해본 결과 이 지역은 짧은 역사에도 불구하고 고유의 풍토와 역사성을 바탕으로 독특한 지역성을 보유하고 있었음을 확인하였다.

지역성은 한 지역의 고유한 특성을 의미한다. 이 지역성은 그 지역에 거주해온 주민들이 오랜 세월 동안 자연환경에 적응하는 가운데 이룩

해온 가시적 및 비가시적 문화속성의 총체이다. 지역성은 대체로 점진적인 과정을 통하여 서서히 발전 · 진화하지만 때로는 역사적 대사건(event)에 의해 단기간 내에 급변하기도 하는데, 만일 그 사건이 이민족의 침입과 같은 외적 요인에 의한 것일 때에는 문화적 충격이 내적 요인의 경우보다 치명적일 수 있다. 브로델(Braudel, F.)은 한 지역에 대한 역사적 사유는 구조(structure) · 상황(conjoncture) · 사건(event)으로 이루어진 삼위(三位)의 틀에 맞춰져야 한다고 하였다. 그러나 역사지리적 관점에서 볼 때는 오히려 사건 · 상황 · 구조의 틀이 보다 합리적이라 사료되므로 경상남도의 가옥과 취락의 원형을 파악한 후 개화기에 이르러 그것들이 어떻게 변화하였으며, 그러한 변화상이 지역체계 또는 지역구조에 반영되었는가를 고찰하였다.

영남지방은 우리 선조들이 나라 안에서 가장 지리적 통일성이 뚜렷한 지방이라고 예찬한 곳이지만 경상남도만을 분리시켜 본다면 낙동강의 이서(以西)와 이동(以東)은 지리적으로나 역사적으로 지역통합이 용이하지 않은 지역이다. 동서로 길게 전개되는 경상남도의 중앙부를 흐르는 낙동강은 중요한 내륙수로로 기능하였으나 도처에 분포하는 저습지는 동서 간의 육로발달을 지연시킨 장애가 되었다. 따라서 낙동강 서부지역은 6세기 후반까지 가야연맹의 소국들이 독립할 수 있었다. 동부의 동래 · 양산 · 밀양 일대 역시 신라에 병합되기 이전까지는 가야문명권의 영향을 받았을 것이다.

신라의 반도통일 이후 서부경남 일대는 변방에 속하였고 고려 · 조선시대까지 이 지방은 중앙에서 가장 먼 변방으로 취급되었다. 이러한 변두리적 문화의 특성 때문에 서부경남 일대는 가야에 기원을 둔 주거문화를 유지할 수 있었다. 변두리적 특성이란 내륙적 · 반도적 지역성을 지닌 경상북도에 비해 경상남도에서는 해양적 특성과 반도부의 말단부적 특성이 결합된 주거문화가 발달했음을 의미한다. 다시 말하면 전자는 보수적 · 정형적(定型的)인 반면에 남도는 진취적 · 개방적인 주거 양식이 탁월하다는 것이다.

진주에 감영을 둔 개화기의 경상남도는 31개 군으로 나뉘었는데, 이 가운데 10개 군은 해안 및 도서에 위치하는 해읍이었고, 5개 군은 해안에 월경지(越境地) 또는 견아상입지(犬牙相立地)를 가진 군이었으며, 16개 군은 내륙에 입지하였다. 다시 말하면 지역의 약 반이 연안역(沿岸域)에 속하였다. 이러한 지리적 특성은 이 지역의 가옥 및 취락의 구조와 형태에 적지 않은 영향을 주었다.

도의 행정중심지가 서쪽에 치우치고, 간선도로망이 서울~부산 방향으로 놓였기 때문에 동서 간 육로교통은 매우 불편하였으나 일부 지역은 낙동강과 남강 수로에 의해 연결되었다. 남해안의 해읍들은 해로로 연결되었는데, 특히 곤양 · 사천 · 고성 · 창원 등지는 내륙 안쪽까지 열린 조하(潮河)의 이용이 활발하였다. 그러나 이 지방의 불리한 교통조건은 경상남도의 창설 이후에도 행정적 지역통합에 장애가 되었다. 19세기에 이 지방에 빈발했던 민란과 일제의 부산포 및 마산포 침투는 경상남도의 변두리적 특성과 무관하지 않다.

경상남도는 지리적으로 서부산지 · 중앙저지 · 동부산지 · 해안지방 등 4개 권역으로 구분된다. 낙동강 본류를 따라 넓게 전개되는 중앙저지를 사이로 두고 오른쪽에 동부산지, 왼쪽에 서부산지가 놓여 있고 지리산으로부터 김해군의 신어산에 이르는 한산산맥(韓山山脈)의 남쪽에 남해안 지방이 위치한다.

서부산지는 대부분이 남강과 황강 유역에 속한다. 전라도와 경계를 이루는 백두대간을 따라 1,000~2,000m의 고산준령들이 맥세(脈勢)를 유지하며, 여기서부터 가야산 · 황매산 등의 산각(山脚)들이 낙동강을 향하여 동주(東走)하고 있다. 따라서 이 지역에는 넓은 평야가 발달하지 못하였으나 계류를 따라 토지가 비옥한 분지와 곡저평야(谷底平野)

들이 도처에 발달하였다. 이러한 소분지들 가운데 상당수는 일찍이 개발되어 고대 성읍국가의 발상지가 되었고, 고려 및 조선시대까지 지역 중심지의 기능을 유지해왔다. 왜구의 침입이 심했던 고려 말, 임진왜란, 그리고 민란이 심했던 조선 후기에는 서부산지가 피병피세지로 알려져 심산유곡까지 신입호의 정착이 활발하였다.

동부산지는 범위가 넓지 않으나 500~1,000m급 산지가 북동북~남동남 방향으로 뻗어 있어 태화강 유역을 제외하면 평야가 발달하지 못하였다. 그러나 경주~양산 간의 단층선을 따라 발달한 협곡을 통하여 남북 방향의 교통로가 열렸다.

중앙저지는 낙동강 본류 유역의 충적평야지대이다. 이 평야지대는 토지가 비옥하나 수해가 잦아 상당한 범위에 걸쳐 노전습지(蘆田濕地)로 남아 있었으며, 큰 취락들은 대부분 홍수 안전지대인 평야와 구릉지의 접촉부에 입지하였고, 낙동강 수로변의 강포(江浦)에 한정적으로 큰 취락이 분포하였다. 다시 말하면 중앙저지에 야촌(野村)이 발달하기 시작한 시기는 저습지 개발 이후이다.

남해안 지역은 한산산맥이 해안까지 접근하기 때문에 평지가 발달하지 못한 산지성 해안지형을 이루고 있다. 이 지역은 전형적인 리아스식 지형을 나타내고 있어 해안선이 매우 복잡하다. 한반도에서 가장 기후가 온난하지만 농지가 협소하여 농업은 발달하지 못하였으나 어염업과 선상(船商) 활동을 통하여 인구지지력을 높였다. 그러나 왜의 침입에 대한 공포감은 취락의 발달을 위축시킨 요인이 되었다.

경상남도의 가옥 및 취락발달의 기원은 정착생활을 이끈 농경문화와 밀접한 관계가 있다. 인간이 영구적인 가옥을 짓고 마을을 이루어 살기 시작한 때는 안정적으로 식량을 생산하고 목재를 다듬는 도구를 발명한 시기와 거의 일치한다. 물론 초기의 정착취락은 초보적 농경 외에도 어로와 패류의 채집이 가능했던 수변(水邊)이었을 것이지만 수변은 홍수의 위험 때문에 계절적인 주거의 성격을 띠고 있었을 것이다. 따라서 대부분의 취락은 홍수안전지대인 평야와 구릉의 접촉부, 하안단구 등지에 입지하였다. 이 시기의 가옥들은 수혈식(竪穴式) 주거, 고상식(高床式) 주거 등이 탁월하였다. 이러한 가옥들은 금속제 도구의 발명과 난방기술의 발달에 따라 점차 지상가옥으로 진화하였으며, 가옥의 형태도 원형 · 타원형에서 직사각형의 一자형으로 바뀌었다. 건물의 벽체도 띠풀 대신 돌 · 흙 · 회 등으로 바뀌었다. 그러나 지붕 재료로는 볏짚 외에 갈대 · 억새 등이 널리 사용되었다. 고상식 주거의 흔적은 터돋움식 기초 위에 가옥을 앉혀 지열과 습기를 방지하는 방법과 다락 또는 원두막 형태의 건물로 진화하였다.

위층을 측간 또는 사료용 볏짚 등을 저장하는 공간으로, 그리고 아래층을 돼지우리로 사용하는 고상식 건물은 오늘날 거창 · 함양 · 산청 · 의령 · 진주 · 하동 등 고산지대에서 발견되는데, 1960년대까지는 인분으로 돼지를 사육한 지역이 서부경남 산간지방과 호남의 동부산지에 보편적으로 분포했다. 서부산지의 개발이 여말의 왜구 침입, 임진왜란, 기타 민란기에 이주한 해안지방 및 평야지대 출신 주민들에 의해 이루어졌던 만큼 고려 및 조선시대에는 고상식 돼지우리의 분포지역이 광대하였을 것이다.

이른바 경상남도형 가옥은 一자형 3간 홑집을 기본형으로 한다. 농경의 발달, 가구원 수의 증가, 사회구조의 변화 등의 요인에 따라 안채 · 사랑채 · 익랑채 · 축사 · 측간 등이 증축되었으나 채〔棟〕의 규모는 5~6간 이상으로 확대되지 않고 그 대신 채의 분화가 일어났다. 안채와 사랑채를 나란히 앉힌 二자형, 안채 앞에 부속채를 세로로 앉힌 튼 ㄱ자형, 안채 좌우에 익랑채를 배치한 튼 ㄷ자형, 안채 · 익랑채 · 2동 · 사랑채로 이루어진 튼 ㅁ자형 등으로 다양화되었다. 그러나 경상남도 16개 군 174개 면에 분포한 약 55,000호의 평균 간수가 2.84간에 불과하고 그 가운데 1~2간호가 약 36%, 3~4간호가 약 58%를 차지했던 점으로 보아 튼 ㄷ자형 및 튼 ㅁ자형의 중 · 대형 가옥은 매우 희귀했을 것으로 보인다. 다시 말하면 경남형 가옥은 전체 호수의 대부분을 차지했던 2~3간호였다고 해도 과언이 아니다. 이 사실은 호당 대지면적으로도 파악이 가능하다.

개화기 경상남도의 가좌(家座, 또는 대지)면적은 산청군 · 합천군 · 진남군의 양안을 분석하여 산출하였으며, 대지의 소유와 토지등급은 양안과 가호안을 이용하였다. 그 결과 경상남도 주민의 약 21.5%가 타인의 토지를 임차하여 집을 지었으며, 임차지는 사유지 · 국유지 · 공유지의 순으로 비율이 정해졌다. 대지는 대부분 우량농지인 동시에 접근성이 양호한 토지이므로 67.4%가 1등급, 25.8%는 2등급에 속하였다. 그러나 김해 · 진남 · 진해 등 어염촌의 대지는 5~6등에 속하는 하등전이 많았다.

대지의 규모를 소형 · 중소형 · 중형 · 중대형 · 대형 등 5개 계급으로 분류한 결과 중소형(60~250m^2)의 비율이 약 70%, 중형(260~1,000m^2)의 비율이 약 25.5%에 달하였다. 농업지역은 중형대지의 비율이 약 70%에 달하나 해읍은 소형 및 중소형 대지의 비율이 매우 높다. 예를 들면 진남군에는 30m^2 미만의 대지가 170여 호에 달하는데, 이러한 초소형 대지는 단칸방 또는 한 간 방에 부엌이 딸린 막살이집을 겨우 앉힐 수 있는 면적에 불과하다.

임차대지의 분포는 다수의 소작농을 거느린 대지주 또는 염 · 어민과 수부들이 많이 거주하는 항포구에서 두드러진다. 5좌 이상의 다가좌(多家座) 소유자는 김해(84명), 함안(76명), 함양(48명), 진남(41명)의 순이었는데 특히 함안군과 김해군에는 100좌 이상의 대지소유자가 있었다.

가옥의 규모는 간수(間數)로 산출하며 호당 가구원 수와 간수는 거주공간 점유, 즉 거주여건을 좌우한다. 일반적으로 조선시대 가옥의 크기를 초가삼간으로 보면서도, 작은 가옥에 3~4대가 한 울안에 거주하는 대가족호를 형성하였다는 설이 일반화되어 있었다. 그런데 19세기 후반 안의 · 창녕 · 사천 · 울산 등 4개 군 호적을 분석해본 결과 안의와 창녕의 호당 인구는 각각 4.04명과 3.65명이었고, 울산과 사천은 각각 2.88명과 2.7명에 불과하였다. 4개 군에서 부부와 조손(祖孫)이 함께 거주한 7인 이상의 대가족호의 수는 사천 115호(2.9%), 안의 92호(2.8%), 울산 86호(1.4%), 창녕 80호(1.9%)에 지나지 않았다. 물론 4개 군 내에는 11~20인호(37호), 21~30인호(2호)도 있었으나 4개 군의 대가족호 비율 평균치는 2.2%였다. 이러한 사실은 2~3간호의 비율이 높았던 사정과 무관하지 않다.

갑오개혁에 따라 노비들의 신분이 상승되었으나 전 솔거노비(率居奴婢) 중 상당수는 주호(主戶)에 고용인으로 예속되어 있었다. 밀양 · 초계 · 거창 · 거제 등 4개 군 18개 면의 호적표 상에는 이들이 주호에 함께 등재되었다. 사천 등 4개 군의 구 호적상 호당 평균 노비 수가 0.53명이었던 데 비해 갑오개혁기의 해방노예 수가 다소 적은 것으로 보이나 초계군에는 7인 이상 대가족호가 21.4%, 밀양군에는 16.2%나 존재하였다. 특히 대저택을 소유한 부농이 많았던 밀양군에는 30명 이상의 대가족호가 적지 않았다.

와가(瓦家)는 전문 건축가가 설계하고 고급 자재를 사용하여 조영(造營)한 건물이므로 초가보다 규모가 크고 구조도 복잡하다. 따라서 와가는 경제력을 갖춘 상류층의 위상을 나타내는 상징물이었다. 경상남도 17개 군에 분포한 와가의 수는 273호(1,698간)에 불과하였다. 와가의 분포는 부농이 많은 밀양군, 함양군 지내면, 진주군 하용봉면 등 부농의 거주지와 동래군 사중면 · 동평면 등 개항장 일부에 80% 이상이 집중되어 있었다. 면별로 보면 174개 면 가운데 와가가 존재한 면은 54개뿐이고 그 밖의 면에는 와가가 전무하였다.

경남형 가옥의 특징은 지역의 자연환경과 역사적 배경을 바탕으로 형성되었다. 구체적으로 말하면 건축재, 평면적 간 배치, 향과 구조에 따라 그 특성이 결정되었으므로 지역성을 참조하여 중앙저지형 · 서부산지형 · 동부산지형 · 해안형 등 네 개의 건축문화권으로 세분하였다.

중앙저지형은 산록형 가옥과 야촌형 가옥으로 구분된다. 전자는 취락 발달의 역사가 길고 형태와 구조가 일찍이 정립된 가옥들이다. 가옥의 좌향은 배산임류(背山臨流)의 틀에 맞추었기 때문에 남향 · 남동향 · 남서향이 고르게 분포한다. 가옥의 규모는 3간이 대부분이지만 넓은 대청 · 청골방 등을 갖춘 대농형 가옥도 적지 않다. 와가의 분포도 탁월하다. 후자는 하천교통의 요지와 자연제방 상의 취락에 분포하는 가옥들이며 지붕재료로 볏짚 외에도 갈대를 많이 사용하였다. 강변에는 반겹집형 가옥이 많다.

서부산지형 가옥은 지형조건의 영향을 받기 때문에 좌향이 다양하다. 소형가옥은 대부분 대청 대신 툇마루를 설치하였고 중형가옥에나 넓은 대청이 있다. 안채 또는 익랑채의 끝에 뒤주를 설치하였으며 반겹집형 안채를 가진 집이 보인다. 볏짚 외에도 억새나 조짚을 지붕재료로 많이 사용하였다. 눈이 많은 산지에서는 벽채에 판자를 대어 한파를 방지한 예도 있다. 이 지방 가옥의 두드러진 특징은 고상식 측간을 가지고 있다는 점이다.

동부산지형 가옥의 특징은 지형조건 외에도 사회적 폐쇄성에서 찾을 수 있다. 산곡취락의 가옥들 중에는 외부에 노출되지 않으면서도 외부인의 접근을 쉽게 조망할 수 있는 방향으로 앉은 예가 적지 않다. 막살이집에 가까운 소형가옥이 많고 겹집형 가옥도 다수 존재한다. 지붕재료로 억새가 많이 사용되었다고 하나 오늘날에는 극소수만이 남아 있다.

해안 · 도서지방의 가옥은 순농업호보다 농 · 어 겸업호의 비율이 높다. 어가의 좌향은 바다 쪽이 탁월하므로 남향 지향적인 경우가 드물다.

가옥의 형태는 분산형 홑집과 집중형 겹집, 그리고 양자의 절충형이 혼재한다. 대지의 부족으로 인하여 급경사면까지 택지가 조성되어 있는데 고도가 낮은 해변에는 부호의 가옥이 분포하고 고도가 높아질수록 소형가옥이 증가한다. 순어가는 막살이집 수준의 소형가옥들이 많은 반면 농 · 어 겸업호는 곳간 · 어구창고 · 헛간 등 부속채를 갖추고 있으며, 중앙저지의 대농호에 손색이 없는 와가도 약간 분포한다.

경상남도는 중앙과의 접근성이 가장 낮은 지역의 하나였으며 고대 가야문명의 발상지였으므로 一자형 홑집의 특성을 가진 전형적인 남부형 가옥의 전통을 유지해왔다. 그러나 울산 · 밀양 · 동래 등지의 대규모 와옥 중에는 경기지방형에 가까운 ㄱ · ㄷ · ㅁ자형 가옥이 적지 않은데 이는 동부경남이 신라시대부터 문화적으로 경주와 밀접한 관계를 유지해왔음을 입증하는 것이다.

경상남도의 취락편제는 임진왜란 후의 전후 복구기와 개화기에 큰 변화를 겪었다. 왜란 후의 편제는 전란의 피해로 와해되었던 취락편제를 왜란 전의 것이 아닌, 새롭게 형성된 틀을 기초로 재편성한 5가작통제였으며 통 위에 리와 면을 둔 면리제(面里制)였다. 그런데 신분제가 철폐된 개화기에는 주호에서 벗어난 상당수의 해방노비들이 독립세대를 구성하고, 이들은 호구세 대상이 됨으로써 각 취락의 세대수가 증가하는 결과를 가져왔다. 이로써 5가작통제는 10가작패제로, 면리제 역시 자연촌을 기본으로 한 면동제(面洞制)로 바뀌었다. 말단 행정단위인 동은 수개의 통으로 구성되는데, 통의 호수가 10호이면 성통(成統), 6~9호이면 미성통(未成統), 1~5호이면 영호통(零戶統)이라 하였다.

자연촌인 동은 호수에 따라 거대동(151호 이상), 대동(103~150호), 중동(53~102호), 소동(25~52호), 잔동(3~24호), 독호동(2호 미만) 등 6개 계급으로 분류하였다. 경상남도의 3,421개 동 가운데 잔동(57.5%),

소동(30.44%), 독호동(1.54%) 등 소규모 취락의 수는 90%를 상회하는 반면에 거대동(1.34%)과 대동(1.36%)의 비율은 3%에도 못 미친다. 특히 삼가 · 산청 · 단성 · 함양 · 거창 · 합천 · 하동 · 진주군 서부 등 서부 산지 지역은 잔동 및 독호동의 수가 50~75%에 달할 정도로 작은 취락들이 많다.

거대동과 대동의 수는 전체 취락 수의 1.86%에 불과하나 총 호수의 점유율은 9.2%에 달한다. 이러한 동들은 부산포의 초량동, 마산포의 서성동, 김해 명지면의 염촌과 조역리, 사천군 삼천리면 문선동 등 포구취락 소속 동, 진주 대안면 1동과 중안면 성내 1동 · 3동, 언양읍 서부동과 남부동, 안의현 현내면 나전동, 동래군 동평면 구관동 등 행정요지, 진주군 문산면 1동과 2동, 함양군 사근면 사근동, 합천군 봉산면 권빈 등 구역촌, 그리고 울산군 병영 성내의 남동 · 동동 · 서동 · 북동, 진남군 서하면 서교동 등 군사기지들이다. 개화기의 도회들은 이러한 거대동 및 대동들을 보유한 1~4개의 면들이 연합하여 형성된 취락들이다. 일부 예외가 있으나 대부분의 주요 도회들은 전통적 복거관(卜居觀)에서 군자가 살 만한 터전에 입지하였는데, 그 대표적인 예가 진주였고 밀양 · 울산 · 거창 등지는 그에 버금가는 장소였다. 반면에 부산 · 마산 · 통영 · 삼천포 등지는 전통적 복거관과는 무관함에도 불구하고 개화기에 이르러 대취락으로 비상하였다.

갑오개혁 이후의 지방행정기구 개편에 따라 과거의 목부군현체제(牧府郡縣體制)는 군현의 등급체제로 바뀌었다. 경상남도의 31개 군은 1등 군(진주 · 동래), 2등 군(김해 · 울산), 3등 군(밀양 등 11개 군), 4등 군(단성 등 16개 군)으로 구분되었다. 과거의 읍격이 행정적 중요도에 의해 결정되었으나 새로운 읍격은 호구수, 경제력, 정치적 중요도 등을 고려한 근대적 관점에 따라 확정되었다. 개항장 부산포를 낀 동래군이 1등 군으로 읍격이 격상된 점이 이를 증명한다.

개항장인 부산포와 마산포는 각각 동래군과 창원군 강역에 속하나 실제로는 치외법권 지역이었다. 대한제국 정부는 개항장 외국인들의 활동범위를 반경 50리의 간행리정(間行里程) 이내로 한정시켰으나 이것이 100리권으로 확대됨에 따라 경상남도 관찰사의 정치적 기능이 크게 위축되었다. 이는 도내 중심취락들의 위상에 큰 변화를 일으켰으며, 나아가 지역구조 개편을 촉진하는 요인으로 작용하였다.

과거에는 지방관이 행정 · 사법 · 군사 · 경제 · 교육 등 여러 분야를 독점적으로 관장하였기 때문에 모든 군읍이 자동적으로 지역의 복합적 중심지 기능을 가지고 있었다. 그러나 개화기에 이르러 행정 · 사법 · 경찰 · 위수 · 교통 · 통신 · 경제 · 교육 등의 분야를 전담하는 관리들이 배치됨에 따라 특정 기능을 가진 새로운 중심지들이 나타나기 시작하였다. 따라서 개화기의 중심지 기능은 정치적 기능, 경제 · 서비스 기능, 기타 기능으로 구분하여 고찰하는 것이 합리적이다.

정치적 기능은 일반 행정, 사법, 경찰, 위수, 교통 · 통신 등 여러 분야로 세분하였다. 왜냐하면 갑오개혁 후 개항장과 일부 주요 도회에 군청 외에 재판소 · 경찰서 · 진위대 · 우체사 · 전보사 등이 설치되었고 각 기관은 중앙에서 파견된 관리들이 독자적으로 업무를 관장하였기 때문이다.

경제 · 서비스 기능은 어업 · 상업 · 공업 · 도축업 · 노동시장 등의 제 기능을 포함한다. 과거에는 정치적 기능이 경제 기능에 우선하였으나 대한제국 정부가 상공업 장려를 부국의 선결목표로 삼았기 때문에 경제적 기능은 개화기 도회성장의 활력소가 되었다. 경제 기능이 강화된 도회들은 교육 · 문화 · 의료 기능까지 보유함으로써 주변 농촌의 인구를 흡인하게 되었다. 이른바 일가군(日稼群)이라 일컫는 새로운 직업집단의 등장은 노동시장 확대를 통한 근대화의 한 단면으로 평가할 수 있다.

도회의 근대화 과정에서 일부 전통도회들은 정체 또는 쇠퇴한 반면 접근성이 좋은 교통요지의 취락들은 급성장하여 주요 도회로 부상하기 시작하였다. 신흥 도회들은 대부분 해안 및 내륙수로 요시에 입지한 부산 · 마산 · 통영 · 삼천포 · 삼랑진 등이고, 정체상태에 놓인 도회들은 진주 · 밀양 · 울산 등지이며, 쇠퇴의 길로 들어선 도회는 안의 · 거창 · 합천 · 삼가 등 내륙의 중심지들이다.

주요 도회의 기능변화에 따라 중심지의 계층변화가 일어났으며, 이는 도회의 순위-규모분포에도 반영되었다. 중심지의 계층화는 저차(低次) 중심지로부터 고차 중심지에 이르기까지 단계별로 구분되는데, 개화기 경상남도에 존재했던 약 400개소의 중심지들을 기능별 가중치를 참조하면 6개 계급으로 분류할 수 있다. 기능별 가중치는 정치적 기능 40점, 경제 · 서비스 기능 60점, 기타 기능 20점으로 설정하고 가중치의 합계를 기준으로 취락의 순위를 정하였다. 그런데 특기할 만한 점은 호구수가 많은 취락의 가중치가 적은 취락보다 가중치 점수가 반드시 높지만은 않다는 사실이다.

제1계급에 속하는 중심지는 부산과 진주이다. 부산은 동부경남을, 진주는 서부경남을 광역배후지로 하는 중심지로서 후자가 전자보다 더 넓은 배후지를 가지고 있다. 그러나 접근성이 좋은 전자는 급성장한 반면 후자는 정체상태에 놓였다.

제2계급 중심지는 2~4개 군을 배후지로 한 지역중심지로, 마산 · 통영 · 밀양 · 울산이 이 범주에 속한다. 접근성이 양호한 마산과 통영에 비해 밀양과 울산의 발전속도는 더딘 편이었다.

제3계급 중심지에는 동래를 비롯한 5개 도회가 포함된다. 1등급인 동래읍을 제외한 도회들은 2~3등 군의 중심지들이다.

중하위에 속하는 제4계급 중심지는 3~4등 군 군청소재지, 일부 위수취락 및 상업요지들인데 울산 병영 · 합천읍 등 18개 도회가 이 범주에 속한다.

제5계급은 소촌 · 사근 등 구역촌, 말문 등 신흥 상업요지 등의 기초지역 중심지들로 구성된다.

제6계급의 중심지들은 표 3-10에 수록된 35개 도회 외의 말단중심지들이다.

중심지의 호수를 지표로 취락의 순위-규모분포를 작성하고 그 특성을 고찰한 결과 순위-규모 그래프는 제1위 도회(부산)로부터 제2위 도회(진주)까지는 기울기가 완만하나 제3위 도회(마산)로부터 제50위까지는 가파르게 나타남을 알 수 있다. 제50위부터 다시 완만한 경사를 유지하다가 제1,000위에서 다시 급경사로 바뀌는데, 이는 서구의 농촌지역에서나 볼 수 있는 특이한 현상이다. 다시 말하면 개화기 경상남도 취락의 순위-규모분포상은 농촌형 모델에 속하며, 취락발달과정을 고려해볼 때 이는 당시의 경상남도가 근대화의 초기단계에 놓여 있었음을 의미한다.

경상남도는 약 100년 전에 탄생한 신생 광역지방행정구역이지만 지역성 형성의 배경은 가야시대로부터 개화기까지 2,000여 년에 이른다. 그런데 장구한 기간에 걸쳐 조성된 이 지역의 가옥 및 취락경관은 경술국치 이후 36년간 일본인들에 의해 상당 부분 왜식으로 변질되었다. 몽고의 침입, 임진왜란 · 병자호란 등 외국 침략자들에 의한 우리 국토의 파괴가 없지 않았으나 몽고족은 원래 우리의 문화경관을 개조할 수 있을 정도의 수준 높은 문화적 자질을 갖지 못한 유목민 집단에 불과하였고, 왜란 당시의 일본군 역시 무인집단일 뿐이었다. 그러나 20세기 초에 자행된 일제의 침략은 질적 및 양적으로 어떤 침략자들과 비교할 수 없을 정도로 치명적이었다.

일본은 우리보다 앞서 서양 문물을 수입하여 근대화에 성공하였으며, 서양 선진국들로부터 습득한 지식과 경험을 바탕으로 한반도 식민화사업을 추진하였다. 서구 열강의 식민지 경영에 비해 일본의 한반도 식민화는 비교할 수 없을 정도로 유리한 조건을 지니고 있었다.

첫째, 서구 열강의 식민지들은 수천 수만 리 떨어진 지역에 위치하였으므로 본국과의 소통에 어려움이 많았던 반면에 한반도는 100~200km의 근거리에 놓여 있으며, 둘째, 기후조건이 일본과 비슷하며, 셋째, 면적이 일본 국토의 2/3에 달하고, 넷째, 농경의 역사가 긴 문명국이므로 개발비가 적게 들었으며, 다섯째, 각종 자원이 풍부하고, 여섯째, 섬나라 일본이 대륙으로 진출하기에 유리한 육교적 위치를 차지하고 있었다. 경상남도는 한반도에 눈독을 들이던 일본의 바로 코앞에 놓인 보물이나 다름없었다.

우리 민족이 광복을 맞은 지 70여 년이 가까워진다. 이 정도의 기간이면 우리 국토에서 일제의 잔재를 지우기에 충분할 것이다. 그러나 경상남도에는 아직도 화석화(化石化)된 일제의 취락경관이 도처에 남아 있다. 경상남도는 수도권에 버금가는 우리나라의 경제중심지로 부상하였으므로 일제의 잔재를 제거하고 전통적인 가옥 및 취락경관을 복원하기에 충분한 능력을 배양하였다고 본다. 국적불명의 조작된 경관 대신 역사성을 지닌 고유의 전통경관을 재창조하려는 노력이 절실히 요구된다.

참고문헌

국내 문헌

1. 1차 자료

〈지도〉

南榮佑 編, 『舊韓末韓半島地形圖』(1:50,000), 成地文化社, 1996.

『大東輿地圖』

『東輿圖』

서울大學校 奎章閣 編, 『朝鮮後期地方地圖』

「固城府地圖」(奎10512 v.4~5), 「龜山鎭地圖」(奎10512 v.9~19)

「金海地圖」(奎12154), 「丹城縣地圖」(奎10512 v.7~4)

「東萊府地圖」(奎10512 v.2~4), 「密陽府地圖」(奎10512 v. 2~2)

「泗川縣地圖」(奎10512 v.5~2), 「山淸地圖」(奎10512 v.7~3)

「三嘉縣地圖」(奎10512 v.5~4), 「蟾津鎭地圖」(奎10512 v.9~7)

「安義縣地圖」(奎10512 v.7~11), 「彦陽縣地圖」(奎10512 v.6~6)

「靈山縣地圖」(奎10512 v.7~11), 「宜寧縣地圖」(奎10512 v.6~1)

「蔚山府地圖」(奎12154), 「晋州地圖」(古軸4709~51)

「鎭海縣地圖」(奎10512 v.6~7), 「昌寧縣地圖」(奎10512 v.5~1)

「昌原地圖」(奎12154), 「草溪郡地圖」(奎10512 v.1~3)

「漆原地圖」(奎10512 v.5~9), 「統營地圖」(奎10513~2)

「河東地圖」(古4709~113), 「咸安郡地圖」(奎10512 v.1~10)

「咸陽郡地圖」(奎10512 v.1~4), 「陜川郡地圖」(奎10512 v.4~1)

『海東地圖』(慶尙道)

〈地理 · 地誌〉

韓國學文獻研究所 編,『慶尙道邑誌』, 1982.

「居昌府誌」(1894),「固城府邑誌」(1894),「昆陽郡邑誌」(1894)

「金海邑誌」(1895),「丹城縣邑誌」(1894),「東萊府邑誌」(1894)

「密陽府邑誌」(1895),「泗川縣邑誌」(1894),「山淸縣邑誌」(1895)

「三嘉縣誌」(1895),「安義邑誌」(1895),「彦陽縣邑誌」(1895)

「蔚山府邑誌」(1895),「宜寧縣誌」(1895),「晋陽誌」(1894)

「昌寧縣邑誌」(1895),「昌原大都護府誌」(1895),「草溪郡邑誌」(1894)

「漆原縣邑誌」(1894),「統營誌」(1895),「河東府邑誌」(1894)

「咸安郡邑誌」(1894),「咸陽郡邑誌」(1894),「陜川郡邑誌」(1895)

『嶠南誌』

『大東地誌』

『道路考』

『世宗實錄地理志』

『新增東國輿地勝覽』

『輿地圖書』

『嶺南驛誌』「沙斤道驛誌」「召村道驛誌」「黃山道驛誌」「長水道驛誌」

〈量案 · 家戶案 · 稅納案 · 驛土〉

『慶尙南道家戶案』

「機張郡家戶案」1冊, 奎17949, 1904, 司稅局.

「金海郡家戶案」1冊, 奎17954, 1904, 司稅局.

「丹城郡家戶案」1冊, 奎17951, 1904, 司稅局.

「東萊郡家戶案」2冊, 奎17947, 1904, 司稅局.

「三嘉郡家戶案」1冊, 奎17950, 1904, 司稅局.

「鎭南郡家戶案」1冊, 奎17953, 1904, 司稅局.

「晋州郡家戶案」5冊, 奎17944, 1904, 司稅局.

「鎭海郡家戶案」1冊, 奎17952, 1904, 司稅局.

「昌原郡家戶案」1冊, 奎17948, 1904, 司稅局.

「咸安郡家戶案」2冊, 奎17946, 1904, 司稅局

「咸陽郡家戶案」2冊, 奎17945, 1904, 司稅局.
『慶尙南道各郡壬寅條年分租案』, 奎20096, 1903, 司稅局.
『慶尙南道各屯驛賭及稅額捧未釐整成冊』, 奎19623~4, 1904, 財産整理局.
『慶尙南道金海府所在龍洞宮蘆田泥生處打量成柵』, 奎18310, 1903, 金海府.
『慶尙南道東萊郡沙中面量案』, 奎18111, 1904.
『慶尙南道密陽郡戶數男女口數及瓦草宅間數共合成冊』, 1898.
『慶尙南道山淸郡量案』15冊, 奎17689, 1904, 地契衙門.
『慶尙南道彦陽縣籌版』4冊, 奎15020~1, 1907, 地契衙門.
『慶尙南道鎭南郡量案』11冊, 奎17690, 1904, 地契衙門.
『慶尙南道晋州府所管各郡乙未條收租案』, 奎17926, 1896, 慶尙南道觀察府.
『慶尙南道草溪郡八鎭驛土永定賭支作人姓名成冊』, 奎19237, 1907, 經理院.
『慶尙南道陜川郡量案』20冊, 奎17688, 1904, 地契衙門.
『慶尙道內沿江海邑甲午條船鹽藿漁稅摠數都案』, 奎18099, 1894, 度支部.
『慶尙道內沿江海邑丁丑條漁鹽場立船成冊』, 奎19456, 1878, 均役廳.
『慶尙道梁山郡所在京城社洞徐判書宅次知蘆田打量成冊』, 奎18576, 1856, 梁山郡.
『金海郡蘆田改量大帳』, 奎18651, 1865, 金海部.
『金海郡所在蘆田稅納冊』, 奎185680, 1886, 金海部.
『聞慶縣幽谷驛田畓案』, 奎16429, 1895, 安東郡.
『尙州郡各屯驛田畓永定賭稅成冊』, 奎17912, 1925, 司稅局.

〈戶籍〉

『京畿仁川港杻峴外洞戶籍表』, 經古92303, 1898.
『慶尙南道巨濟郡戶口籍表』外浦面, 1903.
『慶尙南道居昌郡戶口籍表』加西面 · 下加南面, 1903.
『慶尙南道丹城郡戶籍表』南面 培養洞, 1904.
『慶尙南道密陽郡戶籍統表』2冊, 1898.
『慶尙南道宜寧郡戶口調査表』上井面, 1897.
『慶尙南道晋州郡管內各郡丙申條戶総成冊』, 奎17925, 1896.
『慶尙南道草溪郡戶籍統表』伯岩面 · 初冊面, 1907.
『慶尙道金海府戶籍大帳』右部面 · 七山面(1882), 進禮面 · 下界面(1894).

『慶尙道丹城縣戶籍大帳』新等面 · 縣內面 · 法勿也面(1882), 北洞面 · 梧洞面(1888), 元堂面(1864), 都山面 · 生比良面(1885).
『慶尙道泗川縣戶籍大帳』三千里面, 邑內面 · 上州內面 · 東面(1894), 下西面 · 北面(1885), 近南面 · 洙南面(1888), 下南面 · 中南面 · 上西面(1864).
『慶尙道山淸縣戶籍大帳』邑內 · 生林 · 草谷 · 毛好 · 古邑(1879), 車峴 · 黃山 · 釜谷 · 悟谷 · 西下 · 今石 · 西上(1876).
『慶尙道安義縣戶籍大帳』縣內面 · 黃谷面(1876), 南里面 · 東里面 · 草岾面 · 大代面 · 知代面(1870), 西下洞面 · 西上面(1875).
『慶尙道蔚山府戶籍大帳』上府面(1885), 內廂面(1882), 溫南面 · 外南面(1864), 下府面 · 靑良面 · 西生面 · 內峴面 · 溫北面(1891), 柳浦面 · 農東面 · 農西面(1831), 居汗戶籍統表(1898).
『慶尙道昌寧縣戶籍大帳』大谷 · 沃野 · 梨房(1837), 遊長 · 池浦 · 大招(1855), 合山 · 介福 · 城山(1894), 邑內 · 古巖(1867).
『慶尙道漆原縣戶籍大帳』上里面(1891), 北面(1882), 龜山面(1861), 西面(1879).
『慶尙道河東府戶籍大帳』岳陽面 · 花開面(1891), 馬田面 · 大縣面 · 東面(1882), 北面 · 外橫甫面 · 內橫甫面 · 赤良面(1867), 西良谷面(1882).
『慶尙道陝川郡戶籍大帳』心妙面 · 乭山面 · 縣內面 · 崇山面 · 龍洲面 · 加衣面 · 頭上面 · 鳳山面, 1894.
『慶尙北道安東郡己亥式籍表』4, 南先面, 1899.

〈史書 · 日記 · 기타〉
『高麗史』
『高麗史節要』
『高宗實錄』卷20.
『大東野乘』
『三國史記』
『承政院日記』卷64.
『朝鮮王朝實錄』「太祖實錄」卷1, 「太宗實錄」卷16, 「世宗實錄」卷10 · 78 · 101, 「肅宗實錄」卷4.
『八道四都三港日記』, 奎18083, 1884.

〈謄錄 · 節目 · 存案 · 經濟 · 政法 · 기타〉

『各司謄錄』卷49 · 50.

『去來存案』, 1898, 農商工部.

『慶尙道關草』

『慶尙道內各木布牛節目』, 奎18288의 14, 1889, 明禮宮.

『經世遺表』

『官報』, 奎17289, 16042, 1895, 內閣記錄局.

『官案』

『農圃問答』

『大典會通』

『萬機要覽』

『牧民心書』

『備邊司謄錄』第171冊.

『磻溪隧錄』

『山林經濟』

『星湖僿說類選』

『迂書』

『林園經濟志』

『增補文獻備考』

『度支志』卷8.

2. 2차 자료

강대민 · 박병련, 「진주지역 향촌지배층의 형성과 변화」, 『남명학파와 영남우도의 사림』, 예문서원, 2004.

강만길, 『조선시대상공업사연구』, 한길사, 1984.

______, 「시장과 상인」, 『한국사시민강좌』 9, 일조각, 1991.

______, 「근대 민족의 형성 1」, 『한국사』 11, 1994.

강영환, 『한국주거문화의 역사』, 기문당, 1994.

경상남도지편찬위원회, 『경상남도지』, 1963.

고병익, 「여대정동행성의 연구」, 『한국사논문선집』 III, 일조각, 1983.

국립지리원, 『한국지지』 지방편 III(부산 · 대구 · 경북 · 경남), 1985.
국사편찬위원회, 『고종시대사』 1~6권, 1986.
국회도서관 입법조사국, 『舊韓末條約彙纂』(上), 1964.
______, 『舊韓末條約彙纂』(中 · 下), 1965.
宮嶋博史, 「朝鮮 甲午改革 이후의 商業的 農業」, 『韓國近代經濟史硏究』, 사계절, 1983.
권병탁, 『약령시연구』, 한국학연구원, 1986.
권오영, 「한국 고대의 취락과 주거」, 『한국고대사연구』 12, 1997.
권태억, 『한국근대면업사연구』, 일조각, 1992.
권혁재, 「대산평야」, 『사대론집』 1, 고려대학교 사범대학, 1986.
김건태, 「호구출입을 통해 본 18세기 호적대장의 편제방식」, 『호적대장에 나타나는 사람들』, 성균관대학교 대동문화연구원, 2003.
김광언, 「경남지방의 가옥연구」(I. 남해지역), 『한국문화인류학』 12, 1980.
김연옥, 『한국의 기후와 문화』, 이화여자대학교 출판부, 1985.
김용섭, 『조선후기농업사연구』(상), 일조각, 1970.
______, 『한국근대농업사연구』(하), 일조각, 1984.
김운태, 「조성왕조 행정사 연구」, 『행정논총』 6(2), 서울대학교 행정대학원, 1968.
______, 『조선왕조행정사연구」(근세편), 박영사, 1987.
김원용, 『한국고고학개설』, 일지사, 1977.
김의환, 『부산근대도시형성사연구』, 연문출판사, 1973.
김재완, 『19세기 말 낙동강 유역의 염유통 연구』(『지리학논총』 별호 32), 1999.
김정학 외, 『가야사론』, 고려대학교 한국학연구소, 1973.
김정해, 「1895~1910, 사립학교의 설립과 운영」, 『역사교육논집』 11, 1987.
김준형, 「서부경남지역의 동학군 봉기와 지배층의 대응」, 『경상사학』 7 · 8합집, 1992.
______, 「경상남도의 역사적 배경」, 『경상남도의 향토문화』(상), 정신문화연구원, 1999.
김태식, 『가야연맹사』, 일조각, 1993.
김택규 외, 『낙동강유역사연구』 3, 수서원, 1996.
김현종, 「구한말 외국인 거류지 내 상황」, 『사총』 12 · 13 합집, 1968.

김홍식, 『한국의 민가』, 한길사, 1992.
______, 『민족건축론』, 한길사, 1993.
나종종, 「고려 말기의 여 · 일관계, 『전북사학』 제4집, 1980.
내무부 지방행정국, 『지방행정구역발전사』, 1976.
노정우, 「한국의학사」, 『한국문화사대계』(과학기술사), 고려대학교 민족문화연구원, 1965.
문경현, 「진한의 철산과 신라의 강성」, 『대구사학』 7 · 8합집, 1973.
문화공보부, 『한국민속종합조사보고서』 16책, 문화재관리국, 1985.
문화재관리국 예능민속실, 『한국민속종합조사보고서』 6, 문화공보부, 1985.
박광순, 『한국어업경제사연구』, 유풍출판사, 1993.
박기주, 「재화 가격의 추이, 1701~1909」, 『수량경제사로 다시 본 조선후기』, 서울대학교 출판부, 2004.
박병련 · 조강희, 「경상남도의 성씨와 씨족」, 『경상남도의 향토문화』(상), 한국정신문화연구원, 1999.
박용옥, 「남초에 관한 연구」, 『역사교육』 9, 1966.
박이택, 「서울의 숙련 및 미숙련 노동자의 임금」, 『수량경제사로 다시 본 조선후기』, 서울대학교 출판부, 2004.
반용부, 「김해지역의 지형과 취락」, 『가야문화사연구』 2, 1991.
산림청, 『화전정리사』, 임정연구소, 1980.
서경태, 「가야문화권역의 전통민가에 대한 고찰(1)」, 『가야문화연구』 2, 1991.
서영희, 「개항기 봉건적 국가재정의 위기와 민중수탈의 강화」, 『1894년 농민전쟁연구 1』, 역사비평사, 1991.
손정목, 『조선시대도시사회연구』, 일지사, 1977.
송수환, 「조선전기의 사원전」, 『한국사연구』 79, 1992.
송찬식, 『이조후기 수공업에 관한 연구』, 서울대학교 출판부, 1983.
新納豊, 「鐵道開通 前後의 洛東江水運」, 『韓國經濟史의 成果』, 1989.
신영훈, 「주생활」, 『한국민속종합보고서』(경남편), 문화재관리국, 1972.
______, 『한국의 살림집』, 열화당, 1983.
______, 『한옥의 조영』, 광우당, 1987.
______, 『한옥의 향기』, 대원사, 2000.

신윤호, 「토평천 연안 충적평야의 지형발달」, 『한국의 지형발달과 제4기 환경변화』, 한울아카데미, 2006.
안길정, 『관아 이야기』, 사계절, 2000.
안수한, 『한국의 하천』, 민음사, 1995.
안춘배 외, 「가야사회의 형성과정 연구」, 『가야문화연구』 창간호, 1990.
오영교, 「19세기 사회변동과 오가작통제의 전개과정」, 『학림』 12 · 13합집, 1991.
우병영, 「양산단층의 지형학적 연구」, 『한국의 지형발달과 제4기 환경변화』, 한울아카데미, 2006.
유교성, 「한국상공업사」, 『한국문화사대계』 Ⅱ, 고려대학교 민족문화연구원, 1965.
유승렬, 『한말 · 일제초기 상업변동: 객주』, 서울대학교 박사학위논문, 1994.
유승주, 「조선후기광업사의 시기구분에 관한 일시론」, 『조선후기사회경제사입문』, 민족문화사, 1991.
이경식, 「조선후기 수전농업과 수세문제」, 『한국문화』 10, 1989.
이상배, 「18세기 자연재해와 그 대책에 관한 연구」, 『국사관논총』 제89집, 1996.
이상필, 「경상남도와 남명정신」, 『경남의 재탐색』, 경남개발연구소, 1996.
이세영 · 최윤호, 「대한제국기 토지소유와 농민층 분화」, 『대한제국기 토지조사사업』, 민음사, 1990.
이수건, 『영남사림파의 형성』, 영남대학교 민족문화연구소, 1980.
______, 「영남사림파의 재지적 기반」, 『신라가야문화』 12집, 1981.
______, 「영남지방서원의 경제적 기반」, 『민족문화논총』 2 · 3집, 1981.
______, 『한국중세사회사연구』, 일조각, 1984.
______, 『조선시대지방행정사』, 민음사, 1989.
______, 「중세사회와 낙동강」, 『낙동강유역사 연구』, 수서원, 1996.
이수환, 「영남지방 서원의 경제적 기반」, 『민족문화논총 』2 · 3합집, 1981.
이영하, 「대한제국기 토지조사사업의 의의」, 『대한제국기의 토지조사사업』, 민음사, 1995.
이영학, 「18세기 연초의 생산과 유통」, 『한국사론』 13, 1985.
이영훈, 『조선후기사회경제사』, 한길사, 1988.
이욱, 『조선후기 어염정책연구』, 고려대학교 박사학위논문, 2003.
이응희 · 이중우, 「동양사상의 중심성을 통하여 본 전통주거의 마당공간에 관한 연구」,『대한건축학회논문집』 11(5), 1995.
이종필 외,『영남지방 고유취락의 공간구조』, 영남대학교 출판부, 1983.
이진욱,「신라장적을 통해 본 통일신라의 촌락지배체제」,『역사학보』 86, 1980.
이춘녕 · 채영암,『한국의 물레방아』, 서울대학교 출판부, 1986.
이태진,「신라통일기의 촌락지배와 공연—정원창 소장 촌락문서의 재검토」,『한국사연구』 25, 1975.
______,『한국사회사연구』, 지식산업사, 1986.
______,「고려~조선 중기 천재지변과 천관의 변동」,『한국사상사방법론』, 소화, 1997.
이헌욱,「조선후기 보부상과 보부상단」,『국사관논총』 38, 1992.
이헌창,「조선후기 보부상과 보부상단」,『국사관논총』, 1992.
______,『민적통계표의 해설과 이용방법』, 고려대학교 민족문화연구원, 1997.
이현종,「구한말 외국인거류지내 상황」,『사총』 12 · 13합집, 1968.
이현혜,『삼한사회형성과정연구』, 일조각, 1984.
임학성,『17 · 18세기 단성지역 주민의 신분변동에 관한 연구』, 인하대학교 박사학위논문, 2000.
장보웅,『한국의 민가연구』, 보진재, 1981.
______,『한국 민가의 지역적 전개』, 보진재, 1996.
정만조,『조선시대 서원연구』, 집문당, 1997.
井上和枝,「19世紀の戶籍臺帳から見えた村の人人」,『戶籍臺帳에 나타나는 사람들』, 성균관대학교 대동문화연구원, 2003.
정재걸 외,『한국 근대교육 100년사 연구(1)』, 한국교육개발원, 1994.
정진영,『조선시대 향촌사회사』, 한길사, 1999.
______,「19세기 물레방아(水舂, 水砧, 水碓)의 건립과정과 그 주체」,『고문서연구』 23, 2003.
정치영,『지리산지 정주화의 역사지리적 연구』, 고려대학교 박사학위논문, 1999.
______,『지리산지 농업과 촌락연구』, 고려대학교 민족문화연구원, 2006.
조병찬,『한국시장경제사』, 동국대학교 출판부, 1992.
조화룡,「한국 낙동강 하류 충적평야의 지형발달」,『한국의 지형발달과 제4기 환경변화』, 한울아카데미, 2006.

______ 외, 「가조분지의 지형발달」, 『한국의 지형발달과 제4기 환경변화』, 한울아카데미, 2006.
주경식, 「불완전 개방지역의 지역구조에 관한 시론: 진도의 경우」, 『지리학』 34, 1986.
주남철, 『한국주택건축』, 일지사, 1994.
차용걸, 「고려말 왜구방수책으로서의 진술과 축성」, 『사학연구』 38, 1984.
천관우, 「한국토지제도사」, 『한국문화사대계』 II, 고려대학교 민족문화연구소, 1965.
______, 『고조선사 · 삼한사 연구』, 일조각, 1989.
최영준 외, 「천수만지역의 어업환경과 어촌」, 『성곡논총』, 1996.
______, 「경기지방의 가옥」,『경기지방의 향토문화』(상), 한국정신문화연구원, 1997.
______, 『국토와 민족생활사』, 한길사, 1997.
______, 『한국의 옛길 영남대로』, 고려대학교 민족문화연구원, 2004.
최원규, 「대한제국 양전과 관계발급사업」, 『대한제국의 토지조사사업』, 민음사, 1995.
최재석, 『한국가족제도사연구』, 일지사, 1983.
최홍기, 『한국호적제도사연구』, 서울대학교 출판부, 1975.
한영국, 「상공업 발달의 시대적 배경」, 『한국사시민강좌』 9, 일조각, 1991.
현채, 『대한지지』, 광문사, 1901.
홍경희, 『도시지리학』, 법문사, 1987.
홍금수, 「조선후기~일제시대 영남지방 지역체계의 변동」, 『문화역사지리』 17(2), 2005.
홍순권, 「근대 개항기 부산의 무역과 상업」, 『향도 부산』, 1972.
홍승재, 「조선시대 예적 차서체계와 건축의 배치구조에 관한 연구」, 『대한건축학회 논문집』 8(2), 1992.
황선민, 「조선시대의 향촌시장과 도시시장에 관한 연구」, 『한국전통상학연구』 4, 1991.

외국문헌

1. 동양문헌

角山榮 · 高山島雅明, 『領事報告資料目錄』, 雄松堂, 1983.

岡庸一,『最新韓國事情』, 嵩山堂, 1903.
谷崎新五郎 · 森一兵,『韓國産業視察報告書』, 大阪商業會議所, 1904.
宮嶋博史,『朝鮮土地調査事業史の硏究』, 東京大學 東洋文化硏究所, 1991.
今村革內,『船の朝鮮』, 螺炎書房, 1929.
吉田光男,「戶籍から見だ20世紀頭ソウルの人と「家」」,『朝鮮學報』17輯, 1932.
金萬亭,「韓國洛東江の河道特性」,『地理學評論』59(A)~6, 1986.
農商務省,『韓國土地農産調査報告書』(慶尙道 · 全羅道), 1905.
農商務省山林局,『韓國誌』, 1905.
農商工部水産局,『韓國水産誌』, 1910.
大失雅彦,『河川地理學』, 古今書院, 1993.
大田才次郎,『新撰朝鮮地理志』, 博文館, 1894.
德永勳美,『韓國總覽奧付』, 東京: 博文館, 1907.
藤戶討太,『最新朝鮮地誌』(中), 朝鮮及滿洲社, 1919.
梶村秀樹,「李朝末期 綿業의 流通 및 生産構造」,『韓國近代經濟史硏究』, 사계절, 1983.
富岡儀八,「鹽の道」,『地理』21(20), 1976.
______,『日本の鹽道』, 古今書院, 1978.
山口精,『朝鮮産業誌』(上 · 中), 大業久吉社, 1910.
山口豊正,『朝鮮之硏究』, 巖松堂, 1914.
山口惠一郞,「地域名稱とその意義」,『開發の歷史地理』, 古今書院, 1965.
山田安彥,「南部藩越前堰開拓村落の微視的歷史地理に關す若干の問題」,『開發の歷史地理』, 古今書院, 1965.
善生永助,『朝鮮の聚落』, 朝鮮總督府, 1935.
石原潤,「河北省における明 · 淸 · 民國時代の定期市」,『地理學評論』46(4), 1973.
小松悅次,『新撰韓國事情』, 東京: 東亞硏究會, 1909.
小野寺二郞,『朝鮮の小作慣行』(上), 朝鮮總督府殖産局農務課, 1932.
信夫淳平,『韓半島』, 東京堂, 1901.
安秉珆,『朝鮮近代經濟硏究』, 日本評論社, 1995.
歷史地理學會,『盆地の歷史地理』, 古今書院, 1989.
奧田久,『內陸水路の歷史地理學的硏究』, 大明堂, 1977.

宇田川武久,『日本の海賊』, 誠文堂, 1983.

越智唯七,『新舊對照朝鮮全道府郡面里洞名稱一覽』, 1917.

越智財政顧問本部,『韓國戶口表』, 1906.

柳川勉,『朝鮮交通及運輸』, 朝鮮事情社, 1925.

李大熙,『李朝時代の交通史に關する硏究』, 雄山閣, 1991.

李領,『倭寇と日麗關係史』, 東京大學出版會, 1999.

仁川府,『仁川府史』, 1938.

田口春二郎,『最新朝鮮一班』, 日韓書房, 1911.

前田淸志,『日本水車と文化』, 玉川大學出版部, 1992.

諸橋轍次,『大漢和辭典』, 大修舘, 1985.

朝鮮總督府,『朝鮮總督府統計年報』, 1911.

______,『舊韓國行政區域名稱一覽』, 1912.

______,『朝鮮部落調査報告』第1冊, 1923.

______,『大正十四年朝鮮の洪水』, 1925.

______,『朝鮮の大洪水』, 1926.

______,『1:50,000 地形圖』 경상남도 30개 도엽, 1917.

朝鮮總督府官房土木部,『治水及水利踏査書』, 1920.

朝鮮總督府專賣局,『朝鮮種煙草の起源及分類調査』, 1926.

竹內啓一,「沿岸の概念」,『日本の沿岸文化』, 古今書院, 1989.

中村榮孝,「漢江と洛東江」,『靑丘學叢』12, 1932.

度支部,『韓國鹽業調査報告』(第一編), 1905.

外務省通商局,『通商彙纂』.

韓國學文獻硏究所 編,『朝鮮各地物價調査概要』, 亞細亞文化社(影印本), 1986.

海津正倫,『沖積低地の古環境學』, 古今書院, 1994.

橫山昭男,『近世河川水運の硏究』, 吉川弘文舘, 1980.

黑崎千晴,「盆地硏究の視座」,『盆地の歷史地理』, 古今書院, 1989

2. 서양문헌

Baker, A.R.H., "Reversal of Rank-size Rule: Some Nineteenth Century Rural Settlement Sizes in France," *The Professional Geographer 21*(*6*), 1964.

Bennett, J., Jones, J.H.T. and Vyner, B.E., "A Medieval and Later Water Mill at Norton-on-Tees, Cleveland," *Industrial Archaeological Review4(1)*, 1980.

Born, M., *Geographie der Landlichen Siedlungen*, Stuttgart: B.G. Teuber, 1977.

Boulding, K.E., "The Death of the City: A Frightened Look at Past Civilization," *The Historian and the City*(ed. by O. Handlin and J. Burchard), Cambridge: The MIT Press, 1970.

Boulton, W.H., *The Pageant at Transport Through the Ages*, London: Collins/Fontana Press, 1969.

Braudel, F., *Civilization and Capitalism, 15~18th Century*, vol.1(The Structures of Everyday Life), translated from French by S. Reynolds, London: Collins/Fontana Press, 1988.

Brunhes, J., *Human Geography*(translated from French by E.F. Row), London: George G. Harrap, 1952.

Burtchell, C.A., "The Size Continuum of Small Settlements in the Central Loire Valley, 1846~1946," *Geographical Articles 12*, 1969.

Buttimer, A., *Society and Millieu in the French Geographic Tradition*, Chicago: Rand Mcnally, 1971.

Carroll, G.R., "National City-Size Distributions: What do we know after 67 years of Research?" *Progress in Human Geography 6(1)*, 1982.

Carter, H., "Urban and Rural Settlements," *Trade and Market in the Early Empires*(ed. by K. Polanyi, C.M. Arsenberg and H.W. Pearson), Chicago: Henry Regnery, 1990.

Chapman, A.C., "Port of Trade Enclaves in Aztec and Maya Civilizaion," *Trade and Market in the Early Empires*, Chicago: Henry Regnery, 1971.

Christaller, W., *Die Zentralen Orte Süddeutschland*, Darmstadt: Wissenschaftliche Buchgesellschaft, 1980.

Cohen, R. and Service, E.R.(eds.), *Origins of the State*, Philadelphia: Institute for the Study of Human Issues, 1978.

Copleston, F., *A History of Philosophy*, Vol.9(The Revolution to Henri Bergson), Garden City: Image Books, 1977.

Cosgrove, D. and Daniels, S.(eds.), *The Iconography of Landscapes*, Cambridge: The University Press, 1989.

Courlanges, N.D.F. de, *The Ancient City: Past and Present*, New York: The Free Press, 1955.

Darby, H.C., "The Age of the Improver: 1600~1800," *A New Historical Geography of England*, Cambridge University Press, 1973.

Darby, H.C., Glasscock, R.G., Sheail, J. and Versey, G.R., "The Changing Geographical Distribution of Wealth in England: 1086~1334~1524," *Journal of Historical Geography 5*, 1979.

Davis, R.L., "A Note on Centrality and Population Sizes," *Professional Geographers 21(2)*, 1969.

Dcutsch, K.W., *Nationalism and Social Communication: An Inquiry into the Foundations of Nationality*, Cambridge: The University Press, 1953.

Dickson, R.E., "Rural Settlements in the German Lands," *Annals of AAG*, Vol.34(4), 1949.

ELvin, M., "Chinese City since the Sung Dynasty," *Towns in Societies*, Cambridge University Press, 1978.

Fleisher, A., "The Ecomomics of Urbanism," *The Historian and the City*(ed. by O. Handlin and J. Burohard), Cambridge University Press, 1970.

Gilmmore, H.W., "Cultural Diffusion via Salt," *American Anthropologist*, vol.5(5), 1955.

Glassie, H., *Pattern in the Material Folk Culture of the Eastern United States*, Philadelphia: University of Pennsylvania Press, 1971.

Gourou, P., *Man and Land in the Far East*(translated from French by S.H. Beaver), London: Longman, 1975.

Handlin, O. and Burchard, J., "The Modern City as a Field of Historical Study," *The Historian and the City*, Cambridge: The MIT Press, 1970.

Hart, J.F., *The Look of the Land*, Englewood Cliffs: Prentice Hall, 1978.

Heaton, H., *Economic History of Europe*, New York: Harper and Row, 1968.

Hodges, R., *Primitive and Peasant Markets*, Oxford: Basil Blackwele, 1988.

Ibn Khaldun, *The Muqaddimah*(translated by R. Rosenthal), London: Routledge, 1987.

Jackson, J.B., *Discovering the Vernacular Landscapes*, New Heaven: Yale University Press, 1984.

Jefferson, J.M., "The Law of the Primitive City," *Geographical Review 29*, 1939.

Jones, M., "Land-Tenure and Landscape Change in Fishing Communities on the Outer Coast of Central Norway, C. 1880 to the Present ," *Geographiska Annaler 70(1)*, 1988.

______, "The Agricultural Modernization and the French Revolution," *Journal of Historical Geography 16(1)*, 1990.

Kuno Yoshi, S., *Japanese Expansion on the Asiatic Continent*, Vol.1, Berkely: University of California Press, 1937.

Lepitit, B., "Event and Structure: the Revolution and the French Urban System, 1700~1840," *Journal of Historical Geography 16(1)*, 1990.

Martonne, E. de, *Geographical Regions of France*(translated from French by H.C. Brenthall), London: Heineman Educationl, 1971.

Messenger, J.C., Inis Beag: *Isle of Ireland*, New York: Holt, Rinehart and Winston, 1969.

Morgan, J.R., "Marine Region: Myths or Reality," *Ocean and Shoreline Management 12*, 1989.

Murphy, R., "The City as a Center of Change, West Europe and China," *Readings in Cultural Geography*(ed. by p.L. Wagner and M.W. Mikesell), Chicago: The University of Chicago Press, 1962.

Pacione, M., *Rural Geography*, London: Paul Chapman, 1989.

Park, C.C., *Sacred World*, An Introduction to Geography and Region, London: Routledge, 1994.

Polanyi, K., "The Economy as Instituted Process," *Trade and Market in the Early Empire*(ed. by K. Polonyi, K.C.M. Arsenberg and H.W. Pearson), Chicago: The Free Press, 1957.

Pounds, N.J.C., *An Historical Geography of Europe: 1500~1840*, Cambridge:

University Press, 1979.

Renfrew, C., "Trade as Action at a Distance: Questions of Integration and Communication," *Ancient Civilization and Trade*(ed. by J.A. Sabloff and C.C. Samberg-Karlovsky), Albuquerque: University of New Mexico Press, 1975.

Rich, J. and Wallace-Hadrill, A.(eds.), *City and Country in the Ancient World*, London: Routledge, 1992.

Roberts, B.K., *Landscapes of Settlement: Prehistory to the Present*, London: Routledge, 1996.

Rosing, K.E., "A Rejection of the Zipf Model(Rank-Size Rule) in Relation to City Size," *Professional Geography 38(2)*, 1996.

Rowley, T., *Villages in the Landscape*, London: J.M. Dent and Sons, 1978.

Rozman, G., *Urban Networks in Ching China and Tokugawa Japan*, Princeton University Press, 1973.

Russell, J.C., *Medieval Regions and Their Cities*, Newton Abbot: David and Charles, 1972.

Sanders, I.T., *Rural Society*, Englewood Cliffs: Prentice Hall, 1977.

Singer, C., *A History of Technology II*, Oxford: The Clarendon Press, 1956.

Sjoberg, G., *The Preindustrial City: Past and Present*, New York: The Free Press, 1965.

So Kwan-wai, *Japanese Piracy in Ming China During the 16th Century*, Eastlansing: Michigan State University, 1975.

Sullivan, L., "Common Houses, Culture Spoor," *Re-reading Cultural Geography*(eds. K.E. Foote etal.), Astin: University of Texas Press, 1994.

Taylor, C.D., "Polyfocal Settlement and the English Village," *Medieval Archaeology 31*, 1977.

Thrope, P.(ed.), "Gerald of Wales: The Journey through Wakes," *The Description of Wales*, Harmond worth: Penguin Book, 1978.

Tietze, W.(ed.), *Westermann Lexicon der Geographie*, Weinheim: Zweinburgen, 1983.

Tsuru, Shigeto, "The Economic Significance of Cities," *The Historian and the City*(eds. O. Handlin and J. Burchard), Cambridge: The MIT Press, 1970.

Ullman, E.L., "Urban Hierarchy in South-West Germany(After Christaller)," *Journal of Sociology 46*, 1941.

Unwin, P.T.H., "The Rank-Size Distribution of Medieval English Texation Hierarchies with Particular Reference to Nottinghamshire," *Professional Geographer 33(3)*, 1981.

Wagner, P.L., *Environment and Peoples*, Englewood Cliffs: Prentice-Hall, 1972.

Weber, M., *The Religion of China: Confucianism and Taoism*(translated from German by H.H. Gerth), New York: Collier- Macmillan, 1964.

Wells, P.S., *Farms, Villages, and Cities: Commerce and Urban Origins in Late Prehistoric Europe*, Ithaca: Cornell University Press, 1984.

Wittfogel, K.A., *Oriental Despotism: A Comparative Study of Total Power*, New Haven: Yale University Press, 1963.

Wrigley, E.A., "Parasite or Stimulus: The Town in Pre-industrial Economy," *Towns in Societies*, Cambridge: The University Press, 1978.

찾아보기

ㅇ

최영준(崔永俊)은 서울대학교 사범대학 지리과와
미국 루이지애나 주립대학교 대학원을 졸업(지리학 Ph. D.)하였다.
고려대학교 사범대학 지리교육과 교수와 문화재위원을 지냈으며,
지금은 고려대학교 명예교수이다.
지은 책으로는 한길사에서 펴낸 『국토와 민족생활사』 『한국의 짚가리』
『홍천강변에서 주경야독 20년』 『담론과 성찰』(공저)이 있다.
이밖에 『영남대로』(우경학술상 수상)가 있고, 공저인 『용인의 역사지리』
『경기지역의 향토문화』 『경상남도의 향토문화』
『역사상의 강: 물길과 경제문화』 『고속도로의 인문학』이 있다.
옮긴 책으로 『문화지리학원론』(윌리엄 노튼, 공역)이 있다.
주요 논문으로 「풍수와 택리지」 「무카디마를 통해 본 이븐 할둔의 지리학」
「천수만 지역의 어업환경 변화와 어촌」 「18~19세기 서울의 지역분화」
「중국 황토고원의 요동주거」 등이 있다.